无线通信网络鲁棒资源分配理论、算法及实现

徐勇军　周继华　张海波　著

科学出版社

北京

内 容 简 介

本书系统而全面地介绍了认知无线电网络、异构无线网络、终端直通网络、智能超表面等 5G/B5G 通信网络下的鲁棒资源分配建模、算法设计及实现，同时系统性地总结了著者近 10 年来在无线通信网络鲁棒资源分配问题上的研究思路、基础理论、处理方法及应用研究成果。

本书可作为通信工程、电子信息工程和网络技术等专业高年级本科生、研究生、博士生的参考书，亦可以作为鲁棒资源分配领域研究人员的参考书，对具有一定通信理论、数学基础和信息论基础的工程师、技术人员、研究员也是有很高的参考价值。

图书在版编目(CIP)数据

无线通信网络鲁棒资源分配理论、算法及实现/徐勇军，周继华，张海波著. —北京：科学出版社，2024.3

ISBN 978-7-03-072567-7

Ⅰ.①无⋯　Ⅱ.①徐⋯　②周⋯　③张⋯　Ⅲ.①无线电通信-通信网-鲁棒控制-研究　Ⅳ.①TN92

中国版本图书馆 CIP 数据核字(2022)第 105343 号

责任编辑：孟　锐／责任校对：彭　映
责任印制：罗　科／封面设计：义和文创

科学出版社 出版

北京东黄城根北街 16 号
邮政编码：100717
http://www.sciencep.com

成都锦瑞印刷有限责任公司印刷
科学出版社发行　各地新华书店经销

＊

2024 年 3 月第 一 版　开本：787×1092　1/16
2024 年 3 月第一次印刷　印张：21
字数：492 000

定价：218.00 元
(如有印装质量问题，我社负责调换)

前　　言

随着 5G 通信的逐渐商用，无线通信与网络服务对人们生活的方方面面都起着非常重要的作用，例如，网上购物、购买机票、外卖、上网等都离不开无线通信。目前，全球接近 48 亿移动用户和超过 80 亿的移动连接，该数值仍在逐年增加，因此需要提前为这一增长提供网络资源。然而，网络资源（频谱、能源等）是非常有限的，这就需要设计创新性的资源分配方法来提高网络效率、减小网络运维与管理的复杂度、提供可靠的传输质量，同时确保无线通信系统的可靠性和安全性。

许多现有的资源分配方法假设准确的参数信息（如干扰功率）来实现网络的优化目标，但是这些方法的通信系统性能对系统参数值的可用性和准确性，以及其他辅助信息都很敏感。

由于受到周围无线设备数量和移动性的增加、电磁波传输的非线性和时变特性的影响，在许多实际通信系统中是很难获得准确的系统信息（例如，信道增益、干扰功率大小），因此基于完美信道状态信息（channel state information，CSI）条件下的传统最优资源分配算法是无法满足通信系统设计需求的，所谓的最优解最后会偏离最优值，一些约束条件可能无法满足，从而在很大程度上会导致用户期望性能的下降和网络性能可靠性的降低。

为了解决这种简化和非理想假设带来的负面影响，有必要在资源分配方案中引入鲁棒性设计。鲁棒性资源分配设计可以克服与生俱来的不确定性和非精确的系统信息所带来的影响，只需要增加少量的复杂度和开销，即可实现网络资源分配的高效与公平性。进一步来说，在很多场景下，传统的名义优化问题（即没有考虑参数不确定性）很难直接进行资源分配问题的求解。因为优化问题通常是不确定的、多项式和非凸的。如果引入鲁棒性（即考虑参数不确定性）到这类问题中，会额外增加随机、非线性的鲁棒约束条件，这使得资源分配算法的求解进一步恶化、具有挑战性。由此可见，设计实用的未来无线网络系统鲁棒资源分配是一项艰巨且充满挑战的工作。通过设计合理的鲁棒资源分配算法可以保证系统在外界环境扰动、系统参数不确定性等恶劣无线电环境下高效、稳定的传输性能。

鲁棒资源分配建模与算法设计是目前无线通信系统资源分配领域的一个重要分支。运用无线通信系统建模理论、概率论、鲁棒优化理论、随机优化理论等数学工具，着重研究和揭示认知无线电网络、异构无线网络、终端直连（device-to-device，D2D）通信、智能超表面（reconfigurable intelligent surface，RIS）通信等 6G 潜在应用场景的鲁棒资源分配与波束成形算法设计规律，同时揭示信道不确定性建模方法、不确定参数上界、统计模型、优化理论等对系统性能影响的客观规律，进而设计出提升未来无线通信网络多种典型应用场景的鲁棒资源调度技术，为实际无线通信系统资源分配策略的设计与应用提供理论依据与技术支撑。

在低能耗、高频谱效率的技术趋势和超密集异构组网的产业需求背景下，本书应运而生，旨在全面介绍鲁棒资源分配在 5G/6G 典型应用场景下的算法设计，为通信系统的鲁棒性设计、稳定性传输方面提供理论支撑与实际应用指导。本书总结了作者过去近十年在无线通信系统鲁棒资源分配领域的研究成果。本书共 10 章，第 1 章为概述。概述性地介绍鲁棒资源分配问题的基本要素，为后续鲁棒资源分配算法涉及的 5G/B5G 关键技术奠定基础。第 2 章为相关理论基础，系统性地介绍鲁棒资源分配涉及的理论，分别从凸优化理论、鲁棒优化理论、随机优化理论、不确定性评价的角度对基本理论进行了说明，为后续算法设计提供理论基础。第 3 章为认知无线电网络，从认知无线电基本概念、网络结构、网络模型和关键技术进行阐述。第 4 章为异构无线网络，从多层异构无线网络的定义、网络特点、蜂窝类型、典型应用场景等方面进行介绍。第 5 章为基于有界不确定模型的认知无线电网络鲁棒资源分配问题，分别针对认知无线电网络、面向数能同传（simultaneous wireless information and power transfer，SWIPT）的认知网络等应用场景进行了鲁棒资源分配算法设计。第 6 章为基于统计不确定模型的认知无线电网络鲁棒资源分配问题，分别从能耗最小化、能效最大化、非正交多址接入（non-orthogonal multiple access，NOMA）三个方面进行了鲁棒资源分配算法设计。第 7 章为基于有界不确定模型的异构无线网络鲁棒资源分配问题，分别从异构 NOMA 网络、面向 SWIPT 的异构 NOMA 网络、基于物理层安全应用等角度进行了鲁棒资源分配算法设计。第 8 章为基于统计不确定性模型的异构无线网络鲁棒资源分配问题，分别从吞吐量最大化、能效最大化、感知不确定性等角度对鲁棒资源分配算法进行了设计。第 9 章为 D2D 通信网络鲁棒资源分配问题，分别就能效最大、NOMA 网络、无人机（unmanned aerial vehicle，UAV）通信等场景进行了鲁棒资源分配算法设计。第 10 章为智能超表面辅助的无线通信网络鲁棒资源分配问题，分别在无线携能通信系统、数能同传等场景下进行了鲁棒资源分配与波束成形算法设计。上述鲁棒资源分配设计与分析，得到了一系列非常有价值的成果，为系统设计提供技术参考。这些成果能为鲁棒资源分配技术在未来无线通信系统中的应用提供理论参考，对未来无线通信系统的鲁棒资源分配设计具有一定的指导意义。

本书得到国家自然科学基金项目（61601071，62071078，62271094，U23A20279）和重庆邮电大学出版基金资助，受到移动通信技术重庆市重点实验室的支持，在此表示衷心的感谢，同时感谢参与本书撰写工作的研究生谢豪、高正念、杨蒙同学。

本书是作者对无线通信网络鲁棒资源分配领域相关研究工作的总结，限于作者的学识水平，书中难免有不足之处，敬请读者批评指正。

目 录

第 1 章 概 述

当今社会，无线网络与服务对人们生活的方方面面都有着非常重要的影响。目前，全球接近 48 亿移动用户和超过 80 亿的移动连接，该数值逐年增加，因此需要提前为这一增长提供网络资源。然而，网络资源（频谱、能源等）是非常有限的，这就需要设计创新的方法来提高效率、管理复杂度、提供可靠的质量，同时确保可靠性和安全性。最重要的是这些方法需要以低成本的方式来满足最新的通信服务需求。

传统的方法是将无线网络的资源分配问题描述为网络吞吐量最大化问题，同时减小能量消耗和干扰功率。许多现有的资源分配方法均假设准确的参数信息来实现网络的优化目标，但是这些方法的系统性能对系统参数值的可用性和准确性，以及其他辅助信息都很敏感。

由于受到周围无线设备数量和移动性的增加、电磁波传输的非线性和时变特性的影响，在许多实际通信系统中是很难获得准确的系统信息（例如，信道增益、干扰功率大小）。因此，基于完美信道状态信息（channel state information，CSI）条件下的传统最优资源分配算法（即最优资源分配）是无法满足通信系统设计需求的。所谓的最优解最后会偏离最优值，使得一些约束条件可能无法满足，从而在很大程度上会导致用户期望性能的下降和网络性能可靠性的降低。

为了解决这种简化和非理想假设带来的负面影响，有必要在资源分配方案中引入鲁棒性设计，鲁棒性资源分配设计可以克服与生俱来的不确定性和非精确的系统信息所带来的影响，从而使得网络资源分配变得高效与公平，并且只需要增加少量的复杂度和开销。进一步来说，在很多场景下，传统的名义优化问题（即不考虑参数的不确定性）很难直接进行资源分配问题的求解，因为优化问题通常是不确定的、多项式和非凸的。如果引入鲁棒性（即考虑参数的不确定性）到这类问题中，会额外增加随机、非线性的鲁棒约束条件，使得资源分配算法的求解进一步恶化。由此可见，设计实用的无线网络鲁棒资源分配方法是一个艰巨且充满挑战的事情。

1.1 鲁棒资源分配问题的基本要素

在无线通信网络中，建立鲁棒资源分配问题必不可少的四要素为：约束条件的确定、优化目标的选择、优化变量的定义和系统信息的获取。如图 1-1 所示。

1.1.1 目标函数

在无线通信系统鲁棒资源分配问题中，优化目标函数的设定是十分重要的，能代表整个网络设计追求性能的方向，同时对优化问题的求解难易程度带来影响。资源分配问题的优化目标一般包含：最大化系统总吞吐量或容量、最小化总能量消耗、最大化系统谱效、最

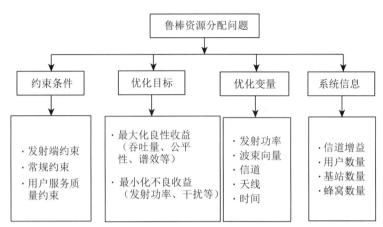

图 1-1　无线网络鲁棒资源分配问题描述的四要素

大化系统能效、最小化中断概率、最小化相互干扰、最小化误码率（bit error rate，BER）、最大化加权和速率、最大最小化用户公平性等。

1.1.2　约束条件

在无线通信系统资源分配问题中，约束条件的分类和形式是很重要的，会决定优化变量的可行域、改变解的结构、会影响资源分配问题求解的复杂度，因此针对具体的网络目标函数，考虑的约束条件也有所差异，根据实际情况进行调整。根据物理含义的不同，约束条件可以为：发射机约束、常规约束和服务质量（quality of service，QoS）约束。

（1）发射机约束主要包括：最大发射功率约束、子载波峰值功率约束、任意的硬件或软件约束、频带或接入方法的约束、天线数量约束等。

（2）常规约束主要包括：在任意给定频段内的最大允许发射机功率、每个用户最大允许的干扰功率大小、信道分配约束、基站选择约束、时延约束、时间约束、最大允许接入用户的数量约束等。

（3）QoS 约束主要包括：接收机最小信干噪比（signal to interference plus noise ratio，SINR）约束、最小电路功耗约束、最小传输速率约束、最大可容忍时延约束、中断概率约束等。

与最优资源分配问题不同的是，鲁棒资源分配问题的约束条件不仅仅需要考虑上述实际通信场景所需的物理约束条件，还需要考虑参数不确定性的约束集合，例如，信道不确定性是满足一定的高斯分布模型还是由一个最大的误差上界进行约束，这都是需要进行深入探讨的问题。

1.1.3　优化问题

从约束条件和目标函数的角度，再结合具体的网络场景可以得到不同的优化问题，但是从网络和用户的角度出发，优化问题可以简化为如下三种：网络中心场景、用户中心场景和网络辅助场景。

（1）网络中心场景：以网络为中心的优化场景的目标是实现特定网络目标的优化，例如，最大化网络中所有用户的吞吐量之和，这种场景同样被称为合作效用最大化问题。这种合作效用最大化的优化问题通常是基于网络中心节点（如基站）来实现的，因为需要全局最优化整个网络的性能，从而需要收集所有系统优化的相关参数信息（如信道增益）。这种网络性能最大化的方式，由于需要所有在网用户与中心节点频繁的信息交换，增加了计算复杂度，同时，这种方式可能会牺牲部分网络边缘或信道质量差用户的性能。

（2）用户中心场景：以用户为中心的优化场景的目标是使得每个用户的效用函数最大化，追求的是用户个性最大化，这种场景也被称为非合作效用最大化问题。在这种场景下，每个用户只需要根据自身局部的收发机信息来动态调整其传输参数，从而实现自身目标最大化。由于在这种场景中，计算和信息传递是分布式的，即用户无须与中心节点进行信息交换，这就大大降低了计算复杂度，并且当且仅当所有用户都达到了确定的稳定点，整个系统才能真正达到动态平衡。这种方式不足之处是网络性能是次优的。

（3）网络辅助场景：以网络辅助的场景是指采用额外的机制（如定价的方式，干预的方式）实现系统某一个特定目标最优化。这种方式的存在是为了弥补上述两种方案之间的差距。为了实现这一目标，网络辅助场景通过干预的方式尽可能地提升用户中心场景方案的性能，例如，通过定价的方式。另外，一些基于合作博弈论方法只需要少量系统信息即可引入激励来提高网络性能，且使优化问题尽可能简单。

1.1.4 资源分配问题求解理论与方法

由于鲁棒资源分配问题与网络模型、具体约束条件相关，无法通过统一、特定的方法进行求解。截至目前，对于资源分配问题的求解所用到的数学方法可以分为：凸优化理论、博弈论、群体智能方法、随机优化理论、松弛方法等。

（1）凸优化理论主要包含：拉格朗日对偶方法、几何规划方法、分支界定方法、障碍函数方法等。

（2）博弈论主要包含：合作博弈方法、非合作博弈方法、静态博弈方法、动态博弈方法、巴什博弈、战略博弈论、潜在博弈方法、斯塔克尔伯格博弈方法等。

（3）群体智能方法主要包含：蚁群算法、遗传算法、粒子群优化算法、菌群算法、蛙跳算法、鱼群算法、模拟退火算法、人工蜂群算法、布谷鸟算法、狼群算法、烟花算法、花朵授粉算法、蝙蝠算法、萤火虫算法等。

（4）随机优化理论主要包含：概率论、李雅普诺夫随机优化方法、随机信赖域方法、动态规划等。

（5）松弛方法主要包含：半定松弛（semi-definite relaxation，SDR）方法、伯恩斯坦近似方法、连续凸近似（successive convex approximation，SCA）方法、凸差函数（difference of convex-function，DC）近似方法等。

1.1.5 资源分配算法分类

资源分配算法可以归类为分布式算法和集中式算法。

1. 分布式算法

在过去的十年中，分布式算法已被广泛研究。这类算法主要是从可扩展性、低成本角度对多用户通信系统性能优化进行设计的，具有复杂度低、收发机信息交换少等优点。未来具有多层结构的无线网络和新兴的自组织网络是分布式算法应用与推广的主要商业驱动力。在分布式算法中，每个用户利用一个决策算法来选择它的决策变量，例如，发射功率和频段。

对于分布式算法设计，目前主要涉及分解算法和非合作博弈论。

（1）分解算法。分解算法的基本思路是将原优化问题转化为多个可求解的子问题，每个子问题可以通过分布式方式进行求解，而上一级代理通过一个信号方案给多个子问题协调最优解。这种方法有两种变形：原始分解方法和对偶分解方法。原始分解方法是分解原始的主优化问题，而对偶分解方法是基于分解相应的拉格朗日对偶问题。原始分解也被称为直接分解，一个上级代理确定每个子问题的可用资源数量，例如，发射功率和信道数量。相反，在对偶分解中，对优化问题中的每个约束，一个上级代理设置为每个子问题设定了相应的价格，从而可以充分利用可用资源。

（2）非合作博弈论。在这种方法下，资源分配问题被建模为每个用户的资源分配问题，每个基于本地观测数据的用户，通过与周围用户联络来确定传输参数。主要问题是考察博弈收敛点时的网络性能，其中纳什均衡的概念被广泛采用来判定是否收敛。

2. 集中式算法

集中式算法思路是通过一个中心节点负责网络中所有用户的资源调度与分配，例如，传统的 2G 蜂窝基站。具体过程是，基站需要获取所有用户的上行/下行传输的信道增益、干扰功率、QoS 需求、时延、业务类型等方面的信息，从而根据获取的信息，按照信息紧急程度、业务类型的优先度进行资源调度，通过合理的、集中式资源分配，在保证每个用户的服务请求下使得整个网络的某一特定性能得以实现，例如，网络吞吐量最大化或系统和速率最大化。

如何选择一个合适的方法来求解给定的资源分配问题，需要考虑如下属性：① 收敛速度和对参数值变化的鲁棒性比较；② 分布式和集中式方案之间性能差异的大小；③ 需要信息交换的数量；④ 相应的计算开销或成本。一般来说，通过集中式方案可以得到一个全局最优解，其代价是需要大量的信息交换，而基于博弈论的分布式算法则需要较少的信息传递，代价是获得次优解。如果两者的性能差别不大，通常选择非合作博弈论的分布式方法。在集中式方案中，需要假设所有的参与者彼此之间可以合作，并且服从中央控制节点的安排，而在分布式算法中，参与者之间是非合作关系，是相互竞争的，每个参与者都想尽可能最大化自身的效用函数。

1.2　5G/B5G 关键技术简介

在无线通信网络鲁棒资源分配问题中，由于所研究的网络和引入的技术不同，使得资源分配的模型、求解方法、约束条件也随之改变，因此为了更方便清楚后续具体的资源分配设计思想，本小节将后续工作中所涉及到的 5G/B5G 关键技术进行了简单概括。

1.2.1　OFDMA 技术

正交频分多址接入（orthogonal frequency division multiple access，OFDMA）技术属于多载波调制方法的一种，是正交频分复用（orthogonal frequency division multiplexing，

OFDM）技术的演进。OFDMA 的基本思想是将需要传输的比特流分成多个子流在不同的正交子载波（也称为子信道）上进行传输。每个子载波的带宽要求小于相干带宽，从而使得每个子载波经历相对平坦的衰落，可以避免符号间的干扰。在高速多载波通信系统中，频谱不需要是连续的，可以使用几个较小的、连续资源块进行替代，因此 OFDMA 技术提高了频谱分配和频谱管理的灵活性，可以有效降低延时、抗多径衰落，提高系统性能和频谱效率。OFDMA 技术与 OFDM 技术的区别在于，前者是在同一时隙将不同的子载波分配给不同的用户，而后者是在某一个时隙将所有子载波用于承载一个用户的数据包，如图 1-2 所示。虽然 OFDMA 技术能够较大地提升系统性能，但是对通信系统的资源分配问题带来诸多挑战，例如，子载波分配、峰值功率保护、子载波与功率的联合分配等。

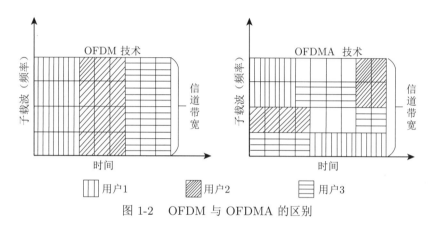

图 1-2　OFDM 与 OFDMA 的区别

1.2.2　NOMA 技术

在过去的几十年里，无线通信系统在多址技术方面经历了一场革命，例如，从 1G 的时分多址接入（time division multiple access，TDMA），2G 的频分多址接入（frequency division multiple access，FDMA），3G 的码分多址接入（code division multiple access，CDMA），4G 的正交多址接入（orthogonal multiple access，OMA）可以看出每代通信技术的发展都在多址接入方面有所突破。上述接入方式属于正交多址接入，这种方法的缺陷在于允许接入用户的数量受到正交资源数量的限制，并且在实际系统中由于硬件电路的限制，并不能时刻保证时-频-码域资源的正交性，因此传统的正交多址接入无法进一步提高频谱效益和大规模连接的需求。

为了克服上述问题，在 2013 年，Saito（西户）教授所提出的非正交多址接入（non-orthogonal multiple access，NOMA）技术受到学术界与工业界的广泛关注，用以支持用户数比资源数多的无线通信环境。NOMA 技术的基本思想是通过接收机复杂的串行干扰消除（successive interference cancellation，SIC）方法，来支持多用户间非正交的资源分配，图 1-3 给出了基于 SIC 方法的 NOMA 技术示意图。NOMA 可以分为两类：功率域 NOMA 和码域 NOMA。在功率域 NOMA 下，根据用户的信道质量，不同的用户被分配不同的功率，从而实现相同的时-频-码域资源共享。在接收机侧，为了区分不同用户，功率域 NOMA 使得多个用户分配到不同的功率水平。码域 NOMA 与多载波 CDMA 技术相似，只是使用了低密度序列或非正交序列，使得接收码具有较低的交叉相关度。

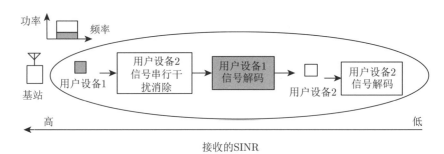

图 1-3 基于 SIC 方法的 NOMA 技术示意图

1.2.3 能量收集技术

能量收集技术是一种可持续、环保的能源采集技术。它主要是通过传感器从周围环境能源，例如，太阳能、风能、无线电磁能等，收集能量转换为电能供给设备，这样可以延长设备的生命周期。例如，无线传感器节点可以通过能量收集技术收集周围环境中的可再生能源为自身供电。这种源源不断的能量收集可以有效延长传感器的生存周期，实现持续有效的工作。基于上述特点，能量收集技术被认为是一种能有效提升能量利用率、延长网络无线设备生存周期的关键技术之一。虽然这种技术并不能直接减少无线通信系统传输所需要的能量，但是它使得无线网络能够重复利用周围的可再生能源和清洁能源，并为所需电能给出持续供应。一般而言，无线通信系统中主要是通过辐射能源收集能量。辐射能量主要是指获取不同波长的电磁波能量，将其转换为电能的过程。

一般来讲，辐射能量源主要分为如下两大类：

（1）光伏电池。这也是广为人知的太阳能电池，可以利用光电效应将可见光转换为电能。太阳能和室内光能量收集是常用的自主能量转换器。

（2）射频能量。这种能量收集技术是利用射频天线从周围电磁波中获取能量，例如，来自电视（television，TV）、广播、无线局域网（wireless fidelity，Wi-Fi）、移动端等射频无线信号。射频能量收集可以使得能源被循环利用，而不被浪费。在这种情况下，干扰信号既给用户提供天然的能源，又给用户带来很强的干扰。

由于环境的波动性以及能量转换技术的不成熟，能量收集这种新兴的能量技术使得设备的可用能量具有很强的随机性、间歇性和异构性，并使得通信过程中由于能量的特性出现传输中断的问题。基于这种特性，现有能量收集技术大多应用于邻近或直通通信的近距离传输场景，因此，基于该特征，早期的能量收集技术主要应用于体域网、无线传感器网络以及物联网等低功耗通信系统中。随着能量收集技术的日益发展，以及无线蜂窝通信节点的爆炸式增长带来的流量负载和能耗问题，能量收集技术逐渐被运用到机器与机器（machine-to-machine，M2M）、终端直通（device-to-device，D2D）通信等移动通信系统中，以期望同时解决谱效和能效问题。

由于能量收集系统的收集效率与能量源的类型有关，因此需要对周围环境中的可再生能源进行分析与总结。表 1-1 给出了主要可再生能源的对比关系。

1）太阳能

太阳能作为一种可预测的能量源，获取方便，是当前应用最普遍、最成熟的能量源。首个硅基太阳能电池出现于 20 世纪 50 年代，至今其物理特性和电气特性持续提升，通常的

表 1-1　可再生能源的对比关系

类别	太阳能	热能	射频能	振动机械能	按钮机械能
能量密度	100mW/cm^2	$60\mu\text{W/cm}^2$	$0.0002\sim1\mu\text{W/cm}^2$	$200\mu\text{W/cm}^2$	$50\mu\text{J/N}$
可用时间	白天 (4~8h)	连续	连续	由活动决定	由活动决定
设备重量	5~10g	10~20g	2~3g	2~10g	1~2g
优点	能量多，技术成熟	持续可用	天线可集成，随处可用	技术成熟，重量轻	技术成熟，重量轻，体积小
缺点	占空间较大，不连续，有方向性	占空间较大，易碎	依赖于距离和信号源	占空间较大，输出变化大	输出变化大，转换效率低

转换效率为 10%~40%。随着技术的发展，研究人员最新设计的锑化镓（GaSb）基太阳能电池，光电转化效率已经超过 50%。在转换效率 30% 时，白天的能量密度达 100mW/cm^2。太阳能捕获需要借助于太阳能面板，太阳能面板的面积、太阳光照射强度和角度共同决定太阳能的捕获速率。在太阳能捕获无线传感器网络中，节点要根据环境调整能量捕获模式，避免能量耗尽的同时提高任务调度效率。

2）热能

热能的应用非常广泛，借助于塞贝克效应或汤姆逊效应，利用热电装置中的温差产生电能。热电转化技术是一种直接将热能转化为电能的有效方法，是一种重要的绿色发电方式。该技术具有系统设备使用寿命长、无噪声、绿色环保等优点，多应用于航天、航空及民用工业等领域的余热回收。该技术的特点是两边温差越大，电压也越大。

3）射频能

射频能量捕获技术能够将射频能转换为电能，由于不断扩展的无线通信和广播基础设施，射频能量正变得无处不在，例如，模拟/数字电视、幅度调制（amplitude modulation，AM）无线电、频率调制（frequency modulation，FM）无线电、Wi-Fi 和 3G/4G 网络，射频能密度也不断增加。射频能收集的效率不仅取决于射频能的间歇性和随机性，还取决于射频信号源和收集器之间的距离。射频能量收集技术特别适合为类似于桥梁、建筑物、植入医疗等不便于更换电池的场合供电。利用射频能为无线传感器网络供能也切实可行，射频识别（radio frequency identification，RFID）就是其中的一个典型应用。射频能量收集技术结合反向散射技术，成为目前无源感知网络的重要研究方向。

4）机械能

压电元件可以把机械能转换为电能，通常用来收集类似于行走、按钮等间歇性机械能，以及风能、噪声、震动等连续性机械能。压电薄膜和陶瓷被施加外力时变形并产生电能，薄膜尺寸越大，收获的能量越多。与其他能量收集装置相比，体积相对较小且较轻。然而，当利用诸如人体运动等间歇性机械能作为输入时，捕获到的电压具有大的动态范围、高电压和低电流的特征，导致转换效率较低，同时需要使用电压调节电路来防止电压过冲。

从能量到达模型的角度看，可以将能量收集支持系统分为两种典型的架构：收集使用（harvest-use）架构和收集存储后再使用（harvest-store-use）架构，其架构如图 1-4 所示。

（1）Harvest-use 架构。该架构直接从能量收集单元中管理电能以满足设备各部分所需。具体来讲，收集的能量直接用于网络节点供能；为了使得网络节点能够正常运行，转换的电能通常要超过该节点所需要电能的最小值，否则该节点无法正常工作，因此这种架构经常被应用在无电量存储单元的能量收集设备中，例如，充电电池或者电容器。此时，能量收集单元的电量转换效率需要高于设备各部分所需要的最小能量负载。这种特点导致了该架构存在一个较大的不足：设备的性能对能量收集单元的输出异常敏感。

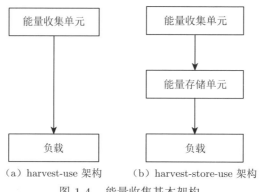

（a）harvest-use 架构　　　（b）harvest-store-use 架构

图 1-4　能量收集基本架构

（2）Harvest-store-use 架构。该架构在能量收集单元和设备负载之间引入了一个能量存储设备。一般来讲，能量存储通常是由一个或多个可以充电的电量存储单元组成，使得设备负载能够稳定运行。从而可以看出，电量存储单元可作为一个能量缓冲器，既可以在能量转换不足时，为负载维持稳定的电力供应，又可以在电量转换充足时，缓存多余电量为后续需求做铺垫。

1.2.4　WPT 技术

无线能量转发（wireless power transfer，WPT）技术通常也被称为射频无线充电技术或无线能量传输技术，这种技术主要是为了延长无线通信网络终端的续航时间，解决更换电池不方便、提供有效的清洁能源等问题。

传统的能量收集技术大多集中在可再生能源，如从风能、太阳能及雷电等自然能源中收集能量，这些能源可以为无线网络提供潜在的长期操作的可能性，同时降低给电池充电或者更换传感器节点的成本，但由于环境源的不规则性和不可预见性，往往使其效果不如预期。此外，主要的能量收集技术是场景特定的，仅适用于特定的环境中。此后，能量收集的研究逐步扩展到电磁场领域。无线能量传输作为一种为无线网络提供方便、永久性能源的新解决方案，被认为是一项非常有前景的能够在传统的能量受限系统中实现永久传输的技术，如图 1-5 所示，指的是通过电磁场将电能从电源传输到一个电气元件或电路的一部分，该电路消耗电能，而无须借助有线互连。WPT 也是目前解决物联网无线终端设备续航问题的关键方法之一。

无线能量传输技术的历史可以追溯到 19 世纪末，美国科学家 N. 特斯拉发明了特斯拉线圈（Tesla coils），实现了无线能量传输，通过射频能量成功启动 26 英里①外的一台电动机，由于商业前景和当时的技术限制，难以投入实际应用。接下来，他同时实现了另外一个突破，通过发明产生高频、高压交流电的特斯拉线圈构造了一个特斯拉塔，该特斯拉塔可以作为电离层中电能传输的无线传输站。20 世纪 60 年代，W. 布朗成功利用硅整流二极

---

① 1 英里 =1609.344 米

管天线将微波能量转换为直流电源，同时，这种微波能量传输技术实现了在地面上以频率 2.45GHz，功率 270W 的射频能量，让 50m 高空中的小型飞行器保持悬停。1973 年，美国洛斯阿拉莫斯国家实验室诞生了世界上第一个被动 RFID 系统。2001 年，法国的研究人员皮尼奥莱利用微波无线传输能量点亮 40m 外的 200W 灯泡，随后在法属留尼汪岛上建造了 10kW 的试验型微波输电装置，以 2.45GHz 的频率向一公里处的格朗巴桑村供电。2007 年，麻省理工学院的研究人员 A.库尔斯等实现了短距离无线能量传输试验平台，基于电磁感应原理成功点亮了 2m 外的 60W 白炽灯，效率可达 40%。在这些早期的基于射频的无线能量传输系统中，需要用到很高的传输功率以及大孔径天线以抵抗信号传输过程中的路径损耗，因此难以被广泛应用。

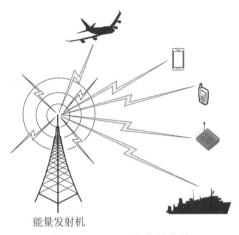

能量发射机

图 1-5　RF 无线能量传输

沉寂了一段时间之后，在最近的几十年里，由于低功耗设备数量逐渐增加，例如，无线传感器、人体植入设备等，为这些低功耗设备提供持续稳定的供能需求逐渐增加，因此基于射频的无线能量传输系统因能够大范围、大规模地给设备进行无线充电，又再次成为了研究的热点。H.扎因在微波天线波束赋形的相关研究基础上，成功地在 Wi-Fi 频段上通过小型相控阵列天线实现约 30 英尺的非直线视距能量传输。他们紧接着实现了在电视塔 4.1km 外，位于 674MHz~680MHz 的频段捕获到 60mW 的射频能量。A.N.帕克斯设计的射频能量捕获传感器节点在距离 1MW 特高频（ultra high frequency，UHF）电视信号发射器 10.4km 处，以及距移动基站 200m 处，都可以正常工作。

基于射频的无线能量传输，由于其利用的是电磁波的远场辐射特性，因此能够为中长距离范围内的无线设备供电，如移动电话、传感器、无人机、船只中的电子设备等，从射频信号接收和收集能量，并为电池充电。无线能量传输技术将接收到的无线信号转化为自身的能源，从而维持自身的正常运转，这样既保证了有效通信，又延长了无线设备的续航时间，使得能源得到充分利用，符合绿色通信的理念，具有节能环保的重大意义。此外，无线能量传输技术的使用不仅仅解决了接收端设备充能问题，更是对当下无线技术飞速发展下大气中充斥着各种射频信号的合理利用，符合当前绿色通信的发展趋势，具有十分重大的研究意义。以无线射频识别为例，一个普通的 RFID 收发器能够为一个 RFID 标签在 4m 远处进行供电，其接收到的功率约为 0.5mW，而一些射频能量收集芯片甚至能在距离发射端 12~14m 处接收来自视距（light of sight，LOS）传输的能量，其接收功率约为 0.05mW。相比于前两类近场无线能量传输技术，除了更远的传输距离，基于射频的无线能量传输还有其他优点。如更灵活的部署能力，更小的接收机尺寸，能够利用电磁波广播特性的同时为工作范围内多个设备进行同时供电，提供了和其他通信系统结合的能力。这是因为电磁波的辐射和振动特性可以被用于携带能量，而振幅和相位又可以被用于信号的调制。

正是因为这些优点，基于射频的无线能量传输技术成为了目前无线通信领域的热点研究方向之一。同时，基于射频的无线能量传输系统的研究逐渐和传统无线通信系统相互融合，如异构无线网络、认知无线电网络、蜂窝自由网络、协作通信网络、反向散射通信网、智能超表面通信网络等。WPT 技术的发展史如图 1-6 所示。

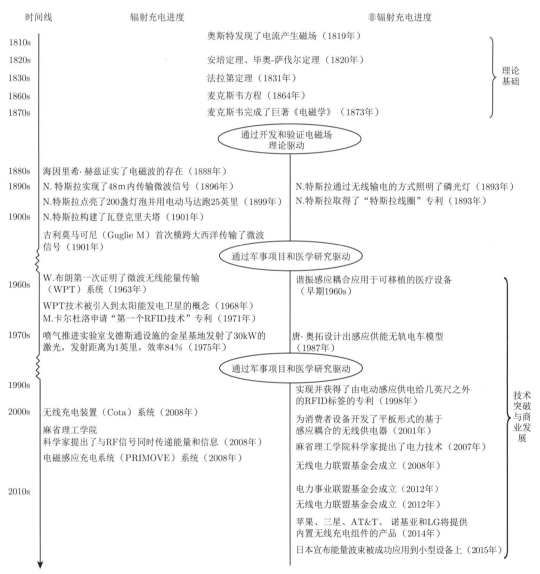

图 1-6　WPT 技术的发展简史

1.2.5 SWIPT 技术

上述能量传输技术能够满足终端对绿色、稳定能量收集的需求，但是无法同时实现信息与能量传输。也就是说，WPT 技术需要信息和能量分别独立传输，并且有效充电距离很短，这使得无线通信设备的移动性、便捷性受到限制，降低网络的传输效率。为了充分发挥无线信息传输技术和无线能量传输技术的特点，无线信息与能量同传（simultaneous wireless information and power transfer，SWIPT）技术由 L.R. 瓦尔什尼于 2008 年首次被提出。SWIPT 技术同时也可以被称为无线携能通信技术，在 SWIPT 技术中，系统中节点在能量受限的情况下，可以在传输系统的射频信号中收集能量，与之前单纯地依赖电池所供应的能量不同，使得系统可以由收集到的能量维持后续通信的信息传输。无线信息和能量的同时传输方式在保证通信正常进行的同时，进一步改善了通信质量。无线信息和能量的同时传输是在无线信息传输和无线能量传输融合的基础上，实现了信号传输容量和能量传输效率的协同提高，具有重大的研究意义。

SWIPT 技术的早期研究以高斯信道和频率选择性信道的二进制传输系统为研究对象，基于耦合电感电路理论分析相同条件下的能量传输和信息传输速率的系统性能。学者们尝试将干扰信号转化为系统可用的能量，从而实现对速率能量折中和中断能量折中性能的提高。近年来，学者们更关注 SWIPT 技术的各类不同网络模型，例如，车联网、认知无线电网络、异构无线网络等。

SWIPT 技术在接收机结构上实现了信息与能量的同时传输，能够保证无线通信系统的一定通信质量提升和移动设备的续航能力提升。这种信息与能量同传的特点，是 SWIPT 技术与 WPT 技术的最大区别。在未来的几年甚至十几年内，由于可以通过同一个射频信号使得接收设备同时进行能量收集和信号传输，SWIPT 技术将会为移动互联网、物联网等通信网络中的无线终端带来更加高效、便捷、清洁的能量供给方案，因此在未来无线通信系统中具有很好的研究价值。

SWIPT 技术侧重无线信息传输的同时（即同一时刻/时隙）进行能量收集，其关键点在于接收机的设计。根据通信设备接收机端的信息解码器和能量收集器是否独立，可以分为独立型和同位型，如图 1-7 所示。从图 1-7（a）中可以看出，能量接收机和信息解码器是相互独立的，分别接收来自发射机的信息流和能量流。这种结构可以同时或者独立地实现信息解码和能量收集。另外，从图 1-7（b）中可以看出，该同位接收机具有同时进行信息解码和能量收集的能力，其特点在于信息和能量由同一个信号所携带，接收端在接收信号之后通过特定的方式将能量和信息分离开来，即时间切换（time-switching，TS）法和功率分流（power-splitting，PS）法。

1. 时间切换机制的 SWIPT 结构

对于采用 TS 法的接收机来说，能量收集和信息解码是分开进行的，其信号接收结构如图 1-8 所示。其中，$\alpha \in [0,1]$ 为时间切换因子。从图中可以看出，在时间切换接收机模式下，接收机包含一个定时切换模块，接收机的每根天线都会通过一个时间切换开关在能量收集与信息解码之间进行切换。在第一个阶段，接收机首先将信号当作能量进行收集，用于保证设备的正常运行和延长在网寿命；在第二个阶段，接收机把信号当作信息信号进行接收，从而满足一定的通信传输能力，例如，满足接收机端一定的服务质量，因此，信号

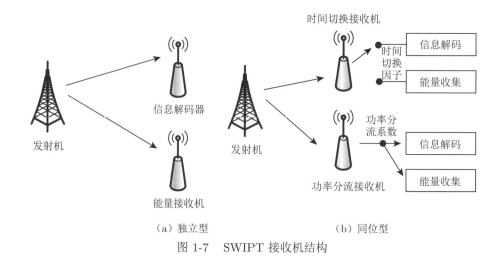

（a）独立型   （b）同位型

图 1-7   SWIPT 接收机结构

分裂是在时域内进行的，即在某个时隙中接收到的全部信号用于信息解码或功率转移。时间切换接收机通过周期性地在两个模块间快速切换，看上去就像是"同时"在进行充电和通信。

图 1-8   时间切换接收机结构

从理论上讲，时间切换比功率分流从硬件上更加容易实现。这种采用时间切换机制的接收机需要在发送端和接收端之间进行精确的时间同步，接收机需要根据发送端的信息传输时间来调整天线的切换时间，而这种时间同步，在物理上通常是很难满足与实现的。

基于上述分析，可以很容易得到基于时间切换的信号传输模型。定义发射机到接收机的传输信号为 s_1，h_1 为对应的信道系数，结合图 1-8 的接收机结构，信息解码接收信号和能量收集信号的表达式分别为

$$y_{\mathrm{TS}}^{\mathrm{ID}} = \alpha(h_1 s_1 + n_{\mathrm{A}}) \tag{1.1}$$

$$y_{\mathrm{TS}}^{\mathrm{EH}} = (1-\alpha)(h_1 s_1 + n_{\mathrm{A}}) \tag{1.2}$$

根据上述表达式可以得到接收机端的信干噪比，对时间切换因子进行优化可以满足一定的性能指标，例如，系统总吞吐量最大化。

2. 功率分流机制的 SWIPT 结构

考虑到时间切换机制对时钟同步上的严格要求，基于功率分流机制的 SWIPT 技术被提出。对于采用 PS 法的接收机来说，其信号接收结构如图 1-9 所示。其中，n_{A} 为接收机噪声；n_{p} 为信息解码噪声；$\rho \in [0,1]$ 为功率分流因子。对于功率分流接收机，能量收集和信息解码是同时进行的。在功率分流接收机模式下，接收机包含一个功率分流模块。接收机端每根天线下的接收信号都在不同的功率水平下，通过功率分流因子被分配为两条独立

的数据流，一条用于基带信号的信息解码，另外一条用于整流天线电路的能量收集。其中代表能量部分的信号用来实现能量收集，提高设备的运行寿命，而代表信息部分的信号用来实现数据传输，因此基于上述原理，功率分流方法在传输速率和收集能量的权衡上能获得较好的性能，更加适用于实际系统。

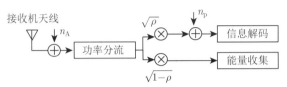

图 1-9 功率分流接收机结构

根据上述分析并结合图 1-9 的接收机结构，可以很容易得到在功率分流模式下的信号传输模型。定义 s_2 为发射机到接收机的传输信号，h_2 为其相应的信道系数，可以得到信息解码接收信号和能量收集信号的表达式分别为

$$y_{\mathrm{PS}}^{\mathrm{ID}} = \sqrt{\rho}(h_2 s_2 + n_{\mathrm{A}}) + n_{\mathrm{p}} \tag{1.3}$$

$$y_{\mathrm{PS}}^{\mathrm{EH}} = \eta\sqrt{1-\rho}(h_2 s_2 + n_{\mathrm{A}}) \tag{1.4}$$

其中，$\eta \in (0,1)$ 为能量收集效率因子。根据上述表达式可以很容易得到对应的信噪比表达式，从而可以对基于 SWIPT 技术的无线通信系统进行资源分配、性能分析方面的研究工作。

1.2.6 D2D 通信技术

D2D 通信技术是指设备到设备间的直连通信，不需要基站进行信号处理。该技术可以让一定距离范围内的通信设备直接通信，降低对服务基站的负担，同时不依靠基础网络设施，从而可以有效解决在应急通信场景或无信号覆盖区域的通信问题。

D2D 通信虽然和蓝牙、无线局域网等都属于短距离通信技术，但是该技术的最大区别在于需要电信运营商的授权频段，所以干扰环境是可控的，数据传输速率可以得到有效提高。另外，蓝牙需要配对才能通信，而 D2D 通信无须该过程可以直接应用于 D2D 用户对之间，有效提升了用户体验。同时，D2D 通信可以满足人与人之间大量的信息交换。

D2D 通信同样可以分为集中式控制和分布式控制。集中式控制是指 D2D 需要上报用户信息，从而向基站请求与占用频谱资源，这种方式会增加基站的信令开销；分布式控制是由 D2D 用户对直接完成，容易获取收发机双方的链路信息，从而增加 D2D 设备本身的硬件复杂度，因此使得 D2D 终端具有更强的通信能力。由于 D2D 通信技术具有组网灵活、频谱利用率高、用户体验好的特点，从而多数情况下被融入其他蜂窝网络中进行应用。

进一步，D2D 通信可以分为带内 D2D 通信和带外 D2D 通信，如图 1-10 所示。

（1）带内 D2D（inband D2D）通信。这种通信方式包含下垫式（underlay）频谱占用方式和机会式（overlay）频谱占用方式，通常是利用授权频谱进行通信。在下垫式 D2D 通信系统中，蜂窝用户和 D2D 用户使用相同的频谱资源，而在机会式 D2D 通信系统中，D2D 用户链路被分配的是专用的蜂窝频谱资源，用来协调宏基站与蜂窝用户的通信，即作为中继节点辅助蜂窝用户通信，因此带内 D2D 通信可以提高蜂窝网络的频谱效率，其缺点是对网络中的蜂窝用户带来干扰。

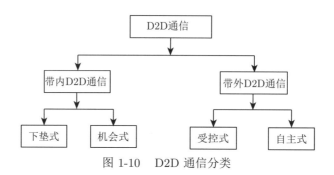

图 1-10   D2D 通信分类

（2）带外 D2D（outband D2D）通信。在这种通信方式下，D2D 用户利用非授权的频谱进行通信，需要额外的接口才能使用非授权频谱，例如，采用其他无线技术（Wi-Fi 直传、ZigBee、蓝牙等）。受控式带外 D2D 通信需要将第二个技术（例如，ZigBee）或接口的控制权交给蜂窝网络进行控制。如果保留蜂窝通信的控制信道，将 D2D 通信留给用户，这称之为自主式带外 D2D 通信。

从占用蜂窝网络频谱资源的角度可以将 D2D 通信分为三类：蜂窝模式、正交模式和复用模式。

（1）蜂窝模式。同时具有蜂窝通信和 D2D 通信的终端设备，在不满足 D2D 通信条件时，只能通过基站来进行数据处理的模式，称为蜂窝模式。

（2）正交模式。蜂窝用户和 D2D 用户分别利用相互正交的频谱资源进行通信，不需要基站进行数据分发与中转，由于是正交资源，蜂窝用户和 D2D 用户间不存在信号干扰，用户的服务质量都能得到大幅度提升。该模式下蜂窝基站需要为 D2D 用户预留专用的频率资源。

（3）复用模式。D2D 用户复用蜂窝用户的频谱资源，可以有效提高频谱利用率，同时会产生同频干扰，需要很好的干扰抑制与资源分配策略。在复用模式下，D2D 用户复用上行/下行传输的干扰是不同的。图 1-11 给出了 D2D 通信正交模式与复用模式的对比图。

1.2.7   UAV 通信

随着智能终端数量的迅速增长，为无线通信网络的发展带来了新的机遇与挑战。未来无线通信网络需要建立新型的商业模式和新型通信技术来解决未来通信网络的发展需求。UAV 通信通过作为空中基站的方式可以有效解决视距通信、应急通信、军事通信等场景的通信问题，依靠灵活机动性、可靠传输链路来满足不同应用场景下差异化通信服务需求。随着科技的进步与无人机生产成本的降低，使得无人机在很多新兴行业得到广泛应用，如农业植物保护、天气监测、环境和自然灾害监测、交通控制、货物传输、公共安全等。基于

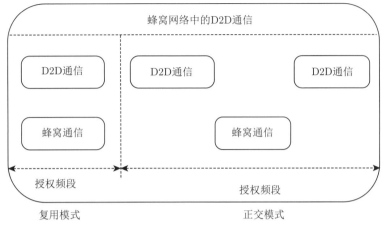

图 1-11　D2D 通信正交模式与复用模式的对比图

无人机的高度灵活性，通信运营商可以通过使用无人机来迅速地部署通信服务设施，政府部门也可以根据需求将无人机用在抗震、救灾等活动中。这种根据临时需要迅速布置的能力使得 UAV 通信系统在上述应用场景中具有突出的优势。

从应用场景的角度看，UAV 通信包含：

（1）用户所在区域不存在通信服务设施。由于障碍物的存在，使得地面终端不在所建立的宏蜂窝通信网络的覆盖范围内，如图 1-12 所示。

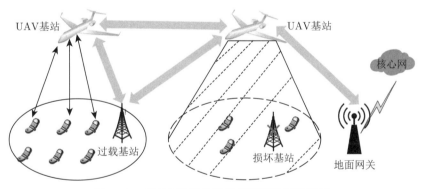

图 1-12　UAV 通信提供无处不在的网络覆盖

（2）忽然出现的大量用户通信请求，超过了当前网络的承载能力。例如，在大型的音乐会、体育赛事中，可以通过无人机辅助通信技术来缓解附近宏基站的数据处理与承载压力。

（3）由于自然灾害导致通信基础设施受到损坏或者需要建立专用的军用或者警用通信网络，如图 1-13 所示。

上述三种典型的应用场景都是通过无人机作为空中基站或中继转发节点为无线终端直接或间接地提高通信服务。在基于 UAV 通信的系统中资源分配需要考虑无人机的轨迹优化、无人机有限功耗等因素对系统性能优化的影响。

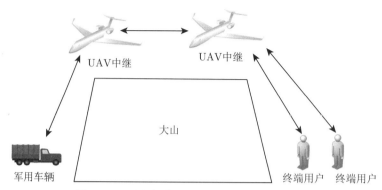

图 1-13　　无人机作为移动中继的无线通信系统

1.2.8　反向散射通信

物联网这一概念最早提出于 20 世纪 90 年代，它的目的是形成万物互联的智能网络。至今，物联网已发展 20 余年，与移动通信相比，物联网的发展相对缓慢。随着通信技术的飞速发展以及移动设备的迅猛增长，物联网将会遍布在日常生活中的每个角落。

在大规模部署物联网时，节点电池的能量问题将会成为制约网络的一个主要因素。虽然更换电池或给电池充电可以有效延长节点运行周期，但会大大提高成本，并且有时不易实现。为此学术界和工业界提出了 WPT、SWIPT 以及反向散射通信（backscatter communication）等技术来解决这个问题。通过前述章节可知，WPT 技术是通过电磁波替代电线来实现能量传输的技术，从而为现有的物联网设备消减电线。常见的应用有电动汽车、机器人等。与 WPT 技术不同，SWIPT 技术是利用射频信号既可作为能量源也可以作为信息载体的这一特征来实现能量与信息协同传输的技术。该技术同时向用户传输信息和能量，并且通过调整功率分流因子将一部分收集的能量用于信息解码，从而避免消耗自身电池。常见的应用场景是自组织（Ad Hoc）网络等。反向散射通信技术是一种通过反向散射信号进行数据传输的无线通信技术。该技术通过反射入射的射频信号进行通信，且不需要高功耗器件来产生载波信号以及数模转换，因此具有低功耗、低成本等特点。常应用于短距离射频识别系统等。三种技术的特点如表 1-2 所示。由于反向散射通信技术的传输原理比其他技术更具有优势，因此吸引了众多学者的研究，并将其作为 6G 绿色通信的关键技术之一。

表 1-2　WPT、SWIPT 和反向散射通信技术的对比

分类	技术特点	应用场景
WPT 技术	只向设备供电	电动汽车、机器人等
SWIPT 技术	同时传输信息与收集能量	Ad Hoc 网络、D2D 网络
反向散射通信技术	低功耗、低成本	短距离 RFID 系统、电子通行收集（electronic toll collection，ETC）系统等

1. 反向散射通信简介

反向散射通信的概念首先出现在斯托克曼于 1948 年发表的学术论文中。反向散射通信技术最早应用于 RFID 系统。在 RFID 系统中，标签由读写器驱动，并通过反向散射将数据传输给读写器。在 2013 年和 2014 年，来自美国华盛顿大学的研究团队先后设计出基

于电视信号和 Wi-Fi 信号的反向散射通信技术的原型硬件系统，实现了能量收集和反向散射通信功能。可以看出，反向散射通信具有信号传输和收集能量的特点。

2. 反向散射通信分类

一般来讲，反向散射通信可以分为传统反向散射通信、环境反向散射通信和双站反向散射通信。

1）传统反向散射通信

传统反向散射通信是一种反射入射射频信号进行数据传输的无线通信技术。该技术通过改变反射系数将射频信号分为两部分，一部分发送到读写器中，另一部分用于收集能量。常应用于短距离 RFID 系统等。传统反向散射通信系统模型如图 1-14 所示，射频源产生射频信号来激活标签，标签调制并反射来自射频源的射频信号，将数据传输到接收机。系统主要分为两部分：标签和读写器，其中读写器由射频源和接收机组成。然而，传统反向散射通信存在通信距离短、路径损耗严重等不足。为了克服这些不足，近年来学术界提出了几种新型反向散射技术，例如，环境反向散射（ambient backscatter）、双站反向散射（bistatic backscatter）。由于上述两种技术不需要频繁更换电池，因此可以节省人工维护成本。基于上述分析，下面将从环境反向散射通信和双站反向散射通信两个方面进行讨论。

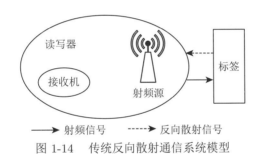

图 1-14 传统反向散射通信系统模型

2）环境反向散射通信

环境反向散射通信是利用周围环境中已存在的环境射频信号与用户进行数据传输的通信技术。该技术的主要特点在于系统能够直接利用电视信号、Wi-Fi 信号等现有的周边环境射频信号，使标签与读写器之间进行通信，其主要应用于无线供电通信网络等。美国华盛顿大学研究团队提出利用电视信号作为环境反向散射通信的信号来源，其优点为：

（1）电视塔可以源源不断地提供电视信号，为环境反向散射通信提供信号源。

（2）电视信号是振幅变化很快的信号，不易受外界干扰。环境反向散射通信系统模型如图 1-15 所示，标签接收来自射频源的环境射频信号，通过调整内部的天线阻抗反射接收到的环境射频信号，将数据发送到读写器中。

3）双站反向散射通信

假设在空旷地带或偏远地区，周围区域的环境射频信号不稳定且不易获取，环境反向散射通信的实现将会具有挑战性，因此学者们提出了双站反向散射通信。双站反向散射通信是一种利用标签反射载波信号进行数据传输的通信技术，通过在标签附近部署载波发生器，减少路径损耗，提高通信距离。载波发生器向标签发射载波信号，标签接收后反射部

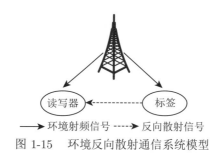

图 1-15 环境反向散射通信系统模型

分载波信号到读写器。双站反向散射通信技术的传输原理是：将载波发生器作为一个独立的节点，给标签发送载波信号，读写器接收来自标签反射的载波信号。双站反向散射通信常应用于远距离 RFID 系统等，系统模型如图 1-16 所示。

三种反向散射通信技术的特点如表 1-3 所示。

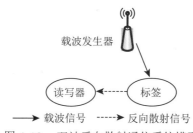

图 1-16 双站反向散射通信系统模型

表 1-3 不同类型反向散射通信技术的特点对比

网络模型	优点	不足	应用场景
传统反向散射通信	低功耗，系统结构简单	通信距离受限	短距离 RFID 系统
环境反向散射通信	不需要专用射频源	环境射频信号不稳定、不易获取	无线供电通信网络
双站反向散射通信	减少路径损耗	载波发射器成本较高、不易部署	RFID 系统

1.2.9 智能超表面

随着各种通信技术的发展，无线网络的传输速率得到了质的飞跃，如大规模多输入多输出技术、毫米波通信技术等。这些技术的发展在提供大量连接机会、增加网络容量的同时，也造成了巨大的网络能量消耗和硬件成本与系统开销。由此带来的一个新的挑战是频谱资源的短缺与能量消耗的增大。相比于传统 4G 技术，5G 技术虽然提高了信息传输效率，但同时增加了系统能耗和网络建设成本。近年来，智能超表面（intelligent reflecting surface，IRS），也被称为可重构智能面（reconfigurable intelligent surface，RIS），作为一种低成本且高能效的方法被提出，用于解决系统的能效问题和改善通信质量，受到了广泛关注。

智能超表面系统是在传统的非可视传播环境、严重的遮蔽效应环境下，在传输的关键节点上部署大规模智能超表面，通过超表面的反射传播来提高通信质量。具体来讲，智能超表面是由多个重构无源反射元件组成的平面阵列，并以一个软件控制器来协调其工作模式，其中每个元件能够在入射电磁波上独立地产生某种相移。此外，智能超表面与传统的反射面通信不同，可以通过控制器实时调节各元件相移来反射信号，该反射信号既可以增强目标用户的接收功率又可以削弱窃听者的接收功率，从而提高系统的安全性。典型的智能超表面系统如图 1-17 所示。该系统的工作原理是：由于涉及智能超表面和基站混合分离硬件场景，因此该系统需要通过一个智能控制器将反射链路信道信息反馈给基站，从而同时优化基站处的主动波束赋形向量和智能超表面的被动相位矩阵来增强传输信号。

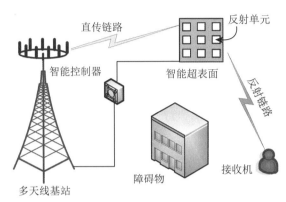

图 1-17　一种典型的智能超表面系统

1. 智能超表面的分类与工作原理

从广义范围来看，智能超表面是指可以智能配置无线电环境的反射面或者结构，如大型的智能元表面、智能超材料面、智能反射单元组、无源智能表面等，而在本书中所讨论的智能超表面属于狭义的范围，主要是指通过软件的方法控制大量由二极管组成的低功耗、无源反射面（图 1-17），这种智能超表面的内部结构如图 1-18 所示。从图中可以看出，智能超表面由三层面板和控制器组成。具体来讲，外层有大量被印刷在介电基板上的反射单元，与入射信号之间相互作用；中间层使用了铜或者其他金属材料，避免信号能量泄露或衰减；内层是控制电路层，负责调整与优化每个反射单元的振幅、相位。智能超表面技术通过改变接收信号的频率、相位、幅度和极化方向来主动改变无线信号的传输路径，从而给信号传输提供了更多的空间自由度，与当前的大规模多输入多输出（multiple-input multiple-output，MIMO）系统相比，由于智能超表面不需要引入有源射频组件，从而极大降低了系统的功耗。

2. 智能超表面的基本特点

（1）智能超表面由无源元件或反射单元构成，每个元件仅具有反射功能，即对输入信号只进行相位/幅度调节，不能主动发射信号。

（2）在超密集元件部署下的智能超表面可以看成是一个连续的表面，任何一点都可以接收和反射信号，可以通过软件的控制来完成无线电磁环境的智能配置。

（3）不受接收机噪声的影响，接收信号时不需要模数转化器或功率放大器，减小了噪声的引入；几乎不消耗功率，除控制信号功耗外，理想情况下几乎不消耗能源。

（4）理论上可以工作在任何频率范围内，可以支持全双工通信，反射面的大小可以根据实际需求进行定制与设计，容易安装，例如，窗户、天花板、外墙等。

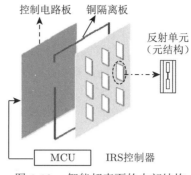

图 1-18　智能超表面的内部结构

（5）智能超表面作为辅助通信设施，可以在现有的通信网络之间进行部署，不需要进行标准化或硬件结构上的改造，从而降低网络升级成本。

3. 智能超表面的典型应用需求

从应用需求的角度出发，智能超表面可以克服无线通信覆盖盲区，增强网络边缘信号和室内覆盖。

1）克服无线通信覆盖盲区

传统的蜂窝通信网络基站部署可能存在覆盖盲区的问题，如在高大建筑物的阴影区域，在密集城区场景下的街道信号覆盖或者室内外和公共交通工具内外的信号接驳等场景下，基站信号不容易到达，通信链路被阻挡，用户不能获得较好的服务。针对该问题，智能超表面可以部署在基站和覆盖盲区之间，通过有效的反射使传输信号到达覆盖盲区中的用户，从而为基站和用户之间建立有效连接，保证盲区用户的覆盖。

根据具体实现方式的不同，通过智能超表面克服覆盖问题可以有广域覆盖、动态覆盖和协同覆盖等模式。

（1）在广域覆盖模式下，通过智能超表面覆盖固定区域内的用户，智能超表面的反射波束需要覆盖无信号区域或者对准服务用户。由于障碍物是固定不变的，智能超表面的配置在长时间内无须改变。此时采用无源低成本的超表面即可满足通信设计需求。

（2）在动态覆盖模式下，通过智能超表面按需覆盖固定区域内的用户，若某个用户需要进行通信，智能超表面将信号单独地聚焦在该用户上。如果该用户暂时不需要通信，智能超表面可以周期性地调整配置、动态地进行波束扫描，以便及时发现新的通信请求。此时智能超表面的控制可能需要与人工智能或新型感知技术相结合。

（3）在协同覆盖模式下，通过多块智能超表面协同覆盖移动的用户。智能超表面可以根据用户的位置信息相互协作，共同服务于该移动用户。比如，当某一个智能超表面无法满足用户的通信需求时，从候选的其他智能超表面中选出一个最优的智能超表面，将通信链路切换至该智能超表面上，确保覆盖盲区内通信链路无缝衔接。

2）增强网络边缘信号

由于传统蜂窝小区的覆盖范围受到基站发射功率的限制和遮蔽效应的影响，小区边缘用户的接收信号质量较差，仅通过网络规划和参数调节很难实现无缝覆盖，总会出现弱覆盖区。针对该问题，智能超表面可部署在基站和边缘用户之间，反射基站的传输信号，提高边缘用户的信号强度。

3）增强室内覆盖

目前 4G 移动网络中超过 80% 的业务发生于室内场景中。随着 5G 时代的到来，各种新型业务层出不穷，业界预测将来超过 85% 的移动业务将发生于室内场景中。对于未来的 6G 时代，室内业务占比可能会更高，因此室内覆盖将会是 6G 时代的一个重要场景。

室内通信系统中存在的挑战是由于存在多个散射，墙壁、家具的信号阻挡以及受限空间中电子设备的射频损伤而引起的丰富多径传输。同时，室内通信距离更短，用户移动速度更低且活动范围受限于室内空间。为此，可以结合具体的室内场景，有针对性地部署智能超表面以提升通信质量与覆盖性能。

智能超表面在室内环境中变得非常有益，因为无线电波可以针对目标进行最佳重新配置。在没有智能超表面的情况下，由于信号的折射、反射和扩散而经历路径损耗和多径衰落，使得期望信号几乎不能到达目标用户。如果在房间天花板涂覆智能超表面，那么信号将可被引导至目标用户处，从而实现增强信号的目的。

1.3 本 章 小 结

本章对鲁棒资源分配的研究背景、资源分配问题的基本要素和 5G/B5G 关键技术进行了介绍。具体来讲，首先详细介绍了鲁棒资源分配问题的产生背景及物理意义；然后从目标函数、约束条件、优化问题、资源分配求解理论、资源分配算法分类角度阐述了鲁棒资源分配问题的基本要素；最后对后续鲁棒资源分配算法设计用到的典型 5G/B5G 技术进行了简介，即 OFDMA 技术、NOMA 技术、能量收集技术、WPT 技术、SWIPT 技术、D2D 通信技术、UAV 通信、反向散射通信和智能超表面等。

第 2 章　相关理论基础

2.1　凸优化理论

在如今的社会生活中，人们面对问题的时候总想要通过"最优的选择策略"达到最好的效果，但是往往这种决策都伴随着多个约束条件的限制，例如，金融投资、商家卖货等。这些问题抽象成数学模型就成了最基本的优化问题，最优的策略也就是优化问题的最优解。凸优化从而成为解决优化问题的有效数据工具。

凸优化是一类特殊的数学优化问题，是在凸目标函数与凸约束条件下的优化问题，如最小二乘或线性规划问题。之所以要利用凸优化理论解决某些优化问题，其原因是如果问题可以转换为凸优化的形式，可以通过一系列现成的优化手段得到最优解。凸优化是通过在定义域为凸集合内，寻找边界最优值或近似解，使得目标函数最大化或最小化，因此凸优化理论经常被用到组合优化和全局优化问题中，同时也能解决很多学科的优化问题，如自动控制系统、估计与信号处理、通信与网络和金融等。

2.1.1　凸集合与凸函数

凸集合是凸优化中的基本定义，任何形式的优化问题想要利用凸优化理论来求解，需要将约束条件或者定义域集合转换为凸约束或者凸集合的形式。在欧几里得空间中，如果在对象或集合内任意两点所连成的直线上，任意一点都属于原对象或集合，那么该对象或集合就是凸的，如图 2-1 所示。例如，由于图 2-1 （b）中虚线段上的点不属于原集合（如灰色区域），因此是非凸集合。

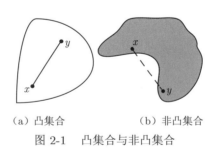

（a）凸集合　　　　　（b）非凸集合

图 2-1　凸集合与非凸集合

凸集合还可以通过如下数学语言来描述：假设空间两个不同的点属于某一闭集 $\mathbb{R}^n$，如 $x_1 \in \mathbb{R}^n$，$x_2 \in \mathbb{R}^n$ 且 $x_1 \neq x_2$，满足如下线性组合：

$$y = \theta x_1 + (1 - \theta) x_2 \tag{2.1}$$

当变量 $\theta \in [0,1]$ 时，变量 y 满足 $y \in \mathbb{R}^n$，那么集合 $\mathbb{R}^n$ 为凸集合。如果对于任意子集 C 满足 $C \subseteq \mathbb{R}^n$，那么集合 C 也是凸集合。简单来说，所谓凸集合就是集合中任意一点

都可以通过直线路径看到集合中其他点，而且此直线路径中的任意点都在该集合内。凸集合一般是实心集合，中间没有空洞。例如，$C(x_c, r) = \{x_c + r\boldsymbol{u} \,|\, \|\boldsymbol{u}\| \leqslant 1\}$，$x_c$ 为球心，r 为半径，即为凸集合。基本的凸集合类型有圆锥集、欧几里得球域、椭圆集、多面体集等。凸集合的性质有：

（1）如果 C_1 和 C_2 是凸集合，则集合 $C_1 + C_2 = \{x \,|\, x = y_1 + y_2, y_1 \in C_1, y_2 \in C_2\}$ 也是凸集合。

（2）任何一组凸集合的交集还是凸集合。

凸函数是一个定义在某个凸子集上的实值函数。其定义为：假设 $C \subseteq \mathbb{R}^n$ 为凸集合，假设函数 f 为定义在 C 上的一个 n 元函数，如果对于 C 中任意的两个不同的点 $x_1 \in C$，$x_2 \in C$ 和任意的常数 $\theta \in [0, 1]$，有

$$f[\theta x_1 + (1-\theta) x_2] \leqslant \theta f(x_1) + (1-\theta) f(x_2) \tag{2.2}$$

则 f 为凸函数，而 $-f$ 为凹函数。如果 f 为一个凸函数，那么它的所有水平集合

$$\{x \in C \,|\, f(x) \leqslant a\} \text{ and } \{x \in C \,|\, f(x) < a\} \tag{2.3}$$

是凸的，其中 a 是一个标量。

若对任意的实数 $\theta \in (0, 1)$ 且 $x_1 \neq x_2$ 有

$$f[\theta x_1 + (1-\theta) x_2] < \theta f(x_1) + (1-\theta) f(x_2) \tag{2.4}$$

则称 $f(x)$ 为严格凸函数。从几何角度看，若函数图形任意两点间的连线都不在函数图形的下方，则该函数为凸函数，如图 2-2 所示。

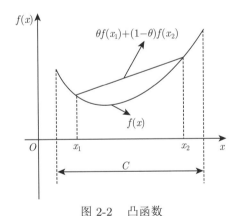

图 2-2 凸函数

基本的凸函数类型有指数函数、仿射函数、半正定二次型函数、欧几里得范数等。例如，$f(x) = \mathrm{e}^{ax}$ 是实数集合上的凸函数，$f(x) = x \log x$ 是正实数集合上的凸函数。对于凸集合 $C \subseteq \mathbb{R}^n$ 上的函数 $g(x)$，如果函数 $f(x) = -g(x)$ 为凸函数，则称 $g(x)$ 为凸集合 C 上的凹函数。若 $-g(x)$ 是严格凸的，则 $g(x)$ 为严格凹函数，例如，凹函数如图 2-3 所示。

由上述凸函数的定义可以推导出凸函数相关的性质如下：

（1）$f(x)$ 是凸集合 C 上的凸函数，对于任意实数 $\alpha \geqslant 0$，函数 $\alpha f(x)$ 也是凸集合 C 上的凸函数。

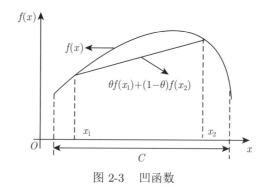

图 2-3 凹函数

（2）$f_1(x), \cdots, f_n(x)$ 是凸集合 C 上的凸函数，则函数 $\sum\limits_{i=1}^{n} \alpha_i f_i(x)$ 仍然是凸函数，其中，$\alpha_i \geqslant 0, i = 1, 2, \cdots, n$。

（3）$f(x)$ 是凸集合 C 上的凸函数，对于任意实数 $\alpha \geqslant 0$，则集合 $C' = \{x | x \in C, f(x) \leqslant \alpha\}$ 为凸集合。该性质经常用于判断集合是否为凸集合。

实际上除了上述描述的凸函数和凹函数，还有一类非凸函数如图 2-4 所示。从图中可以发现，函数 $f(x)$ 的前一部分拥有凸函数的性质，即曲线上任意两点的连线位于函数曲线的上方；后一部分拥有凹函数的特性，即曲线上任意两点的连线位于函数曲线的下方。

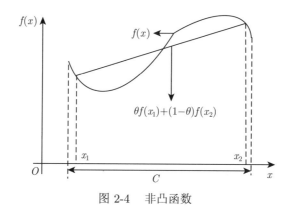

图 2-4 非凸函数

凸函数判定准则一：当判断一个函数是否为凸函数时，可根据凸函数的定义进行判断，一般计算复杂度很大，特别是多元函数问题；有时候不一定能够方便地构造相应的函数。为了简便起见，对于凸函数的判断，可以通过函数求导或求偏导的方法。对于在实数集上的一元可微函数，通过求它的二阶导数进行判断。如果二阶导数在函数区间上是非负的，那么函数为对应区间的凸函数。

例如，定义 $f(x)$ 是凸集合 $C \subset \mathbb{R}^n$ 上的函数，$f(x)$ 在 C 上满足一阶连续可微，则 $f(x)$ 是凸集合 C 上凸函数的充分必要条件是对于任意两点 $x_1, x_2 \in C$，恒有

$$f(x_2) \geqslant f(x_1) + \nabla f(x_1)^{\mathrm{T}} (x_2 - x_1) \tag{2.5}$$

其中，$\nabla f(x_1)^{\mathrm{T}}$ 表示函数 $f(x)$ 在点 x_1 处的梯度。

凸函数判定准则二：进一步，对于多元二阶可微函数，可以通过对它进行求二阶偏导，判定海森（Hessian）矩阵是否在凸集合的内部正定，如果是正定，则为凸函数。例如，假设 $f(\boldsymbol{x})$ 在 C 上满足二阶连续可微，则判断 $f(\boldsymbol{x})$ 是凸函数的充分必要条件是：对于任意的 $\boldsymbol{x} \in C$，$f(\boldsymbol{x})$ 的 Hessian 矩阵都是半正定的，即

$$\nabla^2 f(\boldsymbol{x}) = \begin{bmatrix} \dfrac{\partial^2 f(\boldsymbol{x})}{\partial x_1 \partial x_1} & \dfrac{\partial^2 f(\boldsymbol{x})}{\partial x_1 \partial x_2} & \cdots & \dfrac{\partial^2 f(\boldsymbol{x})}{\partial x_1 \partial x_n} \\ \dfrac{\partial^2 f(\boldsymbol{x})}{\partial x_2 \partial x_1} & \dfrac{\partial^2 f(\boldsymbol{x})}{\partial x_2 \partial x_2} & \cdots & \dfrac{\partial^2 f(\boldsymbol{x})}{\partial x_2 \partial x_n} \\ \vdots & \vdots & \ddots & \vdots \\ \dfrac{\partial^2 f(\boldsymbol{x})}{\partial x_n \partial x_1} & \dfrac{\partial^2 f(\boldsymbol{x})}{\partial x_n \partial x_2} & \cdots & \dfrac{\partial^2 f(\boldsymbol{x})}{\partial x_n \partial x_n} \end{bmatrix} \succeq \boldsymbol{0}, \quad \forall \boldsymbol{x} \in C \tag{2.6}$$

如果将式 (2.5) 中的大于等于号换成大于号，或者对任意的 $\boldsymbol{x} \in C$，$f(\boldsymbol{x})$ 的 Hessian 矩阵都是正定的，则 $f(\boldsymbol{x})$ 为凸集合 C 上的严格凸函数。

根据上述准则可以很容易地判断出函数的凸凹性，同时有些常用数学运算是可以保证函数的凸凹性。也就是，可以通过分析函数中的数学运算直接判断函数的凸凹性，借此可以根据该方法构造新的凸函数。例如，非负权重和运算就是一种保持函数凸性的运算。对此运算作一定的扩展，如果对于任意给定的 $y \in C$，$f(x,y)$ 是 x 的凸函数，且 $\varphi(y) \geqslant 0$，则有

$$g(x) = \int_C \varphi(y) f(x,y) \mathrm{d}y \tag{2.7}$$

是凸函数。函数投影运算也可以保持函数的凸性。例如，假设 $f(x)$ 是 $\mathbb{R}^n$ 上的凸函数，则函数 $f(x)$ 的投影：

$$g(x,t) = t f\left(\frac{x}{t}\right), \quad t > 0 \tag{2.8}$$

为凸函数。对函数进行指数运算也可以保证函数的凸性，例如，$f(x)$ 是凸函数，那么 $\mathrm{e}^{f(x)}$ 也是凸函数。

2.1.2 凸优化问题

凸优化问题是由一个最大或最小目标函数和若干个约束条件组成的。通过该问题的求解，可以得到所建立优化问题的一个全局最优解或局部最优解，在实际最优控制、风险投资、网络优化方面应用广泛。一般来讲，凸优化问题可以描述为如下形式：

$$\begin{aligned} &\min f(x) \\ &\text{s.t.} \ \ f_i(x) \leqslant 0, i = 1, 2, \cdots, m \\ &\quad\ \ h_j(x) = 0, j = 1, 2, \cdots, n \end{aligned} \tag{2.9}$$

其中，$x \in \mathbb{R}^n$ 是优化变量；$f(x)$ 是目标函数或者优化函数；$f_i(x)$ 是 m 个不等式约束函数；$h_j(x)$ 是 n 个等式约束函数。如果 $f_i(x)$ 是凸函数，$h_j(x)$ 是仿射的，则式 (2.9) 中的

优化问题为凸优化问题（或者称为凸规划）。其中，可行域为

$$C = \{x | f_i(x) \leqslant 0, i = 1, 2, \cdots, m; h_j(x) = 0, j = 1, 2, \cdots, n\} \tag{2.10}$$

任意定义域中的 x 如果满足可行域，则此 x 是可行的。只有当至少存在一个可行值时，式 (2.9) 才是可行的。由于 $f_i(x)$ 是凸函数，所以满足 $f_i(x) \leqslant 0$ 的 x 的集合为凸集合，而根据凸集合的定义可以证明满足 $h_j(x) = 0$ 的 x 的集合也为凸集合。凸集合的交集仍然是凸集合，所以可行域 C 是凸集合。

上述优化问题 [式 (2.9)] 是求凸函数在凸集合上的最小值。如果目标函数是求凹函数的最大值，可行域为凸集合，则该类问题仍然是凸优化问题。可以通过对目标函数取负数运算等价转化为如式 (2.9) 所示的一般形式。

2.1.3 拉格朗日对偶理论

在凸优化理论中，拉格朗日原理是一种常用的将原含约束的优化问题转换为无约束的优化问题进行对偶求解的方法。通过拉格朗日对偶理论，可以建立起原最小（最大）化问题与一个最大（最小）化问题（对偶问题）间的关联。拉格朗日对偶的基本原理是，通过松弛原优化问题的约束条件，将优化问题中的约束条件利用加权乘子与目标函数组合到一起，而此目标函数具有分解结构，从而可以把复杂的问题分解为简单的问题。例如，考虑如下优化问题：

$$\begin{array}{l} \min f_0(x) \\ \text{s.t.} \begin{cases} f_i(x) \leqslant 0, & i = 1, \cdots, m \\ h_i(x) = 0, & i = 1, \cdots, p \end{cases} \end{array} \tag{2.11}$$

其中，$x \in \mathbb{R}^n$ 为优化变量。假设上述优化问题的可行域为 $D = \bigcap\limits_{i=0}^{m} \mathbf{dom} \, f_i \cap \bigcap\limits_{i=1}^{p} \mathbf{dom} \, h_i$ 是一个非空的凸集合，最优变量为 x^*，目标函数 $f_0(x)$ 为凸函数，则上述问题 [式 (2.11)] 为凸的。

定义如下拉格朗日函数：

$$L(x, \boldsymbol{\tau}, \boldsymbol{\varphi}) = f_0(x) + \sum_{i=1}^{m} \tau_i f_i(x) + \sum_{i=1}^{p} \varphi_i h_i(x) \tag{2.12}$$

其中，向量 $\boldsymbol{\tau} \in \mathbb{R}^m = \{\tau_1, \tau_2, \cdots, \tau_m\}$ 和 $\boldsymbol{\varphi} \in \mathbb{R}^p = \{\varphi_1, \varphi_2, \cdots, \varphi_p\}$ 为对应式 (2.11) 约束条件的拉格朗日乘子或对偶变量。定义如下形式的对偶问题：

$$g_{\mathrm{d}}(\boldsymbol{\tau}, \boldsymbol{\varphi}) = \min_{x \in D} L(x, \boldsymbol{\tau}, \boldsymbol{\varphi}) = \inf_{x \in D} \left(f_0(x) + \sum_{i=1}^{m} \tau_i f_i(x) + \sum_{i=1}^{p} \varphi_i h_i(x) \right) \tag{2.13}$$

$$d^* = \max_{\tau_i \geqslant 0, \varphi_i \geqslant 0} g_{\mathrm{d}}(\boldsymbol{\tau}, \boldsymbol{\varphi}) \tag{2.14}$$

其中，下标 d 代表对偶问题。对换最小化和最大化的顺序，得

$$g(x) = \max_{\tau_i \geqslant 0, \varphi_i \geqslant 0} L(x, \boldsymbol{\tau}, \boldsymbol{\varphi}) \tag{2.15}$$

$$x^* = \min_{x \in D} g(x) \tag{2.16}$$

x^* 即为原优化问题 [式 (2.11)] 的最优解。其中式 (2.14) 可以等价描述为如下对偶优化问题：

$$\max_{\tau_i, \varphi_i} g_{\mathrm{d}}(\boldsymbol{\tau}, \boldsymbol{\varphi}) \tag{2.17}$$
$$\text{s.t. } \tau_i \geqslant 0, \varphi_i \geqslant 0$$

式 (2.17) 是优化问题 [式 (2.11)] 的拉格朗日对偶问题，在这种情况下，式 (2.11) 也可以称为原问题。如果 $(\boldsymbol{\tau}_i^*, \boldsymbol{\varphi}_i^*)$ 是式 (2.16) 的最优值，那么 $(\boldsymbol{\tau}_i^*, \boldsymbol{\varphi}_i^*)$ 叫作对偶最优或者被称为最优的拉格朗日乘子。由于对偶问题的目标函数是凹的，约束条件是凸的，因此对偶问题一定也是凸优化问题，从而使得对偶问题的求解变得可行。

如果原优化问题 [式 (2.11)] 的最优值为 g^*，那么对于任意的拉格朗日乘子，存在如下关系：

$$g_{\mathrm{d}}(\boldsymbol{\tau}, \boldsymbol{\varphi}) \leqslant g^* \tag{2.18}$$

结合式 (2.14) 和式 (2.18)，可以得到如下关系：

$$d^* \leqslant g^* \tag{2.19}$$

值得注意的是，即使原问题 [式 (2.11)] 不是凸优化问题，那么式 (2.19) 仍然成立，这个性质称为弱对偶性。对偶间隙可以定义为

$$D_{\mathrm{gap}} = g^* - d^* \tag{2.20}$$

当原优化问题 [式 (2.11)] 为凸优化问题，则在满足一定限制条件下 [例如，斯莱特（Slater）条件] 可以满足强对偶性，即 $D_{\mathrm{gap}} = 0$。如果原优化问题的强对偶条件成立，则可以通过求解对偶问题得到原问题的最优解，因此对于强对偶性质的证明就变得尤为重要。

定理 2.1 如果一个优化问题是凸优化问题，那么它的对偶问题的最优解等于其原问题的最优解，即 $D_{\mathrm{gap}} = 0$。

上述定理也称为优化问题的强对偶性质。强对偶性质在实际应用中作用非常大，如果一个优化问题非常复杂难以直接求解，那么可以通过求解其对应的对偶凸优化问题间接求解。值得注意的是，原始问题的凸性仅仅是强对偶性质的一个充分条件，而非必要条件；在满足某些特定条件下，某些非凸优化问题仍然满足强对偶性质。

另外，可以证明当 x 不满足约束条件时 $(x \notin D)$：

(1) 当 $f_i(x) > 0$ 成立时，为了使得 $g(x) \to \infty$，需要取变量 $\tau_i = +\infty$（无穷大）。

(2) 当 $h_i(x) \neq 0$ 成立时，为了使得 $g(x) \to \infty$，需要取 $\varphi_i = +\infty$ 或 $\varphi_i = -\infty$（无穷小）。

当 x 满足约束条件时 $(x \in D)$：

如果 $h_i(x) = 0$ 成立，根据卡罗需-库恩-塔克（Karush-Kuhn-Tucker，KKT）条件，有 $\sum_{i=1}^{p} \varphi_i h_i(x) = 0$；另外由于 $f_i(x) \leqslant 0$，所以为了使得 $g(x)$ 最大化，则必有 $\sum_{i=1}^{m} \tau_i f_i(x) = 0$，

有 $g(x) = f_0(x)$ 成立。总结得到

$$g(x) = \begin{cases} \infty, & x \notin D \\ f_0(x), & x \in D \end{cases} \tag{2.21}$$

因此 x^* 为原优化问题的最优解。

　　基于上述分析，可知通过对调对偶问题中拉格朗日函数最大化和最小化的顺序，就可以得到与原优化问题等价的优化问题。即对偶问题是对拉格朗日函数先取最小化，然后取最大化，而原优化问题是对拉格朗日函数先取最大化，再取最小化。

2.1.4　KKT 最优条件

　　假设问题式 (2.9) 中 $f(x), f_i(x), \forall i$ 和 $h_j(x), \forall j$ 都是在可行解 x 上是可微的，定义 x^* 和 (λ_i^*, μ_j^*) 分别表示原优化问题和其对偶问题具有零对偶间隙的最优解，那么无论原问题是否具有凸性，都满足：

$$\begin{cases} f_i(x^*) \leqslant 0, & i = 1, 2, \cdots, m \\ h_j(x^*) = 0, & j = 1, 2, \cdots, n \\ \lambda_i^* \geqslant 0, & i = 1, 2, \cdots, m \\ \lambda_i^* f_i(x^*) = 0, & i = 1, 2, \cdots, m \\ \nabla f(x^*) + \sum_{i=1}^{m} \lambda_i^* \nabla f_i(x^*) + \sum_{j=1}^{n} \mu_j^* \nabla h_j(x^*) = 0 \end{cases} \tag{2.22}$$

　　式 (2.22) 叫作 KKT 条件。对于一般非线性优化问题来说，KKT 条件是最优解的必要条件而非充分条件；但是对于一个凸优化问题来讲，KKT 条件是充分必要条件。也就是说，对于一个凸优化问题来讲，如果存在 x^* 和 $(\boldsymbol{\lambda}_i^*, \boldsymbol{\mu}_j^*)$ 满足 KKT 优化条件 [式 (2.22)]，那么上述解分别是具有零对偶间隙的原优化问题和相应对偶问题的最优解。

　　KKT 条件在优化问题求解中起着很重要的作用。在少数情况下，需要通过求解 KKT 条件，进而得到所对应优化问题的可行解。一般来讲，凸优化的很多算法被构思或者解释为求解 KKT 条件的方法。

2.2　鲁棒优化理论

　　由于传统方法在不确定性参数有摄动时会使得名义优化解严重不可行或无意义，鲁棒优化被看作一种全新的优化手段去处理含有不确定性的优化问题。在鲁棒优化理论中，允许不确定性参数在一个给定有界的、凸集合中变化。在鲁棒优化问题中，具有鲁棒性的最优变量可以满足不确定性约束中所有给定数据不确定性的情况。

2.2.1　不确定性的建模方法

　　根据鲁棒优化理论的描述，参数不确定性通常可以描述为加性不确定性和乘性不确定性，表达形式分别为 $x = \bar{x} + \Delta x$ 和 $x = \bar{x}(1 + \alpha_x)$。其中，$\bar{x}$ 代表参数估计值（称为名义值）；Δx 代表有界的参数摄动（估计误差）；α_x 代表参数摄动因子，通常能反映参数估

计的准确精度，同时也代表不确定性的程度。乘性不确定性是加性不确定性的特例，即当 $\Delta x = \alpha_x \bar{x}$ 时，乘性不确定性变成不确定性描述的一般形式。在此，基于有界不确定性描述模型的总结如表 2-1 所示。

表 2-1 常用的不确定性描述方法

不确定性类型		数学描述	解释
区间模型		$x_i \in [\bar{x}_i - \Delta x_i, \bar{x}_i + \Delta x_i],\ \Delta x_i \leqslant \ell_i$	$\ell_i \geqslant 0$ 代表估计误差的上界
球形模型		$\Re_i^B = \left\{ x_i \mid \|x_i - \bar{x}_i\| \leqslant \ell_i^B \right\}$	$\ell_i^B \geqslant 0$ 为确定球的半径大小参数；$\bar{x}_i \in \mathbb{R}^n$ 为球的中心
椭圆模型	类型 I	$\Re_i^{E1} = \left\{ \bar{x}_i + \Delta x_i : \sum_{j=1}^{m} |\Delta x_{ji}|^2 \leqslant \left(\ell_i^{E1}\right)^2 \right\}$	$\bar{x}_i \in \mathbb{R}^n$ 为椭圆中心；ℓ_i^{E1} 为矩阵 $\boldsymbol{x} \in \mathbb{R}^{mn}$ 每列不确定性的大小
	类型 II	$\Re_i^{E2} = \left\{ \bar{x}_i + \boldsymbol{\Gamma}_i^E \boldsymbol{u}_i^E : \left\|\boldsymbol{u}_i^E\right\|_2 \leqslant \ell_i^{E2} \right\}$	$\boldsymbol{\Gamma}_i^E$ 为描述统计变量的对称正定矩阵；ℓ_i^{E2} 为该类描述的不确定性上界
	类型 III	$\Re_i^{E3} = \left\{ \Delta x_i : (x_i - \bar{x}_i)^T \boldsymbol{\Gamma}_i^{-1} (x_i - \bar{x}_i) \leqslant \left(\ell_i^{E3}\right)^2 \right\}$	$\boldsymbol{\Gamma}_i$ 为非负形矩阵，控制椭圆集合形状；ℓ_i^{E3} 为其不确定性上界
范数模型	F-范数	$\Re_i^F = \left\{ \bar{X}_i + \Delta X_i : \|\Delta X_i\|_F \leqslant \ell_i^F \right\}$	ℓ_i^F 代表不确定性上界；$\|\cdot\|_F$ 为 F-范数。
	D-范数	$\Re_i^D = \left\{ \begin{array}{l} \bar{x}_i + (x_i - \bar{x}_i)u_i, \sum_{j=1}^{m} u_{ji} \leqslant Z_i \\ |\Delta x_{ji}| \leqslant \ell_{ji}, u_{ji} \in \{0,1\}, Z_i \in [0,m] \end{array} \right\}$	Z_i 为非负整数，代表矩阵 $\boldsymbol{x} \in \mathbb{R}^{mn}$ 第 i 列中不确定性参数的个数；u_{ji} 为辅助变量；l_{ji} 为不确定性的上界
	一般范数	$\Re_i^G = \left\{ x_i \mid \|\boldsymbol{P}_i(x_i - \bar{x}_i)\| \leqslant \ell_i^G \right\}$	$\boldsymbol{P}_i \in \mathbb{R}^{nn}$ 是一个可逆加权矩阵，描述了每个元素不确定性的程度；ℓ_i^G 为不确定性集合的上界
多面体模型		$\Re_i^P = \left\{ x_i \mid \boldsymbol{M}_i x_i \preceq \boldsymbol{d}_i \right\}$	$\boldsymbol{M}_i \in \mathbb{R}^{nn}$ 为 x_i 的加权矩阵；$\boldsymbol{d}_i$ 描述了 x_i 和 $\bar{x}_i$ 之间的最大偏差

从表 2-1 可以看出，参数不确定性的描述方法包括：区间不确定性、椭圆不确定性、范数有界不确定性和多面体不确定性。不确定性区域的大小代表了参数估计的精确程度。不确定性区域或集合的形状受到误差来源的影响，如高斯噪声、信道时延和量化误差，因此在处理无线通信系统的鲁棒资源分配问题方面，目前尚未有统一的方法来确定不确定性的形状，也就意味着在何种情况下使用何种不确定性类型目前还没有定论。

2.2.2 鲁棒优化处理方法

在鲁棒优化处理方法中，利用所定义的有界参数不确定性，通过一定的变换将不易处理的鲁棒优化问题，转换为确定性的凸优化问题求解，如鲁棒线性规划（robust linear programming，RLP），二阶锥规划（second order cone programming，SOCP）等。

1. 鲁棒线性规划

根据鲁棒优化理论与应用，一般的鲁棒优化问题可以描述为

$$\begin{aligned} &\max\ \boldsymbol{c}^{\mathrm{T}} \boldsymbol{x} \\ &\text{s.t.}\ \boldsymbol{a}_i^{\mathrm{T}} \boldsymbol{x} \leqslant b_i,\ \boldsymbol{a}_i \in \Re_i \end{aligned} \tag{2.23}$$

其中，$\boldsymbol{x} \in \mathbb{R}^n$ 表示优化变量；$\boldsymbol{c} \in \mathbb{R}^n$ 表示常系数项目；$\boldsymbol{a}_i \in \mathbb{R}^n$ 表示含不确定性的系数向量；b_i 表示常数；$\Re_i$ 表示不确定性集合，如表 2-1 所示。式 (2.23) 中的不确定性参数 $\boldsymbol{a}_i$ 可用加性不确定性描述为 $\boldsymbol{a}_i = \bar{\boldsymbol{a}}_i + \Delta \boldsymbol{a}_i$，由于 $\Delta \boldsymbol{a}_i$ 是随机变量，导致鲁棒优化问题 [式 (2.23)] 是一个无限维、不确定多项式难题（non-deterministic polynomial hard，NP-hard）。

1）基于多面体不确定性鲁棒线性优化问题变换

当不确定性参数定义为多面体不确定性，即 $\boldsymbol{a}_i \in \Re_i^P$，可以将优化问题 [式 (2.23)] 转换为一个鲁棒线性规划问题。定义保护函数：

$$\tilde{f}_i(\boldsymbol{x}) = \max_{\boldsymbol{M}_i \boldsymbol{a}_i \preceq \boldsymbol{d}_i} \left(\boldsymbol{a}_i^{\mathrm{T}} - \overline{\boldsymbol{a}}_i^{\mathrm{T}}\right) x = \max_{\boldsymbol{M}_i \boldsymbol{a}_i \preceq \boldsymbol{d}_i} \boldsymbol{a}_i^{\mathrm{T}} x - \overline{\boldsymbol{a}}_i^{\mathrm{T}} \boldsymbol{x} \tag{2.24}$$

保护函数是一个使得所有误差都在不确定性区域内的不确定性描述函数。从式（2.24）可以看出，只有第一部分含有不确定性，对最优解参数影响，且第一部分可以看成另外一个子优化问题。假设式（2.23）具有最优向量 $\boldsymbol{x}^*$，可以将子优化问题转换为

$$\begin{aligned}
&\max \boldsymbol{a}_i^{\mathrm{T}} \boldsymbol{x}^* \\
&\text{s.t. } \boldsymbol{M}_i \boldsymbol{a}_i \preceq \boldsymbol{d}_i
\end{aligned} \tag{2.25}$$

优化问题的最优目标函数设定为 Δ_i^*，通过拉格朗日对偶函数得

$$\begin{aligned}
&\Delta_i^* = \min \boldsymbol{d}_i^{\mathrm{T}} \boldsymbol{y}_i \\
&\text{s.t. } \begin{cases} \boldsymbol{M}_i \boldsymbol{y}_i \succeq \boldsymbol{x}^* \\ \boldsymbol{y}_i \succeq \boldsymbol{0} \end{cases}
\end{aligned} \tag{2.26}$$

其中，$\boldsymbol{y}_i \succeq \boldsymbol{0}$ 为式 (2.25) 中约束条件的拉格朗日乘子。如果定义 $\boldsymbol{y}_i^*$ 为优化问题 [式 (2.26)] 的最优解，那么可以得到 $\boldsymbol{d}_i^{\mathrm{T}} \boldsymbol{y}_i^* \leqslant b_i$。为了使 $\boldsymbol{a}_i$ 中任意的不确定性都满足约束，则有

$$\Delta_i^* \leqslant \boldsymbol{d}_i^{\mathrm{T}} \boldsymbol{y}_i^* \leqslant b_i \tag{2.27}$$

因此式 (2.23) 的不确定性约束可以用如下确定性形式描述。

$$\begin{cases} \boldsymbol{y}_i^{\mathrm{T}} \boldsymbol{d}_i \leqslant b_i \\ \boldsymbol{x} \preceq \boldsymbol{M}_i^{\mathrm{T}} \boldsymbol{y}_i \\ \boldsymbol{y}_i \succeq \boldsymbol{0} \end{cases} \tag{2.28}$$

从而将鲁棒优化问题 [式 (2.23)] 转换为带有线性约束条件的凸优化问题：

$$\begin{aligned}
&\max \boldsymbol{c}^{\mathrm{T}} \boldsymbol{x} \\
&\text{s.t. } \begin{cases} \boldsymbol{y}_i^{\mathrm{T}} \boldsymbol{d}_i \leqslant b_i \\ \boldsymbol{x} \preceq \boldsymbol{M}_i^{\mathrm{T}} \boldsymbol{y}_i \\ \boldsymbol{y}_i \succeq \boldsymbol{0} \end{cases}
\end{aligned} \tag{2.29}$$

2）基于 D-范数不确定性鲁棒线性优化问题变换

如果不确定性参数 $\boldsymbol{a}_i$ 属于 D-范数不确定性集合，如 $\boldsymbol{a}_i \in \Re_i^D$，也可以将原不确定性优化问题转换为含确定性约束条件的凸优化问题或线性规划问题。根据表 2-1 的描述，D-范数不确定性可以等价描述为每个元素服从均匀分布，即 $a_{ij} \in [\bar{a}_{ij} - \Delta a_{ij}, \bar{a}_{ij} + \Delta a_{ij}]$。其中，估计误差（参数摄动）$\Delta a_{ij}$ 满足 $|\Delta a_{ij}| \leqslant \ell_{ij}$，保护函数定义为

$$f_i^{\mathrm{D}}(x) = \max_{|S_i|=Z_i} \sum_{j \in S_i} \Delta a_{ij} |x_j| \tag{2.30}$$

其中，S_i 表示不确定性系数集合；Z_i 表示矩阵中含有不确定性参数的个数。如果 $Z_i = 0$，则系数矩阵 $\boldsymbol{a}$ 无参数摄动，优化问题 [式（2.23）] 成为一个名义优化问题；当 $Z_i = N$，表示 $\boldsymbol{a}_i$ 中的每个元素都含有不确定性，因此参数 Z_i 是用来平衡鲁棒性和最优性的决策因子。为了将保护函数转化为线性优化问题，则有

$$
\begin{aligned}
&\max \sum_{j=1}^{N} \Delta a_{ij} \left| x_j \right| u_{ij} \\
&\text{s.t.} \begin{cases} \sum_{j=1}^{N} u_{ij} \leqslant Z_i \\ 0 \leqslant u_{ij} \leqslant 1 \end{cases}
\end{aligned} \tag{2.31}
$$

其中，辅助变量 u_{ij} 是用来确定哪个元素具有不确定性。与式（2.25）类似，采用拉格朗日对偶方法，得

$$
\begin{aligned}
&\min_{q_i, \{l_{ij}\}} q_i Z_i + \sum_{j=1}^{N} l_{ij} \\
&\text{s.t.} \begin{cases} \Delta a_{ij} \left| x_j \right| \leqslant l_{ij} + q_i \\ q_i \geqslant 0, l_{ij} \geqslant 0 \end{cases}
\end{aligned} \tag{2.32}
$$

其中，q_i 和 l_{ij} 分别为优化问题 [式 (2.31)] 对应约束条件的拉格朗日乘子。如果优化问题 [式 (2.32)] 含有最优解 (q_i^*, l_{ij}^*)，那么原优化问题 [式 (2.23)] 的鲁棒约束变为

$$
q_i^* Z_i + \sum_{j=1}^{N} l_{ij}^* \leqslant b_i - \bar{\boldsymbol{a}}_i^{\mathrm{T}} \boldsymbol{x} \tag{2.33}
$$

通过引入辅助变量 v_j 并结合式 (2.33)，得到问题 [式 (2.33)] 的等价鲁棒线性优化问题：

$$
\begin{aligned}
&\max \boldsymbol{c}^{\mathrm{T}} \boldsymbol{x} \\
&\text{s.t.} \begin{cases} \bar{\boldsymbol{a}}_i^{\mathrm{T}} \boldsymbol{x} + q_i Z_i + \sum_{j=1}^{N} l_{ij} \leqslant b_i \\ \Delta a_{ij} v_j \leqslant l_{ij} + q_i \\ -v_j \leqslant x_j \leqslant v_j \\ q_i \geqslant 0, l_{ij} \geqslant 0, v_j \geqslant 0 \end{cases}
\end{aligned} \tag{2.34}
$$

2. 鲁棒 SDP 问题

当优化问题 [式 (2.23)] 中的不确定参数属于椭圆不确定性描述，原问题可以转换为二阶锥规划或半定规划（semi-definite programming，SDP）问题。

如果不确定性参数属于类型 I 的椭圆不确定性描述，即 $\boldsymbol{a}_i \in \Re_i^{E_1}$，则有

$$
\boldsymbol{a}_i = \bar{\boldsymbol{a}}_i + \Delta \boldsymbol{a}_i, \sum_{j=1}^{N} \left| \Delta a_{ij} \right|^2 \leqslant \left(\ell_i^{E_1} \right)^2 \tag{2.35}
$$

对应的保护函数可以表示为

$$f_i^{E_1}(\boldsymbol{x}) = \max_{\boldsymbol{a}_i \in \mathbb{R}^{E_1}} \left(\boldsymbol{a}_i^{\mathrm{T}} - \bar{\boldsymbol{a}}_i^{\mathrm{T}}\right)\boldsymbol{x} = \max_{\boldsymbol{a}_i \in \mathbb{R}^{E_1}} \Delta \boldsymbol{a}_i^{\mathrm{T}}\boldsymbol{x} = \max_{\boldsymbol{a}_i \in \mathbb{R}^{E_1}} \sum_{j=1}^{N} \Delta a_{ij} x_j \tag{2.36}$$

根据柯西-施瓦茨不等式（Cauchy-Schwarz inequality），可获得

$$\sum_{j=1}^{N} \Delta a_{ij} x_j = \sqrt{\left(\sum_{j=1}^{N} \Delta a_{ij} x_j\right)^2} \leqslant \sqrt{\sum_{j=1}^{N} |\Delta a_{ij}|^2 \sum_{j=1}^{N} x_j^2} \leqslant \sqrt{\left(\ell_i^{E_1}\right)^2 \sum_{j=1}^{N} x_j^2} = \ell_i^{E_1} \|\boldsymbol{x}\| \tag{2.37}$$

从而将原优化问题 [式 (2.23)] 转换为如下 SOCP 问题，即

$$\begin{aligned} &\max \ \boldsymbol{c}^{\mathrm{T}}\boldsymbol{x} \\ &\text{s.t.} \ \ \bar{\boldsymbol{a}}_i^{\mathrm{T}}\boldsymbol{x} + \ell_i^{E_1} \|\boldsymbol{x}\| \leqslant b_i \end{aligned} \tag{2.38}$$

该锥优化问题可以使用标准的内点法或商业规划包 YALMIP 来求解。从以上优化问题可以看出，如果不确定性上界 $\ell_i^{E_1}$ 较小，那么 $\boldsymbol{x}^* \to \boldsymbol{c}^{\mathrm{T}}\boldsymbol{x}(\uparrow)$，也就是最优变量 $\boldsymbol{x}^*$ 增大会使得目标函数增大；反之，使目标函数减小，因此 $\ell_i^{E_1}$ 是平衡目标函数最大和鲁棒性的变量。

如果不确定性参数 $\boldsymbol{a}_i \in \Re_i^{E_2}$，那么有 $\boldsymbol{a}_i = \bar{\boldsymbol{a}}_i + \boldsymbol{\Gamma}_i^E \boldsymbol{u}_i^E$，$\|\boldsymbol{u}_i\| \leqslant \ell_i^{E_2}$。类似上述保护函数法，通过相应处理得

$$f_i^{E_2}(\boldsymbol{x}) = \max_{\boldsymbol{a}_i \in \Re_i^{E_2}} \boldsymbol{a}_i^{\mathrm{T}}\boldsymbol{x} = \bar{\boldsymbol{a}}_i \boldsymbol{x} + \max_{\|\boldsymbol{u}_i\| \leqslant \ell_i^{E_2}} \left(\boldsymbol{u}_i^E\right)^{\mathrm{T}} \boldsymbol{\Gamma}_i^E \boldsymbol{x} \leqslant \bar{\boldsymbol{a}}_i \boldsymbol{x} + \ell_i^{E_2} \left\|\boldsymbol{\Gamma}_i^E \boldsymbol{x}\right\| \tag{2.39}$$

从而将原优化问题 [式 (2.23)] 转换为如下 SOCP 问题，即

$$\begin{aligned} &\max \ \boldsymbol{c}^{\mathrm{T}}\boldsymbol{x} \\ &\text{s.t.} \ \ \bar{\boldsymbol{a}}_i \boldsymbol{x} + \ell_i^{E_2} \left\|\boldsymbol{\Gamma}_i^E \boldsymbol{x}\right\| \leqslant b_i \end{aligned} \tag{2.40}$$

如果不确定性参数 $\boldsymbol{a}_i \in \Re_i^{E_3}$，根据表 2-1 中的定义，可以获得如下保护函数：

$$f_i^{E_3}(x) = \max_{\boldsymbol{a}_i \in \Re_i^{E_3}} \boldsymbol{a}_i^{\mathrm{T}}\boldsymbol{x} = \bar{\boldsymbol{a}}_i^{\mathrm{T}}\boldsymbol{x} + \max_{\Delta \boldsymbol{a}_i \in \Re_i^{E_3}} \Delta \boldsymbol{a}_i^{\mathrm{T}}\boldsymbol{x} \tag{2.41}$$

等价优化问题如下：

$$\begin{aligned} &\max \ \Delta \boldsymbol{a}_i^{\mathrm{T}}\boldsymbol{x} \\ &\text{s.t.} \ \ \Delta \boldsymbol{a}_i^{\mathrm{T}} \boldsymbol{\Gamma}_i^{-1} \Delta \boldsymbol{a}_i \leqslant \left(\ell_i^{E_3}\right)^2 \end{aligned} \tag{2.42}$$

通过构造如下拉格朗日函数求最优解

$$L(\Delta \boldsymbol{a}_i, \tilde{\lambda}) = \Delta \boldsymbol{a}_i^{\mathrm{T}}\boldsymbol{x} + \tilde{\lambda} \left[\left(\ell_1^{E_3}\right)^2 - \Delta \boldsymbol{a}_i^{\mathrm{T}} \boldsymbol{\Gamma}_i^{-1} \Delta \boldsymbol{a}_i\right] \tag{2.43}$$

其中，$\tilde{\lambda}$ 为拉格朗日乘子，通过分别对变量求偏导，得

$$
\begin{cases}
\tilde{\lambda}^* = \dfrac{1}{2\ell_i^{E_3}} \left\| \boldsymbol{\Gamma}_i^{1/2} \boldsymbol{x} \right\| \\
\Delta \boldsymbol{a}_i^* = \dfrac{1}{2\tilde{\lambda}^*} \boldsymbol{\Gamma}_i \boldsymbol{x}
\end{cases}
\tag{2.44}
$$

将式 (2.44) 代入式 (2.41)，原问题转换为如下 SOCP 问题，即

$$
\begin{aligned}
&\max \ \boldsymbol{c}^{\mathrm{T}} \boldsymbol{x} \\
&\text{s.t.} \ \bar{\boldsymbol{a}}_i^{\mathrm{T}} \boldsymbol{x} + \ell_i^{E_3} \left\| \boldsymbol{\Gamma}_i^{1/2} \boldsymbol{x} \right\| \leqslant b_i
\end{aligned}
\tag{2.45}
$$

其中，当 $\ell_i^{E_3} = 1$，问题可等效为

$$
\begin{aligned}
&\max \ \boldsymbol{c}^{\mathrm{T}} \boldsymbol{x} \\
&\text{s.t.} \ \bar{\boldsymbol{a}}_i^{\mathrm{T}} \boldsymbol{x} + \left\| \boldsymbol{\Gamma}_i^{1/2} \boldsymbol{x} \right\| \leqslant b_i
\end{aligned}
\tag{2.46}
$$

优化问题 [式 (2.46)] 的约束条件为二阶锥约束。通过一些数学变换，二阶锥约束可以转换为线性矩阵不等式（linear inequality matrix，LMI），如

$$
\|\boldsymbol{u}\| \leqslant t \Leftrightarrow \begin{bmatrix} t\boldsymbol{I} & \boldsymbol{u} \\ \boldsymbol{u}^{\mathrm{T}} & \boldsymbol{t} \end{bmatrix} \succeq \boldsymbol{0}
\tag{2.47}
$$

因此二阶锥优化问题 [式 (2.46)] 也可以等价为如下 SDP 问题，即

$$
\begin{aligned}
&\max \ \boldsymbol{c}^{\mathrm{T}} \boldsymbol{x} \\
&\text{s.t.} \ \begin{bmatrix} \left(b_i - \bar{\boldsymbol{a}}_i^{\mathrm{T}} \boldsymbol{x}\right) \boldsymbol{I} & \boldsymbol{\Gamma}_i^{1/2} \boldsymbol{x} \\ \left(\boldsymbol{\Gamma}_i^{1/2} \boldsymbol{x}\right)^{\mathrm{T}} & \left(b_i - \bar{\boldsymbol{a}}_i^{\mathrm{T}} \boldsymbol{x}\right) \end{bmatrix}
\end{aligned}
\tag{2.48}
$$

优化问题 [式 (2.48)] 可以很好地采用自对偶内点法或一般的 SDPT3 软件包求解。

2.3　随机优化理论

由于在某些实际情况中，参数摄动或估计误差是随机的，不能很好地用一个有上确界的集合去描述，因此考虑概率分布不确定性的随机优化理论得到人们的关注与认可。在随机优化问题中，需要准确知道参数不确定性的分布信息，即统计模型。分布函数可以通过不确定性集合的大小和结构计算得到。

2.3.1　不确定性建模方法

与鲁棒优化理论中描述不确定性的方式不同，随机优化理论考虑将参数不确定性采用统计学的方式描述，使得约束条件满足一定的中断概率或者服务概率需求。参数的摄动或误差都采用概率方式去描述。概率约束通常也可以称为随机约束或机会式约束（chance constraint）。

2.3.2　随机优化处理方法

由于带有参数不确定性的概率优化模型通常是一个非凸优化问题，不容易得到全局最优解。经常是通过一定的变换将其转换为确定性优化问题求解。常用的概率约束转换为确定性优化问题的方法有：基于已知概率模型转换方法（如高斯分布函数方法）和近似方法[如伯恩斯坦（Bernstein）近似方法]。

假设优化问题 [式 (2.43)] 中的不确定性采用概率约束描述，即

$$\mathrm{Pr}\left(\boldsymbol{a}_i^{\mathrm{T}}\boldsymbol{x} \leqslant b_i\right) \geqslant \tilde{\alpha}_i \tag{2.49}$$

其中，$\mathrm{Pr}(\cdot)$ 为概率运算；$\tilde{\alpha}_i$ 为满足约束的概率阈值（或称为服务概率），使参数 $\boldsymbol{a}_i$ 存在不确定性下，仍然保持不等式成立的最小概率阈值。同时，式（2.49）中的约束可以等价描述为如下中断概率形式，即

$$\mathrm{Pr}\left(\boldsymbol{a}_i^{\mathrm{T}}\boldsymbol{x} > b_i\right) < 1 - \tilde{\alpha}_i \tag{2.50}$$

其中，$1 - \tilde{\alpha}_i$ 表示中断概率（或称为违反概率），是约束在摄动情况下无法满足约束条件的最大容忍程度，因此可以将式 (2.23) 描述为如下形式的随机优化模型，即

$$\begin{aligned} \max\ & \boldsymbol{c}^{\mathrm{T}}\boldsymbol{x} \\ \mathrm{s.t.}\ & \mathrm{Pr}\left(\boldsymbol{a}_i^{\mathrm{T}}\boldsymbol{x} \leqslant b_i\right) \geqslant \tilde{\alpha}_i \end{aligned} \tag{2.51}$$

因为上述问题不是一个确定的、封闭式问题，很难获得解析解，所以求解式 (2.51) 的关键点在于需要首先将概率约束转化为确定性约束，接着将等价后的确定性优化问题转化为凸优化问题求解。一般来讲，处理概率约束的方法包含：高斯分布函数方法、最小最大概率机（min-max probability machine，MPM）方法、Berstain 近似方法。

1）高斯分布函数方法

假设带有不确定性的随机参数 $\boldsymbol{a}_i$ 是一个服从均值为 $\bar{\boldsymbol{a}}_i$，协方差矩阵为 $\boldsymbol{E}_i$ 的高斯随机变量，通过对式 (2.51) 的约束等价处理得

$$\mathrm{Pr}\left(\frac{\boldsymbol{a}_i^{\mathrm{T}}\boldsymbol{x} - \bar{\boldsymbol{a}}_i^{\mathrm{T}}\boldsymbol{x}}{\sqrt{\boldsymbol{x}^{\mathrm{T}}\boldsymbol{E}_i\boldsymbol{x}}} \leqslant \frac{b_i - \bar{\boldsymbol{a}}_i^{\mathrm{T}}\boldsymbol{x}}{\sqrt{\boldsymbol{x}^{\mathrm{T}}\boldsymbol{E}_i\boldsymbol{x}}}\right) \geqslant \tilde{\alpha}_i \tag{2.52}$$

由于 $\dfrac{\boldsymbol{a}_i^{\mathrm{T}}\boldsymbol{x} - \bar{\boldsymbol{a}}_i^{\mathrm{T}}\boldsymbol{x}}{\sqrt{\boldsymbol{x}^{\mathrm{T}}\boldsymbol{E}_i\boldsymbol{x}}}$ 是一个零均值、单位方差的高斯变量，因此式 (2.52) 可以描述为

$$\frac{b_i - \bar{\boldsymbol{a}}_i^{\mathrm{T}}\boldsymbol{x}}{\sqrt{\boldsymbol{x}^{\mathrm{T}}\boldsymbol{E}_i\boldsymbol{x}}} \geqslant \varPhi^{-1}(\tilde{\alpha}_i) \tag{2.53}$$

其中，$\varPhi^{-1}(\cdot)$ 表示逆高斯随机分布函数。原不确定优化问题 [式 (2.51)] 可以转换为确定性约束问题：

$$\begin{aligned} \max\ & \boldsymbol{c}^{\mathrm{T}}\boldsymbol{x} \\ \mathrm{s.t.}\ & \bar{\boldsymbol{a}}_i^{\mathrm{T}}\boldsymbol{x} + \varPhi^{-1}(\tilde{\alpha}_i)\left\|\boldsymbol{E}_i^{1/2}\boldsymbol{x}\right\| \leqslant b_i \end{aligned} \tag{2.54}$$

当 $\varPhi^{-1}(\tilde{\alpha}_i) \geqslant 0$ 时，即 $\tilde{\alpha}_i > 0.5$，可以使得优化问题 [式 (2.54)] 中的约束变为一个二阶锥约束，其优化问题也成为了一个二阶锥优化问题。由于在通信系统中，要求系统有较高的性能，往往中断概率是很低的，因此 $\tilde{\alpha}_i > 0.5$ 在大部分情况下是满足的。

2）MPM 方法

由于在上述变换中需要假设随机参数具有已知的概率统计分布模型，然而在实际中有时候是不容易得到的，该问题假设过于理想，因此对于一类不知道概率统计模型的问题，可以采用 MPM 方法将随机优化问题转换为确定性的凸优化问题。该类方法的核心思想是使得约束条件 [式 (2.49)] 在最坏的情况下，也能满足，也就是使得满足概率 $\Pr\left(\boldsymbol{a}_i^{\mathrm{T}}\boldsymbol{x} \leqslant b_i\right)$ 的最小值最大化，即

$$\max\left\{\min_{\forall \boldsymbol{a}_i}\ \Pr\left(\boldsymbol{a}_i^{\mathrm{T}}\boldsymbol{x} \leqslant b_i\right)\right\} \Leftrightarrow \min\left\{\max_{\forall \boldsymbol{a}_i}\ \Pr\left(\boldsymbol{a}_i^{\mathrm{T}}\boldsymbol{x} \geqslant b_i\right)\right\} \tag{2.55}$$

假设不知道随机变量 $\boldsymbol{a}_i$ 的统计分布函数，即 $\boldsymbol{a}_i$ 不服从高斯分布或指数分布，但已知其均值和方差分别为 $\widehat{\boldsymbol{a}}_i$ 和 $\widehat{\boldsymbol{E}}_i$。基于 MPM 的原理，可以将约束条件 [式 (2.49)] 转换为

$$\widehat{\boldsymbol{a}}_i^{\mathrm{T}}\boldsymbol{x} + \kappa\left\|\widehat{\boldsymbol{E}}_i^{1/2}\boldsymbol{x}\right\| \leqslant b_i \tag{2.56}$$

其中，$\kappa = \sqrt{\tilde{\alpha}_i/(1-\tilde{\alpha}_i)}$ 为近似危险因子。显然，由式 (2.56) 可知，其约束条件只与概率 $\tilde{\alpha}_i$ 的大小有关。则优化问题 [式 (2.51)] 可以转化为

$$\begin{aligned}&\max\ \boldsymbol{c}^{\mathrm{T}}\boldsymbol{x}\\&\text{s.t.}\ \widehat{\boldsymbol{a}}_i^{\mathrm{T}}\boldsymbol{x} + \kappa\left\|\widehat{\boldsymbol{E}}_i^{1/2}\boldsymbol{x}\right\| \leqslant b_i\end{aligned} \tag{2.57}$$

3）Bernstein 近似方法

概率优化问题 [式 (2.51)] 也可以通过 Bernstein 近似方法获得确定形式的优化模型。假设 $\boldsymbol{a}_i$ 中的每个元素分布在有界区间 $a_{ij} \in [\underline{a}_{ij}, \bar{a}_{ij}]$ 内，其中，$\underline{a}_{ij}$ 为参数的下界，$\bar{a}_{ij}$ 为参数上界。优化问题 [式 (2.51)] 可以等价转换为

$$\begin{aligned}&\max\ \boldsymbol{c}^{\mathrm{T}}\boldsymbol{x}\\&\text{s.t.}\ \sum_{j=1}^{N} n_{ij}x_j + \sum_{j=1}^{N}\mu_{ij}^{+}m_{ij}x_j + \sqrt{2\log\left(1-\tilde{\alpha}_i\right)^{-1}}\left[\sum_{j=1}^{N}\left(\sigma_{ij}m_{ij}x_j\right)^2\right]^{1/2} \leqslant b_i\end{aligned} \tag{2.58}$$

或

$$\begin{aligned}&\max\ \boldsymbol{c}^{\mathrm{T}}\boldsymbol{x}\\&\text{s.t.}\ \begin{cases}\displaystyle\sum_{j=1}^{N}\gamma_{ij}x_j + \sqrt{2\log(1-\tilde{\alpha}_i)^{-1}}\sum_{j=1}^{N}u_j \leqslant b_i\\[2mm]\displaystyle\sqrt{N}\sigma_{ij}m_{ij}x_j \leqslant \sum_{k=1}^{N}u_k,\ j=1,\cdots,N\end{cases}\end{aligned} \tag{2.59}$$

其中，$\gamma_{ij} = \mu_{ij}^{+} + n_{ij}$，$m_{ij} = (\bar{a}_{ij} - \underline{a}_{ij})/2$ 和 $n_{ij} = (\bar{a}_{ij} + \underline{a}_{ij})/2$ 是辅助变量；μ_{ij}^{+} 和 σ_{ij} 是相应的常数，取决于给定的概率分布。u_j 是为了分离式 (2.58) 中约束条件的辅助变量。

2.4 不确定性评价

不确定性会影响通信系统的性能，如增加用户中断概率，降低用户网络性能，增加对其他用户干扰的可能。在认知无线电网络中，不确定性会影响两类用户：主用户和次用户。主、次用户间的信道增益不确定性会使干扰功率超过干扰温度线，主用户的干扰不确定性和次用户之间的信道增益不确定性会降低次用户吞吐量或传输速率，甚至导致接收机端的 SINR 低于目标值，因此为了克服参数不确定性的影响，保证在参数摄动下系统的性能指标，能抑制不确定性影响的鲁棒设计是很有必要的。根据以上讨论可知，处理参数不确定性优化问题的方法有：基于有界参数不确定性的鲁棒优化方法和基于概率约束的随机优化方法。两种方法应用的领域和特点有所不相同，如表 2-2 所示。

表 2-2 鲁棒优化方法和随机优化方法

分类	鲁棒优化方法	随机优化方法
约束条件	确定性约束（worst-case 约束）	概率约束（机会式约束）
描述方法	有界不确定性模型描述	具有一定概率分布的统计模型
应用范围	不确定性有上界，无缝通信场景，不允许中断事件发生，不知分布函数	已知不确定性统计量分布模型，系统能承受一定的通信中断，不确定性上界不易知道
复杂度	由于不确定性上界提前设定，算法是基于确定性模型求解，复杂度较低，收敛较快	由于需要花费时间进行不确定性特征的提取与统计，随机信道使得统计模型不能实时精确，导致算法复杂度相对较高，收敛较慢
难点	技术难点在于不确定性集合上界的获得与设定，自适应更新随机上界问题	实时不确定性参数的统计量不容易获取，中断概率阈值设定需要根据通信场景而定

从表 2-2 可知，如果不确定性上界能通过预测方法或信道训练方式获得，鲁棒优化更适合优化问题的求解。鲁棒优化经常考虑最坏误差情况下的系统性能，导致算法过于保守，因为实际通信系统并非永远工作在最坏的误差条件下，对于系统的最优性有一定影响。另外，所设定的不确定性上界，并不一定能够包含现实中所有的不确定性情况：当上界设定值过大，使得系统获得次优解；当上界设定过小，将不能获得很好的鲁棒性，可能使得系统中断。如果不确定性参数的分布函数能够很容易获得，用鲁棒随机优化去处理参数不确定性的优化问题将是一个更好的选择。统计模型的准确程度和概率阈值的大小对系统性能至关重要。由于通信系统中存在的遮蔽效应、随机信道、时延等因素影响，在某些情况下会使得统计模型不易获取。

2.5 本 章 小 结

本章为了后续各章解决鲁棒资源分配问题提供理论基础，主要介绍了几种常用的解决优化问题的数学工具，凸优化理论和拉格朗日对偶原理。为了解决参数不确定性的鲁棒资源分配问题，介绍了基于有界不确定性的鲁棒优化方法和基于概率约束的随机优化方法，介绍了几种常用的等价问题转换方法，并对比了鲁棒优化理论和随机优化理论的应用场景和所面临的问题。

第 3 章　认知无线电网络

本章将从基本概念、网络结构、基本网络模型、关键技术方面对认知无线电网络展开全面的描述。

3.1　认知无线电的基本概念

近年来，随着无线电通信技术的快速发展及其日益增长的广泛应用，使得对无线频谱资源的需求变得更加迫切。无线电频谱作为一种有限的资源，由政府或国际机构通过一种确定的（或称为静态的）频谱分配机制去管理。根据美国联邦通信委员会（Federal Communications Commission，FCC）的报告，由于授权频谱大部分时间未被授权用户（主用户）使用，导致传统静态频谱分配机制没有充分地利用频谱资源，使得其利用效率低下。于是在 1999 年米托拉 (Mitola) 博士提出了认知无线电技术的概念。认知无线电技术通过充分开发未有效使用的频谱资源来提高频谱利用率，实现在任何时间、任何地点的高可靠性通信。认知无线电是一种智能无线电通信系统，能够动态感知周围无线电环境并自适应调整系统的传输参数（发射功率、载波频率、调制方式等），从而实现各种用户资源共享的目的。与传统通信系统相比（3G、GSM，甚至 5G 等），在认知无线电网络中，通过一定的调节机制，使授权用户和非授权用户（次用户）能够共同使用同一频带，从而提高频谱效率，减少频谱资源的浪费。

认知无线电是通过频谱感知并寻找频谱空洞来利用空闲频带资源的智能无线通信技术，以实现任何时间、任何地点的高可靠通信和对无线电频谱的有效利用，因此资源分配（功率控制）是认知无线电系统能实现频谱资源共享的一项关键技术，通过合理调节次用户发射功率，在满足自身通信质量的同时保证不影响主用户的正常通信。

3.1.1　干扰温度模型

干扰温度的定义是由 FCC 提出的，用来评价授权用户在接收机端最大能容忍非授权用户对它的干扰大小。根据实际的地理位置和频带信息，不同主用户间的干扰温度线允许不同。干扰温度主要包括：① 在接收天线处，干扰温度能提供对想要接入频带的接受射频干扰水平的准确测量信息；② 对于一个给定的具体频带，可以被非授权用户使用，由此产生的干扰不能超过干扰温度，干扰温度相当于作为一个"帽子"来限制非授权用户的射频能量。干扰温度的示意图如图 3-1 所示。

干扰温度是制约频谱复用和提高通信系统性能的关键因素。控制主用户接收机接收到实际干扰功率的大小对保证主用户的服务质量至关重要。资源分配的目标就是通过调整次用户发射机的功率大小来提高次用户网络的频谱利用率和通信性能，同时可以控制对主用户的干扰大小，避免对主用户带来有害干扰。当次用户通过提高发射功率克服信道衰落影响，提高传输速率或吞吐量的同时也给主用户接收机带来较大的干扰，因此在认知无线电网络中，如何设计合理、有效的资源分配算法是非常重要且有重大实际意义的。

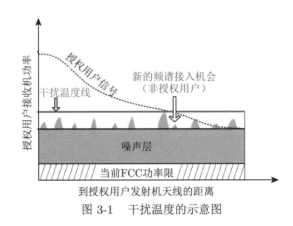

图 3-1　干扰温度的示意图

3.1.2　频谱空洞

频谱空洞是指在一定的授权用户频段范围上，大部分时间或具体地理位置，频带没有被授权用户使用或使用不充分（即不拥挤）。频谱空洞的示意图如图 3-2 和图 3-3 所示。

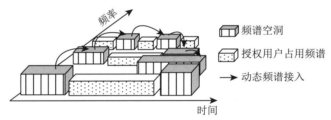

图 3-2　频谱空洞的示意图（频域机会）

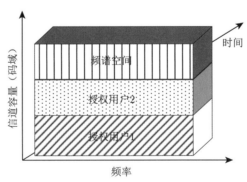

图 3-3　频谱空洞的示意图（码域机会）

3.1.3　认知回路

图 3-4 描述了赫金（Haykin）博士提出的经典认知回路模型。从图中可以看出，次用户发射机认知模块和接收机认知模块之间需要通过反馈信道来实现这种协同关系。次用户

接收机可以通过反馈信道将估计到的前向信道信息、干扰温度线、主用户干扰等有用信息反馈到次用户发射机端，方便发射机进行进一步的信息处理和更新。次用户发射机结合自身获得的感知信息和接收机反馈的信息，实现功率控制和动态资源管理。

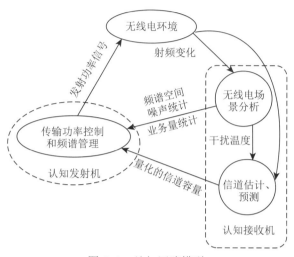

图 3-4　认知回路模型

具体过程如下：

（1）无线电场景分析。从图 3-4 可以看出，认知无线电系统需要对无线电场景进行分析，包括对"频谱空洞"的检测与寻找，估计无线电场景的"干扰温度"，该部分工作主要是由次用户接收机完成的。频谱感知作为认知无线电技术的"眼睛"，通过监测和搜索空间频谱资源来获得有效的"频谱空洞"。换句话说，频谱感知的首要任务是获得主用户在某一个区域或某一时间段内的频谱存在和使用情况。在认知网络中，该感知功能可以通过定位已有的数据库资料或使用信号灯方法实现。结合信号分析技术，频谱感知能确定主用户占用频谱资源的信号类型，如调制方式、波形、带宽、载波频谱等信息。常用的频谱感知算法包括：匹配滤波器（matched filter）、能量检测（energy detector）法、波形检测（waveform-based sensing）、循环平稳检测（cyclostationarity-based sensing）和无线电辨识（radio identification sensing）等。

（2）信道估计、预测。信道预测的内容包括对相关 CSI 的估计、预测能被次用户发射机可使用的信道容量，该工作也是由次用户接收机完成。次用户接收机通过估计主用户接收机和次用户发射机之间的信道增益、次用户发射机到其接收机的信道增益来为下一阶段的功率控制或计算进行服务，从而实现有效的动态资源分配和干扰控制。常用的信道估计方法包括：信道跟踪、速率反馈、信道训练等。容量预测可以了解能接入到主用户频带的最大用户数量和干扰预测。

（3）传输功率控制和动态频谱管理。次用户接收机通过前面两个阶段的预备工作，使得次用户发射机功率控制和资源管理成为可能，且传输功率控制是实现授权用户和非授权用户之间进行频谱共享的核心技术。因为如果次用户发射机没有很好地调节自身发射功率大小，可能对主用户接收机带来有害干扰。从以上分析可知，传输功率控制和动态频谱管理是一个必不可少的环节。

3.2   认知无线电的网络结构

从认知无线电网络结构角度讲，主要存在三种网络结构：集中式网络、分布式网络和混合式网络，如图 3-5 所示。

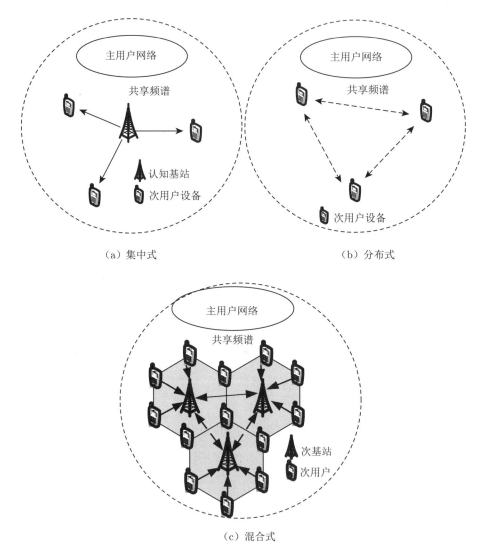

（a）集中式   （b）分布式

（c）混合式

图 3-5   三种基本的认知无线电频谱资源共享网络

3.2.1   集中式认知无线电网络

在集中式认知无线电网络中，通过一个认知基站（称为次基站，secondary base station，SBS）作为控制中心来服务与管理整个网络。由图 3-5(a) 可知，次用户基站可以同时服务网络中很多认知设备，完成动态频谱管理和控制网络中用户的传输性能与数量。通过收集网络用户全局信息，并通过调节功率，达到每个次用户的优化目标。这种网络结构存在以下几点不足之处：

（1）对于网络中用户数量多的大规模网络，集中式方式将使得网络构建和管理开销较大，另外，当小区基站出现故障时，很有可能导致整个网络瘫痪。

（2）数据信息（如每个用户的 SINR 需求、信道增益）需要在认知设备和基站间进行反复交换，使得资源分配策略的计算复杂度较高，且算法收敛速度很容易受到网络中用户数量和链路时延的影响。

3.2.2 分布式认知无线电网络

与集中式网络结构不同的是，分布式网络不用通过基站进行全局的信息交换，只需要相邻次用户间进行有用信息的交换，这种基于局部信息的处理方式大大降低了运算复杂度和算法收敛时间，并使得网络环境不局限在基站服务的小区范围内。当网络中某个认知节点不能正常工作，这样也不会导致整个系统的瘫痪，通信的传输可以通过其他节点来进行有效实现，使得网络拓扑范围较广。

3.2.3 混合式认知无线电网络

混合式网络结构是在上述两种基本网络的基础上衍生出来的。该网络中既有分布式传输结构，也有集中式信息管理。网络由多个基站组成的认知蜂窝网构成，每个基站间的信息交换通过分布式方式传递，而每个蜂窝内部，通过基站对网络中的用户节点进行集中控制。

3.3 认知无线电的基本网络模型

认知无线电技术可以结合多种技术组成新的认知网络，具体包括：单天线非中继认知无线网络，基于 OFDMA 的认知无线电网络，基于辅助节点的认知中继网络，基于多天线的认知无线电网络。

3.3.1 单天线非中继认知无线电网络

在该网络中，每个认知用户都只有一根天线进行数据的传输，是一个单输入单输出的通信系统。该网络与传统的非认知网络的唯一区别是在保证非授权用户传输性能的基础上，同时需要考虑授权用户的通信质量。认知用户可以采用分布式方式（如认知自组织网络）或集中式方式（如认知蜂窝网络）进行传输，图 3-6 描述了一个典型的认知网络结构。

3.3.2 基于 OFDMA 的认知无线电网络

由于 OFDMA 技术有很好的传输效率，并对符号间干扰（inter-symbol interference, ISI）和多径衰落有很好的鲁棒抑制能力，因此被学者认为是认知无线电的潜在传输技术。在基于 OFDMA 的认知无线电网络中，可用的空闲频带被分割为一系列正交的子载波（称为子信道），因此网络中的次用户有更灵活的传输方式进行数据传输和功率控制，从而提高通信传输的灵活性和有效性。基于 OFDMA 的认知无线电频带分割图如图 3-7 所示。

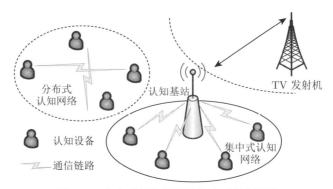

图 3-6　分布式认知网络和集中式认知网络

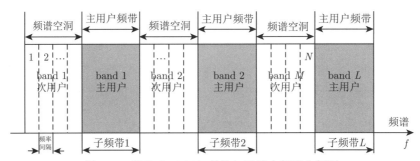

图 3-7　基于 OFDMA 的认知无线电频带分割图

3.3.3　基于辅助节点的认知中继网络

由于在某些场景下，边缘用户或者更远的用户不能得到基站的服务进行正常通信，为了拓展网络的传输范围，增加这些用户的通信机会，可以通过一些辅助节点进行辅助传输，这就是认知中继网络产生的来源。具体来讲，当距离太远或者遮蔽效应导致用户之间无法进行直接通信时，可以在它们中间加入辅助节点进行间接传输与通信。认知中继节点和认知源节点对主用户接收机总的干扰需要满足一定的功率约束，这是与非中继认知网络传输（直接传输）最大的不同之处。从用户协作方式上讲，主要有两种中继协作方式：次用户内部之间的协作通信和次用户与主用户之间的协作通信，如图 3-8 所示。图 3-8（a）表示认知中继节点帮助次用户数据进行传输；图 3-8（b）表示认知中继节点帮助主用户进行通信。

从中继节点数量方面讲，认知中继网络可以分为认知两跳网络（cognitive two-way net-work）和认知多跳网络（cognitive multi-hop network）。从中继协议角度看，认知中继网络有如下三种常用协议：放大转发（amplify and forward，AF）、解码转发（decode and forward，DF）以及压缩转发（compress and forward，CF）。

（1）放大转发（AF）。在放大转发协议下，中继节点的接收信号会被放大后重传给目的节点，该方法可以补充源节点到目的节点直传链路的功率损耗，同时可以改变信道环境，从而提升传输质量。该协议的优点在于结构简单、应用成本低。缺点是中继节点处的噪声同样被放大一起发送到目的节点。

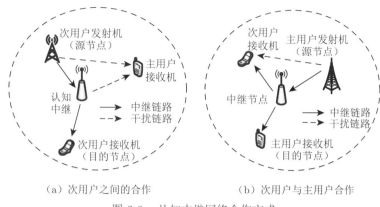

（a）次用户之间的合作　　　　　　（b）次用户与主用户合作

图 3-8　认知中继网络合作方式

（2）解码转发（DF）。在解码转发协议下，中继节点试图去解码从源节点发送过来的信号，如果解码成功，中继节点将重新将该信息进行编码并重传给目的节点。如果解码不成功，会导致系统性能急剧下降，该方法只能适用于源节点到中继节点具有较好信道环境的情况。

（3）压缩转发（CF）。在压缩转发协议下，中继节点尝试去得到源节点发送给中继节点信号的估计值，并对该估计值进行压缩、编码和传输，希望该估计值有利于解码目的节点的原始码本信息。

三种中继转发协议性能对比如表 3-1 所示。

表 3-1　三种典型中继转发协议性能对比

分类	优点	缺点
放大转发（AF）	复杂度低、易于实现，接收机阵列增益大	节点处背景噪声及干扰的影响大
解码转发（DF）	减少中继节点噪声影响，灵活性高	解码出错、判断结果错误
压缩转发（CF）	避免对噪声的放大	中继译码错误，目的节点判决错误

3.3.4　基于多天线的认知无线电网络

由于多天线技术能提高频谱效率、分集增益和网络容量，因此也是认知无线电中的关键技术之一。通过在认知收发机设备上配备多根天线，可以最大程度地提高接收机端的信号强度。多天线形成的分集增益是通过不同路径发射相同信号实现的，而复用增益是通过同时在天线上传输多个独立的数据流获得的。综上所述，多天线认知无线电网络的优点为：

（1）利用分集和编码增益来提高传输可靠性。

（2）利用空间复用在不需要拓展带宽的情况下提高系统的吞吐量。

（3）通过先进的信号处理技术消除互相干扰，如干扰对齐技术和干扰消除技术。

根据收发机天线数量的不同，多天线认知无线电网络可以分为三类：单输入多输出（single-input multiple-output，SIMO）认知无线电网络、多输入单输出（multiple-input single-output，MISO）认知无线电网络以及 MIMO 认知无线电网络。网络结构如图 3-9 所示。具体来说，在 SIMO 认知无线电网络中，认知发射机含有一根天线，基站作为接收机含有多根天线；在 MISO 认知无线电网络中，基站作为发射机含有多根天线，次用户接收机含有一根天线；在 MIMO 认知无线电网络中，次用户发射机或接收机都含有多根天线。

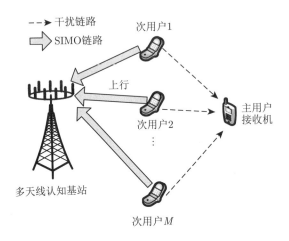

（a）SIMO认知无线电网络

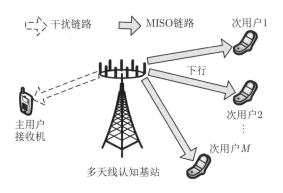

（b）MISO认知无线电网络

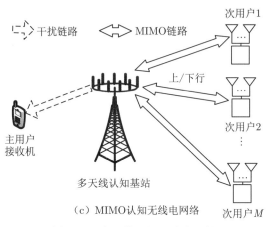

图 3-9　多天线认知无线电网络

3.4 认知无线电的关键技术

在认知无线电网络中，其基本思想是在保障授权网络的系统性能基础上，如何机会式复用授权网络的频谱资源，以实现高效的频谱利用率。为了实现上述目标，因此认知无线电网络具有感知周围的无线电环境，并学习其频谱使用的动态变化规律，通过动态、自适应调整认知用户（次用户）的工作状态来实现与授权用户（主用户）共享频谱资源。简言之，认知无线电网络在本质上包含两个基本的核心功能：快速的频谱空洞感知能力和动态高效的空闲频谱使用能力。前者可以通过各种频谱感知和分析技术来实现，后者可以通过动态频谱接入和功率调节（功率控制或功率分配）技术来实现，因此频谱感知、频谱接入、动态频谱共享模式及功率调节等技术成为认知无线电网络的关键技术。

3.4.1 频谱感知技术

频谱感知技术主要是通过信号处理的手段如何实时、高效地检测多维频谱空间（时/频/空域）上的可用频谱资源，从而分析出有利于当前次用户进行通信的空闲频谱资源。基于上述描述，频谱感知是对次用户周围无线电环境和传输机会的全面检测，因此频谱感知技术是认知无线电网络得以实际应用的基础。目前，从不同的对象角度看，频谱感知方法大致可以分为三类：基于发射机的频谱感知技术、基于接收机的频谱感知技术和基于协作频谱感知技术，如图 3-10 所示。前两种可以归类于单用户频谱感知技术，而后者是多用户合作频谱感知技术。

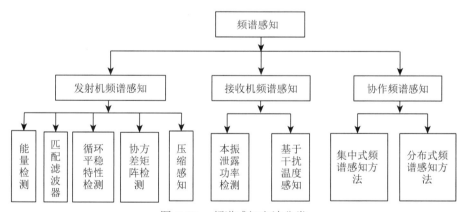

图 3-10　频谱感知方法分类

1. 基于发射机的频谱感知技术

1）能量检测法

能量检测法又称为辐射测量，通过比较接收机端能量收集器的输出信号能量与接收噪声预先设定的阈值来判断主用户信号是否存在，即当前主用户是否占用频谱资源。该方法是一种非相干检测方法，因此具有一般性。在这种情况下，接收机不需要知道主用户信号的任何信息。由于其结构简单、复杂度较低，从而是最常用的频谱感知方法。然而，该检测方法性能易受噪声不确定性的影响，并且由于不能分辨信号，能量检测器常常会因为非主用户信号的出现而发生误警。例如，当接收信噪比较低时，频谱感知的检测性能较差，容易出现误判，并且不容易区分主用户信号和其他次用户的干扰信号。

　　能量检测法的基本原理如图 3-11 所示。实质上是通过对某一待测频带上信号的能量进行测量，通过设定特定的能量阈值，如果达到或者超过就认为该频段已经被占用，否则此频段没有被占用。在能量检测过程中，输入信号通过前置的带通滤波器进行滤波，然后经过 A/D 变换后，取值求模、平方得到；或者也可以将时域信息转化到频域信息，接收信号通过前置滤波器进行滤波后做 N 点 FFT，再对频域信号求模的平方得到其能量值。能量检测是在一定的频带范围内做能量积累，通过 N 个采样求和得到检测统计量。然后通过判决单元进行判决，若低于设定的阈值，则说明信号不存在且仅有噪声，如果检测统计量高于判决阈值，那么判定判决信号存在。综上能量检测法的出发点是信号加噪声的能量大于噪声的能量。

图 3-11　能量检测法的基本原理图

　　定义 H_0 表示主用户离开，H_1 表示主用户占用频谱，那么任意次用户的接收信号可以表示为

$$y_i(t) = \begin{cases} n_i(t), & H_0 \\ h_i(t)s(t) + n_i(t), & H_1 \end{cases} \tag{3.1}$$

其中，$y_i(t)$ 表示第 i 个认知用户在时刻 t 的接收信号；$n_i(t)$ 表示其对应的加性高斯白噪声；$s(t)$ 为主用户发射机的信号；$h_i(t)$ 表示主用户发射机到第 i 个次用户接收机的复信道增益。在确定带宽 W 和观测时间窗 T 的条件下，频域内的能量收集信号可以表示为

$$E_i \sim \begin{cases} \chi_{2u}^2, & H_0 \\ \chi_{2u}^2(2\gamma_i), & H_1 \end{cases} \tag{3.2}$$

其中，χ_{2u}^2 表示自由度 $2u$ 的中心卡方分布（central chi-square distribution）；$\chi_{2u}^2(2\gamma_i)$ 表示一个自由度为 u，非中心化参数为 $2\gamma_i$ 的非中心卡方分布；γ_i 表示第 i 个认知用户的瞬时信噪比（signal to noise ratio，SNR），且 $u = TW$。如果将收集的能量信号 E_i 与某一特定的判决阈值 ξ_i 相比，可以得到如下检测概率和虚警概率：

$$\begin{cases} \text{检测概率：} P_i^d = \text{Prob}\{E_i > \xi_i \mid H_1\} \\ \text{虚警概率：} P_i^f = \text{Prob}\{E_i > \xi_i \mid H_0\} \end{cases} \tag{3.3}$$

　　通过上述概率值的大小，就可以判定主用户是否占用该频段。

　　2）匹配滤波器法

　　当给定输入信号的信噪比时，匹配滤波器可以使得主用户接收机输出信号的信噪比最大。该方法通过相干处理，使得接收机接收到的信号通过匹配滤波器后达到最大的增益。当已知主用户信号特征的先验信息时，基于匹配滤波器的频谱检测方法是最优的，因此匹配滤波器法和能量检测法最大的差别是次用户是否知道主用户的信号信息。由于该检测方法需要针对不同的通信系统进行分别设计，故其主要缺点有：① 次用户需要知道主用户发送信号的先验信息；② 次用户需要与主用户时钟信号和频率信号同步，使得实际应用设计复杂度高，不易实现。

匹配滤波器的检测原理如图 3-12 所示。具体来讲，匹配滤波器的输入信号与主用户发射机的发射信号通过乘法器进行相乘，然后通过抽样判决来获得检测统计量，最后与特定的阈值进行比较判决。由于匹配滤波器检测法是一种相干检测算法，是使得输出信噪比最大的最佳线性滤波器，能够使得接收信号的信噪比最大化。

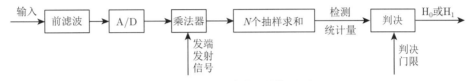

图 3-12 匹配滤波器的检测原理

若匹配滤波器的输入信号描述为

$$r(t) = s(t) + n(t) \tag{3.4}$$

其中，$s(t)$ 为主用户的发射信号；$n(t)$ 为加性高斯白噪声，且两个信号相互统计独立。输入信号 $r(t)$ 经过前置滤波器后，进行 A/D 变换，再通过发射信号 $s(t)$ 与 $r(t)$ 抽样后相乘来检测统计量，统计量 Y 的表达式为

$$Y = \sum_{n=0}^{N-1} r(n)s(n) \tag{3.5}$$

其中，N 为采样点数；$r(n)$ 为输入信号 $r(t)$ 经过 N 次采用后的接收信号离散序列；$s(n)$ 为发射信号 $s(t)$ 经过 N 次采用后的发射信号离散序列。检测统计量 Y 将通过与提前设定的阈值比较，实现判决。如果大于判决阈值，那么判决输出结果为 1，表示主用户存在；反之，主用户不存在。

3）循环平稳特征检测法

一般来说，调制信号具有内在周期特性，即循环平稳特性，可以通过分析信号的谱相关函数检测到。循环平稳特征检测方法是利用主用户信号具有的循环平稳特性来检测其是否存在。循环平稳特性是指一种基于发送信号的周期性或者统计特性，或者是为了帮助频谱感知而主动引入的特征信号，该方法能够从噪声中区分主用户信号。因为噪声是一个非相关的宽平稳过程，从而使得该方法能够区分不同类型的主用户信号，因此特征检测对于不确定的噪声具有很好的鲁棒性，并且能够分辨不同的信号。然而，该方法计算复杂度高、计算开销较大、需要较长的观测时间，同时对射频前端的非线性特征、邻道干扰和定时偏差等因素十分敏感。

4）协方差矩阵检测法

在认知无线电网络中，主用户信号的存在与否会使得认知用户接收信号的协方差矩阵有着不同的特性。当主用户信号不存在时，接收信号的协方差矩阵只有噪声部分，此时协方差矩阵的非对角元素为零。当主用户信号存在时，该矩阵非对角元素则存在非零值，因为此时信号采样间存在相关性，从而可以利用这一特性来检测主用户是否正在进行传输。并且该方法的一个优点是：不需要知道主用户的信号及噪声的先验信息。缺点在于：需要对接收的信号进行大量的过采样，从而导致实际应用复杂度较高。

2. 基于接收机的频谱感知技术

主用户接收机频谱感知方法是指次用户通过检测主用户的接收机是否工作来判断主用户是否正在进行通信的检测方法。目前主要的检测方法有：本地泄露功率检测和基于干扰温度的检测。

（1）本地泄露功率检测。当主用户接收机工作时，收到的高频信号会经过本地振荡器后产生特定频率的信号，其中一部分信号将会从天线泄露出去。通过检测这些泄露信号，该技术能够判断主用户接收机是否正在进行通信。该检测方法的检测范围较小，为了保证可靠性，需要较长的检测时间。

（2）基于干扰温度的检测。为了保护主用户的通信质量，次用户需要预测在某一频段上对主用户接收机造成干扰的大小，并将该主用户能够容忍的最大干扰功率值定义为干扰温度阈值。只要次用户所产生的干扰功率小于主用户给定的干扰温度阈值，则该次用户和主用户可以共享该频段，否则次用户不能接入该频段。目前，常用的干扰温度估计方法包括多窗谱估计法、加权交叠段平均法等。

3. 基于协作频谱感知技术

由于无线信道的随机性以及用户之间动态变化的干扰功率等因素的影响，单个次用户的频谱感知结果往往不是很可靠，尤其是在复杂的电磁环境下，因此会导致次用户不能及时、准确地发现可用的空闲频谱资源。为了应对该问题，通过多个次用户之间进行协作感知，实现频谱资源共享，进行联合频谱感知来判断主用户是否正在进行传输，这种基于次用户协作的感知技术称为协作频谱感知技术。

从更具体的实现方式来看，协作频谱感知方法包含：集中式频谱感知方法和分布式频谱感知方法。

（1）集中式频谱感知方法是指次用户基站协调控制所有次用户，获得所有用户的频谱感知信息，从而基于集中式信号处理手段与结果分析得到主用户的活动状态，该方法的检测精度高，信息交换导致的计算复杂度较高，系统开销较大。

（2）分布式频谱感知方法是通过最大化每个次用户的感知性能，合并有限的信息以实现融合环境感知能力。该方法检测精度较低、运算处理能力差、终端设计复杂。

总的来讲，协作频谱感知的优点是可以提高频谱检测的可靠性，同时能够降低各个检测器的检测时间。协作频谱感知方法过多的信息交换带来了额外的系统开销，而且该开销一般与参与协作的检测器数量呈线性关系。

3.4.2 频谱接入技术

在认知无线电网络中，当通过频谱感知结果找到了空闲的频谱资源（频段资源），多个次用户如何充分利用该频谱是一个关键科学问题，即频谱接入问题。频谱接入的主要目的是决定次用户是否接入当前的频段，以及如何在多个次用户之间共享该频段资源，从而达到网络层面上的性能最优。

从频谱管理的方式来讲，频谱接入技术包含静态频谱接入和动态频谱接入，如图 3-13 所示。

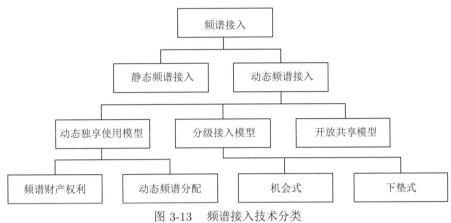

图 3-13 频谱接入技术分类

1. 静态频谱接入

一般来讲，目前大部分国家的频谱管理部门或者通信管理局对各个行业的频谱划分主要是采用静态频谱分配的方式，其分配流程主要包括频率需求分析、调研规划、协调与审定、频谱指定等。

静态频谱分配的方式优点在于管理简单、各个通信系统之间的干扰较小、具有较好的安全性。但是，该方法存在如下问题：

（1）授权频谱的所有权很难更改。

（2）给定授权频段上业务类型也不能改变，如果该业务不再使用这段频谱，会导致频谱资源的浪费。例如，分配给 TV 的频段由于数字电视的出现从而变得空闲。

（3）特定授权频谱上指定的使用方式未曾考虑不同地理位置的影响。例如，将某个频段授权给蜂窝系统后，没有考虑城市与农村的人口差别，使得该频段在市区由于人口密集变得十分拥挤，而该频段在农村则可能利用率非常低。

上述缺点是静态频谱接入方式的固有弊端，这种命令和控制的管理模式较大程度上降低了已有通信系统对频谱资源的利用率。

2. 动态频谱接入

动态频谱接入是指允许多种不同类型的用户灵活、动态的共享频谱资源，从而提高频谱资源的利用率。具体来讲，次用户通过观察、学习、推理并且动态调整其状态，从而适应周围无线电环境的变化，通过灵活、高效、动态的方式实现与主用户共享已分配的频谱资源，从而更加有效地提升当前使用频谱的利用率，减小频谱空洞。从图 3-13 可以看出，动态频谱接入技术可以分为三类：

1）动态独享使用模型

这种模式依然保留着当前静态频谱管理政策的基本结构：频谱带宽是以独占方式授权给特定服务，其主要思想是在频谱管理中引入灵活性来提高频谱利用率。从实现角度看，可以分为频谱财产权利和动态频谱分配。前者允许频谱拥有者（具有高的频谱使用优先权）买卖或交易频谱，同时允许自由地选择传输技术。

虽然频谱拥有者能够以收益为目标租赁或交易频谱，但是频谱共享是不允许的。这种方法可以根据不同类型服务在时间和空间上的业务特性，实现动态地分配频谱资源。与上述静态频谱分配政策相比，这种动态独享使用分配方法可以在一个更快的范围内进行频谱资源的调整，但是在一个特定的区域和时间内，频谱资源仍然是分配给特定服务独享的。由此可见，在动态独享使用机制中，这些途径仍然不能够消除由业务突发特性所引起的频谱空洞。换言之，仍然不是解决已分配频谱资源利用率低下的有效途径。

2）分级接入模型

该模型是授权用户和次用户之间采用一种分级接入结构实现频谱共享，其主要思想是将授权频谱开放给次用户，同时限制次用户对主用户接收机的干扰。该模型的频谱接入方式主要依赖于不同的动态频谱共享方法。例如，在下垫式频谱共享（spectrum underlay）条件下，次用户可以在任何时间、任何地点接入授权用户频谱。在机会式频谱共享（spectrum overlay）条件下，只有当授权用户没有使用频谱时，次用户才能接入该空闲频段资源。图 3-14 给出了两种典型的分级接入模型示意图。

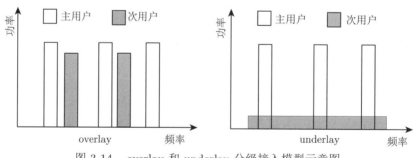

图 3-14　overlay 和 underlay 分级接入模型示意图

3）开放共享模型

该模型也被称为频谱公共模型。是指在同等用户之间，采用开放共享的方式作为管理特定频谱的基础。该模型可以采用集中式或分布式频谱共享方式。然而频谱共享模型需要指定一个免费频段在同等用户之间共享，例如，Wi-Fi 技术。目前可用的频谱资源已非常匮乏，因此严重阻碍了该共享模型的应用与推广。由于是开放共享模型，使得该模型的保密性、安全性较差。

3.4.3　动态频谱共享模式

在认知无线电网络中，需要首先通过频谱感知技术感知频谱空洞和位置分布，在此基础上，认知设备采用合适的频谱资源共享模式进行接入。目前，按照对主用户干扰方式的不同，认知无线电网络的频谱共享模式主要包括 4 种：交替式频谱共享模式、下垫式频谱共享模式、机会式频谱共享模式和混合式频谱共享模式。图 3-15 描述了 4 种不同的频谱共享模式。

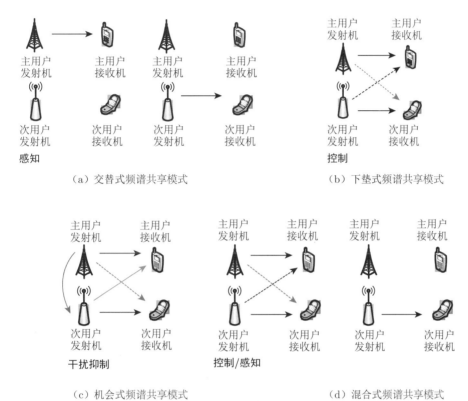

（a）交替式频谱共享模式　　　　　　　（b）下垫式频谱共享模式

（c）机会式频谱共享模式　　　　　　　（d）混合式频谱共享模式

图 3-15　认知无线电频谱共享模式

1）交替式频谱（spectrum interweave）共享模式

该频谱共享模式是一种干扰避免的方式，也就是不会对主用户带来任何干扰。通过认知设备需要周期性地感知主用户的频谱使用情况，直到有信道被检测为空闲状态，次用户通过重新设置自身的传输参数（如载波频率、带宽和调制方式等）机会式地接入该空闲信道，使得次用户能够工作在检测到的频谱空洞上。在工作的同时，次用户需要不断监测自身所处的频谱状态，当主用户不在授权频带中，次用户接入并使用该频带进行机会式传输；一旦监测到主用户出现时，次用户立即退出所占用的频带，以避免对其产生干扰。该频谱共享模式非常依赖认知设备频谱检测结果，且不允许主用户和次用户同时存在于网络中。

2）下垫式频谱（spectrum underlay）共享模式

该频谱共享模式是一种干扰可控的频谱共享模式，允许次用户和主用户在同一频段上同时进行通信，从而可以对主用户带来一定的有害干扰，但是不能超过其允许的干扰温度线。该模式通过对次用户的发射功率增加一个干扰温度限制，从而保证每个主用户的干扰不超过阈值，因此干扰温度约束在该类模式的资源分配中起着关键性的作用；次用户可以通过能量检测法或合作方式（如获得主用户的密码本）得到干扰温度线。这种频谱共享模式并不要求次用户必须通过频谱感知实时发现频谱空洞之后才能进行传输。也就是说，次用户不需要实时感知主用户是否存在，可以直接接入主用户网络，是一种主用户和次用户共存的频谱共享方式。综上可知，下垫式频谱共享模式简单易行，允许次用户一直进行数据传输，从而具有较高的频谱利用率，因此得到了学术界和产业界的广泛关注。

3）机会式频谱（spectrum overlay）共享模式

该频谱模式也是一种允许主用户和次用户同时存在的共享模式，是一种干扰减小或消除的模式。在这种模式下，次用户需要提前知道主用户的信号信息，采用先进的信号处理技术，感知与检测主用户是否正在进行通信：当发现可用频谱时，次用户可以在该频段上进行数据传输；当主用户重新占用该频谱时，次用户必须马上让出该频谱，不能对主用户的正常通信产生干扰。与下垫式频谱共享模式不同的是，该模式不需要对次用户的发射功率进行严格限制，而是确定什么时候，什么地点传输。也就是说，机会式频谱共享本质上是一种时间正交的频谱共享方式，即主用户和次用户分别工作在不同的时隙中。次用户需要连续对主用户信息进行解码，并且利用获得的主用户网络信息，通过规避风险的方式进行传输，不与主用户通信发生碰撞；同时，利用部分能量帮助主用户传输，提高主用户的通信质量。

4）混合式频谱（hybrid spectrum interweave/underlay）共享模式

该频谱共享模式是根据前两种模式的特性而提出的，是一种基于频谱感知结果的共享方式。根据感知结果，次用户知道主用户是否在使用频谱。当感知到主用户在授权频带上传输，次用户将采用下垫式频谱共享方式接入网络，从而控制干扰功率，减小对主用户的影响；当感知到主用户离开频带时，次用户将切换到交替式频谱共享方式，以提高频谱利用率和次用户网络的通信性能，如数据速率、吞吐量等。4 种频谱共享模式的主要特点如表 3-2 所示。

表 3-2　认知无线电 4 种频谱共享模式的主要特点对比

频谱共享类别	是否需要频谱感知	频谱共享情况	关键特点
交替式频谱共享模式	是	主用户存在，次用户退出；主用户不在，次用户接入	先感知，再接入；主用户和次用户不能同时存在于网络
下垫式频谱共享模式	否	无论主用户是否存在，次用户都接入	控制次用户发射功率大小，不超过主用户干扰温度阈值
机会式频谱共享模式	是	① 干扰消除模式，主用户进入，次用户离开；② 干扰减小模式，主用户和次用户同时存在于网络，次用户通过编码或信号处理技术消除对主用户干扰	无干扰温度约束，需要对主用户信息解码，并通过算法消除干扰信号，以增强主用户信号
混合式频谱共享模式	是	① 当主用户存在，采用下垫式频谱共享方式使用频谱；② 当主用户不在，采用交替式频谱共享方式使用频谱	基于频谱感知的接入与共享方法

3.4.4　功率调节技术

在认知无线电网络中，实现动态频谱共享的前提是要严格保证主用户的通信质量，也就是次用户的接入不能对主用户的通信质量产生有害干扰，而功率调节技术（又称为功率控制技术或功率分配技术) 能够根据次用户周围的无线电传输环境和次用户的信道状态, 实时、动态地调整次用户的发射功率, 从而有效控制对主用户的干扰功率, 同时满足自身服务质量的需求, 因此该技术是认知无线电走向实际的关键。

认知无线电网络中的功率调节主要有两个目的: ① 降低次用户对主用户的干扰; ② 减小多个次用户之间的相互干扰。通过前者, 次用户可以找到更多可用频谱资源, 而通过后者, 允许多个次用户同时高效地共享空闲频谱资源, 从而提高频谱利用率。例如, 当主用户出现或者没有可用频谱资源时, 次用户采用下垫式频谱共享模式与主用户共享频谱, 通过适当调节次用户发射机的传输功率, 将对主用户接收机的干扰控制在其能够容忍的干扰阈值之内, 从而继续在原先的频谱上传输。功率调节的另外一个目的体现在对次用户服务质量提升上。也就是说, 通过功率调节技术, 次用户不仅可以避免对主用户造成有害干扰, 同时还能缓解对网络中其他次用户的同频干扰, 从而有效提升整体网络的频谱利用率和吞吐量。

根据执行功率调节算法实体的不同, 功率调节技术可以分为分布式功率调节和集中式功率调节。

(1) 分布式功率调节主要针对没有中心控制的认知无线电网络, 例如, 认知 Ad Hoc 网络。在该场景下, 各个次用户节点独立调整自身发射功率, 从而使得自己的收益或者效用最大化, 该过程可以描述成一个非合作博弈的过程。从实际应用角度出发, 没有中心控制节点, 会使得各个次用户之间需要进行大量的信息交换, 从而使得开销较大, 另外, 各个传输节点的相互干扰也降低了频谱使用效率和系统容量。

(2) 集中式功率调节是在基站或中央控制节点的基础上进行资源的统一分配与调度, 因此不需要各个用户之间进行信令交换, 只需要各个节点本身与基站进行信息交互。该方法可以提供较大的覆盖范围, 较为理想的接收性能。由于这种方法简单易行, 使得集中式功率调节方案在很多无线通信网络中受到广泛的关注与深入研究。与传统蜂窝通信网络相比, 集中式功率调节的认知无线电网络同样面临着一些技术挑战。例如, 在该场景下, 功率调节不仅仅需要考虑空闲频谱的动态特性, 以保证主用户接收到的干扰在一定承受范围内, 同时还要考虑次用户之间的干扰抑制问题, 从而尽可能多地满足不同用户的 QoS 需求。

3.5 本章小结

本章对认知无线电网络的基本概念、网络结构、基本网络模型、关键技术进行了阐述, 为后续不同认知无线电网络场景下的鲁棒资源分配算法设计与实现打下基础。具体来讲, 在基本概念方面, 对认知无线电技术产生的背景和技术优势、干扰温度模型的定义、认知回路和频谱空洞进行了介绍; 在认知网络结构方面, 分别对集中式认知网络、分布式认知网络和混合式认知网络的定义、网络特点和各自优点进行了说明; 在认知网络基本网络模型方面, 对单天线非中继认知无线电网络、基于 OFDMA 的认知无线电网络、中继辅助传输的认知无线电网络、多天线认知无线电网络进行了介绍; 在认知关键技术方面, 对频谱感知、频谱接入、频谱共享、功率调节等技术进行了详细分析与介绍。

第 4 章 异构无线网络

随着社会的不断进步和通信技术的高速发展，人类跨入无处不在的移动互联、互通时代。智能终端、Wi-Fi、车联网、移动支付等一系列信息化技术给人们生活带来了更加优质便捷的体验，无线通信技术已经发展成为具有不同的带宽、调制方式和覆盖范围的异构化网络。由于传统的静态网络工作模式导致各类网络之间信息独立、资源无法共享以及频谱利用率低等一系列问题，严重制约移动通信技术的发展，使得网络面临容量压力、深度覆盖盲区等问题。受邻区干扰因素所限，一味提升宏基站密度并不是解决这类问题的有效办法。

为了增大无线通信网络的系统容量，提高频谱资源的使用效率和传输效率，降低网络部署成本等问题，无线通信网络正朝着同构无线网络向异构无线网络（heterogeneous wireless network，HetNet）的方向演进。异构无线网络成为应对未来数据流量陡增、满足容量增长需求的关键通信技术之一。作为 4G-LTE 的关键技术，异构无线网络通过在传统的宏蜂窝网络中部署小基站，可以有效拓展无线网络的覆盖范围和系统容量，从而有效地满足人们不同的业务需求并且以较小的网络建设成本解决覆盖盲区问题。然而，所部署的小基站在传输功率和处理能力上与传统的宏基站有所不同，从而在移动性连接、干扰管理、无线电资源分配等方面带来更多新的挑战。

4.1 异构无线网络的定义

随着当代通信技术的发展和智能终端的出现，使得无线局域网、城域网、云无线接入网、蜂窝网络等多种不同性质和功能的网络存在于一个通信环境下，从而使得传统基于宏蜂窝网络的 2G 通信系统呈现出空间异构（多种网络结构）、不同接入方式、多种调制方式（如 CDMA、OFDMA）、大规模天线阵列等新的特点，成为学者们的研究热点。

从定义上讲，异构无线网络是指通过多种网络分层、功能差异化形成的非单一网络组成的无线通信网络。异构无线网络不是一种新型无线网络，其重点和难点在于如何协作融合不同类型的网络成为有效的综合体，而异构蜂窝网络采用相同的体系架构，如何解决不同层网络用户之间的干扰是异构蜂窝网络中提升容量的主要难题。与传统提高点到点的数据速率技术不同（如载波聚合、自适应调制编码），异构无线网络是为了提高整个网络的数据容量、提升边缘小区的用户体验，从全局上减小覆盖盲点，提高通信系统传输范围，以满足未来无线设备的业务多样性需求、提升频谱利用率。为了使得终端同时接入到多个网络，终端应该具备可以接入到多个网络的接口，即多模终端。在传统的蜂窝异构无线网络中，如图 4-1 所示，通过在宏蜂窝网络中布置大量低功率的微蜂窝（micro cell）、微微蜂窝（pico cell）、毫微微蜂窝（femto cell）等非标准六边形蜂窝接入点，形成低功率节点层，大量重用系统已有频谱资源，提高频谱资源的利用率，并有针对性地按需部署、就近接入，来满足热点地区对容量的需求。然而，如何实现不同小区间的干扰管理，空闲频谱的合理利用是其需要解决的关键技术问题。资源分配技术可以使该网络下的干扰管理和频谱利用变得更加灵活，通过控制用户发射功率、信道分配等即可提高整个网络的系统容量，有效缓解小区间干扰。

图 4-1　　多层异构无线网络拓扑结构

4.2　异构无线网络的特点

4.2.1　频谱共享分类

在多层异构无线网络中，目前存在三种频谱共享策略：机会式频谱共享、下垫式频谱共享和混合式频谱共享。

（1）机会式频谱共享。小蜂窝用户允许接入 MU 未使用的频谱资源。当授权的 MU 重新接入到网络，小蜂窝用户应该退出所使用的频带。这种频谱共享方式是一种无干扰功率的共享模式，MU 的通信质量得到了很好的保护。

（2）下垫式频谱共享。小蜂窝用户不需要考虑 MU 是否存在于网络中，他们能够一直接入网络中并使用 MU 的频带，但是需要控制小蜂窝基站到 MU 接收机的跨层干扰功率大小在一定阈值以内。这种频谱共享方式可以提高小蜂窝用户的接入机会，同时会增加对 MU 的跨层干扰，这是制约整个系统容量的一个瓶颈。

（3）混合式频谱共享。在这种模式下，MU 的频谱资源被划分为两类，即只用于服务小蜂窝用户（支持高速率通信）和同时服务 MU 与小蜂窝用户（支持高频谱利用率）。对于前者，因为小蜂窝用户独享该频谱资源，从而可以不考虑对 MU 的共道干扰，通过分配更大的传输功率以提高传输速率。对于后者而言，低速率需求的小蜂窝用户共享 MU 的频谱资源，从而提高频谱效率。

4.2.2　切换方法分类

由于在异构无线网络中，允许多模终端接入到该网络中，必然会涉及到在不同网络之间的切换问题，因为切换技术是实现无线通信网络无缝移动性管理的关键。切换是指当用户接入时，系统根据所测得的信号强度和各小区的容量为某一呼叫选择最恰当的小区（宏小区、微小区、微微小区），因此异构无线网络的切换很重要，可以保证移动终端信号的连续性。一般来讲，网络切换可以分为两类：水平切换（horizontal handoff）和垂直切换（vertical handoff）。

（1）水平切换。水平切换是指移动终端在相同系统的基站（扇区、信道）之间进行切换，又被称为系统内切换或普通小区间的切换。水平切换通过相同的接入技术来处理设备移动情况下的通信质量，通常情况下移动速率没有较大的改变。在实际情况中，相同小区的容量未饱和时，都只需要进行水平切换。

（2）垂直切换。垂直切换是指移动终端在不同类型网络基站覆盖的重叠区域进行切换，又被称为系统间切换。这种通信连接属于两个不同的系统，通过不同的接入技术实现。另外，异构网络的垂直切换包含上行垂直切换和下行垂直切换。前者表示移动终端漫游到一个小带宽的大覆盖网络，后者表示移动终端漫游到一个大带宽的小覆盖网络。

4.2.3 异构无线网络的接入方式

在异构无线网络中，用户什么时候在什么地方以什么样的方式接入网络也是十分关键的。一般来讲，异构无线网络接入方式分为开放接入和封闭接入。

（1）开放接入。在这种方式下，用户可以根据自身的覆盖范围允许接入一个小蜂窝基站或者宏蜂窝基站。例如，如果一个移动终端在小蜂窝覆盖范围内，它可以优先接入小蜂窝网络；如果该终端在小蜂窝覆盖范围外，且又在宏蜂窝网络的覆盖范围内，那么可以选择接入宏基站以实现数据传输。

（2）封闭接入。在这种方式下，封闭小蜂窝用户只允许接入小蜂窝网络，而 MU 无论是在小蜂窝还是在宏蜂窝的覆盖范围内，都只能接入宏蜂窝网络。

4.2.4 异构无线网络的优点

由于异构无线网络是由多种不同的网络构成，因此在系统容量提升、网络密集部署、减小覆盖盲区、减小链路时延和链路损耗、提升频谱效益方面具有非常大的优势。具体来讲，在异构无线网络中，具有不同接入技术的多模终端允许在相同物理空间共存，从而可以最大程度地提高整个蜂窝网络的系统容量。另外，通过在网络中部署大量的小蜂窝基站可以支持更多的密集型用户接入，因此网络结构呈现出更加密集的特点。由于异构无线网络采取的是在原广域覆盖的宏蜂窝网络中部署小蜂窝，可以在热点和网络未覆盖区域布置接入点，从而改善差信道环境下的通信质量。再者，异构无线网络通过部署小基站可以减小宏基站与移动终端间的回程信息，从而使传统长距离、大衰落通信变成短距离、小衰落通信，从本质上改变信道环境与信息传输质量。进一步，小蜂窝网络通过频谱共享的方式可以提高宏蜂窝网络的频谱利用效率。

4.3 异构无线网络的蜂窝类型

在异构无线网络中，存在较多的低功率节点，如微微基站、中继基站、家庭基站、分布式天线等，将这些低功率节点部署在宏基站的覆盖范围内，实现分层异构组网。一方面，宏蜂窝网络与微微蜂窝、家庭基站都可以分别进行资源共享；另一方面，当超出某一小区的传输半径时，可以通过中继基站来进行信息的辅助传输，因此理解异构网络中不同的蜂窝类型对传输协议、切换、资源分配等技术的实现非常重要。

4.3.1 宏蜂窝网络

在异构无线网络中，宏蜂窝网络（macrocell network）用户通常作为主用户存在，也就是频谱资源的拥有者，在不同的通信系统中其特点和功能有所不同。宏蜂窝网络通过一个高功率基站能够提供广域覆盖。

宏蜂窝网络的特点是：

（1）宏基站通常安置在高空地方，例如，摩天大楼楼顶或山顶上，能够支持大范围的视距通信。

（2）该网络具有较长的传输距离和宽泛的覆盖范围，其覆盖半径多为 1~25km，达数千米的空间区域；两个相邻的宏基站的距离通常也很远。

（3）蜂窝边缘用户的服务质量容易受到阴影衰落和多径干扰的影响。

（4）因为存在不均匀分布的通信服务请求，所以存在无覆盖地区或热点地区。当室内用户被宏基站服务时，通信质量受到较大程度的影响。

宏蜂窝网络的基站通常是由传统的网络运营商安装的，其基站天线通常做得很高，而且基站通常布置在山顶上，并且在高速通信时代，LTE 通信网络（4G 通信系统）是当前的宏蜂窝网络，它不仅可以作为传统的电话传输与 2G 系统兼容，而且能够提供一定数据速率的图像、视频等服务。

4.3.2 微蜂窝网络

为了解决宏蜂窝网络通信的"盲点"和"热点"问题，往往依靠设置直放站、分裂小区等办法来解决，这样就形成了一种微蜂窝网络（microcell network）。该网络中的基站通常是一种由网络运营商安装的低功率蜂窝基站，分布在人口密集的城市地区，例如，商场、火车站等。其网络覆盖半径通常在 100m~1km，该覆盖范围比宏基站的覆盖范围要小很多。微蜂窝网络的信道数量和流量密度会随着频谱复用的距离减小而急剧增加。通常微基站的发射功率范围在 14~20dBm，基站天线低于屋顶高度，传播主要沿着街道的视线进行，信号在楼顶的泄露小，因此微蜂窝是用来加大无线电的覆盖范围，不同尺寸的小区重叠起来，且基站彼此相邻，从而使得整个通信网络呈现出多层次的结构。

4.3.3 皮蜂窝网络

在实际生活中，存在一种覆盖半径更小的蜂窝网络，即皮蜂窝网络（picocell network）。皮蜂窝网络是指由皮基站组成的小型网络，又称为微微蜂窝网络。通常皮基站也被称为企业级小基站，用于公共区域的盲点和热点覆盖问题。微微蜂窝网络主要是为了解决特定区域的室内无线覆盖问题，尤其是大型写字楼、集会等场所，由于人数众多，对通信的需求量很大，其覆盖半径通常小于 300m。第一代的皮蜂窝网络其实就是低功率的宏蜂窝网络，功率范围一般在 23~30dBm，费用十分昂贵。第二代的皮蜂窝网络可以基于 IP 承载，提供更小的覆盖范围，从而经常用于小型的写字楼、偏远地区、地下停车场等地区。另外，皮基站的发射功率范围一般是 125~500mW，例如，华为的 Lampsite、中兴的 Qcell 都属于皮基站。

4.3.4　毫微微蜂窝网络

为了解决微微蜂窝网络在家庭环境或小企业室内的覆盖问题，近年来毫微微蜂窝网络（femtocell network）成为了 5G 通信的研究热点。毫微微蜂窝网络又被称为飞蜂窝网络或家庭基站，是一种低成本、低功耗、由用户配置访问节点的技术，可以实现小范围内提供高密度话务量的目的。飞蜂窝网络允许室内用户接入家庭基站从而提升通信服务质量，经常用于单个家庭或企业中，覆盖半径一般小于 50m，发射功率小于 23dBm，小型化的基站安装也更加容易、方便。飞蜂窝网络可以填补微微蜂窝的覆盖空白，消除通过建筑物的信号损失，这两种网络的主要区别是飞蜂窝网络可支持的用户数量远远小于微微蜂窝网络。

根据上述特点，异构无线网络不同蜂窝类型的特点对比如表 4-1 所示。

表 4-1　异构无线网络不同蜂窝类型的特点对比

类别	英文	部署	发射功率	覆盖半径	接入方式	回程	布置区域
宏蜂窝网络	macrocell network	运营商部署	46dBm	1~25km	开放接入	S1 接口	山顶
微蜂窝网络	microcell network	运营商部署	14~20dBm	100m~1km	开放接入	X2 接口	房屋楼顶
微微蜂窝网络	picocell network	运营商部署	23~30dBm	<300m	开放接入	X2 接口	会议中心
飞蜂窝网络	femtocell network	用户部署	<23dBm	<50m	封闭/开放	Internet IP	家庭/办公室

4.4　异构无线网络的典型应用场景

为了更好地理解后续章节的各个网络模型，根据上述蜂窝类型和不同的通信技术，异构无线网络的典型应用场景包含：传统单天线异构无线网络、多天线异构无线网络、基于 OFDMA 的异构无线网络、基于 NOMA 的异构无线网络、基于中继辅助的异构无线网络、基于 RIS 辅助的异构无线网络和异构云无线接入网络。

4.4.1　传统单天线异构无线网络

在传统单天线异构无线网络中，每个基站和用户都是配备单根天线，且信号传输不需要中继辅助传输，是在传统宏蜂窝网络中引入小蜂窝覆盖的通信场景。在这种网络架构上，至少有两种不同类型的网络，如图 4-2 所示（飞蜂窝网络与宏蜂窝网络共存的两层异构网络）。宏蜂窝网络作为主网络是频谱资源的拥有者，而飞蜂窝用户（femtocell user，FU）通过频谱共享的方式使用该频谱。其中，这种情况下资源分配问题的核心点是 FU 需要调整他们的发射功率来抑制对宏蜂窝用户（microcell user，MU）接收机的跨层干扰功率，同时动态协调资源使得网络中每个 FU 间的蜂窝内干扰降到最低。另外，网络动态切换、带宽分配、用户与基站匹配等问题也是该网络下资源管理的重点。

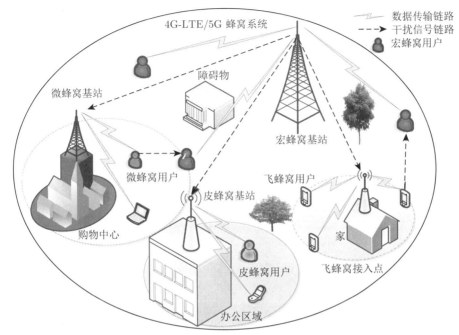

图 4-2 一种典型的两层异构无线网络架构

4.4.2 多天线异构无线网络

随着天线技术的发展和智能终端的普及，massive MIMO 被引入到异构无线网络中成为提供系统容量、增强终端信号强度、提高空间信息传输自由度的关键，多天线异构无线网络如图 4-3 所示。在宏基站或者小蜂窝基站处放置大规模的阵列天线可以实现多用户空间分集增益。与上一小节单天线异构无线网络不同，多天线异构无线网络的直传链路和干扰链路有不同的特性。例如，虽然采用最多的天线数量可以提供更多的信号传输通道，但是增加了基站射频单元的成本，从而产生较大的功耗，例如，5G 基站，同时，多天线导致的接收干扰更加严重，需要很好的解码技术或者干扰消除技术来抵消干扰的影响，否则性能提升受限。

进一步，根据基站和接收机天线数量的不同，多天线网络可以分为三类：SIMO、MISO 和 MIMO。这里的输入指的是发射机，输出指的是接收机，例如，SIMO 表示单天线的发射机向多天线的接收机发送信息。特别需要指出的是，在 MIMO 网络中，当收发某一端天线数超过 100，那么该系统可以被称 massive MIMO。这种系统的优势是可以减小背景噪声、蜂窝内部之间的干扰和大规模衰落的影响。

4.4.3 基于 OFDMA 的异构无线网络

基于 OFDMA 的异构无线网络如图 4-4 所示。该网络充分利用了子信道的正交性，减小不同子信道间的干扰和允许更多的用户接入。通过动态子信道分配，可以满足用户不同的数据速率需求。由于子信道之间是正交关系，从而没有传统网络（图 4-2）中的多址干扰的存在，这有效提升了系统容量，子载波分配策略的灵活性使得资源分配变得更加复杂。

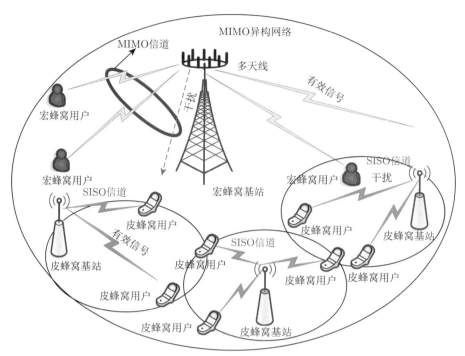

图 4-3   一种典型的多天线异构无线网络架构

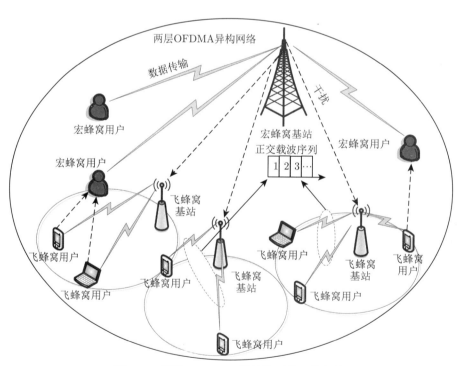

图 4-4   基于 OFDMA 的异构无线网络架构

4.4.4　基于 NOMA 的异构无线网络

在异构无线网络中，由于多层网络和多种类型的用户接入使得网络资源调度变得更加复杂、多址干扰不容易抑制。密集型用户的接入使得频谱资源变得更加稀缺，随着 NOMA 技术的发展使得多个用户同时占用同一频带成为可能。基于 NOMA 的异构无线网络有三种网络传输模式：小蜂窝 NOMA 用户的异构无线网络、MU NOMA 的异构无线网络和全用户 NOMA 的异构无线网络。图 4-5 给出了一个下行 NOMA 的异构无线网络。从图中可以看出，该异构无线网络由一个宏蜂窝和多个飞蜂窝下行传输组成。FU 通过 NOMA 使用 MU 的频谱资源，其过程为：① 离飞基站远的用户 n 消除本身信号，并把同网络其他 FU 的信号当作干扰，因为第 n 个飞蜂窝信道环境差，无法利用串行干扰消除共道干扰；② 信号环境好的用户首先检测弱信道用户的信号，然后从接收到的信号中减去该检测信号，实现串行干扰消除，从而使得最终的弱信道用户只能检测自身信号。从上述描述可以看出，基于 NOMA 的网络和基于 OFDMA 的网络最大差异有两点：① 信道是否正交化；② 接收机是否含串行干扰消除电路。

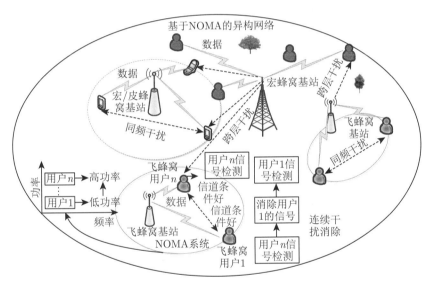

图 4-5　下行 NOMA 的异构无线网络架构

4.4.5　基于中继辅助的异构无线网络

中继辅助传输也被称为协作传输，是无线通信系统利用中继节点来提高网络覆盖的一种有效手段。在传输的异构无线网络中，由于墙壁阻挡或大的阴影衰落，使得接收机信号非常微弱，此时需要引入中继基站来改善通信环境。与传统的点到点通信不同，中继辅助传输允许无线通信网络中的不同用户或节点通过分布式传输方式进行资源分配以达成协作关系，因此每个用户所需要的信息不仅来自某一用户，还来自其他协作用户。另外，通过某一个网络或网络中的某些用户作为中继节点进行数据传输，可以有效提高边缘用户的通信质量。协作通信技术融合了分集技术与中继传输技术的优势，在不增加天线数量的基础上，可在传统通信网络中实现并获得多天线与多跳传输的性能增益。

图 4-6 给出了一个异构中继网络架构。从图中可以看出，中继模式有两种：① 飞蜂窝基站辅助 MU 传输，改善宏网络通信质量；② 宏基站通过频谱协作模式帮助改善 FU 性能。另外，传输模式和传输路径比非中继网络更加复杂。在异构无线网络中引入中继传输，会导致资源分配更加复杂，需要解决的关键问题是中继选择、中继协议切换、网络部署等。传统非中继异构网络与异构中继网络特性对比如表 4-2 所示。

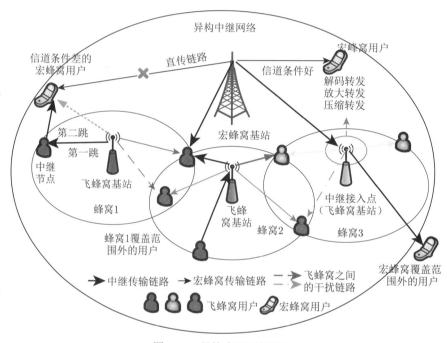

图 4-6　异构中继网络架构

表 4-2　传统非中继异构网络特性与异构中继网络对比

类型	传统非中继异构网络	异构中继网络
特点	收发机之间直接通信	收发机通信需要借助中继节点辅助传输
优点	链路布置成本低，网络架构简单，施工方便	能扩大网络传输范围，提高接收机服务质量
缺点	边缘用户往往无法获得较好的通信质量	带宽和功耗较大，网络性能受中继节点影响大

4.4.6　基于 RIS 辅助的异构无线网络

RIS 也被称为 IRS，可以独立控制反射阵列的电磁特性，无须任何射频链即可在三维空间中实现信号传播方向调控及同相位叠加，提高通信设备之间的传输性能。在异构无线网络中引入 RIS 可以智能地重构收发机之间的无线传播环境，有效覆盖无线网络的盲点区域，缓解蜂窝用户之间的干扰，提高用户通信质量和降低网络运营成本。

图 4-7 给出了一个基于 RIS 辅助的异构无线网络。从图中可以看出，在室内墙面合理部署 RIS，可以有效接收来自基站的入射信号并通过重新配置入射信号传播方向，将反射波束引导至目标用户处，能够有效提高蜂窝网络通信质量和覆盖性能。另外，RIS 的引入使得异构网络的无线传播环境从被动适应变为主动可控，构建了全新的通信方式和网络架

构，同时也带来了网络部署和优化的复杂度，因此如何设计低复杂度算法实现 RIS 灵活预部署、波束赋形和资源分配是未来的研究方向。

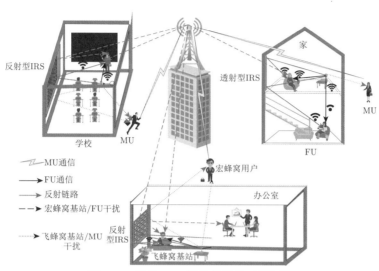

图 4-7 基于 IRS 辅助的异构无线网络

4.4.7 异构云无线接入网络

为了实现不同组网功能和数据中心处理，云计算被很好地引入到异构无线网络中，即如图 4-8 的异构云无线接入网络。作为一种全新的网络架构，异构云无线接入网络整合了云计算和异构网络的优点，可以提供很强的计算能力和数据传输能力，实现复杂的数据运算和人工智能服务。

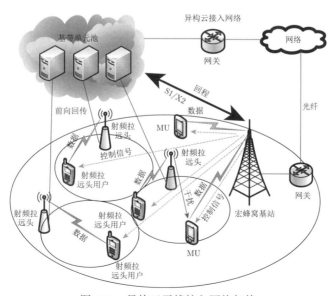

图 4-8 异构云无线接入网络架构

在异构云无线接入网络中，用户平面和控制平面是分离的，宏蜂窝基站主要用来提供广域覆盖和控制信号，小蜂窝基站考虑成射频拉远头（remote radio head，RRH）被放置在热点地区，从而提供高速传输服务。云端的基带单元池（building base band unit，BBU）用来协调宏蜂窝网络和小蜂窝网络之间的资源。RRH 通过前传链路与基带单元池相连，宏蜂窝基站与 RRH 的层间干扰需要妥善地被抑制与控制以实现谱效和能效的最优化。异构云无线接入网各个部分的功能汇总如表 4-3 所示。

表 4-3　异构云无线接入网各个部分的功能汇总

名称	具体功能
BBU	是一个云平台，处理实时计算资源、网络资源，管理大规模信号处理和空口协议
RRH	实现资源分配，满足高速数据通信
宏蜂窝基站	提供无缝覆盖，传输控制信号，分离控制平面与服务平台
S1 协议	宏蜂窝基站与核心网的通信接口协议
X2 协议	小蜂窝基站内部信息交换，支持信号的直传

4.5　本 章 小 结

本章对异构无线网络的技术背景、定义、网络特点、蜂窝类型、典型应用场景进行了分类描述。具体来讲，首先介绍了异构无线网络中的频谱共享类别、切换方法、接入方式；然后对宏蜂窝、微蜂窝、皮蜂窝、毫微微蜂窝进行了详细说明与对比；最后对单天线、多天线、OFDMA、NOMA、RIS 等技术辅助下的异构无线网络架构进行了详细说明，为后续相关的鲁棒资源分配问题建模、网络模型引入提供基础知识。

第 5 章 基于有界 CSI 的认知网络鲁棒资源分配问题

在认知无线电网络中，由于次用户是机会式接入主用户频谱资源，主用户没有义务为次用户提供任何相关的信道信息。从另一个层面讲，次用户链路的估计中实际系统也存在诸多的不确定性，因此，在实际认知无线电网络中，很难获得信道增益、同频干扰等参数的准确值，不可避免地存在这样或那样的不确定性。这种不确定性可能是由信道估计误差导致的，也可能是信道时延造成的。在多用户认知无线电网络中，传统基于过时 CSI 或完美干扰信息的资源分配算法，容易导致资源分配策略无法快速跟随周围动态的无线电磁环境，从而导致对主用户带来有害干扰，破坏干扰温度约束，与此同时，也可能增加次用户的中断概率，因此，在不知道不确定性因素来源的前提条件下，对基于有界 CSI 的认知无线电网络鲁棒资源分配就显得格外重要。

基于有界 CSI 的认知无线电网络鲁棒资源分配问题的核心是将参数不确定性（信道不确定性或者干扰不确定性）建模为有界范数或绝对值的形式，根据不同的优化目标与约束条件，将鲁棒非凸优化问题转化为确定性的、凸优化问题进行求解，从而得出功率分配、信道选择等资源分配参数的解析表达式。同时，基于资源分配的解析表达式，可以根据不确定性的上界大小，对系统灵敏度（即最优性能与鲁棒性的间隙）进行分析，从而得到不确定性参数对系统性能的影响。

5.1 基于功耗最小化的认知无线电鲁棒资源分配算法

目前，国内外对认知无线电鲁棒资源分配的研究主要集中在以吞吐量为效用函数的优化问题上。目前很少研究认知无线电网络鲁棒功率最小化问题。次用户发射功率也是认知无线电网络非常重要的技术指标，通过降低次用户发射功率，一方面可以减少对主用户的干扰，另一方面可以降低系统能量消耗，延长通信网络的运行时间。

针对认知无线电系统参数不确定性问题，本节提出一种鲁棒资源分配算法。该算法以最小化次用户总发射功率为目标，考虑次用户发射功率、最小 SINR 及主用户干扰温度约束，采用欧几里得球形不确定性方法描述信道增益不确定性，基于最坏准则机制将鲁棒功率控制问题转化为一个确定性资源分配问题，并利用拉格朗日对偶原理及次梯度更新方法求解。该算法可以同时保证主用户和次用户的 QoS，并提高系统鲁棒性。

5.1.1 系统模型

考虑如图 5-1 所示的多用户分布式认知无线电网络系统模型，假设系统中有 M 对次用户、N 对主用户。次用户和主用户链路集合分别定义为 $A = \{1, \cdots, M\}$ 和 $B = \{1, \cdots, N\}$，且满足 $\forall i, j \in A, \forall k \in B$，其中，$i, j$ 表示网络中任意两个不同次用户通信链路；k 表示网络中任意一个主用户通信链路。假设每条链路有一对收发机，且都为单天线通信。为了在下垫式频谱共享方式下保证主用户的 QoS，次用户发射功率需要满足如下干扰温度约束：

$$\sum_i p_i h_{ik} \leqslant I_k^{\text{th}} \tag{5.1}$$

其中，h_{ik} 表示链路 i 上次用户发射机到链路 k 上主用户接收机间的链路增益；p_i 表示链路 i 上次用户发射机的发射功率；I_k^{th} 表示链路 k 上主用户接收机能忍受的最大干扰功率（即干扰温度线）。

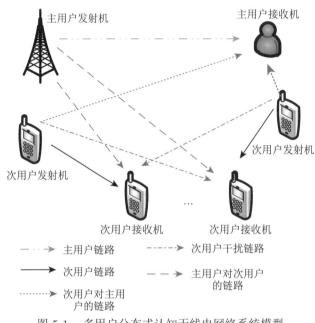

图 5-1　多用户分布式认知无线电网络系统模型

链路 i 上认知用户接收机 SINR 为

$$\gamma_i = \frac{p_i g_{ii}}{\sum_{j \neq i} p_j g_{ij} + n_i} \tag{5.2}$$

其中，g_{ii} 为链路 i 上的直接信道增益；g_{ij} 为链路 j 上次用户发射机到链路 i 上次用户接收机的干扰信道增益；p_j 为对应链路 j 上次用户发射机功率；n_i 为主用户带来的干扰与噪声功率之和，包括背景噪声和网络中所有主用户对链路 i 上次用户接收机的干扰。

为了防止网络中其他用户的干扰和环境噪声影响每个次用户的基本通信，要求每个次用户接收机应该满足如下信噪比约束：

$$\gamma_i \geqslant \gamma_i^d \tag{5.3}$$

其中，γ_i^d 表示次用户最小 SINR 需求。当用户 i 实际接收到的 γ_i 小于该阈值，用户将不能正常通信。

本节优化目标为：最小化次用户总功率消耗同时满足次用户发射功率不超过最大电池容量 $p_i^{\max}$（用户最大发射功率），并同时满足约束条件式 (5.1) 和式 (5.2)。上述功率优化问题从数学上可以描述为

$$
\begin{aligned}
&\min_{p_i \in S} \sum_i p_i \\
&\text{s.t.} \quad C_1: \sum_i p_i h_{ik} \leqslant I_k^{\text{th}} \\
&\qquad\quad C_2: \gamma_i \geqslant \gamma_i^d
\end{aligned}
\tag{5.4}
$$

其中，$S = \{p_i \mid 0 \leqslant p_i \leqslant p_i^{\max}, \forall i\}$ 为次用户发射功率的可行域。对于该功率优化模型，不考虑系统参数的不确定性，通常称为名义功率消耗最小优化模型。从式 (5.4) 可以看出，目标函数和约束条件 C_1 为线性组合，因此为凸的。由于信噪比约束 C_2 的非凸性，可将其转换为一个几何规划问题求解。

由于实际通信系统受量化误差、信道估计误差和延时等因素影响，导致次用户不可能完全准确知道系统的信道状态信息。由于无线通信的随机特性，基于名义优化模型的算法往往不能满足实际需求，所以需要讨论鲁棒资源分配问题。

5.1.2 算法设计

考虑到式 (5.4) 中信道增益的不确定性，结合欧几里得球形不确定性描述，本节讨论了一种分布鲁棒功率控制算法，解决系统参数摄动的资源分配问题。

将信道增益 h_{ik} 的不确定性描述为如下形式的欧几里得球形不确定性，即

$$
\Re_h = \left\{ \boldsymbol{h}_k \mid \boldsymbol{h}_k = \bar{\boldsymbol{h}}_k + \Delta \boldsymbol{h}_k, \left\| \boldsymbol{h}_k - \bar{\boldsymbol{h}}_k \right\| \leqslant \delta_k \right\}
\tag{5.5}
$$

其中，$\Re_h$ 为主用户和次用户之间的信道不确定性集合；$\|\cdot\|$ 为欧几里得范数；$\boldsymbol{h}_k = [h_{1k}, h_{2k}, \cdots, h_{Mk}]^{\text{T}}$ 为对主用户接收机 k 处的干扰信道向量；$\bar{\boldsymbol{h}}_k \in \mathbb{R}^M$ 为相应的估计信道增益向量（名义值），为球形不确定集合的中心，半径大小由 δ_k 确定，参数 δ_k 描述了实际值和估计值之间的偏差程度，其值越大代表估计值越不准确，估计误差越大。

将次用户直接信道增益与干扰增益进行归一化处理，假设信道不确定性满足：

$$
\Re_g = \left\{ \boldsymbol{g}_i \mid \boldsymbol{g}_i = \bar{\boldsymbol{g}}_i + \Delta \boldsymbol{g}_i, \left\| \boldsymbol{g}_i - \bar{\boldsymbol{g}}_i \right\| \leqslant \varepsilon_i \right\}
\tag{5.6}
$$

其中，$\boldsymbol{g}_i = [G_{1i}, G_{2i}, \cdots, G_{Ni}]^{\text{T}}$ 为次用户间的实际信道增益，且 $G_{ji} = g_{ji}/g_{ii}$；$\bar{\boldsymbol{g}}_i \in \mathbb{R}^M$ 为对应的估计值；ε_i 为不确定性描述的上界。

由不确定信道描述和优化问题 [式 (5.4)]，并做一定的变换处理，可得到鲁棒资源分配问题为

$$
\begin{aligned}
&\min_{p_i \in S} \sum_i p_i \\
&\text{s.t.} \begin{cases} \bar{C}_1: \boldsymbol{h}_k^{\text{T}} \boldsymbol{p} \leqslant I_k^{\text{th}} \\ \bar{C}_2: n_i/g_{ii} + \boldsymbol{g}_i^{\text{T}} \boldsymbol{p} \leqslant (p_i/\gamma_i^d) \\ C_3: \boldsymbol{h}_k \in \Re_h, \boldsymbol{g}_i \in \Re_g \end{cases}
\end{aligned}
\tag{5.7}
$$

其中，$\boldsymbol{p} = [p_1, p_2, \cdots, p_M]^{\mathrm{T}}$ 为次用户发射功率向量。如果不存在参数摄动或估计误差的情况，那么有 $h_{ik} = \bar{h}_{ik}$ 和 $g_{ji} = \bar{g}_{ji}$，优化问题 [式 (5.7)] 将变为传统名义的优化问题 [式 (5.4)]。

为了获得鲁棒优化问题 [式 (5.7)] 的解析解，需要将其转化为确定性优化问题。考虑在最坏约束情况下，干扰信道不确定性可以表示为

$$\max_{h_k \in \Re_h} \boldsymbol{h}_k^{\mathrm{T}} \boldsymbol{p} = \bar{\boldsymbol{h}}_k^{\mathrm{T}} \boldsymbol{p} + \max_{\|\Delta h_k\| \leqslant \delta_k} \Delta \boldsymbol{h}_k \boldsymbol{p} \leqslant \sum_i \left(\bar{h}_{ik} + \sqrt{\delta_k} \right) p_i \tag{5.8}$$

同理，鲁棒信噪比约束 $\bar{C}_2$ 可以转换为

$$n_i / \bar{g}_{ii} + \boldsymbol{g}_i^{\mathrm{T}} \boldsymbol{p} + \sqrt{\varepsilon_i} \boldsymbol{d}^{\mathrm{T}} \boldsymbol{p} \leqslant \left(p_i / \gamma_i^d \right) \tag{5.9}$$

其中，$\boldsymbol{d} = [d_j]^{\mathrm{T}} \in \mathbb{R}^M$，$d_j = \begin{cases} 1, j \neq i \\ 0, j = i \end{cases}$。

结合式 (5.8) 和式 (5.9)，优化问题 [式 (5.7)] 转变为如下等价的、确定性优化问题：

$$\min_{p_i \in S} \sum_i p_i \\ \text{s.t.} \begin{cases} \tilde{C}_1 : \sum_i p_i \left(\bar{h}_{ik} + \sqrt{\delta_k} \right) \leqslant I_k^{\mathrm{th}} \\ \tilde{C}_2 : \dfrac{IT_i}{p_i} \leqslant \dfrac{1}{\gamma_i^d} \end{cases} \tag{5.10}$$

其中，$IT_i = n_i / \bar{g}_{ii} + \sum_{j \neq i} \left(\bar{G}_{ji} + \sqrt{\varepsilon_i} \right) p_j$ 为等价的干扰噪声之和。该问题是一个凸优化问题，可以通过对偶分解方法求解。

根据拉格朗日原理，由式 (5.10) 可以得到如下形式的拉格朗日函数，即

$$J \left(\{p_i\}, \{\lambda_k\}, \{\mu_k\} \right) = \sum_i p_i + \sum_k \lambda_k \left[\sum_i \left(\bar{h}_{ik} + \sqrt{\delta_k} \right) p_i - I_k^{\mathrm{th}} \right] + \sum_i \mu_k \left(\frac{IT_i}{p_i} - \frac{1}{\gamma_i^d} \right) \tag{5.11}$$

其中，拉格朗日乘子满足 $\lambda_k \geqslant 0, \forall k$ 和 $\mu_i \geqslant 0, \forall i$。式 (5.11) 的对偶函数为

$$E \left(\{\lambda_k\}, \{\mu_i\} \right) = \min_{\forall p_i \in S} J \left(\{p_i\}, \{\lambda_k\}, \{\mu_i\} \right) \tag{5.12}$$

上式可以分解为 M 个独立的子问题，每个子优化问题表示每条次用户链路上的资源分配问题：

$$E \left(\{\lambda_k\}, \{\mu_i\} \right) = \sum_i E_i \left(\{\lambda_k\}, \{\mu_i\} \right) - \sum_k \lambda_k I_k^{\mathrm{th}} - \sum_i \left(\mu_i / \gamma_i^d \right) \tag{5.13}$$

其中，$E_i \left(\{\lambda_k\}, \{\mu_i\} \right)$ 满足：

$$E_i \left(\{\lambda_k\}, \{\mu_i\} \right) = \min_{p_i \in S} \sum_i \left\{ p_i + \frac{\mu_i IT_i}{p_i} + \sum_k \lambda_k \left(\bar{h}_{ik} + \sqrt{\delta_k} \right) p_i \right\} \tag{5.14}$$

基于 KKT 条件, 对式 (5.14) 关于变量 p_i 求偏导, 得到最优功率为

$$p_i = \sqrt{\frac{\mu_i I T_i}{1 + \sum_k \lambda_k \left(\bar{h}_{ik} + \sqrt{\delta_k} \right)}} \qquad (5.15)$$

根据次梯度更新算法, 可以得到对偶变量的表达式:

$$\lambda_k(t+1) = \left\{ \lambda_k(t) - r_1 \left[I_k^{\text{th}} - \sum_i \left(\bar{h}_{ki} + \sqrt{\delta_k} \right) p_i \right] \right\}^+ \qquad (5.16)$$

$$\mu_i(t+1) = \left\{ \mu_i(t) - r_2 \left[\frac{1}{\gamma_i^d} - \frac{I T_i}{p_i} \right] \right\}^+ \qquad (5.17)$$

只要选择足够小的步长 r_1 和 r_2, 就可以保证次梯度更新算法收敛。

从次梯度更新 [式 (5.16)] 和发射功率 [式 (5.15)] 可知, 每个次用户在进行功率更新时需要用到网络中所有次用户到第 k 个主用户接收机的信道增益, 从而增加了次用户之间信息交换的次数。当网络中用户数量足够多时, 即 $M \to \infty$, 频繁的信息交换将增加系统的延时和影响次用户功率更新的时间, 因此需要讨论分布式鲁棒资源分配算法设计。

对于次用户的干扰温度模型, 可以转换为对每个次用户的发射功率约束和加权干扰温度约束, 即

$$p_i h_{ik} \leqslant \frac{I_k^{\text{th}}}{M} \qquad (5.18)$$

$$p_i h_{ik} \leqslant \omega_{ik} I_k^{\text{th}} \qquad (5.19)$$

其中, 平均干扰温度约束 [式 (5.18)] 可等价描述为 $M p_i h_{ik} \leqslant I_k^{\text{th}}$, 可以看出次用户只需要知道自己本身的发射机到主用户接收机的信道增益 h_{ik}, 不需要知道其他次用户的信道增益 $h_{jk}, j \neq i$。由于该方法没有考虑远近效应对用户性能的影响, 故式 (5.19) 为另外一种处理干扰温度约束的方式。当次用户离主用户接收机较近时, 次用户通过减小发射功率来避免对主用户正常通信造成破坏, 此时应该紧缩用户功率传输范围; 反之, 需要提高发射功率以求满足网络中次用户的 QoS 需求。假设信道衰减模 $h_{ik} = w_{ik}^{-v_{ik}}$, 其中, w_{ik} 表示次用户发射机 i 到主用户接收机 k 间的距离; ν_{ik} 表示其路径衰减指数。如果在相同通信环境下 (即路径衰减指数相同), 加权因子可以简单设计为 $\omega_{ik} = w_{ik} \big/ \sum_j w_{jk}$; 对于不同的通信环境, 则为 $\omega_{ik} = 1 - w_{ik}^{-v_{ik}} \big/ \sum_j w_{jk}^{-v_{jk}}$。如果在很坏的信道情况下, 次用户发射最大功率仍然不能满足自身的基本目标信噪比需求, 则将该用户功率分配为零, 从而减少无谓的能量消耗和对其他用户的干扰。

根据约束条件式 (5.18) 和式 (5.19), 对应的分布式鲁棒资源分配算法为

$$p_{i\_imp1} = \sqrt{\frac{\mu_i I T_i}{1 + M \sum_k \lambda_k^r \left(\bar{h}_{ik} + \eta_{ik} \right)}} \qquad (5.20)$$

$$p_{i\_imp2} = \sqrt{\frac{\mu_i IT_i}{1 + \sum\limits_k \lambda_{ik}^f \left(\bar{h}_{ik} + \eta_{ik}\right)}} \tag{5.21}$$

其中，λ_k^r 和 λ_{ik}^f 为对应约束条件下的对偶变量；η_{ik} 为次用户发射机 i 到主用户接收机 k 上链路增益的最大不确定性，更新律分别为

$$\lambda_k^r(t+1) = \left\{\lambda_k^r(t) + d_1 \times \left[Mp_i(\bar{h}_{ik} + \eta_{ik}) - I_k^{\text{th}}\right]\right\}^+ \tag{5.22}$$

$$\lambda_{ik}^f(t+1) = \left\{\lambda_{ik}^f(t) + d_2 \times \left[p_i(\bar{h}_{ik} + \eta_{ik}) - \omega_{ik}I_k^{\text{th}}\right]\right\}^+ \tag{5.23}$$

其中，d_1 和 d_2 为迭代步长。网络中当前活动次用户的数量 M 和用户之间的距离 w_{ik} 可以通过协作定位方式得到。

5.1.3 仿真分析

为了验证所提出算法的有效性，从系统性能和次用户 QoS 需求方面比较了鲁棒算法、非鲁棒算法和 SOCP 算法。假设网络中含有两对次用户和一对主用户进行频谱资源共享，次用户最大发射功率为 $p_i^{\max} = 1\text{mW}$，信道增益和噪声分别满足 $\bar{g}_{ii} \in (0,1)$，$\bar{g}_{ji} \in (0,0.1)$ 和 $n_i \in (0,0.1)$，保证次用户正常通信的期望信噪比 $\gamma_i^d = 4\text{dB}$。

图 5-2 描述了次用户信道不确定性对次用户接收机实际信干噪比 (SINR) 的影响。次用户信道链路估计误差 $\Delta \boldsymbol{g}_i$ 中的每个元素对应在 $\boldsymbol{g}_i$ 附近随机变化，摄动范围为 $[-0.05, 0.05]$。从图中可以看出，所提算法能够保证在参数摄动下，次用户接收信噪比不低于最小目标 SINR γ_i^d。因为提前考虑了参数不确定性的影响，使得每个次用户的 QoS 都能得到保证，降低了次用户中断概率。在不确定性扰动下，非鲁棒算法不能保证所有时刻次用户接收信噪比都满足最小信噪比约束。当实际接收信噪比低于目标值 γ_i^d 时，将出现通信中断事件，因此非鲁棒算法对系统出现的随机信道不确定性不具有鲁棒性。

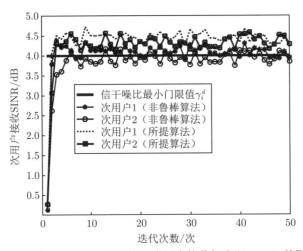

图 5-2　次用户信道不确定性对次用户接收机实际 SINR 的影响

图 5-3 描述了在不同信道不确定性和最小信噪比下，目标信干噪比对次用户总发射功率的影响。假设次用户信道估计误差程度相同，即 $\xi = \sqrt{\varepsilon_i}$。从图中可以看出，随着 γ_i^d 增加，次用户总发射功率随之增大。其原因是，一方面，相同信道环境下，增加 γ_i^d 会使次用户增加自身发射功率来维持约束 $\bar{C}_2$ 中 SINR 需求；另一方面，随着不确定性参数 ξ 增大，次用户总发射功率也随之增加。因为 ξ 越大意味着系统存在较大的估计误差，所提算法需要更多的发射功率来抑制不确定性对系统性能的影响，保证次用户接收 SINR 不低于目标值 γ_i^d。从整个系统性能来看，所提算法通过牺牲系统最优性能（能量消耗最小）来保证每个次用户在参数摄动下的通信质量。

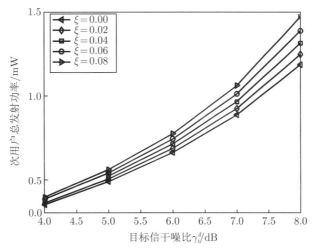

图 5-3　信道不确定性对次用户总发射功率的影响

图 5-4 给出了传统 SOCP 鲁棒资源分配算法与所提算法下，次用户间直传信道不确定性对次用户接收 SINR 的影响。从图可知，随着信道不确定性增加，所提算法下次用户接收 SINR 下降，而传统 SOCP 算法保持不变，这是因为传统 SOCP 算法没考虑次用户间直

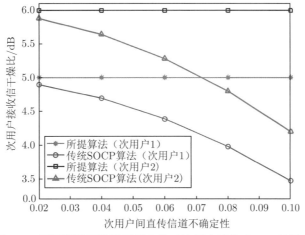

图 5-4　不同算法下信道不确定性对次用户接收 SINR 的影响

传信道不确定性。该结果说明了次用户间直传信道不确定性会降低次用户实际接收 SINR 性能，如果忽略其影响，容易使次用户接收 SINR 低于最小目标值，从而产生通信中断。

图 5-5 描述了不同算法下，不同用户数量对功率效率的影响。从图中可以看出，相同信噪比下，次用户总发射功率随次用户数量增加而增大。因为新接入网络的次用户不仅对系统总能耗有"贡献"，并且对原来存在的次用户干扰也增加，因此原网络用户需要进一步提高自身发射功率以防止新干扰导致 SINR 性能的下降。此外，主用户数量增大会使次用户发射更大的功率来克服主用户带来的干扰功率，从而维持次用户信噪比需求。

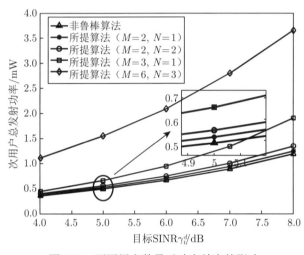

图 5-5   不同用户数量对功率效率的影响

5.2   面向 SWIPT 技术的认知 Ad Hoc 网络鲁棒资源分配算法

上一节已经验证了基于功率最小化的认知无线电鲁棒资源分配算法可以在信道不确定性扰动下保证次用户和主用户正常通信。然而，随着物联网技术的快速发展，能量受限设备呈指数级增长，对网络的频谱利用率和能量消耗提出了更高的要求，因此仅使用认知无线网络可能无法同时解决物联网系统中的能源约束和频谱限制问题。最近，SWIPT 技术允许无线设备通过功率分流或时间切换方式收集环境中的射频信号，同时实现信息传输和能量收集，受到了学术界和工业界关注，因此将 SWIPT 技术和认知无线电技术融合，衍生一个基于 SWIPT 技术的认知 Ad Hoc 网络，可以同时兼顾能量消耗和频谱利用率。

目前基于 SWIPT 技术的认知无线网络资源分配主要集中于完美信道状态场景，且现有研究的大部分工作都基于集中式资源分配算法，其增加了网络计算开销，因此有必要开发一种有效的分布式资源分配算法。此外，上述工作缺乏可行区域分析、评估鲁棒灵敏度对最优变量取值范围影响及不确定性参数对系统性能影响，因此本节分别针对完美 CSI 和不完美 CSI，研究面向 SWIPT 技术的认知 Ad Hoc 网络的分布式功率最小化问题。考虑次用户和主用户 QoS 约束、次用户最小能量收集约束和主用户干扰温度约束，研究次用户总发射功率最小化问题。假设 CSI 完美，将优化问题分解成两个子问题，并分别将子问题转化为凸优化问题，提出一种基于拉格朗日对偶理论的分布式资源分配算法进行求解，以减少传输开销。进一步，针对不完美 CSI 场景，利用球形信道不确定性和最坏准则方法，获得鲁棒资源分配问题的闭式解，并分析了鲁棒灵敏度和可行区域。所提算法可以保证在完美和不完美 CSI 情况下的用户 QoS 并降低系统能耗。

5.2.1　系统模型

考虑如图 5-6 所示的基于 SWIPT 技术的认知 Ad Hoc 网络，每个次用户接收机均配备能量收集功能。该网络利用 SWIPT 技术有助于次用户从周围环境中获取电磁能量，从而延长运行寿命。所考虑的网络可以应用于许多能量受限场景，如无线传感器网络、D2D 通信等。假设网络中有 M 对单天线次用户和 N 对单天线主用户，定义次用户和主用户集合分别为 $\forall i, m \in \mathcal{M} = \{1, 2, \cdots, M\}$ 和 $\forall n \in \mathcal{N} = \{1, 2, \cdots, N\}$，SWIPT 技术采用功率分流协议，即次用户接收机通过功率分流因子 ρ_m 进行信号译码和能量收集。

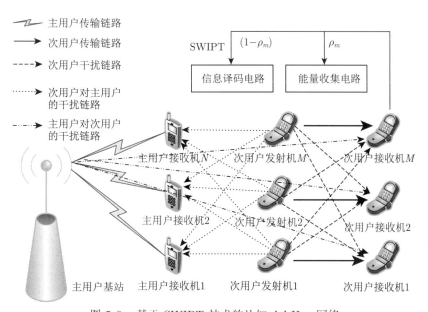

图 5-6　基于 SWIPT 技术的认知 Ad Hoc 网络

假设射频信号转化为基带信号的采样加性白高斯噪声小于主基站和次用户干扰功率，此时可以假设能量收集电路的噪声为零，可以得到第 m 个次用户接收 SINR 为

$$\gamma_m = \frac{(1 - \rho_m) p_m h_{m,m}}{(1 - \rho_m) \left(\sum_{i \neq m}^{M} p_i h_{i,m} + P G_m \right) + \sigma^2} \tag{5.24}$$

其中，ρ_m 为第 m 个次用户接收机的功率分流因子；p_m 为第 m 个次用户发射机的发射功率；$h_{i,m}$ 为第 i 个次用户发射机到第 m 个次用户接收机的信道增益；P 为主用户基站的传输功率；G_m 为主用户基站到第 m 个次用户接收机的信道增益。

忽略能量收集电路的噪声，则次用户接收机 m 收集的能量可以表示为

$$E_m^{\mathrm{EH}} = \theta \rho_m \left(\sum_{i \neq m}^{M} p_i h_{i,m} + PG_m \right) \tag{5.25}$$

为了保证每个用户的 QoS 需求，次用户总发射功率最小化问题表示为

$$\begin{aligned}
\min_{p_m, \rho_m} \quad & \sum_{m=1}^{M} p_m \\
\mathrm{s.t.} \quad & C_1 : \sum_{m=1}^{M} p_m g_{m,n} \leqslant I_n^{\mathrm{th}} \\
& C_2 : \gamma_m \geqslant \gamma_m^{\min} \\
& C_3 : E_m^{\mathrm{EH}} \geqslant E_m^{\min} \\
& C_4 : 0 \leqslant p_m \leqslant p_m^{\max} \\
& C_5 : 0 \leqslant \rho_m \leqslant 1
\end{aligned} \tag{5.26}$$

其中，I_n^{th} 表示主用户接收机的最大干扰阈值；$\gamma_m^{\min}$ 表示第 m 个次用户接收机的最小 SINR 阈值，$E_m^{\min}$ 表示第 m 个次用户接收机的最小收集能量阈值；$p_m^{\max}$ 表示第 m 个次用户发射机的最大发射功率；C_1 表示对认知系统中第 n 个主用户接收机的干扰温度约束；C_2 表示对第 m 个次用户接收机的最小 SINR 约束；C_3 表示对第 m 个次用户接收机的最小能量收集约束；C_4 表示每个次用户的发射功率约束；C_5 表示功率分流因子约束。

5.2.2　算法设计

由于式 (5.26) 存在耦合变量 p_m 和 ρ_m，无法直接得到闭式解。为了解决该问题，有如下定理成立。

定理 5.1：如果 $E_m^{\min} \leqslant \dfrac{\theta \rho_m \gamma_m^{\min} \sigma^2}{1 - \rho_m}$，约束 C_2 转化为 $p_m h_{m,m} \geqslant \dfrac{\gamma_m^{\min} \sigma^2}{1 - \rho_m}$；否则 $p_m h_{m,m} \geqslant \dfrac{\gamma_m^{\min}}{1 + \gamma_m^{\min}} \left(\dfrac{\sigma^2}{1 - \rho_m} + \dfrac{E_m^{\min}}{\theta \rho_m} \right)$。基于定理 5.1，可以得

$$p_m h_{m,m} \geqslant \bar{H}_m = \begin{cases} \dfrac{\gamma_m^{\min} \sigma^2}{1 - \rho_m}, & E_m^{\min} \leqslant \dfrac{\theta \rho_m \gamma_m^{\min} \sigma^2}{1 - \rho_m} \\ H_m, & \text{其他} \end{cases} \tag{5.27}$$

其中，$H_m = p_m h_{m,m} \geqslant \dfrac{\gamma_m^{\min}}{1 + \gamma_m^{\min}} \left(\dfrac{\sigma^2}{1 - \rho_m} + \dfrac{E_m^{\min}}{\theta \rho_m} \right)$，证明见附录 1。

如果 $0 \leqslant \rho_m \leqslant 0.5$，则有 $\dfrac{\rho_m}{1 - \rho_m} \leqslant 1$，式 (5.27) 转化为

$$p_m h_{m,m} \geqslant \bar{H}_m = \begin{cases} \dfrac{\gamma_m^{\min} \sigma^2}{1 - \rho_m}, & E_m^{\min} \leqslant \theta \gamma_m^{\min} \sigma^2 \\ H_m, & \text{其他} \end{cases} \tag{5.28}$$

根据图 5-6 次用户的信号结构和 ρ_m 的可行域，当 $\rho_m \leqslant 0.5$ 时，用于能量收集的接收信号比用于数据传输的信号小，则次用户接收器倾向于信息传输，否则倾向于收集更多的能量来支持设备的寿命。

基于式 (5.27)，式 (5.26) 转化为

$$
\begin{aligned}
&\min_{p_m,\rho_m} \sum_{m=1}^{M} p_m \\
&\text{s.t.} \quad C_1, C_3, C_4, C_5 \\
&\qquad \bar{C}_2 : p_m h_{m,m} \geqslant \bar{H}_m
\end{aligned}
\tag{5.29}
$$

当 $E_m^{\min} \leqslant \dfrac{\theta \rho_m \gamma_m^{\min} \sigma^2}{1-\rho_m}$ 时，$\bar{C}_2$ 转化为

$$
p_m h_{m,m} \geqslant \frac{\gamma_m^{\min} \sigma^2}{1-\rho_m}
\tag{5.30}
$$

根据式 (5.25)，C_3 可以写为

$$
p_m h_{m,m} \geqslant \frac{E_m^{\min}}{\theta \rho_m} - Z_m
\tag{5.31}
$$

其中，$Z_m = \displaystyle\sum_{i \neq m}^{M} p_i h_{i,m} + PG_m \geqslant 0$。因为 $E_m^{\min} \leqslant \dfrac{\theta \rho_m \gamma_m^{\min} \sigma^2}{1-\rho_m}$，可以得

$$
f^1 = \frac{E_m^{\min}}{\theta \rho_m} - Z_m \leqslant \frac{\theta \rho_m \gamma_m^{\min} \sigma^2}{1-\rho_m} \times \frac{1}{\theta \rho_m} - Z_m = \frac{\gamma_m^{\min} \sigma^2}{1-\rho_m} - Z_m
\tag{5.32}
$$

因此，

$$
\max f^1 = \frac{\gamma_m^{\min} \sigma^2}{1-\rho_m} - Z_m \leqslant \frac{\gamma_m^{\min} \sigma^2}{1-\rho_m}
\tag{5.33}
$$

结合式 (5.30)、式 (5.31) 和式 (5.33)，式 (5.29) 转化为低能量收集问题

$$
\begin{aligned}
&\min_{p_m,\rho_m} \sum_{m=1}^{M} p_m \\
&\text{s.t.} \quad C_1, C_4, C_5 \\
&\qquad \hat{C}_2 : p_m h_{m,m} \geqslant \bar{H}_m \\
&\qquad C_6 : E_m^{\min} \leqslant \frac{\theta \rho_m \gamma_m^{\min} \sigma^2}{1-\rho_m}
\end{aligned}
\tag{5.34}
$$

当 $E_m^{\min} \geqslant \dfrac{\theta \rho_m \gamma_m^{\min} \sigma^2}{1-\rho_m}$，$\bar{C}_2$ 变为

$$
p_m h_{m,m} \geqslant H_m
\tag{5.35}
$$

由于 $E_m^{\min}$ 是一个有界值，有

$$
\frac{\theta \rho_m \gamma_m^{\min} \sigma^2}{1-\rho_m} < E_m^{\min} \leqslant E_m^{\max}
\tag{5.36}
$$

其中，$E_m^{\max} = p_m^{\max} \sum\limits_{i=1}^{M} h_{i,m}$。

定理 5.2：当 $E_m^{\min} \geqslant \dfrac{\theta \rho_m \gamma_m^{\min} \sigma^2}{1 - \rho_m}$ 时，可以得

$$\frac{E_m^{\min}}{\theta \rho_m} - Z_m \geqslant H_m \tag{5.37}$$

证明见附录 2。C_3，$\bar{C}_2$ 可以整合为一个约束，即 $p_m h_{m,m} \geqslant \dfrac{E_m^{\min}}{\theta \rho_m} - Z_m$，因为 $E_m^{\min} \geqslant$ $\dfrac{\theta \rho_m \gamma_m^{\min} \sigma^2}{1 - \rho_m}$，可得 $p_m h_{m,m} \geqslant \dfrac{\gamma_m^{\min} \sigma^2}{1 - \rho_m} - Z_m$，此时式 (5.29) 转化为高能量收集问题，即

$$\begin{aligned}
&\min_{p_m, \rho_m} \sum_{m=1}^{M} p_m \\
&\text{s.t. } C_1, C_4, C_5 \\
&\quad \tilde{C}_2 : p_m h_{m,m} \geqslant \frac{\gamma_m^{\min} \sigma^2}{1 - \rho_m} - Z_m \\
&\quad \bar{C}_6 : E_m^{\min} \leqslant \frac{\theta \rho_m \gamma_m^{\min} \sigma^2}{1 - \rho_m}
\end{aligned} \tag{5.38}$$

关于式 (5.34) 和式 (5.38) 的可行域分析如下：

（1）低能量收集 [式 (5.34)]：根据 C_5 容易得到功率分流因子满足 $A_m \leqslant \rho_m \leqslant 1$，其中，$A_m = \dfrac{1}{1 + \theta \gamma_m^{\min} \sigma^2 / E_m^{\min}}$，由 $\bar{C}_2$ 可以得到 $\rho_m \leqslant 1 - \dfrac{\gamma_m^{\min} \sigma^2}{p_m h_{m,m}}$。因为 $\dfrac{\gamma_m^{\min} \sigma^2}{p_m h_{m,m}} \geqslant 0$，所以有 $\left(1 - \dfrac{\gamma_m^{\min} \sigma^2}{p_m h_{m,m}}\right) < 1$。分流因子需要满足 $A_m \leqslant \rho_m \leqslant 1 - \dfrac{\gamma_m^{\min} \sigma^2}{p_m h_{m,m}}$，基于 $\hat{C}_2$，p_m 的下界 $p_m^{\min} = 1 - \dfrac{\gamma_m^{\min} \sigma^2}{p_m h_{m,m}}$；基于 C_4，p_m 满足 $\dfrac{\gamma_m^{\min} \sigma^2}{(1 - \rho_m) h_{m,m}} \leqslant p_m \leqslant p_m^{\max}$。

（2）高能量收集 [式 (5.38)]：同理，基于 C_5 和 $\bar{C}_6$，ρ_m 必须满足 $\rho_m \leqslant A_m$；基于 $\tilde{C}_2$ 可以得到 $\rho_m \geqslant \dfrac{E_m^{\min}}{\theta (p_m h_{m,m} + Z_m)}$，$\rho_m$ 的取值范围为 $\dfrac{E_m^{\min}}{\theta (p_m h_{m,m} + Z_m)} \leqslant \rho_m \leqslant A_m$；基于 $\hat{C}_2$，可以获得 p_m 的下界 $p_m^{\min} = \dfrac{\gamma_m^{\min} \sigma^2}{1 - \rho_m} - Z_m$；结合 C_4，p_m 满足 $\dfrac{\gamma_m^{\min} \sigma^2}{1 - \rho_m} Z_m \leqslant p_m \leqslant p_m^{\max}$。

（3）由此可得表 5-11、式 (5.34) 和式 (5.38) 的可行域对比。

为了求解式 (5.34)，固定功率分流因子，则问题可以重新描述为

$$\begin{aligned}
&\min_{p_m} \sum_{m=1}^{M} p_m \\
&\text{s.t. } C_4, C_1 : \sum_{m=1}^{M} p_m g_{m,n} \leqslant I_n^{\text{th}} \\
&\quad \hat{C}_2 : \frac{1}{p_m h_{m,m}} \geqslant \frac{1 - \rho_m}{\gamma_m^{\min} \sigma^2}
\end{aligned} \tag{5.39}$$

表 5-1　式 (5.34) 和式 (5.38) 的可行域对比

场景	场景 1（低能量收集 [式 (5.34)]）	场景 2（高能量收集 [式 (5.38)]）
$E_m^{\min}$	$\left[0,\dfrac{\theta\rho_m\gamma_m^{\min}\sigma^2}{1-\rho_m}\right]$	$\left[\dfrac{\theta\rho_m\gamma_m^{\min}\sigma^2}{1-\rho_m},E_m^{\max}\right]$
p_m	$\left[\dfrac{\gamma_m^{\min}\sigma^2}{(1-\rho_m)h_{m,m}},p_m^{\max}\right],\ \displaystyle\sum_{m=1}^{M}p_m g_{m,n}\leqslant I_n^{\mathrm{th}}$	$\left[\dfrac{\gamma_m^{\min}\sigma^2}{1-\rho_m}-Z_m,p_m^{\max}\right],\ \displaystyle\sum_{m=1}^{M}p_m g_{m,n}\leqslant I_n^{\mathrm{th}}$
ρ_m	$\left[A_m,1-\dfrac{\gamma_m^{\min}\sigma^2}{p_m h_{m,m}}\right]$	$\left[\dfrac{E_m^{\min}}{\theta(p_m h_{m,m}+Z_m)},A_m\right]$

上述问题是一个凸优化问题，其拉格朗日函数为

$$
\begin{aligned}
L^{\mathrm{p}}\left(p_m,\lambda_n,\beta_m,\alpha_m\right)=&\sum_{m=1}^{M}p_m+\sum_{m=1}^{M}\beta_m\left(p_m-p_m^{\max}\right)+\sum_{n=1}^{N}\lambda_n\left(\sum_{m=1}^{M}p_m g_{m,n}-I_n^{\mathrm{th}}\right)\\
&+\sum_{m=1}^{M}\alpha_m\left(\frac{1}{p_m h_{m,m}}-\frac{1-\rho_m}{\gamma_m^{\min}\sigma^2}\right)
\end{aligned}
\tag{5.40}
$$

其中，λ_n、β_m、α_m 分别为非负的拉格朗日乘子，式 (5.40) 可以重新描述为

$$
L^{\mathrm{p}}\left(p_m,\lambda_n,\beta_m,\alpha_m\right)=\sum_{m=1}^{M}L_m^{\mathrm{p}}\left(p_m,\lambda_n,\beta_m,\alpha_m\right)-\sum_{m=1}^{M}\alpha_m\frac{1-\rho_m}{\gamma_m^{\min}\sigma^2}-\sum_{n=1}^{N}\lambda_n I_n^{\mathrm{th}}-\sum_{m=1}^{M}\beta_m p_m^{\max}
\tag{5.41}
$$

其中，

$$
L_m^{\mathrm{p}}\left(p_m,\lambda_n,\beta_m,\alpha_m\right)=p_m+\sum_{n=1}^{N}\lambda_n p_m g_{m,n}+\beta_m p_m+\frac{\alpha_m}{p_m h_{m,m}}
\tag{5.42}
$$

对偶问题为

$$
\begin{aligned}
&\max_{\lambda_n,\beta_m,\alpha_m}\ D(\lambda_n,\beta_m,\alpha_m)\\
&\text{s.t.}\quad \lambda_n\geqslant 0,\beta_m\geqslant 0,\alpha_m\geqslant 0
\end{aligned}
\tag{5.43}
$$

其中，对偶函数为

$$
D(\lambda_n,\beta_m,\alpha_m)=\min_{p_m}L_m^{\mathrm{p}}\left(p_m,\lambda_n,\beta_m,\alpha_m\right)
\tag{5.44}
$$

从式 (5.43) 和式 (5.44) 可知，式 (5.41) 被分解为两层。内层问题的优化变量为 p_m，外层问题的优化变量为拉格朗日乘子。

根据 KKT 条件，最优功率分配为

$$
p_m^*=\sqrt{\frac{\alpha_m}{h_{m,m}\left(1+\lambda_n g_{m,n}+\beta_m\right)}}
\tag{5.45}
$$

根据次梯度方法，拉格朗日更新规则如下

$$
\beta_m^{t+1}=\left[\beta_m^t+\xi_1^t\left(p_m-p_m^{\max}\right)\right]^+
\tag{5.46}
$$

$$\lambda_n^{t+1} = \left[\lambda_n^t + \xi_2^t \left(\sum_{m=1}^{M} p_m g_{m,n} - I_n^{\text{th}} \right) \right]^+ \tag{5.47}$$

$$\alpha_m^{t+1} = \left[\alpha_m^t + \xi_3^t \left(\frac{1}{p_m h_{m,m}} - \frac{1 - \rho_m}{\gamma_m^{\min} \sigma^2} \right) \right]^+ \tag{5.48}$$

其中，$[x]^+ = \max(0, x)$；t 是迭代次数；$\xi_j^t (j \in \{1, 2, 3\})$ 是第 t 次迭代时的步长，当步长满足条件时，对偶间隙为零，发射功率可收敛到最优解 $\lim_{t \to \infty} \xi_j^t = 0, \sum_{t=1}^{\infty} \xi_j^t, \forall j \in \{1, 2, 3\}$。

进一步，固定传输功率，关于功率分流因子的优化问题为

$$\min_{\rho_m} \sum_{m=1}^{M} p_m$$
$$\text{s.t. } C_5 : 0 \leqslant \rho_m \leqslant 1$$
$$\hat{C}_2 : \rho_m \leqslant 1 - \frac{\gamma_m^{\min} \sigma^2}{p_m h_{m,m}} \tag{5.49}$$
$$C_6 : \frac{1}{\rho_m} \leqslant 1 + \frac{\theta \gamma_m^{\min} \sigma^2}{E_m^{\min}}$$

由于 $\dfrac{\gamma_m^{\min} \sigma^2}{p_m h_{m,m}} > 0$，$C_5$ 可以忽略，式 (5.49) 转化为

$$\min_{\rho_m} \sum_{m=1}^{M} p_m$$
$$\text{s.t. } \hat{C}_2, C_6 \tag{5.50}$$

式 (5.50) 是一个标准凸优化问题，利用拉格朗日方法可以得到闭式解。定义 $\lambda_m^{\text{ps}} \geqslant 0$ 和 $\beta_m^{\text{ps}} \geqslant 0$ 分别为 $\hat{C}_2$ 和 C_6 的拉格朗日乘子，最优功率分流因子为

$$\rho_m^* = \sqrt{\beta_m^{\text{ps}} / \lambda_m^{\text{ps}}} \tag{5.51}$$

拉格朗日乘子的更新如下

$$\beta_m^{t+1,\text{ps}} = \left[\beta_m^{t,\text{ps}} + \xi_4^t \left(\rho_m - 1 + \frac{\gamma_m^{\min} \sigma^2}{p_m h_{m,m}} \right) \right]^+ \tag{5.52}$$

$$\lambda_m^{t+1,\text{ps}} = \left[\lambda_m^{t,\text{ps}} + \xi_5^t \left(\frac{1}{\rho_m} - 1 - \frac{\theta \gamma_m^{\min} \sigma^2}{E_m^{\min}} \right) \right]^+ \tag{5.53}$$

其中，ξ_4^t 和 ξ_5^t 表示迭代步长。

同理，为了求解式 (5.38)，固定功率分流因子，式 (5.38) 重新描述为

$$\min_{p_m} \sum_{m=1}^{M} p_m$$

$$\text{s.t. } C_1 : \sum_{m=1}^{M} p_m g_{m,n} \leqslant I_n^{\text{th}}$$

$$C_4 : 0 \leqslant p_m \leqslant p_m^{\max} \tag{5.54}$$

$$\tilde{C}_2 : \frac{1}{p_m h_{m,m}} \leqslant \frac{1 - \rho_m}{\gamma_m^{\min} \sigma^2 - (1 - \rho_m) Z_m}$$

式 (5.54) 是一个凸优化问题, 因此定义 λ_n^{h}、β_m^{h} 和 α_m^{h} 分别为 C_1、C_4 和 $\tilde{C}_2$ 的拉格朗日乘子, 可以解得最优传输功率:

$$p_m^{*,\text{h}} = \sqrt{\frac{\alpha_m^{\text{h}}}{h_{m,m} \left(1 + \lambda_n^{\text{h}} g_{m,n} + \beta_m^{\text{h}}\right)}} \tag{5.55}$$

拉格朗日乘子更新如下:

$$\beta_m^{t+1,\text{h}} = \left[\beta_m^{t,\text{h}} + \xi_6^t \left(p_m - p_m^{\max}\right)\right]^+ \tag{5.56}$$

$$\lambda_n^{t+1,\text{h}} = \left[\lambda_n^{t,\text{h}} + \xi_7^t \left(\sum_{m=1}^{M} p_m g_{m,n} - I_n^{\text{th}}\right)\right]^+ \tag{5.57}$$

$$\alpha_m^{t+1,\text{h}} = \left[\alpha_m^{t,\text{h}} + \xi_8^t \left\{\frac{1}{p_m h_{m,m}} - \frac{1 - \rho_m}{\gamma_m^{\min} \sigma^2 - (1 - \rho_m) Z_m}\right\}\right]^+ \tag{5.58}$$

其中, ξ_6^t, ξ_7^t 和 ξ_8^t 是迭代步长。

进一步, 固定传输功率关于功率分流因子的子问题为

$$\min_{\rho_m} \sum_{m=1}^{M} p_m$$

$$\text{s.t. } C_5 : 0 \leqslant \rho_m \leqslant 1$$

$$\tilde{C}_2 : \frac{1}{1 - \rho_m} \leqslant \frac{p_m h_{m,m} + Z_m}{\gamma_m^{\min} \sigma^2} \tag{5.59}$$

$$\bar{C}_6 : \rho_m \leqslant A_m$$

同理, 定义 λ_m^{hps} 和 β_m^{hps} 为 C_5 和 $\tilde{C}$ 的拉格朗日乘子, 最优功率分离因子为

$$\rho_m^{*,\text{h}} = \min \left\{A_m, \max \left(0, 1 - \sqrt{\beta_m^{\text{hps}}/\lambda_m^{\text{hps}}}\right)\right\} \tag{5.60}$$

其中,

$$\lambda_m^{t+1,\text{hps}} = \left[\lambda_m^{t,\text{hps}} + \xi_9^t \left(\rho_m - 1\right)\right]^+ \tag{5.61}$$

$$\beta_m^{t+1,\text{hps}} = \left[\beta_m^{t,\text{hps}} + \xi_{10}^t \left(\frac{1}{1-\rho_m} - \frac{p_m h_{m,m} + Z_m}{\gamma_m^{\min} \sigma^2} \right) \right]^+ \tag{5.62}$$

其中，ξ_9^t 和 ξ_{10}^t 为迭代步长。所示的分布式资源分配算法见算法 5.1。

算法 5.1 分布式迭代资源分配算法

---

1. 初始化最大迭代次数 $T_{\max}$，最大收敛精度 ς、M、$t = 0$，初始化其他参数 $g_{m,n}$、$h_{i,m}$、I_n^{th}、$\gamma_m^{\min}$、$E_m^{\min}$、θ、$p_m^{\max}$；

2. 初始化 p_m、ρ_m，初始化 $\varphi(0) = \left[\lambda_n^0; \beta_m^0; \alpha_m^0; \lambda_n^{0,h}; \beta_m^{0,h}; \alpha_m^{0,h} \right]^{\text{T}}$，$\xi_i^t (i = \{1, 2, \cdots, 10\})$；

3. **While** $t \leqslant T_{\max}$ and $\|\varphi(t+1) - \phi(t)\|_2 \geqslant \zeta$ **do**

4.   **For** $m = 1 \sim M$ **do**

5.   计算 $\bar{E}_m = \dfrac{\theta \rho_m \gamma_m^{\min} \sigma^2}{1 - \rho_m}$；

6.   **If** $E_m^{\min} \leqslant \bar{E}_m$ **then**

7.   （1）对于次用户接收机：计算 SINR，估计 $h_{m,m}$，通过信息传递计算 Z_m；

8.   （2）根据式 (5.48) 和式 (5.52) 以及本地信息更新 α_m 和 β_m；

9.   （3）根据式 (5.51) 计算 ρ_m；

10.   （4）向次用户发射机 m 返回 $h_{m,m}$、ρ_m 和 β_m；

11.   （5）对于次用户发射机：接收 $h_{m,m}$、ρ_m 和 β_m；

12.   （6）根据式 (5.47) 和式 (5.53) 更新 p_m 和 λ_m；

13.   （7）广播 $g_{m,n}$ 和 p_m；

14.   **Else**

15.   （1）对于次用户接收机：计算 SINR，估计 $h_{m,m}$，通过信息传递计算 Z_m；

16.   （2）根据式 (5.56) 和式 (5.58) 以及本地信息更新 β_m 和 α_m；

17.   （3）根据式 (5.60) 计算 ρ_m；

18.   （4）向次用户发射机 m 返回 $h_{m,m}$、ρ_m 和 β_m；

19.   （5）次用户发射机：接收 $h_{m,m}$、ρ_m 和 β_m；

20.   （6）根据式 (5.55) 和式 (5.61) 更新 p_m 和 λ_m；

21.   （7）广播 $g_{m,n}$ 和 p_m；

22.   **End If**

23.   **End For**

24. $t = t + 1$；

25. **End While**

    所提算法 5.1 根据式 (5.51)、式 (5.53)、式 (5.60) 和式 (5.61) 进行分布式计算出功率分配和功率分流因子。所提算法是一种分布式资源分配算法，可以减少计算负担。此外，每个次用户的效用函数只取决于原始变量 p_m，而拉格朗日乘子可由局部变量 β_m 和 α_m 进行更新。

    1）复杂度分析

    由于低能量收集资源分配算法和高能量收集资源分配算法结构相同，因此只给出低能量收集资源分配算法的复杂性分析。式 (5.46) 的拉格朗日乘子迭代次数为 $\mathcal{O}(N)$。此外，式 (5.45)、式 (5.47) 和式 (5.48) 的迭代次数为 $\mathcal{O}(M)$。考虑到最大迭代数 $T_{\max}$ 的影响，存在一个多项式时间复杂度 $\mathcal{O}(T_{\max})$。综上所述，算法的复杂度为 $\mathcal{O}(T_{\max} M N)$。当拉格朗日乘子的初始值和步长选择合适时，该算法可以快速收敛到平衡点。

在实际的基于 SWIPT 技术的认知无线网络中，由于能量收集电路和信道延迟的非线性，不可避免地存在 CSI 误差。为了提高系统的鲁棒性，需要解决不完美 CSI 下的鲁棒资源分配问题。

考虑一个加性不确定性模型，信道不确定性模型可以表示为

$$\begin{cases} h_{i,m} = \bar{h}_{i,m} + \Delta h_{i,m} \\ g_{m,n} = \bar{g}_{m,n} + \Delta g_{m,n} \end{cases} \tag{5.63}$$

其中，$\Delta h_{i,m}$ 和 $\Delta g_{m,n}$ 表示信道估计误差；$\bar{h}_{i,m}$ 和 $\bar{g}_{m,n}$ 表示信道估计值。

基于球面不确定性公式，信道不确定性集定义为

$$\begin{aligned} \mathcal{R}_g &= \{g_n \| \boldsymbol{g}_n - \bar{\boldsymbol{g}}_n \| \leqslant \tau_n \} \\ \mathcal{R}_h &= \{h_m \| \boldsymbol{h}_m - \bar{\boldsymbol{h}}_m \| \leqslant \omega_m \} \end{aligned} \tag{5.64}$$

其中，$\mathcal{R}_g$ 和 $\mathcal{R}_h$ 表示不确定性集合；τ_n 和 ω_m 表示信道不确定性的上界；$\| \boldsymbol{g}_n - \bar{\boldsymbol{g}}_n \| \leqslant \tau_n$，$\| \boldsymbol{h}_m - \bar{\boldsymbol{h}}_m \| \leqslant \omega_m$，$\bar{\boldsymbol{g}}_n = [\bar{g}_{1,n}, \cdots, \bar{g}_{M,n}]^T$，$\bar{\boldsymbol{h}}_m = [\bar{h}_{1,m}, \cdots, \bar{h}_{M,m}]^T$。

显然式 (5.64) 可以转化 $\sum\limits_{m=1}^{M} \Delta g_{m,n}^2 \leqslant \tau_n^2$ 和 $\sum\limits_{i=1,i\neq m}^{M} \Delta h_{i,m}^2 \leqslant \omega_m^2$。只要不确定性不超过式 (5.64)，此方法可以保证发射功率不随 $\Delta g_{m,n}, \forall m$ 进行动态调整。

基于最坏准则和柯西-施瓦茨不等式，C_1 可以重写为

$$\max_{g_{m,n}\in\mathcal{R}_g} \sum_{m=1}^{M} p_m g_{m,n} \leqslant \sum_{m=1}^{M} p_m \bar{g}_{m,n} + \sqrt{\sum_{m=1}^{M} p_m^2} \sqrt{\sum_{m=1}^{M} \Delta g_{m,n}^2} \leqslant \sum_{m=1}^{M} p_m \left(\bar{g}_{m,n} + \tau_n\right) \leqslant I_n^{\text{th}} \tag{5.65}$$

同理，用户 m 的 SINR 为

$$\min_{\Delta h_{i,m}\in\mathcal{R}_h} \gamma_m \geqslant \gamma_m^{\min} \Leftrightarrow \frac{(1-\rho_m) \min\limits_{\Delta h_{m,m}} (p_m h_{m,m})}{(1-\rho_m) \max\limits_{\Delta h_{i,m}} Z_m + \sigma^2} \geqslant \gamma_m^{\min} \tag{5.66}$$

式 (5.66) 可以进一步转化为

$$\frac{(1-\rho_m) p_m \bar{h}_{m,m}}{(1-\rho_m) \left[\sum\limits_{i\neq m}^{M} p_i \left(\bar{h}_{i,m} + \omega_m\right) + PG_m\right] + \sigma^2} \geqslant \gamma_m^{\min} \tag{5.67}$$

基于式 (5.39) 和式 (5.49)，式 (5.65) 和式 (5.67) 在低能量收集水平下的鲁棒资源分配为

$$p_m^{\text{RL},*} = \sqrt{\frac{\alpha_m^{\text{RL}}}{\bar{h}_{m,m} \left[1 + \beta_m^{\text{RL}} + \lambda_n^{\text{RL}} \left(\bar{g}_{m,n} + \tau_n\right)\right]}} \tag{5.68}$$

$$\rho_m^{\mathrm{RL},*} = \max\left(0, \sqrt{\hat{\beta}_m^{\mathrm{ps}}/\hat{\lambda}_n^{\mathrm{ps}}}\right) \tag{5.69}$$

其中，α_m^{RL}、β_m^{RL}、λ_n^{RL}、$\hat{\beta}_m^{\mathrm{PS}}$ 和 $\hat{\lambda}_n^{\mathrm{PS}}$ 为非负拉格朗日乘子。由于非鲁棒问题与鲁棒问题的主要区别在于信道增益值，因此省略了拉格朗日乘子的更新。基于式 (5.55) 和式 (5.68)，非鲁棒算法与鲁棒算法相差 τ_n。当信道估计误差的上界 $\Delta g_{m,n}$ 为零，即 $\tau_n = 0$ 时，鲁棒算法变为非鲁棒算法。如果 τ_n 变大，则有更多的不确定性 $\Delta g_{m,n}$。从式 (5.68) 开始，由于 $\Delta g_{m,n}$ 的影响，鲁棒发射功率 $p_m^{\mathrm{RL},*}$ 降低，以给予主用户更多的保护。然而，在完美 CSI 下的最优发射功率 p_m^* 大于 $p_m^{\mathrm{RL},*}$，在信道扰动情况下，对主用户造成更大的有害干扰功率。

由于低能量收集水平下的功率分流子与不确定性无关，因此可以假设该值与较小的不确定性下的非鲁棒情况相同，即 $\rho_m^{\mathrm{RL},*} = \rho_m^*$。此外，可以理解为所提出算法性能还受到次用户到主用户链路信道不确定性的影响，因此它可以克服次用户链路的任何不确定性，同样，也可以得到高能量收集水平下的鲁棒资源分配解，这里省略。

2）鲁棒灵敏度分析

为了研究不确定参数对目标函数的影响，在低能量和高能量情况下，分析了非鲁棒资源分配算法 [式 (5.55)] 与鲁棒资源分配算法 [式 (5.68)] 的性能差。

（1）低能量水平：结合式 (5.39) 和式 (5.68)，可以推导出：

$$
\begin{aligned}
F^{\mathrm{robust}} \triangleq \min_{p_m} &\sum_{m=1}^{M} p_m + \sum_{m=1}^{M} \beta_m^{\mathrm{RL}}\left(p_m - p_m^{\max}\right) \\
&+ \sum_{n=1}^{N} \lambda_n^{\mathrm{RL}}\left[\sum_{m=1}^{M} p_m\left(\bar{g}_{m,n} + \tau_n\right) - I_n^{\mathrm{th}}\right] + \sum_{m=1}^{M} \alpha_m^{\mathrm{RL}}\left(\frac{1}{p_m \bar{h}_{m,m}} - \frac{1-\rho_m}{\gamma_m^{\min}\sigma^2}\right) p_m^{\mathrm{RL},*}
\end{aligned}
\tag{5.70}
$$

由于非鲁棒资源分配算法假设估计信道增益 $\bar{g}_{m,n}$ 等于真实值 $g_{m,n}$，根据灵敏度原理，式 (5.70) 可以近似为

$$F^{\mathrm{robust}} \triangleq F^{\mathrm{non-robust}} + \sum_{n=1}^{N}\sum_{m=1}^{M} \lambda_n^{\mathrm{RL},*} p_m^{\mathrm{RL},*} \tau_n \tag{5.71}$$

其中，性能差为

$$G_{\mathrm{low}} = \sum_{n=1}^{N}\sum_{m=1}^{M} \lambda_n^{\mathrm{RL},*} p_m^{\mathrm{RL},*} \tau_n \tag{5.72}$$

由于式 (5.72) 中的参数非负，可以得到鲁棒资源分配算法下的功耗总和大于非鲁棒资源分配算法，即鲁棒资源分配算法可以以发射更大功率为代价克服中断概率。由于非鲁棒算法没有考虑信道不确定性，因此功率分流因子不会直接受到不确定性参数影响。当信道估计误差的上界变大时，信道估计误差的波动范围也变大。

（2）高能量水平：同理，根据式 (5.54) 可以构造：

$$J^{\mathrm{robust}} \triangleq \min_{p_m}\left\{\sum_{m=1}^{M} p_m + \sum_{m=1}^{M} \beta_m^{\mathrm{r}}\left(p_m - p_m^{\max}\right)\right.$$

$$+ \sum_{n=1}^{N} \lambda_n^{\mathrm{r}} \left[\sum_{m=1}^{M} p_m \left(\bar{g}_{m,n} + \tau_n \right) - I_n^{\mathrm{th}} \right] \tag{5.73}$$

$$+ \sum_{m=1}^{M} \alpha_m^{\mathrm{r}} \left[\frac{\gamma_m^{\min} \sigma^2 - (1 - \rho_m) Z_m}{p_m \bar{h}_{m,m}} - (1 - \rho_m) \right] \Big\}$$

定义解为 $p_m^{\mathrm{r},*}$、$\rho_m^{\mathrm{r},*}$，拉格朗日乘子为 $\lambda_n^{\mathrm{r},*}$、$\alpha_m^{\mathrm{r},*}$，式 (5.73) 可以重写为

$$
\begin{aligned}
J^{\mathrm{robust}} \triangleq \min_{p_m} \Bigg[& \sum_{m=1}^{M} p_m + \sum_{n=1}^{N} \lambda_n^{\mathrm{r}} \left(\sum_{m=1}^{M} p_m \bar{g}_{m,n} - I_n^{\mathrm{th}} \right) + \sum_{m=1}^{M} \beta_m^{\mathrm{r}} \left(p_m - p_m^{\max} \right) \\
& - \sum_{m=1}^{M} \alpha_m^{\mathrm{r}} \left(1 - \rho_m \right) + \sum_{m=1}^{M} \frac{\alpha_m^{\mathrm{r}} \gamma_m^{\min} \sigma^2}{p_m h_{m,m}} - \sum_{m=1}^{M} \frac{\alpha_m^{\mathrm{r}} \left(1 - \rho_m \right) \left(\sum\limits_{i \neq m}^{M} p_i \bar{h}_{i,m} + P G_m \right)}{p_m \bar{h}_{m,m}} \Bigg] \\
& + \sum_{n=1}^{N} \sum_{m=1}^{M} \lambda_n^{\mathrm{r}} p_m \tau_n - \sum_{m=1}^{M} \frac{\alpha_m^{\mathrm{r}} \left(1 - \rho_m \right) \left(\sum\limits_{i \neq m}^{M} p_i \omega_m \right)}{p_m \bar{h}_{m,m}}
\end{aligned}
\tag{5.74}
$$

其中，性能差为

$$G_{\mathrm{high}} = \sum_{n=1}^{N} \sum_{m=1}^{M} \lambda_n^{\mathrm{r},*} p_m^{\mathrm{r},*} \tau_n - \sum_{i \neq m}^{M} p_i^{\mathrm{r},*} \sum_{m=1}^{M} \frac{\alpha_m^{\mathrm{r},*} \omega_m \left(1 - \rho_m^{\mathrm{r},*} \right)}{p_m^{\mathrm{r},*} \bar{h}_{m,m}} \tag{5.75}$$

由式 (5.75) 很难直接确定性能差 G_{high} 是否大于零。根据式 (5.67) 可以得

$$\frac{\left(1 - \rho_m^{\mathrm{r},*} \right) \sum\limits_{i \neq m}^{M} p_i^{\mathrm{r},*}}{p_m^{\mathrm{r},*} \bar{h}_{m,m}} + \frac{\sigma^2}{p_m^{\mathrm{r},*} \bar{h}_{m,m}} \leqslant \frac{1 - \rho_m^{\mathrm{r},*}}{\gamma_m^{\min}} \tag{5.76}$$

由于噪声 σ^2 在实际系统中远小于用户间干扰 $\sum\limits_{i \neq m}^{M} p_i^{\mathrm{r},*}$，故式 (5.76) 中的第二项可以忽略。在高能量水平下，基于表 5-1 的可行区域，功率分流因子 $\rho_m^{\mathrm{r},*} > 0.5$。将式 (5.75) 与式 (5.76) 结合，可以得

$$G_{\mathrm{high}} \geqslant \sum_{m=1}^{M} \left[\sum_{n=1}^{N} \lambda_n^{\mathrm{r},*} p_m^{\mathrm{r},*} \tau_n - \alpha_m^{\mathrm{r},*} \frac{\omega_m \left(1 - \rho_m^{\mathrm{r},*} \right)}{\gamma_m^{\min}} \right] \geqslant \sum_{m=1}^{M} \left(\sum_{n=1}^{N} \lambda_n^{\mathrm{r},*} p_m^{\mathrm{r},*} \tau_n - \alpha_m^{\mathrm{r},*} \frac{\omega_m}{2 \gamma_m^{\min}} \right) \tag{5.77}$$

当 $p_m^{\mathrm{r},*} \geqslant \dfrac{\alpha_m^{r**} \omega_m}{2 \gamma_m^{\min} \lambda_n^{r*} \tau_n}$ 成立，则 $G_{\mathrm{high}} \geqslant 0$，否则 $G_{\mathrm{high}} < 0$。另外，由于链路 m 的

信道估计误差的上界小于 $2\gamma_m^{\min}$，式 (5.77) 可以简化为 $G_{\text{high}} \geqslant \sum\limits_{m=1}^{M} \lambda_n^{\text{r},*} p_m^{\text{r},*} \tau_n \geqslant 0$。如果式 (5.77) 中的参数信息未知，则 G_{high} 的值可以由正交性来确定。

根据正交关系有

$$\lambda_n^{\text{r},*} \left[\sum_{m=1}^{M} p_m^{\text{r},*} \left(\bar{g}_{m,n} + \tau_n \right) - I_n^{\text{th}} \right] - 0 \tag{5.78}$$

$$\alpha_m^{\text{r},*} \left[\frac{\theta \rho_m^{\text{r},*} \gamma_m^{\min} \sigma^2 - (1 - \rho_m) Z_m}{p_m^{\text{r},*} \bar{h}_{m,m}} - \frac{1}{1 - \rho_m^{\text{r},*}} \right] = 0 \tag{5.79}$$

当 $\sum\limits_{m=1}^{M} p_m^{\text{r},*} \left(\bar{g}_{m,n} + \tau_n \right) < I_n^{\text{th}}$ 成立时，鲁棒 SINR 约束取等号，拉格朗日乘数为 $\lambda_n^{\text{r},*} = 0$，$\alpha_m^{\text{r},*} > 0$，$G_{\text{high}} < 0$，鲁棒资源分配算法的总功耗小于非鲁棒资源分配算法的总功耗。

当 $\sum\limits_{m=1}^{M} p_m^{\text{r},*} \left(\bar{g}_{m,n} + \tau_n \right) = I_n^{\text{th}}$ 且 $\gamma_m \left(p_m^{\text{r},*}, \omega_m \right) > \gamma_m^{\min}$ 成立时，拉格朗日乘子变成 $\lambda_n^{\text{r},*} > 0$，$\alpha_m^{\text{r},*} = 0$，$G_{\text{high}} \geqslant 0$，鲁棒资源分配算法的总功耗大于非鲁棒资源分配算法。

当式 (5.78) 和式 (5.79) 正交关系都成立时，拉格朗日乘子为 $\lambda_n^{\text{r},*} > 0$，$\alpha_m^{\text{r},*} = 0$，此时不能确定 G_{high} 的值，在这种情况下可以使用上述方法。

当 $\sum\limits_{m=1}^{M} p_m^{\text{r},*} \left(\bar{g}_{m,n} + \tau_n \right) < I_n^{\text{th}}$ 和 $\gamma_m \left(p_m^{\text{r},*}, \omega_m \right) > \gamma_m^{\min}$ 成立时，拉格朗日乘子为 $\lambda_n^{\text{r},*} = 0$，$\alpha_m^{\text{r},*} = 0$。由于发送功率为 $p_m^* = p_m^{\max}$，该参数是一个与信道无关的参数，故鲁棒资源分配算法下的功耗和非鲁棒资源分配算法下的功耗总和是相同的。

5.2.3　仿真分析

本小节通过仿真结果对所提算法的有效性进行了评估。仿真参数为：$p_m^{\max} = 1\text{mW}$，$\sigma^2 = 10^{-8}\text{mW}$，$I_n^{\text{th}} = 10^{-6}\text{mW}$；路径损耗模型为 $fd^{-\alpha}$，其中，$f \sim \mathcal{CN}(0,1)$ 表示小尺度衰落的信道系数；d 表示收发机之间的距离；路损因子 $\alpha = 3$。信道不确定性的上界在 $[0, 0.2]$ 内，能量系数 $\theta = 1$。

图 5-7 给出了所提算法的收敛性能，其中次用户数量为 2（即 $M = 2$）且次用户 1 的信道增益大于次用户 2，次用户信噪比阈值 $\gamma_m^{\min} = 2\text{dB}$，假设信道估计误差为零。从图中可以看出，次用户的发射功率和功率分流因子可以快速收敛；次用户 1 的发射功率小于次用户 2，这是因为次用户 1 具有良好的信道增益，可以消耗更少的功率来满足最小 SINR 阈值，且次用户 2 的功率分流比次用户 1 要低，这是因为它需要一个功率信号来补偿弱信道造成的弱信号强度，为了保证 QoS 需求，次用户 2 会消耗更多的传输功率。

图 5-8 给出了不同 $\gamma_m^{\min}$ 下次用户的总发射功率与最小能量收集阈值 $E_m^{\min}$ 的关系。从图中可以看出，在不同 $\gamma_m^{\min}$ 下，总功率消耗随 $E_m^{\min}$ 增加而增加且 $\gamma_m^{\min}$ 越大，总功率消耗越高，这是因为次用户需要提高发射功率以保证每个次用户的 QoS 要求。

图 5-9 给出了不同 $\gamma_m^{\min}$（$m = 1, 2$）下功率分流因子与最小能量收集阈值 $E_m^{\min}$ 的关系。从图中可以看出，功率分流因子随 $E_m^{\min}$ 和 $\gamma_m^{\min}$ 的增加而减少，因为 $E_m^{\min}$ 的增加意味着需要更多的能量存储以延长无线设备的生命周期，因此所需的最小功率会变大。

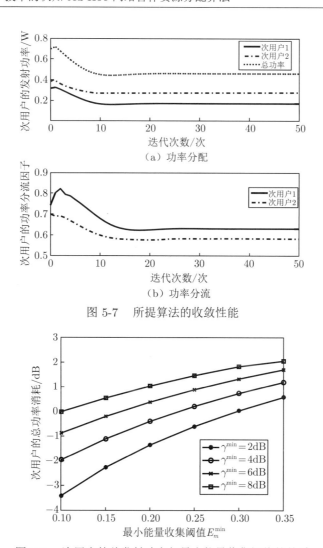

（a）功率分配

（b）功率分流

图 5-7 所提算法的收敛性能

图 5-8 次用户的总发射功率与最小能量收集阈值的关系

图 5-10 给出了不同 $I^{\text{th}} = I_n^{\text{th}}, \forall n$ 下，次用户总发射功率与 $\gamma_m^{\min}$ 的关系。最小采集能量阈值 $E_m^{\min} = 0.2$。从图中可以看出，次用户总发射功率随 $\gamma_m^{\min}$ 的增加而增加，此外，I^{th} 较大时的总发射功率要大于 I^{th} 较小时的总发射功率。

根据能效（如 bits/J）的定义，得到如下能效表达式 $\eta^{\text{swipt}} = \dfrac{\sum\limits_{m=1}^{M} \log_2[1+\gamma_m\left(p_m, \rho_m\right)]}{\sum\limits_{m=1}^{M} p_m + P_c - \sum\limits_{m=1}^{M} E_m^{\text{EH}}}$,

$\eta_{\text{without}}^{\text{swipt}} = \dfrac{\sum\limits_{m=1}^{M} \log_2[1 + \gamma_m\left(p_m\right)]}{\sum\limits_{m=1}^{M} p_m + P_c}$，其中，$P_c$ 为电路功耗。为了验证所提算法的性能，将所

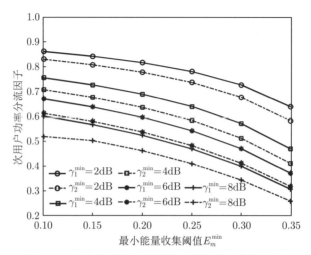

图 5-9　　功率分流因子与最小能量收集阈值的关系

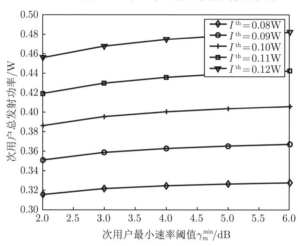

图 5-10　　总发射功率与最小速率阈值的关系

提非鲁棒资源分配算法（即 $\tau_n = 0, \omega_n = 0$）和所提鲁棒资源分配算法分别与无 SWIPT 鲁棒资源分配算法和无 SWIPT 非鲁棒资源分配算法进行比较。

　　图 5-11 给出了次用户总能效与直传链路增益 $h_{m,m}$ 的关系，其中 $P_c = 0.01\mathrm{mW}$。随着 $h_{m,m}$ 的增加，总能效增大，这是由于更大的 $h_{m,m}$ 会导致更多的发射功率，以保持 $\gamma_m^{\min}$。此外，与其他资源分配算法相比，所提 SWIPT 辅助的资源分配算法具有更高的能效，原因是采集的能量可以补偿系统的能量需求。此外，在鲁棒算法下，总能效随 τ 的增大而减小，为主用户接收机提供更多的保护。

　　图 5-12 给出了次用户中断概率与信道不确定性的关系。从图中可以看出，随着 $\Delta h_{i,m}$ 的增加，次用户实际中断概率增加，所提资源分配算法可以克服不确定性影响，且中断概率较小。无 SWIPT 非鲁棒资源分配算法中断概率最大，这是因为此算法没有提前考虑不确定性。此外，随 $\Delta h_{i,m}$ 增加，次用户可以发射功率会受到 $p_m^{\max}$ 和 I_n^{th} 的约束，所以次用户中断概率不会一直增加。

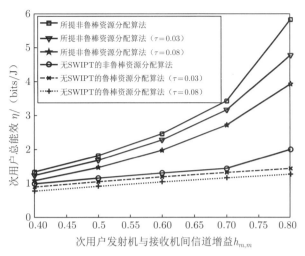

图 5-11   次用户总能效与直传链路增益的关系

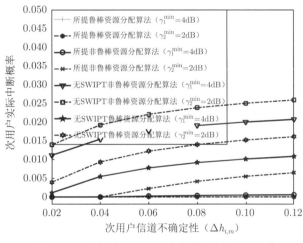

图 5-12   次用户中断概率与信道不确定性关系

5.3   本 章 小 结

本章主要围绕基于有界 CSI 误差模型的认知网络资源分配问题展开讨论。针对传统蜂窝系统频谱拥挤问题,5.1 节提出了基于功耗最小化的鲁棒资源分配算法,通过频谱共享方式来提高频谱资源利用率,同时保障每个用户 QoS 的同时,尽可能的降低网络能量消耗。

为了提高网络节点无线能量供给与信息传输能力,针对基于 SWIPT 的认知 Ad-hoc 网络鲁棒资源优化问题,5.2 节提出了一种基于拉格朗日对偶的分布式鲁棒资源分配算法,同时分析了资源分配可行域、鲁棒灵敏度及不确定性参数对系统性能的影响。

第 6 章　基于统计 CSI 的认知无线电网络鲁棒资源分配问题

由第 5 章可知，基于有界 CSI 的认知网络鲁棒优化资源分配算法在最坏误差下仍然能保证系统的无缝连接。由于真实的认知无线电系统不可能永远都运行在最坏的通信场景下——假设系统长期工作在 worst-case 状态下，会降低次用户发射功率，无法进一步提高认知无线电系统传输速率和频谱利用率，另外，基于最坏误差的保守方法需要知道估计误差上界的先验信息，对于随机性较大的场合，获得估计误差的精确上界是不太现实的。然而，基于概率约束的统计 CSI 方法可以在保证系统鲁棒性的情况下，使主用户和次用户能满足一定的中断概率约束，可进一步提高系统容量。由于无线通信系统中的估计误差和测量误差都是随机的，从某种程度上来说这种统计方法更能满足实际情况。

6.1　基于能耗最小化的认知无线电鲁棒分布式功率控制算法

当前，大多数功率控制算法都考虑了一种集中式算法，该算法通常需要一个具有全局 CSI 的中央控制器，这可能会导致巨大的反馈开销，特别是在寻求全局解决方案时。相反，分布式算法不需要中央控制器，与集中式算法相比，分布式算法的反馈和复杂性开销更小。此外，现有研究成果都集中在吞吐量最大化或单对用户简单通信场合，对多用户、能量最小化问题的研究较少。由于移动设备的能量有限和绿色通信的逐渐推广，对能耗问题研究显得尤为重要。本节针对下垫式多用户认知无线电网络，考虑信道不确定性服从指数分布，提出了一种基于主用户和次用户服务概率约束的分布式鲁棒资源分配算法，并验证了所提算法在能量消耗和收敛速度等方面的优越性。

6.1.1　系统模型

如图 6-1 所示，考虑下垫式频谱共享模式的蜂窝认知无线电网络，网络含有共享相同频谱的 N 对主用户链路和 M 对次用户链路。定义 $i \in A = \{1, \cdots, M\}$ 和 $k \in B = \{1, \cdots, N\}$ 分别为主用户和次用户数量集合，每对链路含有收发机，每个收发机配备有单天线，此外，每个次用户的最大发射功率由电池容量 $p_i^{\max}$ 限制；次用户对主用户的干扰不能超过干扰容忍阈值 I_k^{th}。

为了使得次用户总的发射功率最小，并保证每个主用户和次用户的通信要求，传输功率最小化的名义优化模型为

$$\min_{p_i \in S} \quad \sum_i p_i$$

$$\text{s.t.} \quad C_1 : \sum_i p_i h_{ik} \leqslant I_k^{\text{th}} \tag{6.1}$$

$$C_2 : \gamma_i \geqslant \gamma_i^d$$

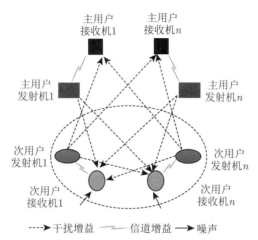

主用户
接收机1

主用户
接收机n

主用户
发射机1

主用户
发射机n

次用户
发射机1

次用户
发射机n

次用户
接收机1

次用户
接收机n

---▶ 干扰增益 ～～ 信道增益 ━▶ 噪声

图 6-1 下垫式频谱共享模式的蜂窝认知无线网络

其中，p_i 表示第 i 个次用户的发射功率；h_{ik} 表示第 i 个次用户到第 k 个主用户的信道增益；$\gamma_i = p_i g_{ii} / \left(\sum\limits_{j \neq i} p_j g_{ji} + n_i \right)$ 表示第 i 个次用户实际的信干噪比，$\sum\limits_{j \neq i} p_j g_{ji}$ 表示相邻用户的同频干扰，p_j 表示第 j 个次用户的发射功率，g_{ji} 表示第 j 个次用户到第 i 个次用户的信道增益，g_{ii} 表示链路 i 的直传信道增益，$n_i = \sum\limits_{k \in B} P_k G_{ki} + \sigma_i$ 表示噪声与干扰之和，G_{ki} 表示第 k 个主用户到第 i 个次用户的信道增益，P_k 表示第 k 个主用户的发射功率，σ_i 为第 i 个次用户的背景噪声；C_1 表示第 k 个主用户的最大干扰功率约束；C_2 表示第 i 个次用户的最小信干噪比约束。在此，假设次用户与主用户之间的信道增益和次用户之间的信道增益都存在不确定性，为了保证不确定性参数摄动情况下，能保障用户正常通信，式 (6.1) 可以转化为

$$\min_{p_i \in S} \sum_i p_i$$
$$\text{s.t. } \bar{C}_1 : \Pr \left\{ \sum_i p_i h_{ik} \leqslant I_k^{\text{th}} \right\} \geqslant \bar{\alpha}_k \tag{6.2}$$
$$\bar{C}_2 : \Pr \left\{ \gamma_i \geqslant \gamma_i^d \right\} \geqslant \bar{\beta}_i$$

其中，$\bar{\alpha}_k \in [0,1]$ 为提前设定的主用户服务概率（满足概率），表示约束条件 $\bar{C}_1$ 的满足程度，$\bar{\alpha}_k$ 设定的值越大，要求次用户对主用户的干扰越小，从约束条件 $\bar{C}_1$ 可知，只有信道参数 h_{ik} 的随机变化或不精确估计对次用户的发射功率的调节有影响；$\bar{\beta}_i \in [0,1]$ 为次用户的满足概率，表示实际信干噪比高于目标值 γ_i^d 的程度。

式 (6.2) 不易求解，需要将其转换为确定性的形式才有可能获得解析解。虽然伯恩斯坦近似方法被广泛地应用到认知无线电随机优化问题中，但是分布式算法和计算复杂度并没有很好地被考虑。

6.1.2 算法设计

由于远近效应会导致基于平均干扰温度约束的分布式资源分配算法对于每个次用户的 QoS 保护方面具有保守性，故考虑加权干扰温度约束，即

$$p_i h_{ik} \leqslant \omega_{ik} I_k^{\text{th}} \tag{6.3}$$

其中，$\omega_{ik} = d_{ik} / \sum_j d_{jk}$，表示加权因子，$d_{ik}$ 表示第 i 个次用户发射机到第 k 个主用户接收机之间的距离。可以看出，ω_{ik} 与用户之间的距离 d_{ik} 成正比。当活动用户 i 的信道环境较好时，ω_{ik} 应该较小，从而避免对主用户带来有害干扰；当活动用户 i 的信道环境较差时，ω_{ik} 应该较大，从而提高次用户的发射功率区间。

为了减小信道不确定性对系统的影响，保证主用户的性能，假设信道 h_{ik} 服从均值为 $\bar{h}_{ik}$ 的指数分布，结合约束 $\bar{C}_1$ 和式 (6.3) 可得

$$\Pr_{h_{ik} \sim \exp(\bar{h}_{ik})} \left(p_i h_{ik} \leqslant \omega_{ik} I_k^{\text{th}} \right) \geqslant \alpha_{ik} \tag{6.4}$$

从上式可得

$$\Pr_{h_{ik} \sim \exp(\bar{h}_{ik})} \left(p_i h_{ik} \leqslant \omega_{ik} I_k^{\text{th}} \right) = \Pr_{h_{ik} \sim \exp(\bar{h}_{ik})} \left(h_{ik} \leqslant \frac{\omega_{ik} I_k^{\text{th}}}{p_i} \right)$$

$$= \int_0^{\frac{\omega_{ik} I_k^{\text{th}}}{p_i}} \frac{1}{\bar{h}_{ik}} \exp\left(-\frac{h_{ik}}{\bar{h}_{ik}} \right) dh_{ik} = 1 - \exp\left(-\frac{\omega_{ik} I_k^{\text{th}}}{p_i \bar{h}_{ik}} \right) \tag{6.5}$$

结合式 (6.4) 和式 (6.5) 有

$$\ln\left(\frac{1}{1 - \alpha_{ik}} \right) p_i \bar{h}_{ik} \leqslant \omega_{ik} I_k^{\text{th}} \tag{6.6}$$

由于 $\ln\left(\dfrac{1}{1-x} \right)$ 是一个关于变量 x 的单调递增函数，故从式 (6.6) 可以发现次用户发射功率 p_i 随着 α_{ik} 的增大而减小，从而能很好地保护主用户通信。

同理，假设次用户信道之间存在不确定性，信道增益 $g_{ji}, \forall i, j$ 服从均值为 $\bar{g}_{ji}$ 的指数分布，则约束条件 $\bar{C}_2$ 通过一定的变换得到如下确定的形式：

$$\Pr_{g_{ji} \sim \exp(\bar{g}_{ji})} \left(\gamma_i \geqslant \gamma_i^d \right) = \prod_{j=1, j \neq i}^M \left(1 + \frac{p_j \bar{g}_{ji}}{p_i \bar{g}_{ii}} \gamma_i^d \right)^{-1} \exp\left(-\frac{\gamma_i^d n_i}{p_i \bar{g}_{ii}} \right) \tag{6.7}$$

将约束条件 $\bar{C}_2$ 和式 (6.7) 结合起来，得到如下等价的概率 SINR 约束：

$$\exp\left(-\frac{\gamma_i^d n_i}{p_i \bar{g}_{ii}} \right) \prod_{j=1, j \neq i}^M \left(1 + \frac{p_j \bar{g}_{ji} \gamma_i^d}{p_i \bar{g}_{ii}} \right)^{-1} \geqslant \bar{\beta}_i \tag{6.8}$$

对上式两边取自然对数，得

$$\ln \bar{\beta}_i^{-1} \geqslant \frac{\gamma_i^d n_i}{p_i \bar{g}_{ii}} + \sum_{j=1,j\neq i}^{M} \ln \left(1 + \frac{p_j \bar{g}_{ji} \gamma_i^d}{p_i \bar{g}_{ii}}\right) \tag{6.9}$$

因为在 $x > 0$ 时，$\log(1+x) \leqslant x$，所以有

$$\sum_{j=1,j\neq i}^{M} \ln \left(1 + \frac{p_j \bar{g}_{ji} \gamma_i^d}{p_i \bar{g}_{ii}}\right) \leqslant \sum_{j=1,j\neq i}^{M} \frac{p_j \bar{g}_{ji} \gamma_i^d}{p_i \bar{g}_{ii}} \tag{6.10}$$

有

$$\frac{\gamma_i^d n_i}{p_i \bar{g}_{ii}} + \sum_{j=1,j\neq i}^{M} \ln \left(1 + \frac{p_j \bar{g}_{ji} \gamma_i^d}{p_i \bar{g}_{ii}}\right) \leqslant \frac{\gamma_i^d n_i}{p_i \bar{g}_{ii}} + \sum_{j=1,j\neq i}^{M} \frac{p_j \bar{g}_{ji} \gamma_i^d}{p_i \bar{g}_{ii}} \tag{6.11}$$

根据 SINR 的定义有

$$\frac{\gamma_i^d n_i}{p_i \bar{g}_{ii}} + \sum_{j=1,j\neq i}^{M} \frac{p_j \bar{g}_{ji} \gamma_i^d}{p_i \bar{g}_{ii}} = \frac{\gamma_i^d}{p_i \bar{g}_{ii}} \left(n_i + \sum_{j=1,j\neq i}^{M} p_j \bar{g}_{ji}\right) = \frac{\gamma_i^d}{\bar{\gamma}_i} \tag{6.12}$$

结合式 (6.10) 和式 (6.12) 可以得

$$\frac{\gamma_i^d}{\bar{\gamma}_i} \leqslant \ln \frac{1}{\bar{\beta}_i} \tag{6.13}$$

其中，$\bar{\gamma}_i$ 表示第 i 个次用户接收机处 SINR 测量值（估计值）。为了次用户在信道摄动下的性能满足 $\gamma_i \geqslant \gamma_i^d$，有 $\ln \dfrac{1}{\bar{\beta}_i} \leqslant 1$ 或 $\bar{\beta}_i \geqslant 0.3679$。如果 $\bar{\beta}_i$ 值较大，则说明系统对次用户发射较大功率要求较高，来使得 γ_i 较多地超过阈值 γ_i^d。

根据确定性约束式 (6.7) 和式 (6.13)，随机优化问题 [式 (6.2)] 变为

$$\min_{p_i \in S} \sum_i p_i$$
$$\text{s.t.} \begin{cases} \bar{C}_1' : \hat{\alpha}_{ik} p_i \bar{h}_{ik} \leqslant \omega_{ik} I_k^{\text{th}} \\ \bar{C}_2' : \dfrac{\gamma_i^d}{\bar{\gamma}_i} \leqslant \hat{\beta}_i \end{cases} \tag{6.14}$$

其中，$\hat{\alpha}_{ik} = \ln \left(\dfrac{1}{1-\alpha_{ik}}\right)$；$\hat{\beta}_i = \ln \dfrac{1}{\bar{\beta}_i}$。

由于式 (6.14) 为凸优化问题，可以构建如下拉格朗日函数：

$$J\left(\{p_i\}, \{\tilde{\lambda}_{ik}\}, \{\tilde{\mu}_i\}\right) = \sum_i p_i + \sum_k \sum_i \tilde{\lambda}_{ik} \left(\hat{\alpha}_{ik} p_i \bar{h}_{ik} - \omega_{ik} I_k^{\text{th}}\right) + \sum_i \tilde{\mu}_i \left(\frac{\gamma_i^d}{\bar{\gamma}_i} - \hat{\beta}_i\right) \tag{6.15}$$

其中，$\tilde{\lambda}_{ik} \geqslant 0$ 和 $\tilde{\mu}_i \geqslant 0$ 分别为式 (6.14) 约束条件 $\bar{C}_1'$ 和 $\bar{C}_2'$ 对应的拉格朗日乘子。原优化问题的对偶函数为

$$\tilde{D}\left(\{\tilde{\lambda}_{ik}\}, \{\tilde{\mu}_i\}\right) = \min_{0 \leqslant p_i \leqslant p_i^{\max}} J\left(\{p_i\}, \{\tilde{\lambda}_{ik}\}, \{\tilde{\mu}_i\}\right)$$

$$= \sum_i \min_{0 \leqslant p_i \leqslant p_i^{\max}} J_i \left(p_i, \{\tilde{\lambda}_{ik}\}, \tilde{\mu}_i \right) - \sum_k \sum_i \tilde{\lambda}_{ik} \omega_{ik} I_k^{\mathrm{th}} - \sum_i \mu_i \hat{\beta}_i \quad (6.16)$$

其中，

$$J_i \left(p_i, \left\{ \tilde{\lambda}_{ik} \right\}, \tilde{\mu}_i \right) = p_i + \sum_k \tilde{\lambda}_{ik} \hat{\alpha}_{ik} p_i \bar{h}_{ik} + \frac{\tilde{\mu}_i \gamma_i^d}{\bar{\gamma}_i} \quad (6.17)$$

式 (6.16) 的对偶优化问题为

$$\max \ \tilde{D} \left(\{\tilde{\lambda}_{ik}\}, \{\tilde{\mu}_i\} \right)$$
$$\mathrm{s.t.} \quad \tilde{\lambda}_{ik} \geqslant 0, \ \tilde{\mu}_i \geqslant 0 \quad (6.18)$$

由于式 (6.17) 是关于变量 p_i 的凸函数，可以通过 KKT 条件求解，即 $\partial J_i(p_i, \{\tilde{\lambda}_{ik}\}, \tilde{\mu}_i)/\partial p_i = 0$，则最优功率为

$$p_i^{\mathrm{opt}} = \min \left(p_i^{\max}, \sqrt{\frac{\tilde{\mu}_i \gamma_i^d \bar{z}_i}{1 + \sum_k \tilde{\lambda}_{ik} \hat{\alpha}_{ik} \bar{h}_{ik}}} \right) \quad (6.19)$$

对偶变量可以通过如下算法更新获得

$$\tilde{\lambda}_{ik}(t+1) = \left[\tilde{\lambda}_{ik}(t) + \tilde{a}_1 \left(\hat{\alpha}_{ik} p_i \bar{h}_{ik} - \omega_{ik} I_k^{\mathrm{th}} \right) \right]^+ \quad (6.20)$$

$$\tilde{\mu}_i(t+1) = \left\{ \tilde{\mu}_i(t) + \tilde{a}_2 \left[\gamma_i^d / \bar{\gamma}_i(t) - \hat{\beta}_i \right] \right\}^+ \quad (6.21)$$

其中，$\tilde{a}_1$ 和 $\tilde{a}_2$ 是非负步长因子。为了提高功率控制算法的收敛速度，将采用基于遗忘因子的更新方式获得功率更新命令，即

$$p_i(t+1) = \min \left\{ p_i^{\max}, \max \left(0, (1 - \tilde{a}_3) p_i^{\mathrm{opt}}(t) + \tilde{a}_3 \sqrt{\frac{\tilde{\mu}_i \gamma_i^d \bar{z}_i}{1 + \sum_k \tilde{\lambda}_{ik} \hat{\alpha}_{ik} \bar{h}_{ik}}} \right) \right\} \quad (6.22)$$

其中，$\tilde{a}_3 \in (0,1)$ 为遗忘因子。通过对前一时刻的功率暂存来加快算法的收敛速度。

6.1.3　仿真分析

本节将通过与传统次梯度算法和梯度投影算法对比，验证所提算法的有效性。假设每个用户具有相同的满足概率，即 $\alpha = \alpha_{ik}, \forall i, k$ 和 $\beta = \bar{\beta}_i, \forall i$；次用户最大发射功率为 $p_i^{\max} = 1\mathrm{mW}$；信道增益估计值 $\bar{g}_{ii}$、$\bar{g}_{ji}$ 和 $\bar{h}_{ik}$ 分别服从 $(0,1)$、$(0,0.1)$ 和 $(0,1)$ 区间分布。

图 6-2 和图 6-3 分别描述了不同算法下发射功率和拉格朗日乘子的收敛特性。网络中有两个次用户和一个主用户，即 $M = 2$，$N = 1$。次用户的目标 $\mathrm{SINR} \gamma_i^d = [4,5]^{\mathrm{T}} \mathrm{dB}$，干扰温度阈值设置 $I_k^{\mathrm{th}} = 0.02\mathrm{mW}$，主用户和次用户的概率阈值分别为 $\alpha = 0.1$ 和 $\beta = 0.9$。从图 6-2 和图 6-3 可以看出，所提算法比传统次梯度算法和梯度投影算法收敛速度快。传统次梯度算法引入辅助变量将优化问题转换为几何规划求解，干扰温度中的耦合信道增益

迫使每个用户需要进行信息增益交换，另外，梯度投影算法需要测量其他用户的干扰和估计信道增益，这些因素会影响其收敛速度。

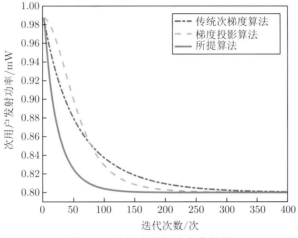

图 6-2　次用户发射功率收敛图

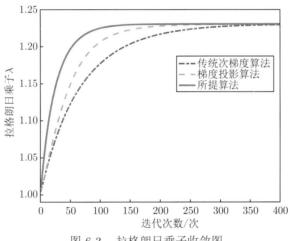

图 6-3　拉格朗日乘子收敛图

图 6-4 描述了在不同服务概率下次用户总功率消耗与目标 SINR 的关系，并对比了传统非鲁棒算法和最坏误差鲁棒算法。假设网络中有两个次用户，三个主用户，每个次用户具有相同的 QoS 需求，干扰温度阈值 $I_k^{\mathrm{th}} = 0.02\mathrm{mW}$，主用户的概率阈值 $\alpha = 0.8$。从图中可以看出，次用户总功率消耗随着目标 SINR 的增加而增大，这是因为在满足相同概率的条件下，次用户需要提高发射功率来满足更高的 SINR 需求；概率 β 越大，需要消耗的功率也就越多，这是因为 β 越高意味着允许次用户中断概率越小，为了避免不确定性对系统性能的影响，次用户通过提高发射功率来满足服务概率要求。另外，传统非鲁棒算法消耗的功率最小，这是因为传统非鲁棒算法假设系统参数精确已知，所以不需要克服不确定性的影响而增大功率消耗。

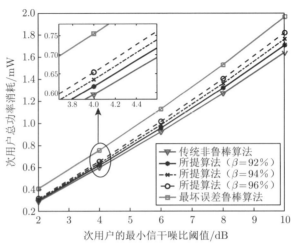

图 6-4　次用户总功率消耗与目标 SINR 的关系曲线

　　为了研究各种算法对主用户通信质量的影响程度，图 6-5 描述了主用户满足概率与目标 SINR 的变化关系。考虑单个主用户和次用户场景，干扰温度阈值设置为 0.006mW，主用户目标服务概率 α=75%。从图中可以看出，在低 SINR 区域，当主用户实际服务概率较高时，次用户低的发射功率对主用户通信影响很小，不能造成主用户通信中断，因此主用户服务概率是 100%，但当随着目标 SINR 的增加，次用户需要提高发射功率来满足通信需求，从而给主用户带来了更多的干扰，此时产生了一定的通信中断，还是在可容忍的范围内（<25%）。随着目标 SINR 进一步增大，次用户的发射功率受到干扰温度阈值的约束，使得无法进一步提高发射功率，因此对主用户的干扰停留在设定的目标值上。从不同算法性能角度上分析可以得到，最坏误差鲁棒算法对主用户的保护最好，拥有较高的服务概率；传统非鲁棒算法给主用户带来较多的干扰，从而降低了主用户的服务质量，增加主用户的中断概率。

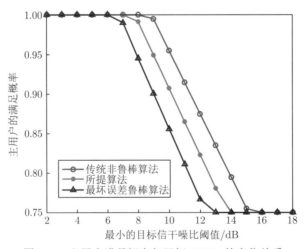

图 6-5　主用户满足概率与目标 SINR 的变化关系

6.2 基于未知 CSI 分布的认知无线电鲁棒功率控制算法

上一节介绍了认知网络鲁棒分布式功率控制算法,以期降低信令开销以及算法复杂度,同时,针对不同信道不确定性,提出一种基于概率约束的鲁棒资源分配算法。这种算法需要系统精确获得所有相关的重要参数以及信息,如信道不确定性的统计模型。然而,由于实际环境的复杂性以及多样性,信道不确定性的统计模型是很难获得的,若假设模型与实际模型不同,会使得模型失配,从而导致系统通信性能大打折扣。为此,本节针对未知 CSI 分布的认知网络研究了一种新型鲁棒功率控制算法。

当参数的不确定性不随机时,它是一个合理的选择,而概率方法通过引入中断概率来考虑参数的不确定性,它们通常比最坏情况下的方法更难且不那么保守。由于无线通信系统中估计误差和测量误差的随机性,概率方法更合适。不幸的是,具有概率不确定性模型的鲁棒性功率控制是非凸、难以求解的。为了解决这个问题,通常使用近似方法或扰动参数的特定分布信息的假设,将随机优化模型转化为确定性的模型,如 Fenton-Wikinson 近似,Bernstein 近似和高斯分布。大多数现有的概率约束下的方案是通过解决效用最大化问题得到的,这不能直接扩展到鲁棒发射功率最小化问题。此外,不确定性参数的完美分布信息在实际中也不容易获得。

从以上的分析结果可以知道,基于概率约束的认知无线电鲁棒资源分配方法是基于最坏准则鲁棒设计方法和非鲁棒设计方法的一种折中方法,能保证一定的鲁棒性能,并且不像基于最坏误差鲁棒设计方法那样保守。上述方法需要假设认知系统不确定参数的分布信息已知,然而实际通信环境的多样性和时变性,导致不确定参数的统计模型有可能不容易得到,或者所假设的统计模型与实际参数的分布情况并不吻合,这样会使得模型失配,系统性能受到影响。针对上述问题,本节将考虑更一般的情况,研究基于未知概率分布信息的认知无线电系统的鲁棒资源分配算法。考虑主用户和次用户的满足概率约束,研究多用户下垫式认知网络传输功率最小化问题;基于最小最大概率机,将鲁棒概率约束问题转换为二阶锥优化问题,并用内点法求解;假设不确定性参数的均值和方差未知,设计自适应估计方法估计其实际值。

6.2.1 系统模型

如图 6-6 所示,考虑下垫式频谱共享模式的蜂窝认知无线电网络,网络含有共享相同频谱的 N 对主用户和 M 对次用户。定义 $k \in A = \{1, \cdots, N\}$ 和 $i, j \in B = \{1, \cdots, M\}$ 分别为主用户和次用户数量集合,每个收发机配备有单天线。此外,每个次用户的最大发射功率由电池容量 $p_i^{\max}$ 限制。次网络对主用户的干扰不能超过干扰容忍阈值 I_k^{th}。

在概率 SINR 和干扰温度约束下,最小化次用户总功率消耗的资源分配问题可以描述为

$$
\begin{aligned}
\min_{p_i \in S} \quad & \sum_i p_i \\
\text{s.t.} \quad & C_1 : \Pr\left\{\sum_i p_i h_{ik} \leqslant I_k^{\text{th}}\right\} \geqslant \bar{\alpha}_k \\
& C_2 : \Pr\left\{\gamma_i \geqslant \gamma_i^d\right\} \geqslant \bar{\beta}_i
\end{aligned}
\tag{6.23}
$$

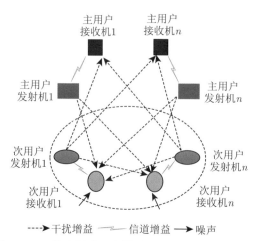

图 6-6　下垫式频谱共享模式的蜂窝认知无线电网络

其中，$p_i \in [0, p_i^{\max}]$ 表示第 i 个次用户的发射功率；h_{ik} 表示第 i 个次用户到第 k 个主用户的信道增益；$\gamma_i = p_i g_{ii} / \left(\sum_{j \neq i} p_j g_{ji} + n_i \right)$ 表示第 i 个次用户实际的信干噪比，$\sum_{j \neq i} p_j g_{ji}$ 表示相邻用户的同频干扰，p_j 表示第 j 个次用户的发射功率，g_{ji} 表示第 j 个次用户到第 i 个次用户的信道增益，g_{ii} 表示链路 i 的直传信道增益，$n_i = I_i + \sigma_i$ 表示噪声与干扰之和，I_i 表示主网络到第 i 个次用户的干扰，σ_i 表示第 i 个次用户的背景噪声；$\bar{\alpha}_k \in [0, 1)$ 表示第 k 个主用户中断概率上界；$\bar{\beta}_i \in [0, 1)$ 表示第 i 个次用户最大允许中断概率；C_1 表示第 k 个主用户的最大干扰功率约束；C_2 表示第 i 个次用户的最小信干噪比约束。假设信道增益 h_{ik} 和 g_{ji} 存在不确定性。考虑最小满足概率情况下，将式 (6.23) 描述为如下形式：

$$
\begin{aligned}
\min \quad & \sum_i p_i \\
\text{s.t. } \bar{C}_1 : \quad & \min_{\boldsymbol{h}_k \sim (\bar{\boldsymbol{h}}_k, \boldsymbol{\theta}_k)} \quad \Pr\left\{ \boldsymbol{h}_k^{\mathrm{T}} \boldsymbol{p} \leqslant I_k^{\mathrm{th}} \right\} \geqslant \breve{\alpha}_k \\
\bar{C}_2 : \quad & \min_{\tilde{\boldsymbol{g}}_i \sim (\bar{\boldsymbol{g}}_i, \boldsymbol{\rho}_i)} \quad \Pr\left\{ \tilde{\boldsymbol{g}}_i^{\mathrm{T}} \boldsymbol{p} \leqslant -n_i \gamma_i^d \right\} \geqslant \breve{\beta}_i
\end{aligned} \tag{6.24}
$$

其中，$\breve{\alpha}_k$ 和 $\breve{\beta}_i$ 为满足概率阈值；$\tilde{\boldsymbol{g}}_i = \left[\gamma_i^d g_{1i}, \cdots, -g_{ii}, \cdots, \gamma_i^d g_{Mi} \right]^{\mathrm{T}}$，其均值为 $\bar{\boldsymbol{g}}_i$，方差为 $\boldsymbol{\rho}_i$。上述处理方式可以保证在任意参数摄动下，都能使实际的满足概率不小于阈值，从而在最小化总发射功率的目标下，保证主用户和次用户的基本通信要求。显然从优化问题 [式 (6.24)] 可以看出，并不能利用已知的概率统计模型将优化问题转化为可以求解的形式，如高斯分布模型和指数分布模型，需要借用其他手段进行处理。

6.2.2　算法设计

本小节将利用 MPM 原理将式 (6.24) 的优化问题转换为一个凸优化问题来求解。定义主用户中断概率集合为 $\boldsymbol{\Theta} = \left\{ \boldsymbol{h}_k^{\mathrm{T}} \boldsymbol{p} \geqslant I_k^{\mathrm{th}} \right\}$，结合约束条件 $\bar{C}_1$ 有如下等价形式：

$$
\max_{\boldsymbol{h}_k \sim (\bar{\boldsymbol{h}}_k, \boldsymbol{\theta}_k)} \quad \Pr\left\{ \boldsymbol{h}_k \in \boldsymbol{\Theta} \right\} = \max_{\boldsymbol{h}_k \sim (\bar{\boldsymbol{h}}_k, \boldsymbol{\theta}_k)} \quad \Pr\left\{ \boldsymbol{h}_k^{\mathrm{T}} \boldsymbol{p} \geqslant I_k^{\mathrm{th}} \right\} \leqslant 1 - \breve{\alpha}_k \tag{6.25}
$$

基于 MPM 原理，上式左端最大中断概率满足：

$$\max_{\boldsymbol{h}_k \sim (\bar{\boldsymbol{h}}_k, \boldsymbol{\theta}_k)} \Pr\left\{\boldsymbol{h}_k^{\mathrm{T}} \boldsymbol{p} \geqslant I_k^{\mathrm{th}}\right\} = \frac{1}{1 + \Delta_k^2} \tag{6.26}$$

其中，不确定集合的半径 Δ_k 满足：

$$\begin{aligned} \Delta_k^* = \min \ & \left(\boldsymbol{h}_k - \bar{\boldsymbol{h}}_k\right)^{\mathrm{T}} \boldsymbol{\theta}_k^{-1} \left(\boldsymbol{h}_k - \bar{\boldsymbol{h}}_k\right) \\ \mathrm{s.t.} \ & \boldsymbol{h}_k^{\mathrm{T}} \boldsymbol{p} \geqslant I_k^{\mathrm{th}} \end{aligned} \tag{6.27}$$

其中，最优值 Δ_k^* 满足 $\Delta_k^* = \Delta_k^2$。

对凸优化问题 [式 (6.26)] 建立如下拉格朗日函数：

$$L(\boldsymbol{h}_k, \lambda^L) = \left(\boldsymbol{h}_k - \bar{\boldsymbol{h}}_k\right)^{\mathrm{T}} \boldsymbol{\theta}_k^{-1} \left(\boldsymbol{h}_k - \bar{\boldsymbol{h}}_k\right) + \lambda^L \left(I_k^{\mathrm{th}} - \boldsymbol{h}_k^{\mathrm{T}} \boldsymbol{p}\right) \tag{6.28}$$

其中，$\lambda^L \geqslant 0$ 为约束条件的拉格朗日乘子。对变量 $\boldsymbol{h}_k$ 和 λ^L 分别求偏导，并令偏导数为零，求得使目标函数最小的信道增益和拉格朗日乘子为

$$\boldsymbol{h}_k = \bar{\boldsymbol{h}}_k + \frac{\lambda^L}{2} \boldsymbol{\theta}_k \boldsymbol{p} \tag{6.29}$$

$$\lambda^L = \frac{2 \max\left(0, I_k^{\mathrm{th}} - \bar{\boldsymbol{h}}_k^{\mathrm{T}} \boldsymbol{p}\right)}{\boldsymbol{p}^{\mathrm{T}} \boldsymbol{\theta}_k \boldsymbol{p}} \tag{6.30}$$

获得不确定性半径的平方为

$$\Delta_k^2 = \frac{\left\{\max\left(0, I_k^{\mathrm{th}} - \bar{\boldsymbol{h}}_k^{\mathrm{T}} \boldsymbol{p}\right)\right\}^2}{\boldsymbol{p}^{\mathrm{T}} \boldsymbol{\theta}_k \boldsymbol{p}} \tag{6.31}$$

得到二阶锥约束条件：

$$\bar{\boldsymbol{h}}_k^{\mathrm{T}} \boldsymbol{p} + \kappa(\breve{\alpha}_k) \sqrt{\boldsymbol{p}^{\mathrm{T}} \boldsymbol{\theta}_k \boldsymbol{p}} \leqslant I_k^{\mathrm{th}} \tag{6.32}$$

其中，$\kappa(\breve{\alpha}_k) = \sqrt{\breve{\alpha}_k / (1 - \breve{\alpha}_k)}$ 为辅助变量。

同理，可以将约束条件 $\bar{C}_2$ 转换为如下形式：

$$\bar{\boldsymbol{g}}_i^{\mathrm{T}} \boldsymbol{p} + V(\breve{\beta}_i) \sqrt{\boldsymbol{p}^{\mathrm{T}} \boldsymbol{\rho}_i \boldsymbol{p}} \leqslant -\gamma_i^d n_i \tag{6.33}$$

其中，$V(\breve{\beta}_i) = \sqrt{\breve{\beta}_i / (1 - \breve{\beta}_i)}$ 为辅助变量。从而在已知均值和方差情况下，优化问题 [式 (6.24)] 转化为如下 SOCP 问题：

$$\begin{aligned} \min \ & \breve{\boldsymbol{c}}^{\mathrm{T}} \boldsymbol{p} \\ \mathrm{s.t.} \ \tilde{C}_1 : \ & \bar{\boldsymbol{h}}_k^{\mathrm{T}} \boldsymbol{p} + \kappa(\breve{\alpha}_k) \sqrt{\boldsymbol{p}^{\mathrm{T}} \boldsymbol{\theta}_k \boldsymbol{p}} \leqslant I_k^{\mathrm{th}} \\ \tilde{C}_2 : \ & \bar{\boldsymbol{g}}_i^{\mathrm{T}} \boldsymbol{p} + V(\breve{\beta}_i) \sqrt{\boldsymbol{p}^{\mathrm{T}} \boldsymbol{\rho}_i \boldsymbol{p}} \leqslant -\gamma_i^d n_i \end{aligned} \tag{6.34}$$

其中，$\breve{\boldsymbol{c}} = [1, \cdots, 1]^{\mathrm{T}}$。

由于式 (6.34) 的 SOCP 问题不容易获得解析解，因此需要采用标准的商业软件进行求解，如 SeDuMi。当式 (6.34) 中的摄动项为零，优化问题变为传统的非鲁棒优化问题。从辅助变量 $\kappa(\widetilde{\alpha}_k)$ 和 $V(\breve{\beta}_i)$ 的表达式可以看出，它们是关于自变量的单调递增函数。对于鲁棒干扰温度约束条件 $\tilde{C}_1$ 而言，当 $\widetilde{\alpha}_k$ 增大，将要求次用户减小功率，减少对主用户的干扰，提高对主用户的保护性能。由于 $\breve{\beta}_i$ 代表次用户的满足概率阈值，如果该值设置较大，需要次用户发射更多的功率来满足其概率约束要求。

信道均值和方差的真实值可能受到环境因素影响而无法准确得到，因此为了设计更加行之有效的方法，将研究自适应估计算法对真实的信道均值和方差进行估计（逼近）。如果假设次用户不能准确监测主用户链路的信道状态，主次用户间的信道 h_k 将不能获得准确的统计信息。假设真实的信道信息未知，其均值和方差的估计误差是有界量，如

$$\chi_k = \left\{ (\bar{h}_k, \theta_k) : \left(\bar{h}_k - \hat{h}_k\right)^{\mathrm{T}} \theta_k^{-1} \left(\bar{h}_k - \hat{h}_k\right) \leqslant \nu_k^2, \ \left\|\theta_k - \hat{\theta}_k\right\|_{\mathrm{F}} \leqslant \upsilon_k \right\} \tag{6.35}$$

其中，χ_k 表示有界不确定性集合；$\hat{h}_k$ 表示信道均值的估计值，是椭圆不确定性集合的中心。不确定性集合的形状和半径分别由 θ_k 和 ν_k 决定。θ_k 的不确定性用矩阵 F-范数表示。$\hat{\theta}_k$ 表示信道方差的估计值，是球形不确定性的中心，υ_k 表示半径。

根据式 (6.35) 的不确定性描述，考虑最坏的误差情景，约束条件 $\tilde{C}_1$ 可以分解为如下两个优化问题：

$$\begin{aligned} \max \ & \boldsymbol{h}_k^{\mathrm{T}} \boldsymbol{p} \\ \mathrm{s.t.} \ & \left(\bar{h}_k - \hat{h}_k\right)^{\mathrm{T}} \boldsymbol{\theta}_k^{-1} \left(\bar{h}_k - \hat{h}_k\right) \leqslant \nu_k^2 \end{aligned} \tag{6.36}$$

和

$$\begin{aligned} \max \ & \boldsymbol{p}^{\mathrm{T}} \boldsymbol{\theta}_k \boldsymbol{p} \\ \mathrm{s.t.} \ & \left\|\boldsymbol{\theta}_k - \hat{\boldsymbol{\theta}}_k\right\|_{\mathrm{F}} \leqslant \upsilon_k \end{aligned} \tag{6.37}$$

可以采用拉格朗日函数法，求解上述两个不同的优化问题。例如，为了求解式 (6.36)，构造如下拉格朗日函数：

$$L'(\bar{h}_k, \lambda_2^L) = -\boldsymbol{h}_k^{\mathrm{T}} \boldsymbol{p} + \lambda_2^L \left\{ \left(\bar{h}_k - \hat{h}_k\right)^{\mathrm{T}} \boldsymbol{\theta}_k^{-1} \left(\bar{h}_k - \hat{h}_k\right) - \nu_k^2 \right\} \tag{6.38}$$

通过求偏导的方法可以得

$$\begin{cases} \bar{h}_k = \hat{h}_k + \dfrac{1}{2\lambda_2^L} \boldsymbol{\theta}_k \boldsymbol{p} \\[2mm] \lambda_2^L = \dfrac{\sqrt{\boldsymbol{p}^{\mathrm{T}} \boldsymbol{\theta}_k \boldsymbol{p}}}{2\nu_k} \end{cases} \tag{6.39}$$

将式 (6.39) 代入式 (6.36) 得

$$\sup\left(\bar{h}_k^{\mathrm{T}} \boldsymbol{p}\right) = \hat{h}_k \boldsymbol{p} + \nu_k \sqrt{\boldsymbol{p}^{\mathrm{T}} \boldsymbol{\theta}_k \boldsymbol{p}} \tag{6.40}$$

从上式可看出，第一项为估计值，第二项除 $\boldsymbol{\theta}_k$ 外，其他都为确定项。结合 $\boldsymbol{\theta}_k$ 不确定性集合，可以将真实的信道方差描述为 $\boldsymbol{\theta}_k = \hat{\boldsymbol{\theta}}_k + \upsilon_k \Delta \boldsymbol{\theta}_k$，将优化问题 [式 (6.37)] 等价为

$$\begin{aligned} \max \quad & \boldsymbol{p}^{\mathrm{T}} \hat{\boldsymbol{\theta}}_k \boldsymbol{p} + \upsilon_k \boldsymbol{p}^{\mathrm{T}} \Delta \boldsymbol{\theta}_k \boldsymbol{p} \\ \text{s.t.} \quad & \|\Delta \theta_k\|_{\mathrm{F}} \leqslant 1 \end{aligned} \tag{6.41}$$

根据柯西-施瓦茨不等式得

$$\boldsymbol{p}^{\mathrm{T}} \Delta \boldsymbol{\theta}_k \boldsymbol{p} \leqslant \|\boldsymbol{p}\|_2 \|\Delta \boldsymbol{\theta}_k \boldsymbol{p}\|_2 \leqslant \|\boldsymbol{p}\|_2 \|\Delta \boldsymbol{\theta}_k\|_{\mathrm{F}} \|\boldsymbol{p}\|_2 \leqslant \|\boldsymbol{p}\|_2^2 = \boldsymbol{p}^{\mathrm{T}} \boldsymbol{p} \tag{6.42}$$

因此式 (6.41) 的上界为

$$\sup \left(\boldsymbol{p}^{\mathrm{T}} \hat{\boldsymbol{\theta}}_k \boldsymbol{p} + \upsilon_k \boldsymbol{p}^{\mathrm{T}} \Delta \boldsymbol{\theta}_k \boldsymbol{p} \right) = \boldsymbol{p}^{\mathrm{T}} \hat{\boldsymbol{\theta}}_k \boldsymbol{p} + \upsilon_k \boldsymbol{p}^{\mathrm{T}} \boldsymbol{p} \tag{6.43}$$

结合式 (6.40)、式 (6.43) 和约束条件 $\tilde{C}_1$，可以得到确定性约束：

$$\hat{\boldsymbol{h}}_k^{\mathrm{T}} \boldsymbol{p} + \left[\kappa(\breve{\alpha}_k) + \nu_k \right] \sqrt{\boldsymbol{p}^{\mathrm{T}} \hat{\boldsymbol{\theta}}_k \boldsymbol{p} + \upsilon_k \boldsymbol{p}^{\mathrm{T}} \boldsymbol{p}} \leqslant I_k^{\mathrm{th}} \tag{6.44}$$

假设次用户链路信道增益的真实均值和方差未知，考虑如下椭圆不确定性集合：

$$\Omega_i = \left\{ (\bar{\boldsymbol{g}}_i, \boldsymbol{\rho}_i) : (\bar{\boldsymbol{g}}_i - \hat{\boldsymbol{g}}_i)^{\mathrm{T}} \boldsymbol{\rho}_i^{-1} (\bar{\boldsymbol{g}}_i - \hat{\boldsymbol{g}}_i) \leqslant \tilde{\varsigma}_i^2, \|\boldsymbol{\rho}_i - \hat{\boldsymbol{\rho}}_i\|_{\mathrm{F}} \leqslant \tilde{\delta}_i \right\} \tag{6.45}$$

通过相同的处理方法，可以将约束条件 $\tilde{C}_2$ 转化为

$$\hat{\boldsymbol{g}}_i^{\mathrm{T}} \boldsymbol{p} + \left[V(\breve{\beta}_i) + \tilde{\varsigma}_i \right] \sqrt{\boldsymbol{p}^{\mathrm{T}} \hat{\boldsymbol{\rho}}_i \boldsymbol{p} + \tilde{\delta}_i \boldsymbol{p}^{\mathrm{T}} \boldsymbol{p}} \leqslant -\gamma_i^d n_i \tag{6.46}$$

最终，在考虑信道均值和方差误差的情况下，将优化问题式 (6.41) 转化为如下形式：

$$\begin{aligned} \min \quad & \breve{\boldsymbol{c}}^{\mathrm{T}} \boldsymbol{p} \\ \text{s.t.} \quad & \widehat{C}_1 : \hat{\boldsymbol{h}}_k^{\mathrm{T}} \boldsymbol{p} + \left[\kappa(\breve{\alpha}_k) + \nu_k \right] \sqrt{\boldsymbol{p}^{\mathrm{T}} \hat{\boldsymbol{\theta}}_k \boldsymbol{p} + \upsilon_k \boldsymbol{p}^{\mathrm{T}} \boldsymbol{p}} \leqslant I_k^{\mathrm{th}} \\ & \widehat{C}_2 : \hat{\boldsymbol{g}}_i^{\mathrm{T}} \boldsymbol{p} + \left[V(\breve{\beta}_i) + \tilde{\varsigma}_i \right] \sqrt{\boldsymbol{p}^{\mathrm{T}} \hat{\boldsymbol{\rho}}_i \boldsymbol{p} + \tilde{\delta}_i \boldsymbol{p}^{\mathrm{T}} \boldsymbol{p}} \leqslant -\gamma_i^d n_i \end{aligned} \tag{6.47}$$

6.2.3 仿真分析

本小节将验证所提算法的有效性。首先分析概率阈值和不确信性上界对系统性能的影响；然后通过与非鲁棒算法，最坏准则鲁棒算法以及高斯分布鲁棒算法对比来说明所提算法的优越性。

信道增益估计值 $\hat{h}_{ik}$ 和 $\hat{g}_{ji}$ 都是从区间 $(0,1)$ 中随机产生，信道估计误差的方差为 $\hat{\boldsymbol{\theta}}_k = \hat{\boldsymbol{\rho}}_i = \varepsilon^r \boldsymbol{I}$，椭圆不确定性集合上界为 $\nu = \nu_k \in (0, 0.1)$ 和 $\varsigma = \tilde{\varsigma}_i \in (0, 0.1)$，球域半径 $\upsilon^r = \upsilon_k \in (0, 0.01)$ 和 $\delta^r = \tilde{\delta}_i \in (0, 0.01)$，每个次用户的最大发射功率为 $p_i^{\max} = 1\text{mW}$，每个用户的满足概率 $\beta = \breve{\beta}_i$ 和 $\alpha^r = \breve{\alpha}_k$。

图 6-7 描述了不同不确定性集合上界 ς 下，次用户总发射功率随方差估计误差 δ^r 的变化关系。假设次用户 SINR 目标值 $\gamma_i^d = 5\text{dB}$，干扰温度阈值 $I_k^{\text{th}} = 0.01\text{mW}$，网络中有两对次用户，一对主用户，干扰与噪声之和 $n_i = 0.02\text{mW}$。从图中可以看出，在相同 ς 情况下，次用户总发射功率随次用户方差估计误差 δ^r 的增加而增大，δ^r 越大意味着对信道的实际值估计越不准确，系统中参数不确定性的程度增大。为了避免不确定性影响次用户接收机端的 SINR 质量，需要增加用户发射功率来维持 SINR 约束条件。在相同 δ^r 条件下，随着 ς 增大会使次用户的功率消耗随之增大，且在低方差不确定性情况下，信道不确定性对系统的影响较小。由此说明，如果次用户发射机端获得较多的信息，次用户需要消耗的能量越小，也就是说，功率的增加只抑制更大的不确定性，来保证次用户的 SINR 不低于目标值 γ_i^d。

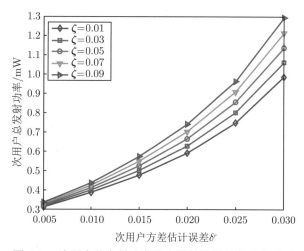

图 6-7　次用户总发射功率随方差估计误差的变化关系

为了保障主用户通信质量，图 6-8 描述了次用户目标 SINR 与主用户实际接收干扰之间的关系。干扰温度阈值设置为 $I_k^{\text{th}} = 0.01\text{mW}$，主用户和次用户之间信道不确定性 $\nu = 0.01$。

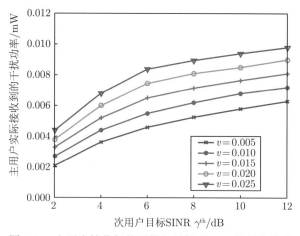

图 6-8　主用户接收机的干扰与目标 SINR 的变化关系

从图 6-8 可以发现，主用户接收机端实际接收到的干扰随着次用户目标 SINR 的增加而增大，这是因为次用户 SINR 需求越高，其发射功率就越大，在信道状态不变情况下，增加次用户发射功率会增加对主用户的干扰。另外，随着估计误差增加，主用户接收机干扰功率也增大。较小的方差不确定性会使得发射功率可行域扩大，使得次用户有机会使目标函数进一步减小（总发射功率最小），因此当次用户获得更多信道信息时，它们能有效地控制对主用户的干扰。

为了对比所提算法与传统算法的性能，定义已知信道均值和方差的鲁棒算法为所提算法（已知信道估计误差的均值和方差），定义未知信道均值和方差的自适应估计算法为所提算法（未知信道估计误差的均值和方差）。仿真结果如图 6-9 和图 6-10 所示。

图 6-9 描述了不同算法下，次用户总发射功率随次用户目标 SINR 的关系，其中主用户和次用户的满足概率为 90%。从图中可以看出，次用户总发射功率随目标 SINR 的增加而增大，这是由于需要满足基本的 QoS 需求，次用户会提高相应的发射功率来满足 SINR 约束。非鲁棒算法是基于完美信道状态提出的，消耗的能量最小；最坏准则鲁棒算法需消耗更多的能量来克服不确定性，消耗的能量最大；基于概率的鲁棒资源分配算法消耗的能量在上述两种方法之间。由于信道不确定性分布函数模型可能未知，基于高斯分布函数的鲁棒资源分配算法会使统计模型失效，因此，该算法相比所提出算法要知道的准确信息较少，次用户总功率消耗也大于所提算法。

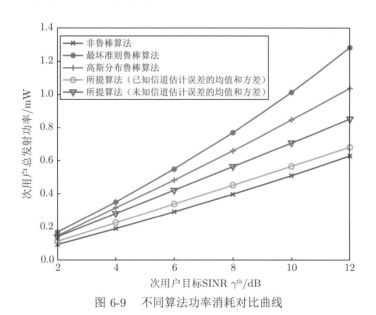

图 6-9 不同算法功率消耗对比曲线

图 6-10 描述了不同算法对主用户接收机的干扰影响。从图中看出，基于高斯分布的鲁棒算法中主用户受到的干扰最大，非鲁棒算法中主用户受到的干扰最小，这是因为信道越精确，鲁棒功率控制算法就能很好地控制对主用户的干扰。从所提算法（已知信道估计误差的均值和方差）与最坏准则鲁棒算法对比可以知道，最坏准则鲁棒算法对主用户的干扰较小，这是因为在严格的干扰约束下，次用户需要对主用户提供更多的保护，次用户不能进一步提高发射功率。

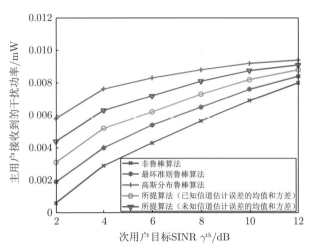

图 6-10　不同算法对主用户接收机的干扰影响

图 6-11 为不同算法下的可行域随估计误差的方差变化关系。其中，干扰温度阈值 $I_k^{\mathrm{th}} = 0.01\mathrm{mW}$，目标 SINR 为 $\gamma_i^d = 8\mathrm{dB}$，干扰噪声和 $n_i = 0.02\mathrm{mW}$。从图中可以看出，可行域比率（表示系统性能不破坏的程度）随着不确定性的增加而减小。信道估计误差的不确定性越大，意味着系统存的不确定性越多，会降低传输功率控制的可行性。因为发射功率不仅仅受到干扰温度约束的限制，同时受到设备最大发射功率的限制，约束上限都是常数，所以次用户发射机不能无限地提高发射功率来满足 SINR 约束要求，也不能无限地降低发射功率来对主用户进行保护。由于非鲁棒算法没有考虑参数不确定性的影响，当系统参数不精确程度增大时，会增加主用户和次用户的中断概率，故非鲁棒算法的可行性是最差的；由于最坏准则鲁棒算法考虑了最坏的不确定性，故次用户发射功率的范围受到限制，当不确定程度增大，会使系统无法承受该部分不确定性的影响；采用概率方法的鲁棒算法是从平均角度来考察系统性能，因此系统可以承受一定的中断概率事件。从三种不同的基于统计

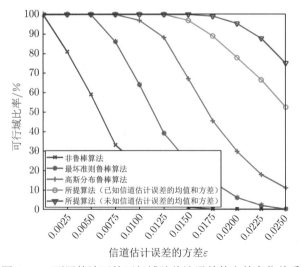

图 6-11　不同算法下的可行域随估计误差的方差变化关系

信息的鲁棒算法可以看出，基于高斯分布函数的鲁棒资源分配算法可行性相对较小，这是因为失配的统计模型会降低算法的实际可行性，中断概率约束又能给用户机会式传输提供更多的可能。

6.3 基于能效最大的 NOMA 认知网络鲁棒资源分配算法

NOMA 具有较高的频谱效率和系统容量等优点，是未来通信系统的关键接入技术之一。与现有正交多址接入技术不同，基于 NOMA 网络的多个用户可以利用相同的频谱资源实现大规模接入，并通过在接收端使用连续干扰消除（successive interference cancellation, SIC）获得不同类型的服务，因此 NOMA 可以有效地提高频谱效率以用于未来的通信，尤其是在稀有频谱场景和大规模用户访问场景中。此外，能效作为一种新性能指标，能够权衡系统总速率与总功耗之间的关系，因此以能效最大化为目标的资源分配算法对于 NOMA 认知网络具有重要意义。

考虑到现有工作大多数没有进一步研究 NOMA 认知网络子信道分配和鲁棒性分析，因此设计一种支持多用户的 NOMA 认知网络鲁棒资源分配算法是十分必要的。此外，能效也是提高用户数据速率、降低能耗的重要性能指标。本小节研究了在次基站最大发射功率约束、每个次用户和主用户的中断概率约束以及子信道分配约束下下行链路多用户 NOMA 认知网络的鲁棒总能效最大化问题；基于高斯 CSI 误差模型和有界 CSI 误差模型，给出了一种基于能效最大化的联合优化传输功率和子信道分配的资源分配问题；通过引入高斯信道估计误差模型和概率方法，利用连续凸逼近和变量松弛法将原问题转化为凸问题，采用拉格朗日对偶法和次梯度更新法求解，此外，还利用最坏情况方法分析了有界范数不确定性下的鲁棒资源分配问题，给出了计算复杂度和鲁棒性分析。所提算法具有较小的中断概率和更高的能效。

6.3.1 系统模型

考虑如图 6-12 所示的下行 NOMA 认知网络系统模型，该网络中包括一个主基站服

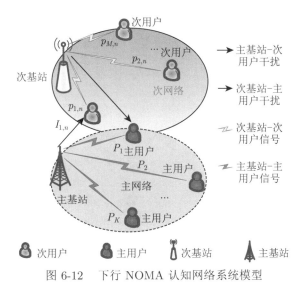

图 6-12 下行 NOMA 认知网络系统模型

务 K 个主用户和一个次基站服务 M 个次用户，次用户通过 NOMA 方式接入 N 个授权子信道，多个主用户通过频分多址接入与主基站进行通信。定义 $k \in \mathcal{K} = \{1, 2, \cdots, K\}$，$m \in \mathcal{M} = \{1, 2, \cdots, M\}$ 和 $n \in \mathcal{N} = \{1, 2, \cdots, N\}$。不失一般性，假设信道增益的顺序满足 $h_{1,n} \leqslant h_{2,n} \leqslant \cdots \leqslant h_{M,n}$。

基于完美 CSI，可以得到如下能效最大化资源分配问题：

$$
\max_{\{p_{m,n}, a_{m,n}\}} \frac{\sum\limits_n \sum\limits_m R_{m,n}}{\sum\limits_n \sum\limits_m a_{m,n} p_{m,n} + P_c}
$$

$$
\text{s.t.} \quad C_1 : \sum_n \sum_m a_{m,n} p_{m,n} g_{m,n,k} \leqslant I^{\text{th}}
$$

$$
C_2 : R_{m,n} \geqslant R_{m,n}^{\min} \tag{6.48}
$$

$$
C_3 : \sum_n \sum_m a_{m,n} p_{m,n} \leqslant P_{\text{SBS}}^{\max}
$$

$$
C_4 : \sum_n a_{m,n} = 1, \quad a_{m,n} \in \{0, 1\}
$$

其中，I^{th} 为主用户干扰温度阈值；$R_{m,n}$ 为次用户 m 在子信道 n 上的传输速率，$R_{m,n} = a_{m,n} \log_2(1 + r_{m,n})$，$r_{m,n}$ 为次用户 m 在子信道 n 上的信干噪比，$r_{m,n} = \dfrac{p_{m,n} h_{m,n}}{\sum\limits_{i=m+1}^{M} p_{i,n} h_{m,n} + N_{m,n}}$，

同时，主用户在子信道 n 上的干扰之和 $N_{m,n} = I_{m,n} + \sigma^2$，$I_{m,n}$ 为主基站经过子信道 n 到次用户 m 的干扰功率，$h_{m,n}$ 为次基站经过子信道 n 到次用户 m 的信道增益，σ^2 为背景噪声功率；$P_{\text{SBS}}^{\max}$ 为次基站最大发射功率；$a_{m,n}$ 为次用户 m 在子信道 n 上的子信道分配因子；$g_{m,n,k}$ 为次用户到主用户经过子信道 n 的信道增益；$p_{m,n}$ 为次基站经过子信道 n 分配给次用户 m 的功率；P_c 为次级网络电路总功耗；C_1 为干扰温度约束；C_2 保证了每个次用户的最小信干噪比；C_3 为次基站的物理约束；C_4 为子信道分配约束。当 $a_{m,n} = 1$ 时，表示子信道 n 分配给了次用户 m，否则，$a_{m,n} = 0$。优化问题 [式 (6.48)] 为不存在信道估计误差的非鲁棒优化问题。

6.3.2　算法设计

考虑信道不确定性，假设信道估计误差满足高斯 CSI 误差模型，有

$$
\mathcal{R}_h = \{h_{m,n} | \hat{h}_{m,n} + \Delta h_{m,n}, \Delta h_{m,n} \sim \mathcal{CN}(0, \sigma_{m,n}^2)\} \tag{6.49}
$$

$$
\mathcal{R}_g = \{g_{m,n,k} \mid \hat{g}_{m,n,k} + \Delta g_{m,n,k}, \Delta g_{m,n,k} \sim \mathcal{CN}(0, \sigma_{m,n,k}^2)\} \tag{6.50}
$$

其中，$\hat{h}_{m,n}$ 和 $\hat{g}_{m,n,k}$ 表示信道估计值，发射机可以通过信道估计算法和信道反馈得到；$\Delta h_{m,n}$ 和 $\Delta g_{m,n,k}$ 表示方差 $\sigma_{m,n}^2$ 和 $\sigma_{m,n,k}^2$ 的不确定估计项对应的估计误差。

对于时延容忍业务，主用户可以容忍一定的中断概率，从而为次用户提供更高的传输速率。在这种情况下，可以使用机会约束公式来保证主用户通信，因此主用户的鲁棒干扰

温度约束可以建模为

$$\Pr[I_k \geqslant I^{\text{th}}|\Delta g_{m,n,k} \in \mathcal{R}_g] \leqslant \sigma_k \tag{6.51}$$

其中，

$$I_k = \underbrace{\sum_n \sum_m a_{m,n} p_{m,n} \hat{g}_{m,n,k}}_{\text{标准值}} + \underbrace{\sum_n \sum_m a_{m,n} p_{m,n} \Delta g_{m,n,k}}_{\text{不确定性}} \tag{6.52}$$

$I_k^{\text{nom}} = \sum_n \sum_m a_{m,n} p_{m,n} \hat{g}_{m,n,k}$ 为名义干扰功率；σ_k 为主用户 k 的中断概率阈值。

每个次用户的中断概率为

$$\Pr[\bar{R}_{m,n} \leqslant R_{m,n}^{\min}|\Delta h_{m,n} \in \mathcal{R}_h] \leqslant \varepsilon_{m,n} \tag{6.53}$$

其中，$\varepsilon_{m,n}$ 为次用户 m 的中断概率阈值。

同时，包含信道估计误差的数据速率为

$$R_{m,n} = a_{m,n} \log_2 \left[1 + \frac{p_{m,n} h_{m,n}(\Delta h_{m,n})}{\displaystyle\sum_{i=m+1}^{M} p_{i,n} h_{m,n}(\Delta h_{m,n}) + N_{m,n}} \right] \tag{6.54}$$

由于式 (6.54) 无法直接分析实际速率 $R_{m,n}(h_{m,n})$ 和它的估计值 $R_{m,n}^N(\hat{h}_{m,n})$，故给出如下公式：

$$R_{m,n}^{\text{gap}} = R_{m,n} - R_{m,n}^N = \frac{a_{m,n}}{\ln 2} \frac{\Delta h_{m,n}(\bar{B}_{m,n} - \bar{A}_{m,n})}{(\hat{h}_{m,n} + \bar{A}_{m,n})(\hat{h}_{m,n} + \bar{B}_{m,n})} \tag{6.55}$$

其中，$\bar{A}_{m,n} = N_{m,n}/\left(\displaystyle\sum_{i=m}^{M} p_{i,n}\right)$，$\bar{B}_{m,n} = N_{m,n}/\left(\displaystyle\sum_{i=m+1}^{M} p_{i,n}\right)$。

将式 (6.51) 和式 (6.54) 代入式 (6.48)，具有中断概率约束的鲁棒能效最大化问题可表示为

$$\max_{\{p_{m,n}, a_{m,n}\}} \frac{\displaystyle\sum_n \sum_m R_{m,n}}{\displaystyle\sum_n \sum_m a_{m,n} p_{m,n} + P_c}$$

$$\text{s.t.} \quad C_3, C_4, \bar{C}_1 : \Pr[I_k \geqslant I_{\text{th}}|\Delta g_{m,n,k} \in \mathcal{R}_g] \leqslant \sigma_k \tag{6.56}$$

$$\bar{C}_2 : \Pr[R_{m,n} \leqslant R_{m,n}^{\min}|\Delta h_{m,n} \in \mathcal{R}_h] \leqslant \varepsilon_{m,n}$$

显然，式 (6.56) 的目标函数为非线性函数，且存在中断概率约束，整数子信道分配因子，难以直接求解，此外，信道估计误差使得式 (6.56) 为无限维优化问题，因此很难利用多项式时间算法求解最优值。

整数变量 $a_{m,n}$ 可以松弛为 $[0,1]$ 上的连续变量，即 $\tilde{p}_{m,n} = a_{m,n}p_{m,n}$。$R_{m,n} \triangleq \bar{R}_{m,n} = \log\left[1 + a_{m,n}p_{m,n}h_{m,n}/\left(\sum\limits_{i=m+1}^{M} a_{i,n}p_{i,n} + N_{m,n}\right)\right]$。$\bar{C}_1$ 可以写为

$$\Pr_{\Delta g_{m,n,k} \sim \mathcal{CN}(0,\sigma_{m,n,k}^2)}\left(\sum_n \sum_m \tilde{p}_{m,n}\Delta g_{m,n,k} \geqslant \bar{I}^{\text{th}}\right) \leqslant \sigma_k \tag{6.57}$$

其中，$\bar{I}^{\text{th}} = I^{\text{th}} - \sum\limits_n \sum\limits_m \tilde{p}_{m,n}\hat{g}_{m,n,k}$ 为不完美 CSI 下的干扰功率间隙。定义 $x_{m,n} = \tilde{p}_{m,n}\Delta g_{m,n,k}$，有

$$\Pr_{x_{m,n} \sim \mathcal{CN}[0,(\tilde{p}_{m,n}\sigma_{m,n,k})^2]}\left(\sum_n \sum_m x_{m,n} \geqslant \bar{I}^{\text{th}}\right) \leqslant \sigma_k \tag{6.58}$$

可以得

$$\sum_n \sum_m \tilde{p}_{m,n}\tilde{g}_{m,n,k} \leqslant I^{\text{th}} \tag{6.59}$$

其中，$\tilde{g}_{m,n,k} = \hat{g}_{m,n,k} + \sigma_{m,n,k}Q^{-1}(\sigma_k)$；$Q^{-1}(s)$ 表示 Q 函数的逆函数，随 s 单调递减。

同理，$\bar{C}_2$ 可以描述为

$$\tilde{R}_{m,n} \geqslant R_{m,n}^{\min} \tag{6.60}$$

其中，$\tilde{R}_{m,n} = \log_2(1 + \tilde{r}_{m,n})$，$\tilde{r}_{m,n} = \tilde{p}_m\tilde{h}/H_{m,n}$，$H_{m,n} = \sum\limits_{i=m+1}^{M} \tilde{p}_{i,n}\tilde{h}_{m,n} + N_{m,n}$，$\tilde{h}_{m,n} = \hat{h}_{m,n} + \sigma_{m,n}Q^{-1}(1 - \varepsilon_{m,n})$。

基于 C_3、式 (6.59) 和式 (6.60)，非完美高斯 CSI 误差模型下的鲁棒可行域为

$$\Omega_r^{\boldsymbol{G}} \in \begin{cases} \boldsymbol{p}^r \leqslant P_{\text{SBS}}^{\max} \\ \boldsymbol{p}^r \preceq \boldsymbol{G}^{-1}I^{\text{th}} \\ \boldsymbol{p}^r \succeq \boldsymbol{A} \end{cases} \tag{6.61}$$

其中，$\boldsymbol{p}^r = \boldsymbol{ap}$，$\boldsymbol{a} = [a_{m,n}] \in \mathbb{R}^{M \times 1}$ 表示子信道分配向量；$\boldsymbol{G} = \boldsymbol{ag}$，$\boldsymbol{g} = \text{diag}[g_{m,n,k}] \in \mathbb{R}^{M \times M}$ 表示信道增益；$\boldsymbol{A} = \left[\dfrac{A_{m,n}H_{m,n}}{\tilde{h}_{m,n}}\right] \in \mathbb{R}^{M \times 1}$，$A_{m,n} = 2^{R_{m,n}^{\min}} - 1$。根据式 (6.61)，最优功率满足 $\boldsymbol{p}^{r,*} = \max[\boldsymbol{A}, \min(P_{\text{SBS}}^{\max}, \boldsymbol{G}^{-1}I^{\text{th}})]$，否则，式 (6.56) 没有可行解。

将式 (6.56) 和式 (6.59)~ 式 (6.60) 结合，可以得到确定性优化问题：

$$\max_{\boldsymbol{p} \in \Omega_r^{\boldsymbol{G}}} \frac{\sum\limits_n \sum\limits_m \tilde{R}_{m,n}}{\sum\limits_n \sum\limits_m \tilde{p}_{m,n} + P_c}$$

$$\text{s.t.} \quad \tilde{C}_1 : \sum_n \sum_m \tilde{p}_{m,n} \tilde{g}_{m,n,k} \leqslant I^{\text{th}}$$

$$\tilde{C}_2 : \tilde{R}_{m,n} \geqslant R_{m,n}^{\min} \tag{6.62}$$

$$\tilde{C}_3 : \sum_n \sum_m \tilde{p}_{m,n} \leqslant P_{\text{SBS}}^{\max}$$

$$\tilde{C}_4 : \sum_n a_{m,n} \leqslant 1$$

式 (6.62) 由于存在非线性目标函数, 仍然难以直接求解。每个次用户的能效可以定义为

$$f(\tilde{p}_{m,n}) = \log_2(1 + \tilde{p}_{m,n} \bar{H}_{m,n}) / \tilde{p}_{m,n} \tag{6.63}$$

其中, $\bar{H}_{m,n} = \tilde{h}_{m,n} / \left(\tilde{h}_{m,n} \sum\limits_{i=m+1}^{M} \tilde{p}_{i,n} + N_{m,n} \right)$。有如下定理成立。

定理 6.1: 对于所有的 $\bar{H}_{m,n}$, 有

$$f(\tilde{p}_{m,n}) = \begin{cases} \uparrow, & \tilde{p}_{m,n} \geqslant \dfrac{1}{\bar{H}_{m,n}} \\[3mm] \downarrow, & \tilde{p}_{m,n} < \dfrac{1}{\bar{H}_{m,n}} \end{cases} \tag{6.64}$$

定义 $\tilde{p}_{m,n}^*$ 和 θ^* 为最优功率和最大能效, 基于丁克尔巴赫 (Dinkelbach) 方法, 有

$$\theta^* = \frac{\sum\limits_n \sum\limits_m \tilde{R}_{m,n} \tilde{p}_{m,n}^*}{\sum\limits_n \sum\limits_m \tilde{p}_{m,n}^* + P_c} \tag{6.65}$$

显然, θ^* 为非负参数, 同时有如下定理成立。

定理 6.2: 对于任意 $\sum\limits_n \sum\limits_m \tilde{R}_{m,n} \geqslant 0$ 和 $\sum\limits_n \sum\limits_m \tilde{p}_{m,c}^+ P_c > 0$, 当且仅当式 (6.66) 成立时能得到最大能效 θ^*。

$$\max_{\tilde{p}_{m,n}} \sum_n \sum_m \tilde{R}_{m,n}(\tilde{p}_{m,n}) - \theta^* \left(\sum_n \sum_m \tilde{p}_{m,n} + P_c \right)$$

$$= \sum_n \sum_m \tilde{R}_{m,n}(\tilde{p}_{m,n}^*) - \theta^* \left(\sum_n \sum_m \tilde{p}_{m,n}^* + P_c \right) = 0 \tag{6.66}$$

于是, 可以得到如下等价非分式形式优化问题:

$$\max_{\tilde{p}_{m,n}, a_{m,n}} \sum_n \sum_m \tilde{R}_{m,n}(\tilde{p}_{m,n}) - \theta \left(\sum_n \sum_m \tilde{p}_{m,n}^+ P_c \right) \tag{6.67}$$

$$\text{s.t.} \quad \tilde{C}_1 - \tilde{C}_4$$

由于 $\tilde{R}_{m,n}$ 中的耦合发射功率，式 (6.67) 仍然是非凸的，因此很难获得最优解。需要引入一种近似方法，即 $\log(1+r) \geqslant \log(r)(r \gg 1)$，有 $\tilde{R}_{m,n} \approx \log_2 \tilde{r}_{m,n}$，通过对数变换 $\tilde{p} = \mathrm{e}^{x_{m,n}}$ 和 $q_{m,n} = \mathrm{e}^{y_{m,n}}$，得

$$\max_{x_{m,n}, y_{m,n}} \sum_n \sum_m \log_2(\mathrm{e}^{x_{m,n}} - \mathrm{e}^{y_{m,n}}) - \theta \left(\sum_n \sum_m \mathrm{e}^{x_{m,n}} + P_c \right)$$

$$\text{s.t.} \quad \tilde{C}_4, C_{11} : \tilde{I}_{m,n} \leqslant \mathrm{e}^{y_{m,n}}$$

$$C_{12} : \sum_n \sum_m \mathrm{e}^{x_{m,n}} \tilde{g}_{m,n,k} \leqslant I^{\mathrm{th}} \tag{6.68}$$

$$C_{13} : \sum_n \sum_m \mathrm{e}^{x_{m,n}} \leqslant P_{\mathrm{SBS}}^{\max}$$

$$C_{14} : \log_2(\mathrm{e}^{x_{m,n}} - \mathrm{e}^{y_{m,n}}) \geqslant R_{m,n}^{\min}$$

其中，$\tilde{I}_{m,n} = \left(\sum_{i=m+1}^{M} \mathrm{e}^{x_{i,n}} \tilde{h}_{m,n} + N_{m,n} \right) / \tilde{h}_{m,n}$，问题 [式 (6.68)] 为凸优化问题，拉格朗日函数可以写为

$$L(x_{m,n}, y_{m,n}, \lambda, \beta, \beta_m, \alpha_{m,n})$$

$$= \sum_n \sum_m \log_2(\mathrm{e}^{x_{m,n}} - \mathrm{e}^{y_{m,n}}) - \theta \left(\sum_n \sum_m \mathrm{e}^{x_{m,n}} + P_c \right)$$

$$+ \sum_n \sum_m \lambda_{m,n} \left(\sum_n \sum_m \mathrm{e}^{y_{m,n}} - \tilde{I}_{m,n} \right) + \sum_m \beta_m \left(1 - \sum_n a_{m,n} \right) \tag{6.69}$$

$$+ \lambda \left(I^{\mathrm{th}} - \sum_n \sum_m \mathrm{e}^{x_{m,n}} \tilde{g}_{m,n,k} \right) + \beta \left(P_{\mathrm{SBS}}^{\max} - \sum_n \sum_m \mathrm{e}^{x_{m,n}} \right)$$

$$+ \sum_n \sum_m \alpha_{m,n} [\log_2(\mathrm{e}^{x_{m,n}-y_{m,n}}) - R_{m,n}^{\min}]$$

于是，根据对偶理论，可以得到最优功率为

$$p_{m,n} = \left[\frac{1 + \alpha_{m,n}}{\ln 2(\theta + \beta + \lambda \tilde{g}_{m,n,k})} \right]^+ \tag{6.70}$$

子信道 n 将会分配给具有最大的 $\bar{L}_{m,n}$ 的次用户 m，其中，$\bar{L}_{m,n} = p_{m,n} \left[\dfrac{B(1 + \alpha_{m,n})}{\ln 2} - (\beta + \theta + \lambda \tilde{g}_{m,n,k}) \right]$，

$$a_{m^*,n} = 1 | m^* = \max_m \bar{L}_{m,n}, \quad \forall m, n \tag{6.71}$$

还可以根据最坏准则（worst-case）方法对不确定性进行建模。在该模型中，不确定参

数为一个有界的不确定性集合，具体来说，从次基站到主用户的信道不确定性可以建模为

$$\mathcal{G} = \left\{ \boldsymbol{g}_{n,k} = \hat{\boldsymbol{g}}_{n,k} + \Delta \boldsymbol{g}_{n,k} : \sum_m |\Delta g_{m,n,k}|^2 \leqslant \varepsilon_{n,k}^2 \right\} \tag{6.72}$$

其中，$\hat{\boldsymbol{g}}_{n,k} = [\hat{g}_{1,n,k}, \hat{g}_{2,n,k}, \cdots, \hat{g}_{M,n,k}]^{\mathrm{T}}$ 表示信道估计向量；$\varepsilon_{n,k}$ 表示第 k 个主用户在子信道 n 上的信道不确定和的上界。

同样的，与次用户链路相关的信道不确定性建模为

$$\mathcal{H} = \{ h_{m,n} = \hat{h}_{m,n} + \Delta h_{m,n}, |\Delta h_{m,n}| \leqslant \varepsilon_{m,n} \} \tag{6.73}$$

其中，$\varepsilon_{m,n}$ 为估计误差 $\Delta h_{m,n}$ 的上界。

有界不确定性的干扰温度约束可以表示为

$$\sum_n \boldsymbol{p}_n \boldsymbol{g}_{n,k} + \max_{\Delta \boldsymbol{g}_{n,k} \in \mathcal{G}} \sum_n \boldsymbol{p}_n (\boldsymbol{g}_{n,k} - \hat{\boldsymbol{g}}_{n,k}) \leqslant I^{\mathrm{th}} \tag{6.74}$$

其中，$\boldsymbol{p}_n = [\tilde{p}_{1,n}, \tilde{p}_{2,n}, \cdots, \tilde{p}_{M,n}]$。

于是，基于最坏准则及 $\|\boldsymbol{x}\boldsymbol{y}\| \leqslant \|\boldsymbol{x}\| \|\boldsymbol{y}\|$，可以得

$$\max_{\Delta \boldsymbol{g}_{n,k} \in \mathcal{G}} \sum_n \boldsymbol{p}_n (\boldsymbol{g}_{n,k} - \hat{\boldsymbol{g}}_{n,k})$$

$$= \max_{\Delta \boldsymbol{g}_{n,k} \in \mathcal{G}} \sum_n \boldsymbol{p}_n \Delta \boldsymbol{g}_{n,k} \leqslant \sum_n \left(\varepsilon_{n,k} \sum_m \sqrt{\tilde{p}_{m,n}^2} \right) = \sum_n \sum_m \tilde{p}_{m,n} \varepsilon_{n,k} \tag{6.75}$$

进一步，可以得到如下确定性约束：

$$\sum_n \sum_m \tilde{p}_{m,n} (\hat{g}_{m,n,k} + \varepsilon_{n,k}) \leqslant I^{\mathrm{th}} \tag{6.76}$$

从式 (6.76) 中可以看出，可达到的最大发射功率受 $\varepsilon_{n,k}$ 的影响，这决定于共享子信道 n 的次用户的数量。

此外，每个次用户的最小速率满足：

$$\min_{\Delta h_{m,n} \in \mathcal{H}} \log_2 \left[1 + \frac{\tilde{p}_{m,n} h_{m,n}}{\sum\limits_{i=m+1}^{M} \tilde{p}_{m,n} h_{m,n} + N_{m,n}} \right] \geqslant R_{m,n}^{\min} \tag{6.77}$$

因此有

$$\min_{\Delta h_{m,n} \in \mathcal{H}} \log_2 \left[1 + \frac{\tilde{p}_{m,n} h_{m,n}}{\sum\limits_{i=m+1}^{M} \tilde{p}_{m,n} h_{m,n} + N_{m,n}} \right]$$

$$
= \log_2 \left(1 + \frac{\min\limits_{\Delta h_{m,n} \in \mathcal{H}} (\tilde{p}_{m,n} h_{m,n})}{\max\limits_{\Delta h_{m,n} \in \mathcal{H}} \left\{ \sum\limits_{i=m+1}^{M} \tilde{p}_{m,n} h_{m,n} + N_{m,n} \right\}} \right) \tag{6.78}
$$

$$
= \log_2 \left[1 + \frac{\tilde{p}_{m,n}(\hat{h}_{m,n} - \varepsilon_{m,n})}{\sum\limits_{i=m+1}^{M} \tilde{p}_{m,n}(\hat{h}_{m,n} - \varepsilon_{m,n}) + N_{m,n}} \right]
$$

结合式 (6.77) 和式 (6.78)，可以得

$$
\tilde{p}_{m,n} \geqslant \frac{A_{m,n} \tilde{B}_{m,n}}{\hat{h}_{m,n} - \varepsilon_{m,n}} \tag{6.79}
$$

其中，$\tilde{B}_{m,n} = \sum\limits_{i=m+1}^{M} \tilde{p}_{m,n}(\hat{h}_{m,n} - \varepsilon_{m,n}) + N_{m,n}$。

可以得到发射功率的可行域，包含有界不确定性的鲁棒资源分配问题可以写为

$$
\max \frac{\sum\limits_{n} \sum\limits_{m} \tilde{R}_{m,n}}{\sum\limits_{n} \sum\limits_{m} \tilde{p}_{m,n} + P_c}
$$

$$
\text{s.t. } \tilde{C}_3, \tilde{C}_4, \widehat{C}_1 : \sum\limits_{n} \sum\limits_{m} \tilde{p}_{m,n}(\hat{g}_{m,n,k} + \varepsilon_{n,k}) \leqslant I^{\text{th}} \tag{6.80}
$$

$$
\widehat{C}_2 : \tilde{p}_{m,n} \geqslant \frac{A_{m,n} \tilde{B}_{m,n}}{\hat{h}_{m,n} - \varepsilon_{m,n}}
$$

式 (6.72) 中可以看出，方差 $\sigma_{m,n,k}^2$ 呈现了 $\hat{g}_{m,n,k}$ 与真实值 $g_{m,n,k}$ 的偏差大小，因此我们可以分析高斯 CSI 误差模型和有界最坏情况误差模型之间最大发射功率的性能差距。具体来说，根据式 (6.67) 和式 (6.71)，最大发射功率的差值由 $\sigma_{m,n,k}^2 Q^{-1}(\sigma_k)$ 和 $\varepsilon_{n,k}$ 决定。由于 $\varepsilon_{n,k}$ 是次用户的链路估计误差之和的上界。一方面，在最坏情况误差模型下，信道不确定性对每个次用户的影响近似为 $\sigma_{m,n,k}^W = \varepsilon_{n,k}/M$；另一方面，在高斯误差模型下，不确定性的影响为 $\sigma_{m,n,k}^G = \sigma_{m,n,k} Q^{-1}(\sigma_k)$。值得注意的是，实际值的 $\varepsilon_{n,k}$ 小于 0.1。在实际系统中，如果信道误差太大，所设计的鲁棒算法将是无效的。设计一个鲁棒资源分配算法来克服不确定性的影响是十分有必要的。此外，由于随机误差模型允许一定的中断概率，高斯误差模型下的最大发射功率比最坏情况误差模型下的要大。

此外，为了深入了解信道不确定性对用户速率的影响，分析了 $\tilde{C}_2$ 和 $\widehat{C}_2$ 之间的关系，得到了以下定理。

定理 6.3：如果 $\tilde{p}_{\min}^{\text{prob}}$ 和 $\tilde{p}_{\min}^{\text{worst}}$ 分别为高斯误差模型和最坏情况误差模型下的最小传输功率，有

$$\tilde{p}_{\min}^{\text{worst}} \geqslant \tilde{p}_{\min}^{\text{prob}} \tag{6.81}$$

证明见附录 3。

式 (6.81) 中可以看出，在最坏情况的不确定性模型下，每个次用户所需的发射功率大于高斯误差模型下的要求，以保证次用户的最小数据速率要求，其原因是在最坏情况下每条链路都有最大的信道估计误差，而这在实际情况中并不总是存在。因为这是一种保证鲁棒性的保守方法，在这种情况下不会产生中断，所以这种情况下的资源分配算法允许次基站为每个次用户分配更多的传输功率以获得良好的数据速率，另外，在高斯误差模型下，允许有一定的中断概率，因此每个接收器的数据速率可能低于速率阈值。

6.3.3 仿真分析

在本小节中，将通过与现有算法的比较来评估所提算法的性能。不失一般性，归一化信道增益服从区间 (0,1) 的高斯分布。多个次用户随机分布在主用户周围。其他仿真参数：$M = 6$，$K = 2$，$N = 128$，$\sigma^2 = 10^{-8}\text{mW}$，$P_c = 10^{-3}\text{mW}$，$P^{\max} = 1\text{W}$，$I^{\text{th}} = 0.0015\text{mW}$，$R_{m,n}^{\min} = 1(\text{bit/s})/\text{Hz}$，$\hat{h}_{m,n} \in [0,1]$，$\hat{g}_{m,n}^k \in [0,1]$，$\sigma_m \in [0,0.1]$，$\sigma_{m,n} \in [0,0.01]$，$\sigma_k, \varepsilon_{m,n} \in [0,1]$。

图 6-13 给出了在不同信道估计误差的方差下，次用户总能效随主用户中断概率阈值的变化情况。可以看出可达到的能效随 σ_k 的增加而增加，这是因为更大的中断概率意味着主用户可以承受更多来自次用户的干扰功率，次用户通过提高发射功率来提高数据速率。此外，在相同的中断概率阈值下，信道不确定性 ($\sigma_{m,n}$) 较大的次用户的能效大于信道不确定性较小的次用户。为了保证用户服务质量，次基站需要分配更多的发射功率到次用户来克服信道不确定性带来的影响，同时，越大的 $\sigma_{m,n}$ 意味着估计信道增益越不准确，限制最大发射功率的大小，可以给主用户更多的保护。

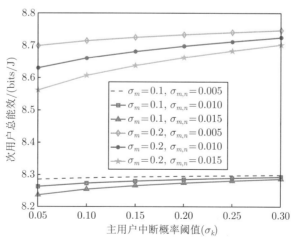

图 6-13　主用户中断概率对能效的影响

图 6-14 给出了能效随次用户到主用户信道不确定性的变化曲线。可以看出，随着 $\sigma_{m,n,k}$

的增加，系统能效减少，这是因为更大的 $\sigma_{m,n,k}$ 意味着估计信道增益与真实值差距越大，次网络想要克服不确定性对主用户的影响，需要降低次基站的发射功率。σ_k 越大意味着主用户可以容忍更多的有害干扰，因此 σ_k 越大，次网络的能效越大。

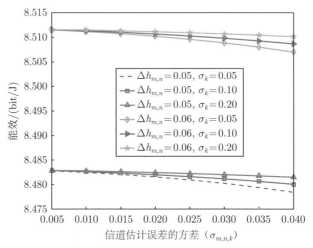

图 6-14　次用户随主用户信道不确定性的变化曲线

图 6-15 给出了在不同的数据率阈值下含有信道不确定性的次用户链路所需要的发射功率。从图中可以看出，最小发射功率随着 $\sigma_{m,n}$ 的增加而增加，其原因是越大的 $\sigma_{m,n}$ 意味着次用户的链路存在更多的信道不确定性，因此它需要更多的发射功率来保持每个次用户的 QoS 以避免出现较大的中断概率，而中断概率会降低次用户的通信质量。对于固定的 $\sigma_{m,n}$，因为需要更多的发射功率来满足每个次用户的 QoS，因此较大的 $R_{m,n}^{\min}$ 比较小的 $R_{m,n}^{\min}$ 所需要的最小发射功率大得多。此外，在最坏情况模型下的资源分配方案不能允许任何中断。

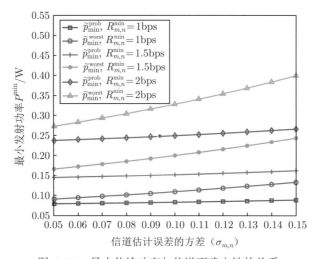

图 6-15　最小传输功率与信道不确定性的关系

图 6-16 给出了不同方案下主用户的实际中断概率与估计误差上界的关系。很明显，主用户的实际中断概率随着信道估计误差（即 $\Delta g_{m,n,k}$）的增加而增加，因为当信道估计值偏离真实信道值时，性能下降是无法避免的。当提前考虑到信道的不确定性时，两种鲁棒算法下的主用户的中断概率远低于非鲁棒算法，这是因为在所提算法下的 NOMA 网络可以通过调整传输功率进一步提高谱效和能效，从而使主用户的实际中断概率略高于基于 OFDMA 的鲁棒算法。基于 OFDMA 的非鲁棒算法的中断概率是最大的，这是因为没有考虑干扰温度约束。

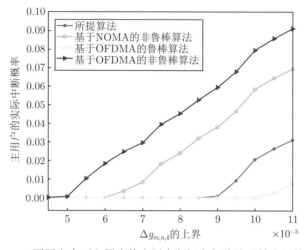

图 6-16 不同方案下主用户的实际中断概率与估计误差上界的关系

图 6-17 给出了不同算法下，主用户的实际中断概率与次用户最小速率阈值的关系曲线，可以看出，主用户的实际中断概率随着次用户最小速率阈值的增加而增加，这是因为次基站允许分配给次用户更大的发射功率，主用户将会收到来自次网络更多的干扰功率。所提算法由于目标中断概率的约束，可以保证中断概率不超过阈值。

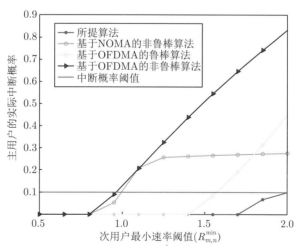

图 6-17 主用户的实际中断概率与次用户最小速率阈值 $R_{m,n}^{\min}$ 的关系

　　图 6-18 给出了不同算法下，次用户和速率与次基站最大发射功率的关系。次用户和速率随着次基站最大发射功率的增加而增加，因为当次基站最大发射功率增大，增大了发射功率的可行上界。此外，所提算法的能效低于基于 NOMA 的非鲁棒算法，因为鲁棒算法为了提高鲁棒性，以较低的能效为代价为用户提供更好的保护。

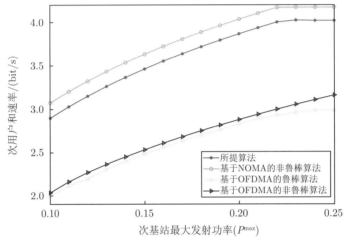

图 6-18　次用户和速率与次基站最大发射功率的关系

　　图 6-19 显示了在两个次用户的情况下，次用户总能效与不同信道不确定性之间的关系。从图中可以看出，与基于 OFDMA 的算法相比，基于 NOMA 的算法的总能效明显改善。此外，不同算法下的总能效随着 $\Delta h_{m,n}$ 的增加而改善。为了保护用户的 QoS，次基站给次用户分配更多的传输功率，以抑制信道不确定性的影响。

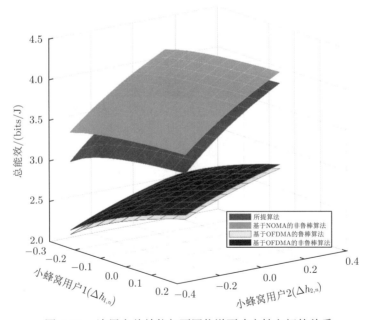

图 6-19　次用户总效能与不同信道不确定性之间的关系

6.4 本章小结

6.1 节解决了参数不确定性下，多次用户和多主用户的下垫式认知无线网络的鲁棒发射功率最小化问题；在问题中引入主用户的概率约束和次用户的概率 SINR 约束以保证主用户和次用户服务质量；在随机信道增益的指数分布下，鲁棒功率控制问题被转化为一个凸优化问题，通过拉格朗日对偶方法得到解析解。仿真结果表明，所提算法性能优于最坏误差鲁棒算法和传统非鲁棒算法。

针对传统鲁棒优化算法过于保守的问题，6.2 节提出了基于概率约束的认知无线电资源分配算法。首先，在假设已知概率分布函数下，提出了一种分布式鲁棒资源分配算法，以实现次用户总发射功率消耗最小化，通过一定的积分变换，将原非凸优化问题转换为凸优化问题，并采用拉格朗日对偶函数求解，仿真结果表明所提算法消耗的能量较少，且鲁棒性优于非鲁棒算法。进一步，针对在实际环境中未知概率分布的情况下，基于最小最大概率机制，提出了一种未知概率分布的鲁棒资源分配算法，并设计了一种自适应算法来估计实际信道的均值和方差，仿真结果表明未知先验概率模型的鲁棒资源分配算法更具有优越性。

针对下行链路多用户认知 NOMA 网络，6.3 节从能效与鲁棒性的角度，研究了鲁棒功率分配和子信道分配，并最大化次用户的总能效。为了深入探讨鲁棒算法设计，分别针对高斯误差模型和最坏情况误差模型，提出了两种鲁棒的资源分配算法。在信道不确定情况下，考虑了每个次用户的最小速率约束、最大干扰温度约束和最大发射功率约束，建立了一个非凸的混合整数问题。通过使用连续凸近似法、变量松弛法和拉格朗日对偶方法，提出一种鲁棒能效最大化算法。仿真结果从用户中断概率和系统能效方面验证了所提算法的有效性。

第 7 章 基于有界 CSI 的异构无线网络鲁棒资源分配问题

随着移动数据的快速增长以及电池容量的限制，超过 50% 的电话呼叫和 70% 的数据业务是在室内环境进行的。然而，传统的同构蜂窝网络无法满足快速增长的速率需求，为此，专家学者提出在宏蜂窝网络中部署飞蜂窝构成一种新型的异构无线网络，由于 FU 的低功耗和灵活部署，异构无线网络能够满足日益增长的无线数据业务需求。在异构网络中，通常有两种类型的用户：FU 和 MU。一方面，作为低功耗节点的 FU 共享 MU 相同的频谱资源，提高室内区域的覆盖率，同时也提高通信系统的频谱效率和系统容量；另一方面，移动终端的电池容量受限导致异构网络无法实现绿色可持续通信，因此资源分配是延长异构网络通信质量的关键技术。

7.1 异构 NOMA 网络鲁棒能效优化算法

第五代通信的市场化刺激了物联网智能设备的爆炸式增长，给系统容量和系统能耗带来了新的挑战，传统的系统功耗最小化以及吞吐量最大化性能指标无法同时解决以上问题。为此，本节提出能效最大化性能指标来权衡传输速率与系统能耗的关系。此外，由于高频谱效率和高系统容量的特点，NOMA 技术被认为是未来通信系统中一种有前景的技术。NOMA 不同于传统的正交多址接入，它允许多个用户在同一个频段上以不同的功率等级复用频谱资源，在发送端使用叠加编码信号，并主动引入干扰信息，在接收端使用 SIC 技术来实现正确的解调，因此，研究基于 NOMA 的异构网络资源分配问题具有重要意义。

本节建立了一个基于多用户多蜂窝的异构 NOMA 网络模型。考虑了小蜂窝基站功率约束、MU 跨层干扰功率约束、资源块分配约束以及小蜂窝用户服务质量约束，建立了整个小蜂窝总能效最大化的资源优化问题。该资源优化问题是一个混合整数非线性分式规划问题，不易获得解析解。为了实现频谱共享和保证用户的服务质量，在原模型中引入了随机信道不确定性参数。基于椭球不确定模型，原问题变成一个无限维优化问题。利用松弛变量将离散的资源块分配变成一个连续优化问题；基于最坏准则原理将含不确定性参数的约束条件转化为确定性的；再利用 Dinkelbach 方法将分式目标函数转化为相减形式，并通过连续凸近似方法将原问题转化为凸问题，利用拉格朗日对偶原理及次梯度更新算法得到解析解。所提算法具有较好的收敛性、能效及摄动抑制能力。

7.1.1 系统模型

本节考虑一个多蜂窝多用户异构 NOMA 网络系统模型，如图 7-1 所示。M 个 MU 通过上行传输的方式与宏基站进行数据传输，小蜂窝基站通过下行传输的方式给小蜂窝用户传输数据。网络中存在一个宏蜂窝网络和 N 个小蜂窝网络，假设每一个用户和基站都配备有单根天线，每一个小蜂窝用户在一个时隙上只能连接一个小蜂窝基站，每个小蜂窝基站能够同时服务多个小蜂窝用户，并且多个小蜂窝能够在同一信道上传输。假设每个资源块都是单位带宽，且由于低功率和很强的穿墙损耗的特点，不同小蜂窝之间的相互干扰能够被忽略。在宏蜂窝网络里有 N 个小蜂窝网络，每个小蜂窝服务 U 个小蜂窝用户，其中 $\forall n \in \mathcal{N} = \{1, 2, \cdots, N\}, \forall i, j \in \mathcal{U} = \{1, 2, \cdots, U\}$，并定义 MU 集合为 $\forall m \in \mathcal{M} = \{1, 2, \cdots, M\}$。假设有 K 个资源块，定义资源块集合为 $\forall k \in \mathcal{K} = \{1, 2, \cdots, K\}$。每个资源块只能被一个 MU 使用，基于 NOMA 准则，多个小蜂窝用户可以占用同一资源块，其中小蜂窝基站和小蜂窝用户使用了叠加编码和 SIC 技术。MU 和小蜂窝用户可以通过共享频谱来提高频谱效率和整个小蜂窝的吞吐量。假设系统为块衰落信道，则信道增益在同一个资源块里面是一个常数，在不同的资源块里面会改变。

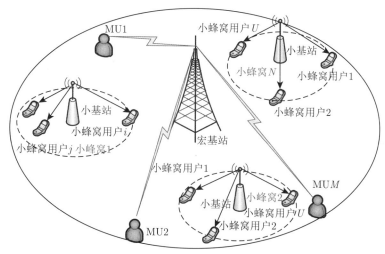

图 7-1   多蜂窝多用户异构 MOMA 网络系统模块

基于下行链路功率域 NOMA 准则，对于任意的 $j > i$，第 j 个小蜂窝用户能够解码第 i 个小蜂窝用户的信号并且能够将其从自己的信号中消除，但是对于任意 $j < l$，第 l 个小蜂窝用户的信号将会被第 j 个小蜂窝用户视为干扰。根据香农容量公式，在第 n 个小蜂窝里的第 i 个小蜂窝用户通过第 k 个资源块的传输速率为

$$R_{i,k}^n = \log_2(1 + r_{i,k}^n) \tag{7.1}$$

其中，

$$r_{i,k}^n = \frac{p_{i,k}^n h_{i,k}^n}{h_{i,k}^n \sum_{j=i+1}^{U} p_{j,k}^n + p_m^k g_{i,k}^m + \delta^2} \tag{7.2}$$

式中，分母的第一项来自其他小蜂窝用户的蜂窝内干扰，第二项来自 MU 发射机的跨层干扰，第三项 δ^2 为加性零均值高斯白噪声。$r_{i,k}^n$ 为第 n 个小基站中第 i 个小蜂窝用户经过资源块 k 的信干噪比；$p_{i,k}^n$ 为第 n 个小基站经过资源块 k 对第 i 个小蜂窝用户的分配功率；$h_{i,k}^n$ 为第 n 小基站经过资源块 k 到第 i 个小蜂窝用户的信道增益；p_m^k 为第 m 个 MU 经

过资源块 k 的发射功率；$g_{i,k}^m$ 为第 m 个 MU 发射机经资源块 k 到第 i 个小蜂窝用户的信道增益。

我们的目标是在小蜂窝用户的 QoS 约束、资源块分配约束、小蜂窝基站的最大发射功率约束以及 MU 的跨层干扰约束下，最大化所有小蜂窝用户的能效，因此在完美 CSI 假设条件下，这个优化问题可以通过联合优化发射功率和资源块分配因子来表示：

$$
\begin{aligned}
\mathrm{P}_1 : & \max_{\alpha_{i,k}^n, p_{i,k}^n} \frac{\displaystyle\sum_{n=1}^{N}\sum_{k=1}^{K}\sum_{i=1}^{U}\alpha_{i,k}^n R_{i,k}^n}{\displaystyle\sum_{n=1}^{N}\sum_{k=1}^{K}\sum_{i=1}^{U}\alpha_{i,k}^n p_{i,k}^n + P_c} \\[2mm]
\mathrm{s.t.}\ & C_1 : \alpha_{i,k}^n \in \{0,1\}, \sum_{k=1}^{K}\alpha_{i,k}^n = 1 \\[2mm]
& C_2 : \sum_{k=1}^{K}\sum_{i=1}^{U}\alpha_{i,k}^n p_{i,k}^n \leqslant P_n^{\max} \\[2mm]
& C_3 : \sum_{k=1}^{K}\sum_{n=1}^{N}\sum_{i=1}^{U}\alpha_{i,k}^n p_{i,k}^n G_m^n \leqslant I_m^{\mathrm{th}} \\[2mm]
& C_4 : \sum_{k=1}^{K}\alpha_{i,k}^n R_{i,k}^n \geqslant R_i^{n,\min}
\end{aligned}
\tag{7.3}
$$

其中，P_c 为所有小蜂窝的电路总能耗；$\alpha_{i,k}^n$ 为资源块分配因子；$P_n^{\max}$ 为第 n 个小蜂窝基站的最大发射功率阈值；G_m^n 为第 n 个小基站到第 m 个 MU 的信道增益；I_m^{th} 为第 m 个 MU 的干扰阈值；$R_i^{n,\min}$ 为第 i 个小蜂窝用户的最小速率阈值；C_1 为资源块分配因子约束，保证每个资源块只分配给一个小蜂窝；C_2 为第 n 个小蜂窝基站的最大发射功率约束；C_3 和 C_4 保证每个用户的 QoS，前者为所有小蜂窝基站对第 m 个 MU 的跨层干扰约束，后者为第 n 个小蜂窝中的第 i 个小蜂窝用户的最小速率约束。

7.1.2 算法设计

由于约束条件 C_1，优化问题 P_1 是一个混合整数非线性分式规划问题，故它的全局最优解很难获得。资源块分配因子 $\alpha_{i,k}^n$ 是个离散的变量，因此使用凸松弛法将变量 $\alpha_{i,k}^n$ 松弛为一个范围在 $[0,1]$ 中的连续实数变量。因为 $\alpha_{i,k}^n \in [0,1]$，所以可以将其考虑为对于资源块 k 的一个时间共享因子，这意味着在一个块传输时间内第 n 个小蜂窝中第 i 个小蜂窝用户占用资源块 k 的时间分式，引入一个新的变量 $S_{i,k}^n = \alpha_{i,k}^n p_{i,k}^n$，这代表着第 n 个小蜂窝基站经过资源块 k 给第 i 个小蜂窝用户实际的分配功率。此时，P_1 优化问题可以重新表述为

$$
\mathrm{P}_2 : \max_{\alpha_{i,k}^n, S_{i,k}^n} \frac{\displaystyle\sum_{n=1}^{N}\sum_{k=1}^{K}\sum_{i=1}^{U}\alpha_{i,k}^n R_{i,k}^n}{\displaystyle\sum_{n=1}^{N}\sum_{k=1}^{K}\sum_{i=1}^{U}S_{i,k}^n + P_c}
$$

$$\text{s.t.} \quad \bar{C}_1 : 0 \leqslant \alpha_{i,k}^n \leqslant 1$$

$$\bar{C}_2 : \sum_{k=1}^{K} \sum_{i=1}^{U} S_{i,k}^n \leqslant P_n^{\max} \tag{7.4}$$

$$\bar{C}_3 : \sum_{k=1}^{K} \sum_{n=1}^{N} \sum_{i=1}^{U} S_{i,k}^n G_m^n \leqslant I_m^{\text{th}}$$

$$C_4$$

为了克服不确定性的影响，在优化问题 P_2 中将信道的不确定性考虑在内：①小蜂窝基站到小蜂窝用户之间的链路；②小蜂窝基站对 MU 的干扰链路；③ MU 发射机对小蜂窝用户的干扰链路。可以得到以下优化问题：

$$P_3 : \max_{\alpha_{i,k}^n, S_{i,k}^n} \frac{\sum\limits_{n=1}^{N} \sum\limits_{k=1}^{K} \sum\limits_{i=1}^{U} \alpha_{i,k}^n R_{i,k}^n}{\sum\limits_{n=1}^{N} \sum\limits_{k=1}^{K} \sum\limits_{i=1}^{U} S_{i,k}^n + P_c}$$

$$\text{s.t.} \ C_5 : \Delta h_{i,k}^n \in \Re_h, \Delta g_{i,k}^m \in \Re_g, \Delta G_m^n \in \Re_G, \tag{7.5}$$

$$\bar{C}_1, \bar{C}_2, \bar{C}_3, C_4$$

其中，约束条件 C_5 表示不确定参数集合；$\Re_h$ 表示小蜂窝用户和小蜂窝基站之间链路的信道不确定性集合；$\Re_g$ 表示 MU 发射机和小蜂窝用户之间链路的信道不确定性集合；$\Re_G$ 表示小蜂窝基站和 MU 之间干扰链路的信道不确定性集合。

1. 跨层干扰中的信道不确定性

根据鲁棒优化理论，考虑有界信道误差，将小蜂窝基站和 MU 之间的信道不确定性用以下椭球有界不确定性集合来表示：

$$\Re_G = \left\{ \Delta G_m^n \,\middle|\, G_m^n = \bar{G}_m^n + \Delta G_m^n : \sum_{n=1}^{N} |\Delta G_m^n|^2 \leqslant (\varepsilon_m)^2 \right\} \tag{7.6}$$

其中，$\Re_G$ 表示不确定信道的集合，其大小取决于信道估计的准确度，形状取决于误差源，如高斯噪声、信道反馈时延、多普勒频移、量化误差；$|\cdot|$ 表示绝对值；$\varepsilon_m \geqslant 0$ 表示误差上界；$\bar{G}_m^n$ 和 ΔG_m^n 分别表示信道估计值和对应的估计误差。

鲁棒优化是处理鲁棒约束著名的理论，基于最坏准则，在最坏不确定性情况下，约束能够得到保证，即最大化最坏估计误差。根据柯西–施瓦茨不等式，可得

$$\max_{\Delta G_m^n \in \Re_G} \sum_{k=1}^{K} \sum_{n=1}^{N} \sum_{i=1}^{U} S_{i,k}^n G_m^n$$

$$= \sum_{k=1}^{K} \sum_{n=1}^{N} \sum_{i=1}^{U} S_{i,k}^n \bar{G}_m^n + \max_{\Delta G_m^n \in \Re_G} \sum_{k=1}^{K} \sum_{n=1}^{N} \sum_{i=1}^{U} S_{i,k}^n (G_m^n - \bar{G}_m^n)$$

$$
\begin{aligned}
&= \sum_{k=1}^{K}\sum_{n=1}^{N}\sum_{i=1}^{U} S_{i,k}^n \bar{G}_m^n + \sum_{k=1}^{K}\sum_{i=1}^{U} \max_{\Delta G_m^n \in \Re_G} \sum_{n=1}^{N} S_{i,k}^n (G_m^n - \bar{G}_m^n) \\
&= \sum_{k=1}^{K}\sum_{n=1}^{N}\sum_{i=1}^{U} S_{i,k}^n \bar{G}_m^n + \sum_{k=1}^{K}\sum_{i=1}^{U} \max_{\Delta G_m^n \in \Re_G} \sum_{n=1}^{N} S_{i,k}^n \Delta G_m^n \qquad (7.7) \\
&\leqslant \sum_{k=1}^{K}\sum_{n=1}^{N}\sum_{i=1}^{U} S_{i,k}^n \bar{G}_m^n + \sum_{k=1}^{K}\sum_{i=1}^{U} \max_{\Delta G_m^n \in \Re_G} \sqrt{\sum_{n=1}^{N} (S_{i,k}^n)^2 \sum_{n=1}^{N} (\Delta G_m^n)^2} \\
&\leqslant \sum_{k=1}^{K}\sum_{n=1}^{N}\sum_{i=1}^{U} S_{i,k}^n \bar{G}_m^n + \sum_{k=1}^{K}\sum_{i=1}^{U} \varepsilon_m \sum_{n=1}^{N} S_{i,k}^n \\
&= \sum_{k=1}^{K}\sum_{n=1}^{N}\sum_{i=1}^{U} S_{i,k}^n (\bar{G}_m^n + \varepsilon_m)
\end{aligned}
$$

其中，$\sum_{k=1}^{K}\sum_{n=1}^{N}\sum_{i=1}^{U} S_{i,k}^n \bar{G}_m^n$ 是确定的，而 $\max_{\Delta G_m^n \in \Re_G}\sum_{k=1}^{K}\sum_{i=1}^{U}\sum_{n=1}^{N} S_{i,k}^n (G_m^n - \bar{G}_m^n)$ 是扰动部分，称为保护函数，保护函数会受 $\Re_G$ 形状与大小的影响，常常用于平衡鲁棒性和最优性之间的关系。当保护函数很大时，为避免随机不确定性带来的中断概率，对每个用户提供了更多的保护，当保护函数较小时，其目的是获得更多的最优性。

因此，约束条件 $\bar{C}_3$ 变成了一个凸约束，即

$$
\sum_{k=1}^{K}\sum_{n=1}^{N}\sum_{i=1}^{U} S_{i,k}^n (\bar{G}_m^n + \varepsilon_m) \leqslant I_m^{\mathrm{th}} \qquad (7.8)
$$

2. 速率中的信道不确定性

为了保证每一个小蜂窝用户基本的 QoS 要求，小蜂窝用户最小传输速率约束中的不确定参数也要考虑。同样的，小蜂窝用户和小蜂窝基站之间的信道不确定性、MU 发射机到小蜂窝用户之间的信道不确定性分别用以下有界不确定性集合来表示：

$$
\Re_h = \left\{ \Delta h_{i,k}^n \,\middle|\, h_{i,k}^n = \bar{h}_{i,k}^n + \Delta h_{i,k}^n : |\Delta h_{i,k}^n| \leqslant \delta_{i,k}^n \right\} \qquad (7.9)
$$

$$
\Re_g = \left\{ \Delta g_{i,k}^m \,\middle|\, g_{i,k}^m = \bar{g}_{i,k}^m + \Delta g_{i,k}^m : |\Delta g_{i,k}^m| \leqslant \upsilon_{i,k}^m \right\} \qquad (7.10)
$$

其中，$\delta_{i,k}^n \geqslant 0$，$\upsilon_{i,k}^m \geqslant 0$ 表示误差上界。

同样的，约束条件 C_4 等同于：

$$
\sum_{k=1}^{K} \alpha_{i,k}^n \bar{R}_{i,k}^n + \min_{\Delta h_{i,k}^n \in \Re_h, \Delta g_{i,k}^m \in \Re_g} \sum_{k=1}^{K} \alpha_{i,k}^n R_{i,k}^n (\Delta h_{i,k}^n, \Delta g_{i,k}^m) \geqslant R_i^{n,\min} \qquad (7.11)
$$

其中，第一项是确定的，$\bar{R}_{i,k}^n = \log_2\left(1 + \dfrac{p_{i,k}^n \bar{h}_{i,k}^n}{\bar{h}_{i,k}^n \sum\limits_{j=i+1}^{U} p_{j,k}^n + p_m^k \bar{g}_{i,k}^m + \delta^2}\right)$；第二项是扰动部分，也称作保护函数。

因为用户的传输速率 $R_{i,k}^n$ 是关于 $r_{i,k}^n$ 的单调递增函数，所以有

$$\min_{\Delta h_{i,k}^n \in \Re_h, \Delta g_{i,k}^m \in \Re_g} \sum_{k=1}^{K} \alpha_{i,k}^n R_{i,k}^n \Leftrightarrow \min_{\Delta h_{i,k}^n \in \Re_h, \Delta g_{i,k}^m \in \Re_g} r_{i,k}^n$$

$$= \frac{p_{i,k}^n}{\displaystyle\sum_{j=i+1}^{U} p_{j,k}^n + \max_{\Delta h_{i,k}^n \in \Re_h, \Delta g_{i,k}^m \in \Re_g} \left(p_m^k \frac{g_{i,k}^m}{h_{i,k}^n} + \frac{\delta^2}{h_{i,k}^n} \right)} \tag{7.12}$$

$$= \frac{p_{i,k}^n}{\displaystyle\sum_{j=i+1}^{U} p_{j,k}^n + \max_{\Delta h_{i,k}^n \in \Re_h, \Delta g_{i,k}^m \in \Re_g} \left(p_m^k \frac{\bar{g}_{i,k}^m + \Delta g_{i,k}^m}{\bar{h}_{i,k}^n + \Delta h_{i,k}^n} + \frac{\delta^2}{\bar{h}_{i,k}^n + \Delta h_{i,k}^n} \right)}$$

根据式 (7.9) 和式 (7.10) 中的不确定性集合，有 $\displaystyle\max_{\Delta h_{i,k}^n \in \Re_h} \frac{\delta^2}{\bar{h}_{i,k}^n + \Delta h_{i,k}^n} = \frac{\delta^2}{\bar{h}_{i,k}^n - \delta_{i,k}^n}$，由

于 $\displaystyle\max_{\Delta h_{i,k}^n \in \Re_h, \Delta g_{i,k}^m \in \Re_g} \left(p_m^k \frac{\bar{g}_{i,k}^m + \Delta g_{i,k}^m}{\bar{h}_{i,k}^n + \Delta h_{i,k}^n} \right)$ 中有 $\Delta h_{i,k}^n$ 和 $\Delta g_{i,k}^m$ 这两个耦合的估计误差，所以

很难求解。考虑使用二元函数泰勒展开式来解决，定义 $F = \dfrac{g_{i,k}^m}{h_{i,k}^n} = \dfrac{\bar{g}_{i,k}^m + \Delta g_{i,k}^m}{\bar{h}_{i,k}^n + \Delta h_{i,k}^n}$，泰勒展

开式为

$$F = \frac{\bar{g}_{i,k}^m}{\bar{h}_{i,k}^n} + \left[\Delta g_{i,k}^m \frac{\partial F}{\partial g_{i,k}^m} \Big|_{(\bar{g}_{i,k}^m, \bar{h}_{i,k}^n)} + \Delta h_{i,k}^n \frac{\partial F}{\partial h_{i,k}^n} \Big|_{(\bar{g}_{i,k}^m, \bar{h}_{i,k}^n)} \right] + o(\Delta g_{i,k}^m, \Delta h_{i,k}^n)$$

$$\approx \frac{\bar{g}_{i,k}^m}{\bar{h}_{i,k}^n} + \frac{\Delta g_{i,k}^m}{\bar{h}_{i,k}^n} - \frac{\Delta h_{i,k}^n}{(\bar{h}_{i,k}^n)^2} \tag{7.13}$$

其中，$o(\Delta g_{i,k}^m, \Delta h_{i,k}^n)$ 表示高阶无穷小，$\displaystyle\max_{\Delta h_{i,k}^n \in \Re_h, \Delta g_{i,k}^m \in \Re_g} \left(p_m^k \frac{\bar{g}_{i,k}^m + \Delta g_{i,k}^m}{\bar{h}_{i,k}^n + \Delta h_{i,k}^n} \right)$ 可以转化为

$$\max_{\Delta h_{i,k}^n \in \Re_h, \Delta g_{i,k}^m \in \Re_g} \left(p_m^k \frac{\bar{g}_{i,k}^m + \Delta g_{i,k}^m}{\bar{h}_{i,k}^n + \Delta h_{i,k}^n} \right)$$

$$\leqslant \frac{1}{\bar{h}_{i,k}^n} p_m^k \bar{g}_{i,k}^m + \frac{1}{\bar{h}_{i,k}^n} \max_{\Delta g_{i,k}^m \in \Re_g} (p_m^k \Delta g_{i,k}^m) + \frac{1}{\bar{h}_{i,k}^n} \min_{\Delta h_{i,k}^n \in \Re_h} p_m^k \frac{\Delta h_{i,k}^n}{\bar{h}_{i,k}^n} \tag{7.14}$$

$$\leqslant \frac{1}{\bar{h}_{i,k}^n} p_m^k \left(\bar{g}_{i,k}^m + \upsilon_{i,k}^m - \frac{\delta_{i,k}^n}{\bar{h}_{i,k}^n} \right)$$

基于以上转化过程，约束条件 C_4 可以转化为

$$\sum_{k=1}^{K} \alpha_{i,k}^n \tilde{R}_{i,k}^n \geqslant R_i^{n,\min} \tag{7.15}$$

其中,

$$\tilde{R}_{i,k}^n = \log_2 \left[1 + \frac{p_{i,k}^n \bar{h}_{i,k}^n}{I_{i,k}^n + p_m^k \left(\upsilon_{i,k}^m - \dfrac{\delta_{i,k}^n}{\bar{h}_{i,k}^n} \right) + \dfrac{\delta_{i,k}^n \delta^2}{\bar{h}_{i,k}^n - \delta_{i,k}^n}} \right] \tag{7.16}$$

$I_{i,k}^n = \bar{h}_{i,k}^n \sum\limits_{j=i+1}^{U} p_{j,k}^n + p_m^k \bar{g}_{i,k}^m + \delta^2$ 是确定的干扰功率。

因此, 优化问题 P_3 可以重新表述为

$$P_4 : \max_{\alpha_{i,k}^n, S_{i,k}^n} \frac{\sum\limits_{n=1}^{N} \sum\limits_{k=1}^{K} \sum\limits_{i=1}^{U} \alpha_{i,k}^n \tilde{R}_{i,k}^n}{\sum\limits_{n=1}^{N} \sum\limits_{k=1}^{K} \sum\limits_{i=1}^{U} S_{i,k}^n + P_c}$$

$$\text{s.t. } \hat{C}_3 : \sum\limits_{n=1}^{N} \sum\limits_{k=1}^{K} \sum\limits_{i=1}^{U} S_{i,k}^n (\bar{G}_m^n + \varepsilon_m) \leqslant I_m^{\text{th}}$$

$$\hat{C}_4 : \sum\limits_{k=1}^{K} \alpha_{i,k}^n \tilde{R}_{i,k}^n \geqslant R_i^{n,\min}$$

$$\bar{C}_1, \bar{C}_2 \tag{7.17}$$

优化问题 P_4 是一个非线性分式规划问题, 很难获得它的全局最优解, 因此基于 Dinkelbach 方法, 分式规划问题可以改写成以下形式:

$$\max_{\alpha_{i,k}^n, S_{i,k}^n} \frac{\sum\limits_{n=1}^{N} \sum\limits_{k=1}^{K} \sum\limits_{i=1}^{U} \alpha_{i,k}^n \tilde{R}_{i,k}^n}{\sum\limits_{n=1}^{N} \sum\limits_{k=1}^{K} \sum\limits_{i=1}^{U} S_{i,k}^n + P_c} \Rightarrow \max_{\alpha_{i,k}^n, S_{i,k}^n} \sum\limits_{n=1}^{N} \sum\limits_{k=1}^{K} \sum\limits_{i=1}^{U} \alpha_{i,k}^n \tilde{R}_{i,k}^n - t \left(\sum\limits_{n=1}^{N} \sum\limits_{k=1}^{K} \sum\limits_{i=1}^{U} S_{i,k}^n + P_c \right)$$

$$\tag{7.18}$$

其中, $t \geqslant 0$ 为辅助变量, 表示整个小蜂窝网络的总能量效率。对于给定的 t, 这个问题的解可以通过 $\alpha_{i,k}^n$、$S_{i,k}^n$ 来表示, 定义:

$$f(t) \stackrel{\Delta}{=} \max_{\alpha_{i,k}^n, S_{i,k}^n} \sum\limits_{n=1}^{N} \sum\limits_{k=1}^{K} \sum\limits_{i=1}^{U} \alpha_{i,k}^n \tilde{R}_{i,k}^n - t \left(\sum\limits_{n=1}^{N} \sum\limits_{k=1}^{K} \sum\limits_{i=1}^{U} S_{i,k}^n + P_c \right) \tag{7.19}$$

从上式可以看到, 当 t 趋于正无穷时, $f(t)$ 是负数; 当 t 趋于负无穷时, $f(t)$ 是正数, 因此可以证明 $f(t)$ 是关于 t 的凸函数并且是关于 t 的严格递减函数。定义 $\alpha_{i,k}^{n,*}$ 和 $S_{i,k}^{n,*}$ 分别为该问题的最优资源块分配因子和最优分配功率, 当且仅当以下式子成立时, 能够实现

能效 t^* 最大。

$$f(t^*) = \sum_{n=1}^{N} \sum_{k=1}^{K} \sum_{i=1}^{U} \alpha_{i,k}^{n,*} \tilde{R}_{i,k}^n - t^* \left(\sum_{n=1}^{N} \sum_{k=1}^{K} \sum_{i=1}^{U} S_{i,k}^{n,*} + P_c \right) = 0 \tag{7.20}$$

其中，所有小蜂窝的最大能效 t^* 能够表示为

$$t^* = \frac{\displaystyle\sum_{n=1}^{N} \sum_{k=1}^{K} \sum_{i=1}^{U} \alpha_{i,k}^{n,*} \tilde{R}_{i,k}^n}{\displaystyle\sum_{n=1}^{N} \sum_{k=1}^{K} \sum_{i=1}^{U} S_{i,k}^{n,*} + P_c} \tag{7.21}$$

优化问题 P_4 可以转换为如下优化问题：

$$P_5 : \max_{\alpha_{i,k}^n, S_{i,k}^n} \sum_{n=1}^{N} \sum_{k=1}^{K} \sum_{i=1}^{U} \alpha_{i,k}^n \tilde{R}_{i,k}^n - t \left(\sum_{n=1}^{N} \sum_{k=1}^{K} \sum_{i=1}^{U} S_{i,k}^n + P_c \right) \tag{7.22}$$

$$\text{s.t. } \bar{C}_1, \bar{C}_2, \hat{C}_3, \hat{C}_4$$

为了解决这个问题，这里使用了连续凸近似方法将优化问题 P_5 转化成凸优化问题，利用下界迭代得到最优解：

$$\alpha \log_2 Q + \theta \leqslant \log_2(1 + Q) \tag{7.23}$$

其中，α 和 θ 分别定义为

$$\alpha = \frac{Q_0}{1 + Q_0} \tag{7.24}$$

$$\theta = \log_2(1 + Q_0) - \frac{Q_0}{1 + Q_0} \log_2 Q_0 \tag{7.25}$$

当 $Q = Q_0$ 时，式 (7.23) 等号成立。定义：

$$\gamma_{i,k}^n = \frac{p_{i,k}^n \bar{h}_{i,k}^n}{I_{i,k}^n + p_m^k \left(\upsilon_{i,k}^m - \dfrac{\delta_{i,k}^n}{\bar{h}_{i,k}^n} \right) + \dfrac{\delta_{i,k}^n \delta^2}{\bar{h}_{i,k}^n - \delta_{i,k}^n}} \tag{7.26}$$

数据速率可以近似为

$$\hat{R}_{i,k}^n = a_{i,k}^n \log_2 \gamma_{i,k}^n + \theta_{i,k}^n \tag{7.27}$$

其中，

$$a_{i,k}^n = \frac{\bar{\gamma}_{i,k}^n}{1 + \bar{\gamma}_{i,k}^n} \tag{7.28}$$

$$\theta_{i,k}^n = \log_2(1 + \bar{\gamma}_{i,k}^n) - \frac{\bar{\gamma}_{i,k}^n}{1 + \bar{\gamma}_{i,k}^n} \log_2 \bar{\gamma}_{i,k}^n \tag{7.29}$$

定义 $\bar{\gamma}_{i,k}^n$ 为第 n 个小蜂窝中经过资源块 k 的第 i 个小蜂窝用户前一次迭代的信干噪比。针对第一次迭代，使用初始值计算 $\bar{\gamma}_{i,k}^n$，可以得到以下等价的凸优化问题：

$$P_6: \max_{\alpha_{i,k}^n, S_{i,k}^n} \sum_{n=1}^{N}\sum_{k=1}^{K}\sum_{i=1}^{U}\alpha_{i,k}^n\hat{R}_{i,k}^n - t\left(\sum_{n=1}^{N}\sum_{k=1}^{K}\sum_{i=1}^{U}S_{i,k}^n + P_c\right)$$

$$\text{s.t. } \tilde{C}_4: \sum_{k=1}^{K}\alpha_{i,k}^n\hat{R}_i^n \geqslant R_i^{n,\min} \tag{7.30}$$

$$\bar{C}_1, \bar{C}_2, \hat{C}_3$$

优化问题 P_6 是一个确定的凸优化问题，有唯一的最优解，可以通过拉格朗日对偶法解决。

3. 鲁棒资源分配算法求解

优化问题 P_6 的拉格朗日函数可以写为

$$L(\alpha_{i,k}^n, S_{i,k}^n, t, \lambda_n, \phi_m, \varphi_{n,i}, \kappa_{i,k}^n)$$

$$= \sum_{n=1}^{N}\sum_{k=1}^{K}\sum_{i=1}^{U}\alpha_{i,k}^n\hat{R}_{i,k}^n - t\left(\sum_{n=1}^{N}\sum_{k=1}^{K}\sum_{i=1}^{U}S_{i,k}^n + P_c\right)$$

$$+ \sum_{n=1}^{N}\lambda_n\left(P_n^{\max} - \sum_{k=1}^{K}\sum_{i=1}^{U}S_{i,k}^n\right) + \sum_{m=1}^{M}\phi_m\left[I_m^{\text{th}} - \sum_{n=1}^{N}\sum_{k=1}^{K}\sum_{i=1}^{U}S_{i,k}^n(\overline{G}_m^n + \varepsilon_m)\right] \tag{7.31}$$

$$+ \sum_{n=1}^{N}\sum_{i=1}^{U}\varphi_{n,i}\left(\sum_{k=1}^{K}\alpha_{i,k}^n\hat{R}_{i,k}^n - R_i^{n,\min}\right) + \sum_{n=1}^{N}\sum_{k=1}^{K}\sum_{i=1}^{U}\kappa_{i,k}^n(1-\alpha_{i,k}^n)$$

其中，$\lambda_n \geqslant 0$，$\phi_m \geqslant 0$，$\varphi_{n,i} \geqslant 0$，$\kappa_{i,k}^n \geqslant 0$ 是优化问题 P_6 约束条件所对应的拉格朗日乘子。拉格朗日函数可以重新描述为

$$L(\alpha_{i,k}^n, S_{i,k}^n, t, \lambda_n, \phi_m, \varphi_{n,i}, \kappa_{i,k}^n)$$

$$= \sum_{n=1}^{N}\sum_{k=1}^{K}\sum_{i=1}^{U}L_k(\alpha_{i,k}^n, S_{i,k}^n, t, \lambda_n, \phi_m, \varphi_{n,i}, \kappa_{i,k}^n) \tag{7.32}$$

$$- tP_c + \sum_{n=1}^{N}\lambda_n P_n^{\max} + \sum_{m=1}^{M}\phi_m I_m^{\text{th}} - \sum_{n=1}^{N}\sum_{i=1}^{U}\varphi_{n,i}R_i^{n,\min} + \sum_{n=1}^{N}\sum_{k=1}^{K}\sum_{i=1}^{U}\kappa_{i,k}^n$$

其中，

$$L_k(\alpha_{i,k}^n, S_{i,k}^n, t, \lambda_n, \phi_m, \varphi_{n,i}, \kappa_{i,k}^n)$$

$$\tag{7.33}$$

$$= (1 + \varphi_{n,i})\alpha_{i,k}^n\hat{R}_{i,k}^n - (t + \lambda_n)S_{i,k}^n - \sum_{m=1}^{M}\phi_m S_{i,k}^n(\bar{G}_m^n + \varepsilon_m) - \kappa_{i,k}^n\alpha_{i,k}^n$$

优化问题 P_6 的对偶问题为

$$\min_{\lambda_n, \phi_m, \varphi_{n,i}, \kappa_{i,k}^n} D(\lambda_n, \phi_m, \varphi_{n,i}, \kappa_{i,k}^n)$$

$$\text{s.t. } \lambda_n \geqslant 0, \phi_m \geqslant 0, \varphi_{n,i} \geqslant 0, \kappa_{i,k}^n \geqslant 0 \qquad (7.34)$$

其中，

$$D(\lambda_n, \phi_m, \varphi_{n,i}, \kappa_{i,k}^n) = \max_{\alpha_{i,k}^n, S_{i,k}^n, t} L(\alpha_{i,k}^n, S_{i,k}^n, t, \lambda_n, \phi_m, \varphi_{n,i}, \kappa_{i,k}^n) \qquad (7.35)$$

根据 KKT 条件，最优分配功率求解为

$$p_{i,k}^{n,*} = \frac{S_{i,k}^n}{\alpha_{i,k}^n} = \left[\frac{(1 + \varphi_{n,i})a_{i,k}^n}{\ln 2[(t + \lambda_n) + \sum\limits_{m=1}^{M} \phi_m(\bar{G}_m^n + \varepsilon_m)]} \right]^+ \qquad (7.36)$$

其中，$[x]^+ = \max\{0, x\}$。

为了获得资源块分配因子 $\alpha_{i,k}^n$，对拉格朗日函数求偏导数，有

$$\frac{\partial L_k(\cdot)}{\partial \alpha_{i,k}^n} = H_{i,k}^n - \kappa_{i,k}^n \begin{cases} < 0, & \alpha_{i,k}^n = 0 \\ = 0, & 0 < \alpha_{i,k}^n < 1 \\ > 0, & \alpha_{i,k}^n = 1 \end{cases} \qquad (7.37)$$

其中，

$$H_{i,k}^n = (1 + \varphi_{n,i})\hat{R}_{i,k}^n - (t + \lambda_n)p_{i,k}^n - \sum_{m=1}^{M} \phi_m p_{i,k}^n (\bar{G}_m^n + \varepsilon_m) \qquad (7.38)$$

第 k 个资源块总是分配给 $H_{i,k}^n$ 最大的第 n 个小蜂窝基站中第 i 个小蜂窝用户，也就有

$$\alpha_{i,k}^n = 1 \,|\, k^* = \max_k H_{i,k}^n, \quad \forall i, n \qquad (7.39)$$

使用次梯度法，拉格朗日乘子可以更新为

$$\lambda_n(l+1) = \left[\lambda_n(l) - d_1(l)\left(P_n^{\max} - \sum_{k=1}^{K}\sum_{i=1}^{U} S_{i,k}^n \right) \right]^+ \qquad (7.40)$$

$$\phi_m(l+1) = \left[\phi_m(l) - d_2(l)\left[I_m^{\text{th}} - \sum_{n=1}^{N}\sum_{k=1}^{K}\sum_{i=1}^{U} S_{i,k}^n(\bar{G}_m^n + \varepsilon_m) \right] \right]^+ \qquad (7.41)$$

$$\varphi_{n,i}(l+1) = \left[\varphi_{n,i}(l) - d_3(l)\left(\sum_{k=1}^{K} \alpha_{i,k}^n \hat{R}_{i,k}^n - R_i^{n,\min} \right) \right]^+ \qquad (7.42)$$

$$\kappa_{i,k}^n(l+1) = \left[\kappa_{i,k}^n(l) - d_4(l)(1-\alpha_{i,k}^n)\right]^+ \tag{7.43}$$

其中，l 代表迭代次数；d_1、d_2、d_3 和 d_4 代表步长。基于凸优化理论，当 $\sum\limits_{l=1}^{\infty} d_z(0) = \infty$，$\lim\limits_{l\to\infty} d_z(0) = 0$，$\forall z \in \{1,2,3,4\}$，所提算法能够保证收敛到最优值。小蜂窝迭代能效资源分配算法见算法 7.1。

算法 7.1　小蜂窝迭代能效资源分配算法

1.　初始化系统参数：$K, M, N, U, \delta^2, h_{i,k}^n, g_{i,k}^m, G_m^n, P_c$；阈值：$I_m^{\text{th}}, R_i^{n,\min}, P^{\max}$；辅助变量：$t$；估计误差上界：$\varepsilon_m, \delta_{i,k}^n, \nu_{i,k}^m$；定义最大迭代次数：$X_{\max}$；收敛精度：$\varpi$；初始化外层迭代次数：$x = 0$；

2.　**While** $\left| \dfrac{\sum\limits_{n=1}^{N}\sum\limits_{k=1}^{K}\sum\limits_{i=1}^{U} \alpha_{i,k}^n R_{i,k}^n(x)}{\sum\limits_{n=1}^{N}\sum\limits_{k=1}^{K}\sum\limits_{i=1}^{U} S_{i,k}^n(x) + P_c} - t(x-1) \right| > \varpi$ 或 $x \leqslant X_{\max}$；

3.　**do**

4.　　初始化拉格朗日乘子及对应步长；定义内层最大迭代次数：$L_{\max}$；初始化内层迭代次数：$l = 0$；

5.　　**Repeat**

6.　　　**For** $m = 1:1:M$

7.　　　　**For** $n = 1:1:N$

8.　　　　　**For** $k = 1:1:K$

9.　　　　　　**For** $i = 1:1:U$

10.　　　　　　　(1) 根据式 (7.36) 计算最优发射功率 $p_{i,k}^n$；

11.　　　　　　　(2) 根据式 (7.38) 计算 $H_{i,k}^n$；

12.　　　　　　　(3) 根据式 (7.39) 计算资源块分配因子 $\alpha_{i,n}^k$；

13.　　　　　　　(4) 根据式 (7.40)～式 (7.43) 更新拉格朗日乘子 $\lambda_n(l)$，$\phi_m(l)$，$\varphi_{n,i}(l)$，$\kappa_{i,k}^n(l)$；

14.　　　　　　**End For**

15.　　　　　**End For**

16.　　　　**End For**

17.　　　**End For**

18.　　　更新 $l = l+1$；

19.　　**Until** 收敛或 $l = L_{\max}$；

20.　　更新 $x = x+1$ 和 $t(x) = \dfrac{\sum\limits_{n=1}^{N}\sum\limits_{k=1}^{K}\sum\limits_{i=1}^{U} \alpha_{i,k}^n R_{i,k}^n(x-1)}{\sum\limits_{n=1}^{N}\sum\limits_{k=1}^{K}\sum\limits_{i=1}^{U} S_{i,k}^n(x-1) + P_c}$；

21.　**End While**

---

4. 鲁棒资源分配算法复杂度分析

假设外层能量效率和内层拉格朗日方法的最大迭代次数分别为 $X_{\max}$ 和 $L_{\max}$，对每个资源块进行最优分配需要 $O(NU)$ 次运算；根据式 (7.40)～式 (7.43)，拉格朗日乘子的更新复杂度为 $O(MNKU)$。由于 $L_{\max}$ 是一个关于迭代次数的多项式，故需要 $O(L_{\max}MN^2KU^2)$

次运算。Dinkelbach 方法外循环求解的最大计算复杂度是一个超线性时间复杂度形式 $[O(X_{\max})]$，其所提算法的多项式时间复杂度为 $O(X_{\max}L_{\max}MN^2KU^2)$。

7.1.3 仿真分析

在本节中，通过仿真分析来验证所提算法的有效性。假设系统中存在一个宏蜂窝网络，两个 MU，两个小蜂窝网络，每个小蜂窝网络中含有两个小蜂窝用户。宏蜂窝和小蜂窝的半径分别是 500m 和 20m，不同小蜂窝之间的最小距离是 40m。信道衰落模型包含瑞利衰落、阴影衰落和路径损耗，其中路径损耗指数为 3。其他参数：$P_c = 0.3$W，$I_m^{\mathrm{th}} = 0.22$mW，$R_i^{n,\min} = 0.5$(bit/s)/Hz，$K = 10$，$M = 2$，$N = 2$，$U = 2$，$\delta^2 = 10^{-8}$W，$X_{\max} = 10^4$，$\varpi = 10^{-6}$。

图 7-2 给出了所提算法的收敛性曲线。假设每个小蜂窝基站的最大发射功率为 1.2W。从图中可以看出，所提算法具有较好的收敛性，并且随着迭代次数的增加，每个小蜂窝用户的发射功率逐渐增大，当迭代次数为 12 次左右时，小蜂窝用户的发射功率达到收敛。收敛后能够满足小蜂窝基站的最大发射功率约束，说明所提算法可以很好地保障小蜂窝用户的通信质量。

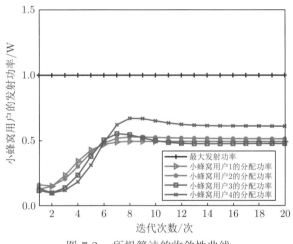

图 7-2 所提算法的收敛性曲线

图 7-3 给出了小蜂窝网络最大发射功率和系统电路功耗对能效的影响。假设其他系统参数相同，从图中可以看出，当电路功耗不变时，随着最大发射功率阈值增加，小蜂窝网络的能效增加。因为小蜂窝网络最大发射功率阈值越大，允许小蜂窝基站分配更多的功率给小蜂窝用户，传输速率越快，所以小蜂窝网络的能效增加。从另一个层面讲，考虑相同的发射功率阈值，能效会随着电路功耗的增大而减小，这是因为电路功耗越大，小蜂窝网络消耗的功率越多，能效也就越低。

图 7-4 给出了干扰功率约束中不确定性对能效的影响。设置不确定参数上界为：$\varepsilon_m=0.2$、$\varepsilon_m=0.4$、$\varepsilon_m=0.6$。从图中可以看出，在相同的跨层干扰阈值下，随着不确定参数的增大，小蜂窝网络的能效也增大。由式 (7.36) 可知，不确定性增大会使得发射功率减小，导致小蜂窝网络的功率消耗减小，能效增大。

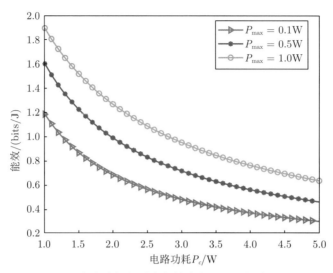

图 7-3　电路功耗与最大发射功率阈值对能效的影响

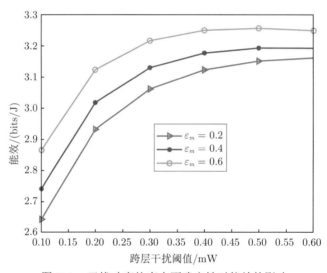

图 7-4　干扰功率约束中不确定性对能效的影响

图 7-5 给出了速率中的不确定性对能效的影响。从图中可以看出，考虑相同的跨层干扰阈值和不确定参数 $\delta_{i,k}^n$，能效随着不确定参数 $v_{i,k}^m$ 的增大而增大。因为不确定参数 $v_{i,k}^m$ 的增大会导致信干噪比减小，连续凸近似方法中的系数 $a_{i,k}^n$ 会减小，从而发射功率减小，小蜂窝网络的功率消耗减小，因此能效会增大。另一方面，考虑相同的跨层干扰阈值和不确定参数 $v_{i,k}^m$，随着 $\delta_{i,k}^n$ 的增大，能效会减小，这是因为 $\delta_{i,k}^n$ 越大，信道环境越差，从而导致小蜂窝网络能效降低。

图 7-6 给出了不确定性对小蜂窝用户数据速率的影响。在图中可以看到，随着信道不确定性 Δh 的增加，小蜂窝用户的数据速率增加；随着 Δg 的增加，数据速率减小。另一方面，当信道不确定性达到一定值后，非鲁棒算法的数据速率低于最小数据速率，而所提算法能够很好地控制在最小数据速率以上，这说明其具有良好的鲁棒性。

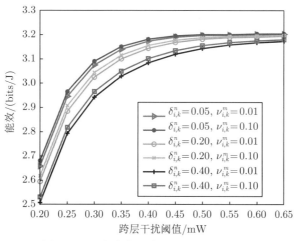

图 7-5 速率中的不确定性对能效的影响

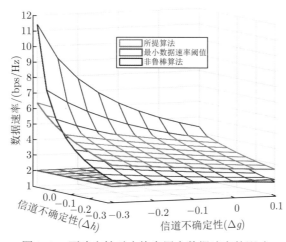

图 7-6 不确定性对小蜂窝用户数据速率的影响

7.2 基于 NOMA-SWIPT 的异构无线网络鲁棒资源分配算法

上一节探讨了异构 NOMA 网络鲁棒能效优化算法,然而,随着各类无线终端和物联网设备对传输速率和频谱资源需求的剧增,使得巨大的能量消耗和日益短缺的频谱资源问题变得尤为严重,因此,5G 通信系统需要兼顾高传输速率、低能量消耗两方面的问题。近年来,SWIPT 技术被认为是解决无线通信设备节点能量短缺问题的有效技术。该技术特点是充分利用射频信号具有同时携带数据信息和电磁能量的特点,在实现无线信息传输时,无线终端收集周围能量进行无线充电,从而延长通信设备在网运行寿命,另外,基于 NOMA 的移动通信系统允许多个用户终端共享相同的时间、频谱等资源,使得系统容量进一步提升,因此基于 NOMA 的 SWIPT 技术成为工业界和学术界的关注焦点。

资源分配是基于 NOMA 的异构携能通信网络实现干扰抑制、提升能效的关键技术。通过调整基站发射功率和携能设备能量收集时间优化可以有效提高能量利用率、保护用户服务质量，然而现有研究工作对考虑参数摄动的异构携能通信网络在 NOMA 协议下的鲁棒能效资源分配问题没有得到很好的研究。为了提高网络吞吐量、用户接入数、鲁棒性和降低能量消耗，对基于 NOMA 异构携能通信网络鲁棒资源分配算法的研究具有非常重要的理论意义和现实价值。

本节建立下行 NOMA 两层异构携能通信网络资源分配模型；最大化多个微蜂窝用户能效，并满足最小能量收集约束、最小速率约束、最大跨层干扰功率约束、最大发射功率约束和有效时间切换约束；考虑目标函数和约束条件中的信道不确定性影响，建立基于椭圆球形有界信道不确定性下的鲁棒资源分配问题；利用柯西不等式和最坏准则方法，将含参数摄动的约束条件和目标函数转换为确定性的形式；基于 Dinkelbach 方法将目标函数转换为非分式规划问题，并且利用连续凸近似方法，将原问题转换为凸优化问题，证明目标函数的凸凹性；基于拉格朗日对偶原理和梯度更新算法获得解析解，同时给出了所提算法步骤、计算复杂度分析和鲁棒灵敏度分析。所提算法具有很好的时间切换和功率分配性能，并且具有良好的能效性能。

7.2.1　系统模型

针对由一个宏蜂窝网络和一个微蜂窝网络组成的下行传输多用户两层异构无线网络，接收机含能量收集电路与串行干扰消除功能，如图 7-7 所示。每个子信道可以被多个微蜂窝用户使用，信道最差的终端用户优先被解码，并将解码信息广播给其他信道好的用户从而实现干扰消除，减小共道干扰；每个终端含有信息解码和能量收集电路，通过时间切换方法来区分信息与能量信号。假设所有用户和基站配备单根天线，网络中有 M 个 MU 和 K 个微蜂窝用户，分别用集合 $\forall m \in \{1, 2, \cdots, M\}$ 和 $\forall i, k \in \{1, 2, \cdots, K\}$ 表示。由于在下行传输中，宏基站发射功率往往大于微蜂窝，因此为了避免对微蜂窝用户太强的共道干扰和接收机端的串行干扰消除复杂度，在此假设 MU 在进行 NOMA 传输时每个子信道只允许两个用户同时工作。假设在单位时隙里，x_k 和 $1 - x_k$ 分别表示微蜂窝用户 k 用于信息解码和能量收集的时间。对于任意用户，假设信道增益满足：$h_1 \leqslant h_2 \leqslant \cdots \leqslant h_i \leqslant h_k \leqslant \cdots \leqslant h_K$，并考虑单位带宽子信道。

由于当前用户 k 可以检测到比它信道弱的用户信号并消除该干扰信息，其数据速率可以描述为

$$R_k = x_k \log_2 \left(1 + p_k h_k / z_k\right) \tag{7.44}$$

其中，$z_k = h_k \sum_{i=k+1}^{K} p_i + \sum_{m=1}^{2} P_{km} h_k^{ms} + \sigma_k$，$P_{km}$ 表示宏基站分配给第 k 个子信道上用户 m 的功率，h_k^{ms} 表示宏基站到第 k 个微蜂窝用户的信道增益，总速率 $R = \sum_{k=1}^{K} R_k$。为了满足每个微蜂窝用户的 QoS，每个用户分配的功率应该满足：

$$R_k \geqslant R_k^{\min} \tag{7.45}$$

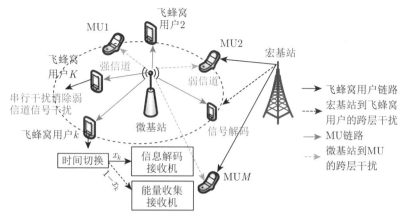

图 7-7 下行 NOMA 异构携能通信网络系统模型

为了保证每个 MU 的通信质量，微蜂窝的发射功率需要满足：

$$\sum_{k=1}^{K} p_k g_{k,m} \leqslant I_m^{\text{th}} \tag{7.46}$$

由于基站发射功率不可能是无穷大，故微蜂窝用户总的发射功率满足：

$$\sum_{k=1}^{K} p_k \leqslant p^{\max} \tag{7.47}$$

考虑 SWIPT 的影响，每个用户接收机端收集到的有效能量为

$$E_k = (1 - x_k)\eta h_k \sum_{i=1}^{K} p_k \tag{7.48}$$

为了延长网络设备运行寿命，考虑到每个能量接收机存在一个最小收集阈值，能量收集同时应该满足：

$$E_k \geqslant E_k^{\min} \tag{7.49}$$

考虑电路功率消耗的影响，微蜂窝网络总的功率消耗为

$$P_{\text{sum}} = \varsigma \sum_{k=1}^{K} p_k + P_c \tag{7.50}$$

由于能量收集能对功率消耗进行补偿，故微蜂窝网络真实的功率消耗为

$$P_{\text{tot}} = P_{\text{sum}} - \sum_{k=1}^{K} E_k = \varsigma \sum_{k=1}^{K} p_k + P_c - \eta \sum_{k=1}^{K} (1 - x_k) h_k \sum_{k=1}^{K} p_k \tag{7.51}$$

系统总能效可以定义为

$$\eta_E = \frac{R}{P_{\text{tot}}} = \frac{\displaystyle\sum_{k=1}^{K} x_k \log_2(1 + p_k h_k / z_k)}{\displaystyle\varsigma \sum_{k=1}^{K} p_k + P_c - \eta \sum_{k=1}^{K} (1 - x_k) h_k \sum_{k=1}^{K} p_k} \tag{7.52}$$

假设基站可以获得完美的 CSI，可以建立如下能效最大的资源分配模型：

$$\max_{p_k,x_k} \eta_E$$

$$\text{s.t.} \quad C_1 : E_k \geqslant E_k^{\min}$$

$$C_2 : R_k \geqslant R_k^{\min}$$

$$C_3 : \sum_{k=1}^{K} p_k \leqslant p^{\max} \tag{7.53}$$

$$C_4 : \sum_{k=1}^{K} p_k g_{k,m} \leqslant I_m^{\text{th}}$$

$$C_5 : 0 \leqslant x_k \leqslant 1$$

$$C_6 : p_k \geqslant 0$$

显然，一方面，由于目标函数和约束条件 C_2 的影响，优化问题式 (7.53) 是一个多变量耦合、非凸优化问题，不容易直接获得功率分配和时间切换因子的解析解，约束条件 C_1 和 C_2 决定有效发射功率的下界，约束条件 C_3 和 C_4 决定有效发射功率的上界；另一方面，由于该问题假设真实的信道增益 h_k 和 $g_{k,m}$ 与信道增益估计值相等，即 $h_k = \bar{h}_k + \Delta h_k, \Delta h_k \to 0$ 和 $g_{k,m} = \bar{g}_{k,m} + \Delta g_{k,m}, \Delta g_{k,m} \to 0$，该优化问题为非鲁棒优化问题（也可以称为名义优化问题）。然而在实际的 NOMA 异构携能通信网络中，因为有串行干扰消除残留误差、能量收集非线性特性以及无线信道的随机性、时延等因素的存在，导致获得完美的 CSI 这一假设过于理想，不满足实际物理通信场景，所以克服信道不确定性（即 $\Delta h_k \neq 0, \Delta g_{k,m} \neq 0$），提高网络鲁棒性的问题的研究显得尤为重要。

7.2.2　算法设计

1. 鲁棒问题描述与转换

根据鲁棒优化理论可知，对不确定性参数的建模有基于误差统计模型的贝叶斯近似方法和基于有界不确定性参数的最坏准则方法。由于下垫式频谱共享机制需要保证 MU 的性能不受到其他用户的影响，即不允许用户中断事件的发生，故基于有界不确定性的最坏准则方法更适合本节所讨论的网络场景，该方法可以在满足所有估计误差存在的情况下，保护各类用户的通信质量，无中断发生，因此，信道不确定性可以用如下集合描述。

$$R_g = \left\{ \boldsymbol{g}_m \left| \bar{\boldsymbol{g}}_m + \Delta \boldsymbol{g}_m, \sum_{k=1}^{K} |\Delta g_{k,m}|^2 \leqslant \varepsilon_m^2 \right. \right\} \tag{7.54}$$

$$R_h = \left\{ h_k \left| \bar{h}_k + \Delta h_k, |\Delta h_k| \leqslant \delta_k, \sum_{k=1}^{K} |\Delta h_k|^2 \leqslant \varepsilon^2 \right. \right\} \tag{7.55}$$

其中，R_g 和 R_h 分别表示微蜂窝基站与 MU 之间信道和微蜂窝用户之间的信道不确定性集合；$\varepsilon_m \geqslant 0$ 表示微蜂窝网络对第 m 个 MU 接收机所有信道链路不确定性平方和的上界，

当 $\varepsilon_m = 0$ 时，估计信道增益等于实际信道增益，此时没有信道估计误差，该情况等价于传统名义优化问题式 (7.53)，ε_m 越大，意味着对 MU m 接收机来讲，信道摄动和随机性大，从而需要对该类用户进行保护；$\bar{\boldsymbol{g}}_m$ 和 $\Delta\boldsymbol{g}_m$ 分别表示估计的信道增益和相应的估计误差向量，即 $\bar{\boldsymbol{g}}_m = [\bar{g}_{1,m}, \cdots, \bar{g}_{K,m}]^{\mathrm{T}}$ 和 $\Delta\boldsymbol{g}_m = [\Delta g_{1,m}, \cdots, \Delta g_{K,m}]^{\mathrm{T}}$；$\delta_k \geqslant 0$ 表示任意微蜂窝链路信道增益不确定性的上界，$\varepsilon \geqslant 0$ 表示所有微蜂窝用户链路信道不确定性和的上界，且满足 $\sum\limits_{k=1}^{K} \delta_k^2 \leqslant \varepsilon^2$。

根据上述不确定性描述，式 (7.53) 可以描述为

$$
\max_{p_k, x_k} \frac{\sum\limits_{k=1}^{K} x_k \log_2(1 + p_k h_k/z_k)}{\varsigma \sum\limits_{k=1}^{K} p_k + P_c - \eta \sum\limits_{k=1}^{K} (1-x_k) h_k \sum\limits_{i=1}^{K} p_i}
$$

$$
\begin{aligned}
\text{s.t.}\ &C_1 : (1 - x_k) h_k \sum_{i=1}^{K} p_i \geqslant E_k^{\min} \\
&C_2 : x_k \log_2(1 + p_k h_k/z_k) \geqslant R_k^{\min} \\
&C_3 : \sum_{k=1}^{K} p_k \leqslant p^{\max} \\
&C_4 : \sum_{k=1}^{K} p_k g_{k,m} \leqslant I_m^{\mathrm{th}} \\
&C_5 : 0 \leqslant x_k \leqslant 1 \\
&C_6 : p_k \geqslant 0 \\
&C_7 : h_k \in R_h, g_{k,m} \in R_g
\end{aligned}
\tag{7.56}
$$

根据最坏情况准则，目标函数可以转换为：在信道估计误差下，使得最小的能效最大化，式 (7.56) 可以转换为

$$
\max_{p_k, x_k} \min_{\Delta h_k} \left[\frac{\sum\limits_{k=1}^{K} x_k \log_2(1 + p_k h_k/z_k)}{\varsigma \sum\limits_{k=1}^{K} p_k + P_c - \eta \sum\limits_{k=1}^{K} (1-x_k) h_k \sum\limits_{i=1}^{K} p_i} \right]
$$

$$
\text{s.t.}\ C_3, C_5, C_6, C_7
$$

$$
C_1 : \min_{\Delta h_k} \left[(1 - x_k) h_k \sum_{i=1}^{K} p_i \right] \geqslant E_k^{\min}
\tag{7.57}
$$

$$C_2 : \min_{\Delta h_k} \left[x_k \log_2(1 + p_k h_k / z_k) \right] \geqslant R_k^{\min}$$

$$C_4 : \max_{\Delta g_{k,m}} \left[\sum_{k=1}^{K} p_k g_{k,m} \right] \leqslant I_m^{\text{th}}$$

式 (7.57) 可以等价为

$$\max_{p_k, x_k} \frac{\min\limits_{\Delta h_k} \left[\sum\limits_{k=1}^{K} x_k \log_2(1 + p_k h_k / z_k) \right]}{\max\limits_{\Delta h_k} \left[\varsigma \sum\limits_{k=1}^{K} p_k + P_c - \eta \sum\limits_{k=1}^{K} (1 - x_k) h_k \sum\limits_{i=1}^{K} p_i \right]}$$

s.t. C_3, C_5, C_6, C_7

$$C_1 : \min_{\Delta h_k} \left[(1 - x_k) h_k \sum_{i=1}^{K} p_i \right] \geqslant E_k^{\min} \qquad (7.58)$$

$$C_2 : \min_{\Delta h_k} \left[x_k \log_2(1 + p_k h_k / z_k) \right] \geqslant R_k^{\min}$$

$$C_4 : \max_{\Delta g_{k,m}} \left(\sum_{k=1}^{K} p_k g_{k,m} \right) \leqslant I_m^{\text{th}}$$

上述问题显然是一个含参数摄动的无穷维、非凸优化问题，需要将其转换为确定性优化问题，再将该确定性优化问题转换为凸优化求解。

根据式 (7.54) 和式 (7.55) 的不确定性描述，可以将约束条件 C_1 和 C_2 等价转换为

$$(1 - x_k) \tilde{h}_k \sum_{i=1}^{K} p_i \geqslant E_k^{\min} \qquad (7.59)$$

$$x_k \log_2[1 + p_k \tilde{h}_k / z_k(\tilde{h}_k)] \geqslant R_k^{\min} \qquad (7.60)$$

其中，$\tilde{h}_k = \bar{h}_k - \delta_k$。根据柯西不等式，有如下等价转化：

$$\begin{aligned}
\max_{\Delta g_{k,m}} \left(\sum_{k=1}^{K} p_k g_{k,m} \right) &= \sum_{k=1}^{K} p_k \bar{g}_{k,m} + \max_{\Delta g_{k,m}} \left(\sum_{k=1}^{K} p_k \Delta g_{k,m} \right) \\
&\leqslant \sum_{k=1}^{K} p_k \bar{g}_{k,m} + \sqrt{\sum_{k=1}^{K} p_k^2} \cdot \sqrt{\sum_{k=1}^{K} \Delta g_{k,m}^2} \qquad (7.61) \\
&= \sum_{k=1}^{K} p_k \bar{g}_{k,m} + \varepsilon_m \sqrt{\sum_{k=1}^{K} p_k^2} \leqslant I_m^{\text{th}}
\end{aligned}$$

式 (7.61) 是一个确定性的凸约束条件，功率的平方不易得到解析解，根据 $\sqrt{\sum\limits_i x_i^2} \leqslant$

$\sum\limits_i \sqrt{x_i^2}$，含不确定性参数的跨层干扰约束可以缩放为

$$\sum_{k=1}^{K} p_k \tilde{g}_{k,m} \leqslant I_m^{\mathrm{th}} \tag{7.62}$$

其中，$\tilde{g}_{k,m} = \bar{g}_{k,m} + \varepsilon_m$。式 (7.58) 可以转换为

$$\max_{p_k, x_k} \frac{\displaystyle\min_{\Delta h_k} \left[\sum_{k=1}^{K} x_k \log_2(1 + p_k h_k / z_k) \right]}{\displaystyle\max_{\Delta h_k} \left[\varsigma \sum_{k=1}^{K} p_k + P_c - \eta \sum_{k=1}^{K} (1 - x_k) h_k \sum_{i=1}^{K} p_i \right]}$$

$$\mathrm{s.t.} \ C_3, C_5, C_6, C_7$$

$$C_1 : (1 - x_k)\tilde{h}_k \sum_{i=1}^{K} p_i \geqslant E_k^{\min} \tag{7.63}$$

$$C_2 : x_k \log_2[1 + p_k \tilde{h}_k / z_k(\tilde{h}_k)] \geqslant R_k^{\min}$$

$$C_4 : \sum_{k=1}^{K} p_k \tilde{g}_{k,m} \leqslant I_m^{\mathrm{th}}$$

其中，目标函数依然含有不确定性参数且不易处理。由于 Dinkelbach 方法被普遍应用于处理非线性分式优化问题，故常应用该方法处理能效目标函数。基于 Dinkelbach 方法，借助辅助变量 η_E，目标函数可以转换为

$$\max_{p_k, x_k} \left\{ \min_{\Delta h_k} \left[\sum_{k=1}^{K} x_k \log_2(1 + p_k h_k / z_k) \right] \right.$$

$$\left. - \eta_E \max_{\Delta h_k} \left[\varsigma \sum_{k=1}^{K} p_k + P_c - \eta \sum_{k=1}^{K} (1 - x_k) h_k \sum_{i=1}^{K} p_i \right] \right\}$$

$$= \max_{p_k, x_k} \left\{ \min_{\Delta h_k} \left[\sum_{k=1}^{K} x_k \log_2(1 + p_k h_k / z_k) \right] - \eta_E \left(\varsigma \sum_{k=1}^{K} p_k + P_c \right) \right. \tag{7.64}$$

$$\left. + \{\eta \eta_E\} \sum_{k=1}^{K} (1 - x_k)\bar{h}_k \sum_{i=1}^{K} p_i + \left\{ \eta \eta_E \sum_{i=1}^{K} p_i \right\} \max_{\Delta h_k} \left[\sum_{k=1}^{K} (1 - x_k)\Delta h_k \right] \right\}$$

根据式 (7.59)$\sim$ 式 (7.61)，目标函数可以转换为

$$\max_{p_k, x_k} \sum_{k=1}^{K} x_k \log_2[1 + p_k \tilde{h}_k / z_k(\tilde{h}_k)] - \eta_E \left(\varsigma \sum_{k=1}^{K} p_k + P_c \right)$$

$$+ \left\{ \eta \eta_E \sum_{i=1}^{K} p_i \right\} \left[\sum_{k=1}^{K} (1 - x_k)(\bar{h}_k + \varepsilon) \right] \tag{7.65}$$

式 (7.63) 可以转换为

$$\max_{p_k, x_k} \sum_{k=1}^{K} x_k \log_2[1 + p_k \tilde{h}_k / z_k(\tilde{h}_k)] - \eta_E \left(\varsigma \sum_{k=1}^{K} p_k + P_c \right)$$

$$+ \left\{ \eta \eta_E \sum_{i=1}^{K} p_i \right\} \left[\sum_{k=1}^{K} (1 - x_k)(\bar{h}_k + \varepsilon) \right]$$

s.t. C_3, C_5, C_6

$$C_1 : (1 - x_k) \tilde{h}_k \sum_{i=1}^{K} p_i \geqslant E_k^{\min}$$

$$C_2 : x_k \log_2[1 + p_k \tilde{h}_k / z_k(\tilde{h}_k)] \geqslant R_k^{\min}$$

$$C_4 : \sum_{k=1}^{K} p_k \tilde{g}_{k,m} \leqslant I_m^{\text{th}}$$

(7.66)

由于速率函数的影响,式 (7.66) 依然是个非凸问题。基于连续凸近似方法,SINR 的速率函数可以近似为 $\bar{R}_k = a_k \log_2 \bar{\gamma}_k + b_k$,其中,$a_k = \tilde{\gamma}_k / (1 + \tilde{\gamma}_k)$;$\bar{\gamma}_k = p_k \tilde{h}_k / \left(\tilde{h}_k \sum_{i=k+1}^{K} p_i + \sigma_k \right)$;$b_k = \log_2(1 + \tilde{\gamma}_k) - \dfrac{\tilde{\gamma}_k}{1 + \tilde{\gamma}_k}$。$\tilde{\gamma}_k$ 的初始值为系统参数初始化所对应的值。式 (7.66) 可变为

$$\max_{p_k, x_k} \sum_{k=1}^{K} x_k \bar{R}_k - \eta_E \left(\varsigma \sum_{k=1}^{K} p_k + P_c \right) + \left\{ \eta \eta_E \sum_{i=1}^{K} p_i \right\} \left[\sum_{k=1}^{K} (1 - x_k)(\bar{h}_k + \varepsilon) \right]$$

s.t. C_3, C_5, C_6

$$C_1 : (1 - x_k) \tilde{h}_k \sum_{i=1}^{K} p_i \geqslant E_k^{\min}$$

$$C_2 : x_k \bar{R}_k \geqslant R_k^{\min}$$

$$C_4 : \sum_{k=1}^{K} p_k \tilde{g}_{k,m} \leqslant I_m^{\text{th}}$$

(7.67)

由于约束条件都变成线性约束,因此都是凸约束条件,目标函数中对于变量 $\{p_k\}, \forall k$ 的凸凹性需要通过多变量海森矩阵的正定性来判断。

定理 7.1: 对于确定的参数 η、η_E、ε 和 δ_k,目标函数是关于变量 $p_k, \forall k$ 严格凹函数。

证明: 详见附录 4。

2. 鲁棒功率分配算法设计

根据式 (7.67),可以构建如下多变量拉格朗日函数,即

$$L(\{p_k\}, \{x_k\}, \eta_E, \{\lambda_k\}, \{\beta_k\}, \{\alpha_m\}, \chi, \{\varpi_k\})$$

$$
\begin{aligned}
= &\sum_{k=1}^{K} x_k \bar{R}_k - \eta_E \left(\varsigma \sum_{k=1}^{K} p_k + P_c \right) \\
&+ \left\{ \eta \eta_E \sum_{i=1}^{K} p_i \right\} \sum_{k=1}^{K} (1 - x_k)(\bar{h}_k + \varepsilon) + \sum_{k=1}^{K} \lambda_k \left[(1 - x_k)\bar{h}_k \sum_{i=1}^{K} p_i - E_k^{\min} \right] \\
&+ \sum_{k=1}^{K} \beta_k (x_k \bar{R}_k - R_k^{\min}) + \sum_{m=1}^{M} \alpha_m \left(I_m^{\text{th}} - \sum_{k=1}^{K} p_k \tilde{g}_{k,m} \right) \\
&+ \chi \left(p^{\max} - \sum_{k=1}^{K} p_k \right) + \sum_{k=1}^{K} \varpi_k (1 - x_k)
\end{aligned}
\tag{7.68}
$$

其中, $\lambda_k \geqslant 0$、$\beta_k \geqslant 0$、$\alpha_m \geqslant 0$、$\chi \geqslant 0$ 和 $\varpi_k \geqslant 0$ 是拉格朗日乘子。式 (7.68) 可以写为

$$
\begin{aligned}
&L(\{p_k\}, \{x_k\}, \eta_E, \{\lambda_k\}, \{\beta_k\}, \{\alpha_m\}, \chi, \{\varpi_k\}) \\
&= \sum_{k=1}^{K} L_k(\{p_k\}, \{x_k\}, \eta_E, \{\lambda_k\}, \{\beta_k\}, \{\alpha_m\}, \chi, \{\varpi_k\}) \\
&\quad - \eta_E P_c - \sum_{k=1}^{K} \lambda_k E_k^{\min} - \sum_{k=1}^{K} \beta_k R_k^{\min} + \sum_{m=1}^{M} \alpha_m I_m^{\text{th}} + \chi p^{\max} + \sum_{k=1}^{K} \varpi_k
\end{aligned}
\tag{7.69}
$$

其中,

$$
\begin{aligned}
&L_k(\{p_k\}, \{x_k\}, \eta_E, \{\lambda_k\}, \{\beta_k\}, \{\alpha_m\}, \chi, \{\varpi_k\}) \\
&= (1 + \beta_k) x_k \bar{R}_k - \sum_{m=1}^{M} \alpha_m p_k \tilde{g}_{k,m} \\
&\quad - \varpi_k x_k - \chi p_k + \lambda_k (1 - x_k)\bar{h}_k \sum_{i=1}^{K} p_i - \eta_E \varsigma p_k \\
&\quad + \left\{ \eta \eta_E \sum_{i=1}^{K} p_i \right\} (1 - x_k)(\bar{h}_k + \varepsilon)
\end{aligned}
\tag{7.70}
$$

对于给定的能效 η_E, 式 (7.67) 的对偶问题为

$$
\begin{aligned}
&\min_{\lambda_k, \beta_k, \alpha_m, \chi, \varpi_k} D(\{\lambda_k\}, \{\beta_k\}, \{\alpha_m\}, \chi, \{\varpi_k\}) \\
&\text{s.t.} \ \lambda_k \geqslant 0, \beta_k \geqslant 0, \alpha_m \geqslant 0, \chi \geqslant 0, \varpi_k \geqslant 0
\end{aligned}
\tag{7.71}
$$

其中, 对偶函数为

$$
D(\{\lambda_k\}, \{\beta_k\}, \{\alpha_m\}, \chi, \{\varpi_k\}) = \max_{p_k, x_k} L(\{p_k\}, \{x_k\}, \eta_E, \{\lambda_k\}, \{\beta_k\}, \{\alpha_m\}, \chi, \{\varpi_k\})
\tag{7.72}
$$

从式 (7.71) 和式 (7.72) 可以看出, 对偶分解将原问题转换为两层优化问题: 内层循环求解最优功率 $\{p_k\}$ 和时间切换因子 $\{x_k\}$; 外层迭代更新求解拉格朗日乘子。根据 KKT

条件，可以得到最优功率：

$$p_k^* = \frac{(1 + \beta_k)a_k x_k}{\ln 2 \left(\sum_{m=1}^{M} \alpha_m \tilde{g}_{k,m} + \chi + \varsigma \eta_E - \varphi_k \right)} \tag{7.73}$$

其中，$\varphi_k = (1 - x_k)\{\lambda_k \bar{h}_k + \eta \eta_E(\bar{h}_k + \varepsilon)\}$。根据梯度下降法，拉格朗日乘子更新如下：

$$\beta_k(t + 1) = \left[\beta_k(t) - s_1(t)(x_k \bar{R}_k - R_k^{\min}) \right]^+ \tag{7.74}$$

$$\alpha_m(t + 1) = \left[\alpha_m(t) - s_2(t) \left(I_m^{\text{th}} - \sum_{k=1}^{K} p_k \tilde{g}_{k,m} \right) \right]^+ \tag{7.75}$$

$$\chi(t + 1) = \left[\chi(t) - s_3(t) \left(p^{\max} - \sum_{k=1}^{K} p_k \right) \right]^+ \tag{7.76}$$

其中，$[x]^+ = \max\{0, x\}$；t 为迭代次数；$s_1(t)$、$s_2(t)$ 和 $s_3(t)$ 为正的迭代步长。

3. 鲁棒时间切换控制算法设计

定义 $A_k = \left\{ \eta \eta_E \sum_{i=1}^{K} p_i \right\}(\bar{h}_k + \varepsilon)$，$B = \eta_E \left(\varsigma \sum_{k=1}^{K} p_k + P_c \right)$ 和 $C_k = \tilde{h}_k \sum_{i=1}^{K} p_i$，基于确定的能效和功率参数，式 (7.67) 可以转换为如下功率切换因子优化问题。

$$\max_{x_k} \sum_{k=1}^{K} x_k(\bar{R}_k - A_k) + \sum_{k=1}^{K} A_k - B$$

$$\text{s.t. } C_1 : (1 - x_k)C_k \geqslant E_k^{\min} \tag{7.77}$$

$$C_2 : x_k \bar{R}_k \geqslant R_k^{\min}$$

$$C_5 : 0 \leqslant x_k \leqslant 1$$

基于确定的能效和时间因子，功率分配算法如算法 7.2 所示。根据所求的最优功率，最优能效更新算法如算法 7.3 所示。

算法 7.2　基于对偶理论的迭代功率分配算法

---

1. 定义 $t = 0$，给定能效 η_E 和时间切换系数 x_k，初始化 $\beta_k(0)$、$\alpha_m(0)$、$\chi(0)$、$s_1(0)$、$s_2(0)$ 和 $s_3(0)$；迭代精度参数 π_1 和 π_2；

2. 循环

3. 定义 $n = 1$，初始化功率；

4. 循环

5. 　**For** $k=1{:}1{:}K$

6. 　　根据式 (7.73)，更新发射功率 $p_k(n)$；

7. 　**End For**

8.　　$n = n + 1$

9. **Until** $p_k(n)$ 收敛，即 $\|\boldsymbol{p}(t+1) - \boldsymbol{p}(t)\|_2 \leqslant \pi_1$，其中，$\boldsymbol{p} = [p_1, p_2, \cdots, p_K]^{\mathrm{T}}$。

10.　　$t = t + 1$

11. 根据式 (7.74)$\sim$ 式 (7.76)，更新拉格朗日乘子 $\beta_k(t)$、$\alpha_m(t)$ 和 $\chi(t)$；

12. **Until** β_k、α_m 和 χ 收敛，收敛条件为 $\|\boldsymbol{F}(t+1) - \boldsymbol{F}(t)\|_2 \leqslant \pi_2$，其中，$\boldsymbol{F}(t) = [\beta_k(t), \alpha_m(t), \chi(t)]^{\mathrm{T}}$。

算法 7.3　基于迭代的最优能效更新算法

1. 初始化迭代次数 t 和初始能效 $\eta_E(0)$；设置迭代更新精度 $\pi_3 > 0$；

2. 循环

　　基于给定的能效，根据算法 7.2 求解最优功率；

3. 如果 $\sum\limits_{k=1}^{K} x_k \bar{R}_k(t) - \eta_E(t) \left[\varsigma \sum\limits_{k=1}^{K} p_k(t) + P_c \right] + \left\{ \eta \eta_E(t) \sum\limits_{i=1}^{K} p_i(t) \right\} \sum\limits_{k=1}^{K} (1 - x_k)(\bar{h}_k + \varepsilon) \leqslant \pi_3$ 成立；

4. 则算法收敛，输出此时的最优功率 $p_k^* = p_k(t)$ 和能效 $\eta_E^* = \eta_E(t)$。

5. 否则，算法不收敛，更新迭代次数 $t = t + 1$ 及能效：

$$\eta_E(t+1) = \frac{\sum\limits_{k=1}^{K} x_k \bar{R}_k(t)}{\varsigma \sum\limits_{k=1}^{K} p_k(t) + P_c - \eta \sum\limits_{i=1}^{K} p_i(t) \sum\limits_{k=1}^{K} [(1 - x_k)(\bar{h}_k + \varepsilon)]};$$

6. 直到算法收敛。

式 (7.77) 可以根据函数单调性求解。根据式 (7.77)，最优时间切换因子为

$$x_k = \begin{cases} \max\left(0, 1 - \dfrac{E_k^{\min}}{C_k}\right), & \bar{R}_k \geqslant A_k \\[4mm] \min\left(1, \dfrac{R_k^{\min}}{\bar{R}_k}\right), & \bar{R}_k < A_k \end{cases} \tag{7.78}$$

基于上述结论，功率分配与时间切换的联合优化问题如算法 7.4 所示。

算法 7.4　基于迭代的鲁棒能效最优联合功率分配和时间切换算法

1. 初始化系统参数：信道、用户数、摄动、功率和时间因子；根据式 (7.53) 计算初始能效 $\eta_E(0)$；设置能效迭代精度为 π_3；

2. 循环；

3. 迭代次数更新 $t = t + 1$；

4. 令 $\eta_E(t) = \eta_E(t-1)$[前者为式 (7.68) 的辅助变量]。根据算法 7.2 和算法 7.3 获得发射功率 $p_k^*(t)$ 和能效 $\eta_E^{p,*}(t)$；

5. 将功率 $p_k^*(t)$ 和能效 $\eta_E^{p,*}(t)$ 代入式 (7.77)，并令时间优化能效初始值为 $\eta_E^T(t) = \eta_E^{p,*}$，通过式 (7.78) 来确定最优时间切换因子 $x_k^*(t)$，获得最优能效辅助变量 $\eta_E^{T,*}(t)$；

6. 令最优时间切换问题的能效等于系统能效 $\eta_E(t) = \eta_E^{T,*}(t)$；

7. 直到算法满足收敛条件，$|\eta_E(t+1) - \eta_E(t)| \leqslant \pi_3$。

4. 计算复杂度分析

由于在 NOMA 系统中，用户接收机端的干扰消除与用户设备数量相关，故复杂度为 $\mathcal{O}(K^{2.376})$，又由于 Dinkelbach 方法的计算复杂度与迭代精度和用户数相关，即 $\mathcal{O}\left[\dfrac{1}{\pi_3^2}\log(K)\right]$，根据梯度更新算法式 (7.74)～式 (7.76)，可以得到功率收敛的计算复杂度为 $\mathcal{O}(MK)$。假设 π_1、π_2 决定的最大迭代次数为 T，则总的计算复杂度为 $\mathcal{O}\left(\dfrac{1}{\pi_3^2}TMK^{3.376}\log K\right)$。

5. 鲁棒性分析

为了分析不确定参数对系统性能的确定性影响，描述鲁棒算法和最优算法（即非鲁棒算法）之间的能效差异，本节将分析鲁棒性代价问题，即非鲁棒算法和鲁棒算法效用函数之间的关系。根据鲁棒灵敏度分析可知，在微小摄动因子影响下，可以假设两种算法具有相同的最优功率 p_k^*、x_k^*、η_E^* 和拉格朗日乘子 β_k^*、α_m^*、χ^*。根据式 (7.68) 的拉格朗日函数可以得

$$
\begin{aligned}
L^{\mathrm{robust}}(\cdot) =& \sum_{k=1}^{K} x_k \bar{R}_k - \eta_E\left(\varsigma \sum_{k=1}^{K} p_k + P_c\right) + \left\{\eta\eta_E \sum_{i=1}^{K} p_i\right\} \sum_{k=1}^{K}(1-x_k)(\bar{h}_k + \varepsilon) \\
&+ \sum_{k=1}^{K} \lambda_k\left[(1-x_k)\bar{h}_k \sum_{i=1}^{K} p_i - E_k^{\min}\right] + \sum_{k=1}^{K} \beta_k(x_k \bar{R}_k - R_k^{\min}) \\
&+ \sum_{m=1}^{M} \alpha_m\left(I_m^{\mathrm{th}} - \sum_{k=1}^{K} p_k \tilde{g}_{k,m}\right) + \chi\left(p^{\max} - \sum_{k=1}^{K} p_k\right) + \sum_{k=1}^{K} \varpi_k(1-x_k) \\
\triangleq& \sum_{k=1}^{K}(1+\beta_k^*)x_k^* \bar{R}_k(p_k^*) - \eta_E^*\left(\varsigma \sum_{k=1}^{K} p_k^* + P_c\right) + \left\{\eta\eta_E^* \sum_{i=1}^{K} p_i^*\right\} \sum_{k=1}^{K}(1-x_k^*)\bar{h}_k \\
&+ \sum_{k=1}^{K} \lambda_k^*\left[(1-x_k^*)\bar{h}_k \sum_{i=1}^{K} p_i^* - E_k^{\min}\right] - \sum_{k=1}^{K} \beta_k^* R_k^{\min} + \sum_{m=1}^{M} \alpha_m^*\left(I_m^{\mathrm{th}} - \sum_{k=1}^{K} p_k^* \bar{g}_{k,m}\right) \\
&+ \chi^*\left(p^{\max} - \sum_{k=1}^{K} p_k^*\right) + \sum_{k=1}^{K} \varpi_k^*(1-x_k^*) \\
&+ \left\{\varepsilon\eta\eta_E^* \sum_{i=1}^{K} p_i^* \sum_{k=1}^{K}(1-x_k^*) - \sum_{m=1}^{M} \varepsilon_m \alpha_m^*\left\{\sum_{k=1}^{K} p_k^*\right\}\right\}
\end{aligned}
\tag{7.79}
$$

因为 $\log_2(a+b) \geqslant \log_2 a + \log_2 b$，所以有

$$
\bar{R}_k = a_k \log_2\left(\frac{p_k^* \tilde{h}_k}{\tilde{h}_k \sum\limits_{i=k+1}^{K} p_i^* + \sigma_k}\right) + b_k = a_k \log_2 p_k^* + b_k - a_k \log_2\left(\sum_{i=k+1}^{K} p_i^* + \frac{\sigma_k}{\tilde{h}_k}\right)
\tag{7.80}
$$

$$\leqslant a_k \log_2 p_k^* + b_k - a_k \log_2 \sum_{i=k+1}^{K} p_i^* - a_k \log_2(\sigma_k) + a_k \log_2(\bar{h}_k - \delta_k)$$

根据泰勒展开式得

$$
\begin{aligned}
\bar{R}_k &\leqslant a_k \log_2 p_k^* + b_k - a_k \log_2 \sum_{i=k+1}^{K} p_i^* - a_k \log_2 \sigma_k + a_k \log_2(\bar{h}_k - \delta_k) \\
&\leqslant a_k \log_2 p_k^* + b_k - a_k \log_2 \sum_{i=k+1}^{K} p_i^* - a_k \log_2 \sigma_k + a_k \log_2 \bar{h}_k - \frac{\delta_k}{\ln 2 \bar{h}_k}
\end{aligned}
\tag{7.81}
$$

因此鲁棒优化问题与非鲁棒优化问题的间隙为

$$
\begin{aligned}
L_{\mathrm{gap}} &= L^{\mathrm{robust}}(\cdot) - L^{\mathrm{non-robust}}(\cdot) \leqslant \varepsilon \eta \eta_E^* \sum_{i=1}^{K} p_i^* \sum_{k=1}^{K} (1 - x_k^*) \\
&- \sum_{m=1}^{M} \varepsilon_m \alpha_m^* \left\{ \sum_{k=1}^{K} p_k^* \right\} - \sum_{k=1}^{K} \frac{(1 + \beta_k^*) x_k^* \delta_k}{\ln 2 \bar{h}_k}
\end{aligned}
\tag{7.82}
$$

根据 $L_{\mathrm{gap}}(x_k^*)$ 关于变量 x_k^* 的单调性可以得到最大性能间隙为

$$
L_{\mathrm{gap}} = K \varepsilon \eta \eta_E^* \sum_{i=1}^{K} p_i^* - \sum_{m=1}^{M} \varepsilon_m \alpha_m^* \left\{ \sum_{k=1}^{K} p_k^* \right\}
\tag{7.83}
$$

当 C_4 成立时, MU 得到很好的保护, 则 $\alpha_m^* = 0$, 有

$$
L_{\mathrm{gap}} \geqslant 0
\tag{7.84}
$$

因此 $L^{\mathrm{robust}} \geqslant L^{\mathrm{non-robust}}$, 所提鲁棒资源分配算法的能效大于非鲁棒资源分配算法。

7.2.3 仿真分析

为了验证所提算法的有效性,将和基于非 SWIPT 的最优资源分配算法以及基于 SWIPT 的最优资源分配算法对比。假设系统存在 2 个微蜂窝和 1 个 MU, 宏蜂窝和微蜂窝的蜂窝半径分别为 500m 和 20m, MU 和微蜂窝基站间的最小距离为 50m, 宏用户信道衰落模型为 $(128.1 + 37.6 \log d)$dB, 微蜂窝用户的信道衰落模型为 $(122 + 38 \log d)$dB。其他仿真参数为: 功率放大器效率因子 $\varsigma = 0.38$, 能量收集效率系数 $\eta = 0.1$, 接收机背景噪声为 $\sigma_k = 10^{-8}$mW, 微蜂窝基站最大发射功率阈值为 $p^{\mathrm{max}} = 1$mW, 电路总功率效率 $P_c = 0.02$mW, 最小传输速率需求阈值为 2kbits/s, 最小收集能量需求为 0.02mW。

图 7-8 给出了微蜂窝网络能效与用户最小速率阈值的关系。假设 MU 最大干扰阈值为 0.002mW, 最小能量收集阈值为 0.02mW。仿真结果表明, 随着最小速率阈值的增大, 微蜂窝用户总能效增大。因为速率阈值的提高会使得最小发射功率增加来满足每个用户的服务质量, 使得用户速率得到较大程度的提升, 最终提高了系统总能效。另一方面, 所提算

法在较小参数不确定性下的能效低于较大参数不确定性下的能效。因为随着干扰功率约束中信道不确定性的增加，会降低最大可行的发射功率，从而使得总的功率消耗降低。

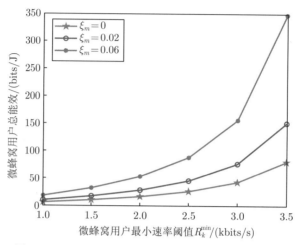

图 7-8　微蜂窝网络能效与用户最小速率阈值的关系

图 7-9 给出了平均时间切换系数与最小能量收集阈值的关系。随着最小能量收集阈值增大，用户的时间切换系数随之减小。从式 (7.79) 可以看出，该能量阈值与用户的时间切换因子呈反比关系。从物理意义上来看，最小能量收集阈值的提升，说明系统侧重于分配更多的时间收集无线信号能量用于上行传输或存储起来，从而降低了用户的有效信息传输时间，且随着用户速率中信道不确定性因子的增加，微蜂窝所有用户的平均时间切换系数延长。

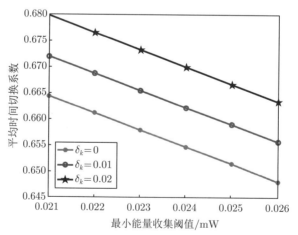

图 7-9　平均时间切换系数与最小能量收集阈值的关系

图 7-10 给出了所提算法与传统非携能通信网络资源分配算法 (without SWIPT)、无线携能网络能效资源分配算法 (with SWIPT) 在系统能效性能方面的对比情况。仿真结果表明，所提算法具有最大的能效性能。因为所提算法同时考虑了能量收集和信道不确定性，

从而使得系统在保证鲁棒性的同时提高系统能效。另外，基于能量收集的资源分配算法的系统能效高于没有考虑能量收集的传统能效资源分配算法。因为能量收集技术可以使得功率消耗得到一定的补偿，从而使得总的功率消耗低于传统算法 (without SWIPT)。

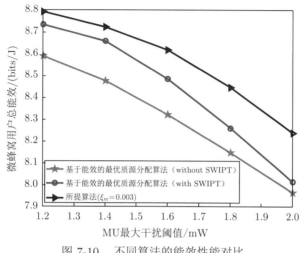

图 7-10　不同算法的能效性能对比

图 7-11 给出了不同算法在随机信道不确定性下的干扰功率情况。假设干扰功率中的信道增益满足 $\Delta g_{k,m} \in [-10\%\bar{g}_{k,m}, +10\%\bar{g}_{k,m}]$，其中，$g_{k,m} = \bar{g}_{k,m} + \Delta g_{k,m}$，$g_{k,m}$ 为微蜂窝网络与 MU 间的实际信道增益；$\bar{g}_{k,m}$ 为信道增益估计值；$\Delta g_{k,m}$ 为估计误差，并且随机产生信道估计误差。干扰功率阈值为 0.0014mW。从图中可以看出，当信道增益过估计时（即 $\bar{g}_{k,m} > g_{k,m}$），使得 MU 实际接收到的干扰功率下降；当信道增益欠估计时（即 $\bar{g}_{k,m} < g_{k,m}$），传统算法使得总的干扰功率超过干扰功率阈值（如信道不确定性大小为 0.02），在该情况下，MU 将发生中断事件。另外，从仿真结果可以看出，所提算法没有超

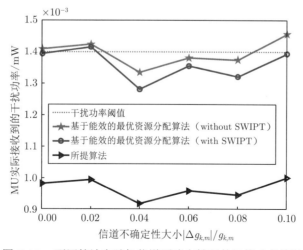

图 7-11　不同算法在随机信道不确定性下的干扰功率情况

过干扰时具有良好的鲁棒性能,从而使得 MU 得到很好的保护,而传统算法都对 MU 带来较大的有害干扰。

7.3 面向物理层安全的异构 SWIPT 网络鲁棒能效优化算法

在过去的几十年中,信息安全主要取决于部署在协议栈上层的加密和解密方法。虽然这种基于加密的安全技术已经被证明在许多情况下是有效的,但是这种方法却严重依赖计算复杂度,因此其计算量特别大,导致计算高复杂性和资源消耗。现有通信系统数据量的增长和高速计算机、并行计算机的发展,对密钥加密法的计算复杂度和密钥管理成本都提出很大的挑战。此时,作为一种可选的安全技术,基于信息论的物理层安全被专家学者提出。它是利用无线信道的固有随机性以及合法信道和窃听信道之间的差异性来保证信息的安全传输。因此,物理层安全成为了 5G 乃至未来通信系统中一种与无线信道的固有物理特征共生、节省资源、具有较低复杂度、易实现的新型安全机制。此外,上一节介绍了 SWIPT 辅助异构网络的鲁棒资源分配算法,SWIPT 技术可以同时提高传输效率,延长能量受限器件的寿命。然而,SWIPT 和物理层安全的引入也给 HetNets 的资源分配问题带来了更多挑战。

在 SWIPT 辅助的异构网络中,现有的资源分配算法大多考虑了完美 CSI 和线性能量采集模型。由于反馈时延、量化误差、估计误差等因素的影响以及二极管、电感和电容的非线性,完美 CSI 和线性能量收集模型是不切实际的。此外,由于多层异构网络的动态拓扑结构,合法用户的信号很容易被窃听者窃听,从而导致信息泄露。本小节建立了一个下行多蜂窝 SWIPT 辅助的异构网络,其中同时考虑了不完美的 CSI、非线性能量采集和功率分流架构。通过联合优化宏蜂窝基站波束成形向量、飞蜂窝基站的波束成形向量和人工噪声向量、功率分流因子来最大化系统总能效。首先,利用丁克尔巴赫方法将分式规划问题转化为相减形式;然后,采用连续凸近似方法和半定松弛法得到等价优化问题;最后,利用 S 程序将具有无限维约束的非凸问题转化为基于线性矩阵不等式的确定性凸问题。此外,本节还分析了所提算法的计算复杂度,同时,所提算法具有较好的鲁棒性和安全性。

7.3.1 系统模型

本节考虑一个两层 SWIPT 辅助异构网络,如图 7-12 所示,其中 N 个飞蜂窝基站部署在一个具有 N_M 根天线的宏蜂窝基站覆盖范围内。飞蜂窝通过下垫式共享模式共享宏蜂窝的频谱资源,同时,每个飞蜂窝中有一个单天线窃听者试图拦截 FU 信息。定义 $\mathcal{N} = \{1, \cdots, N\}(\forall n \in \mathcal{N})$、$\mathcal{K} = \{1, \cdots, K\}(\forall k, j \in \mathcal{K})$、$\mathcal{M} = \{1, \cdots, M\}(\forall m, i \in \mathcal{M})$ 和 $\mathcal{K} = \{1, \cdots, K_n\}$ 分别为飞蜂窝、FU、MU 和窃听者数量的集合。宏蜂窝基站服务 M 个单天线 MU,第 n 个含有 N_F 天线的飞蜂窝基站服务 K_n 单天线 FUs,每个能量受限的 FU 可以采用功率分流协议来获取射频能量。为了实现 FU 的安全通信,在每个飞蜂窝基站上采用人工噪声方法来迷惑窃听者。值得注意的是,可以假设低功耗的 FU 经历了严重的穿墙损耗,因此可以忽略飞蜂窝间的干扰。

第 m 个 MU 的接收信号可以表示为

$$y_m^{\mathrm{M}} = \left(\boldsymbol{h}_{n,m}^{\mathrm{FM}}\right)^{\mathrm{H}} \sum_{n=1}^{N} \left(\boldsymbol{z}_n + \sum_{k=1}^{K_n} \boldsymbol{v}_{n,k} s_{n,k}\right) + \left(\boldsymbol{h}_m^{\mathrm{M}}\right)^{\mathrm{H}} \sum_{m=1}^{M} \boldsymbol{w}_m s_m + n_m^{\mathrm{M}} \tag{7.85}$$

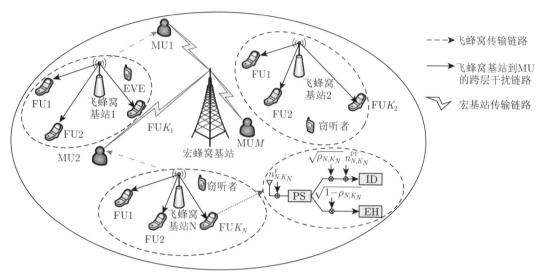

图 7-12　两层 SWIPT 辅助的异构网络下行链路

其中，$\boldsymbol{w}_m \in \mathbb{C}^{N_M \times 1}$ 和 s_m 分别表示从宏蜂窝基站到第 m 个 MU 的波束成形向量和信息符号，$\mathbb{E}\left\{|s_m|^2\right\} = 1$；$\boldsymbol{v}_{n,k} \in \mathbb{C}^{N_F \times 1}$ 和 $s_{n,k}$ 分别表示从第 n 个飞蜂窝基站到第 k 个 MU 的波束成形向量和信息符号，$\mathbb{E}\left\{|s_{n,k}|^2\right\} = 1$；$\boldsymbol{h}_m^{\mathrm{M}} \in \mathbb{C}^{N_M \times 1}$ 和 $\boldsymbol{h}_{n,m}^{\mathrm{FM}} \in \mathbb{C}^{N_F \times 1}$ 分别表示从宏蜂窝基站到第 m 个 MU 和第 n 个飞蜂窝基站到第 m 个 MU 的信道向量；$\boldsymbol{z}_n \in \mathbb{C}^{N_F \times 1}$ 表示第 n 个飞蜂窝基站处的人工噪声向量，$\boldsymbol{z}_n \sim \mathcal{CN}\left(0, \boldsymbol{Z}_n\right)$，$\boldsymbol{Z}_n \succeq \boldsymbol{0}$ 表示人工噪声向量 $\boldsymbol{z}_n$ 的协方差矩阵；$n_m^{\mathrm{M}} \sim \mathcal{CN}\left(0, \delta_m^2\right)$ 表示第 m 个 MU 处的加性高斯白噪声，因此，第 m 个 MU 的信干噪比为

$$\gamma_m^{\mathrm{M}} = \frac{\left|\left(\boldsymbol{h}_m^{\mathrm{M}}\right)^{\mathrm{H}} \boldsymbol{w}_m\right|^2}{\sum_{i \neq m}^{M} \left|\left(\boldsymbol{h}_m^{\mathrm{M}}\right)^{\mathrm{H}} \boldsymbol{w}_i\right|^2 + I_m^{\mathrm{FM}} + \delta_m^2} \tag{7.86}$$

其中，$I_m^{\mathrm{FM}} = \sum_{n=1}^{N} \sum_{k=1}^{K_n} \left|\left(\boldsymbol{h}_{n,m}^{\mathrm{FM}}\right)^{\mathrm{H}} \boldsymbol{v}_{n,k}\right|^2 + \sum_{n=1}^{N} \left|\left(\boldsymbol{h}_{n,m}^{\mathrm{FM}}\right)^{\mathrm{H}} \boldsymbol{z}_n\right|^2$ 表示从飞蜂窝基站到第 m 个 MU 的干扰功率。

在第 n 个飞蜂窝基站的传输信号向量 $\boldsymbol{x}_n = \sum_{k=1}^{K_n} \boldsymbol{v}_{n,k} s_{n,k} + \boldsymbol{z}_n$。考虑人工噪声和宏蜂窝网络的跨层干扰，第 n 个飞蜂窝接收 k 的信号为

$$y_{n,k}^{\mathrm{F}} = \left(\boldsymbol{h}_{n,k}^{\mathrm{F}}\right)^{\mathrm{H}} \left(\sum_{k=1}^{K_n} \boldsymbol{v}_{n,k} s_{n,k} + \boldsymbol{z}_n\right) + \left(\boldsymbol{h}_{n,k}^{\mathrm{MF}}\right)^{\mathrm{H}} \sum_{m=1}^{M} \boldsymbol{w}_m s_m + n_{n,k}^{\mathrm{F}} \tag{7.87}$$

其中，$\boldsymbol{h}_{n,k}^{\mathrm{F}} \in \mathbb{C}^{N_F \times 1}$ 和 $\boldsymbol{h}_{n,k}^{\mathrm{MF}} \in \mathbb{C}^{N_M \times 1}$ 分别表示从第 n 个飞蜂窝基站到第 k 个 MU 和宏蜂窝基站到第 k 个 MU 的信道向量；$n_{n,k}^{\mathrm{F}} \sim \mathcal{CN}\left(0, \delta_{n,k}^2\right)$ 表示第 n 个飞蜂窝中第 k 个 FU 处的加性高斯白噪声。

通过功率分流因子 $\rho_{n,k}$，每个 FU 的接收机接收到的信号能够分成信息解码部分和能量采集部分，因此第 n 个飞蜂窝基站接收到第 k 个 FU 的信息解码信号和能量采集信号分别为

$$
\begin{cases}
y_{n,k}^{\mathrm{ID}} = \sqrt{\rho_{n,k}}\left[\left(\boldsymbol{h}_{n,k}^{\mathrm{F}}\right)^{\mathrm{H}}\left(\sum_{k=1}^{K_n}\boldsymbol{v}_{n,k}s_{n,k}+\boldsymbol{z}_n\right)+\left(\boldsymbol{h}_{n,k}^{\mathrm{MF}}\right)^{\mathrm{H}}\sum_{m=1}^{M}\boldsymbol{w}_m s_m+n_{n,k}^{\mathrm{F}}\right]+n_{n,k}^{\mathrm{PF}} \\
y_{n,k}^{\mathrm{EH}} = \sqrt{1-\rho_{n,k}}\left[\left(\boldsymbol{h}_{n,k}^{\mathrm{F}}\right)^{\mathrm{H}}\sum_{k=1}^{K_n}\boldsymbol{v}_{n,k}s_{n,k}+\left(\boldsymbol{h}_{n,k}^{\mathrm{F}}\right)^{\mathrm{H}}\boldsymbol{z}_n+\left(\boldsymbol{h}_{n,k}^{\mathrm{MF}}\right)^{\mathrm{H}}\sum_{m=1}^{M}\boldsymbol{w}_m s_m+n_{n,k}^{\mathrm{F}}\right]
\end{cases}
$$
$$(7.88)$$

其中，$n_{n,k}^{\mathrm{PF}} \sim \mathcal{CN}\left(0, \delta_{\mathrm{P},nk}^2\right)$ 表示功率分流方式的加性处理噪声。根据式 (7.88)，第 n 个飞蜂窝基站接收到第 k 个 FU 的信干噪比为

$$
\gamma_{n,k}^{\mathrm{F}} = \frac{\rho_{n,k}\left|\left(\boldsymbol{h}_{n,k}^{\mathrm{F}}\right)^{\mathrm{H}}\boldsymbol{v}_{n,k}\right|^2}{\rho_{n,k}\left[I_{n,k}^{\mathrm{F}}+\sum_{m=1}^{M}\left|\left(\boldsymbol{h}_{n,k}^{\mathrm{MF}}\right)^{\mathrm{H}}\boldsymbol{w}_m\right|^2+\delta_{n,k}^2\right]+\delta_{\mathrm{P},nk}^2}
\tag{7.89}
$$

其中，$I_{n,k}^{\mathrm{F}} = \sum_{j \neq k}^{K_n}\left|\left(\boldsymbol{h}_{n,k}^{\mathrm{F}}\right)^{\mathrm{H}}\boldsymbol{v}_{n,j}\right|^2+\left|\left(\boldsymbol{h}_{n,k}^{\mathrm{F}}\right)^{\mathrm{H}}\boldsymbol{z}_n\right|^2$ 表示蜂窝内干扰。

飞蜂窝 n 中的窃听者窃听第 k 个 FU 的信息，窃听者收到的信号为

$$
y_{n,k}^{\mathrm{E}} = \left(\boldsymbol{h}_{n,k}^{\mathrm{FE}}\right)^{\mathrm{H}}\left(\sum_{k=1}^{K_n}\boldsymbol{v}_{n,k}s_{n,k}+\boldsymbol{z}_n\right)+\left(\boldsymbol{h}_{n,k}^{\mathrm{ME}}\right)^{\mathrm{H}}\sum_{m=1}^{M}\boldsymbol{w}_m s_m+n_{n,k}^{\mathrm{E}}
\tag{7.90}
$$

其中，$\boldsymbol{h}_{n,k}^{\mathrm{FE}} \in \mathbb{C}^{N_F \times 1}$ 和 $\boldsymbol{h}_{n,k}^{\mathrm{ME}} \in \mathbb{C}^{N_M \times 1}$ 分别表示从第 n 个飞蜂窝基站到窃听者和宏蜂窝基站到第 n 个飞蜂窝中窃听者的信道向量；$n_{n,k}^{\mathrm{E}} \sim \mathcal{CN}\left(0, \delta_{\mathrm{E},nk}^2\right)$ 表示第 n 个飞蜂窝中窃听者的加性高斯白噪声。

$$
\gamma_{n,k}^{\mathrm{E}} = \frac{\left|\left(\boldsymbol{h}_{n,k}^{\mathrm{FE}}\right)^{\mathrm{H}}\boldsymbol{v}_{n,k}\right|^2}{I_{n,k}^{\mathrm{FE}}+\sum_{m=1}^{M}\left|\left(\boldsymbol{h}_{n,k}^{\mathrm{ME}}\right)^{\mathrm{H}}\boldsymbol{w}_m\right|^2+\delta_{\mathrm{E},nk}^2}
\tag{7.91}
$$

其中，$I_{n,k}^{\mathrm{FE}} = \sum_{j \neq k}^{K_n}\left|\left(\boldsymbol{h}_{n,k}^{\mathrm{FE}}\right)^{\mathrm{H}}\boldsymbol{v}_{n,j}\right|^2+\left|\left(\boldsymbol{h}_{n,k}^{\mathrm{FE}}\right)^{\mathrm{H}}\boldsymbol{z}_n\right|^2$ 表示从第 n 个飞蜂窝基站到第 k 个窃听者的干扰功率。

对于能量采集过程，采用更实用的非线性能量采集模型，如

$$
P_{n,k}^{\mathrm{EH}} = \frac{\dfrac{A}{1+\mathrm{e}^{-a\left(P_{n,k}^{\mathrm{IN}}-b\right)}}-\dfrac{A}{1+\mathrm{e}^{ab}}}{1-\dfrac{1}{1+\mathrm{e}^{ab}}}
\tag{7.92}
$$

其中，A 为能量采集接收机的最大收获功率；a、b 为能量采集电路的特性，如电阻、二极管通断电压等。第 n 个飞蜂窝中第 k 个 FU 的接收功率为

$$P_{n,k}^{\mathrm{IN}} = (1 - \rho_{n,k}) \left[\sum_{m=1}^{M} \left| (\boldsymbol{h}_{n,k}^{\mathrm{MF}})^{\mathrm{H}} \boldsymbol{w}_m \right|^2 + \sum_{k=1}^{K_n} \left| (\boldsymbol{h}_{n,k}^{\mathrm{F}})^{\mathrm{H}} \boldsymbol{v}_{n,k} \right|^2 + \left| (\boldsymbol{h}_{n,k}^{\mathrm{F}})^{\mathrm{H}} \boldsymbol{z}_n \right|^2 \right] \tag{7.93}$$

系统总功耗为

$$P^{\mathrm{SUM}} = \zeta \left[\sum_{m=1}^{M} \|\boldsymbol{w}_m\|^2 + \sum_{n=1}^{N} \left(\sum_{k=1}^{K_n} \|\boldsymbol{v}_{n,k}\|^2 + \|\boldsymbol{z}_n\|^2 \right) \right] + P_c \tag{7.94}$$

其中，$\|\cdot\|$ 表示欧几里得范数；ζ 和 P_c 分别为功率放大系数和电路总功耗。

根据香农容量公式，MU 和 FU 的和速率为

$$R^{\mathrm{SUM}} = \sum_{m=1}^{M} \log_2 \left(1 + \gamma_m^{\mathrm{M}} \right) + \sum_{n=1}^{N} \sum_{k=1}^{K_n} \log_2 \left(1 + \gamma_{n,k}^{\mathrm{F}} \right) \tag{7.95}$$

基于式 (7.89) 和式 (7.91)，第 n 个飞蜂窝中第 k 个 FU 的保密速率为

$$R_{n,k} = \left\{ \log_2 \left(1 + \gamma_{n,k}^{\mathrm{F}} \right) - \log_2 \left(1 + \gamma_{n,k}^{\mathrm{E}} \right) \right\}^+ \tag{7.96}$$

其中，$\{x\}^+$ 表示 $\max\{x, 0\}$。

因此，基于能效最大化的资源分配问题可以描述为

$$\mathrm{P}_1: \max_{\boldsymbol{w}_m, \boldsymbol{v}_{n,k}, \boldsymbol{z}_n, \rho_{n,k}} \frac{R^{\mathrm{SUM}}}{P^{\mathrm{SUM}}}$$

$$\mathrm{s.t.} \ C_1 : \sum_{m=1}^{M} \|\boldsymbol{w}_m\|^2 \leqslant P^{\max}$$

$$C_2 : \sum_{k=1}^{K_n} \|\boldsymbol{v}_{n,k}\|^2 + \|\boldsymbol{z}_n\|^2 \leqslant P_n^{\max}$$

$$C_3 : R_{n,k} \geqslant R_{n,k}^{\min} \tag{7.97}$$

$$C_4 : \gamma_m^{\mathrm{M}} \geqslant \gamma_m^{\min}$$

$$C_5 : P_{n,k}^{\mathrm{EH}} \geqslant \theta_{n,k}^{\min}$$

$$C_6 : 0 < \rho_{n,k} < 1$$

其中，$P^{\max}$ 和 $P_n^{\max}$ 分别表示宏蜂窝基站和第 n 个飞蜂窝基站的最大发射功率阈值；$R_{n,k}^{\min}$ 表示第 n 个飞蜂窝中第 k 个 FU 的最小保密率；$\gamma_m^{\min}$ 表示第 m 个 MU 的最小信干噪比；$\theta_{n,k}^{\min}$ 表示第 n 个飞蜂窝中第 k 个 FU 的最小采集能量；C_1 和 C_2 表示基站的最大发射功率约束；C_3 保证每个 FU 的保密率；C_4 保证每个 MU 的服务质量；C_5 表示每个 FU 采集的能量；C_6 表示每个 FU 功率分流因子的可行区域。

7.3.2　算法设计

1. 信道不确定性集合

在实际的 SWIPT 辅助异构网络中，由于估计误差、反馈延迟和量化误差，很难获得准确的 CSI，因此，P_1 中考虑了信道不确定性。基于有界信道不确定性得

$$
\begin{cases}
\mathcal{R}_{\mathrm{M}} = \left\{ \Delta \boldsymbol{h}_m^{\mathrm{M}} \mid \boldsymbol{h}_m^{\mathrm{M}} = \widehat{\boldsymbol{h}}_m^{\mathrm{M}} + \Delta \boldsymbol{h}_m^{\mathrm{M}} : \left\| \Delta \boldsymbol{h}_m^{\mathrm{M}} \right\| \leqslant \varepsilon_m^{\mathrm{M}} \right\} \\
\mathcal{R}_{\mathrm{FM}} = \left\{ \Delta \boldsymbol{h}_{n,m}^{\mathrm{FM}} \mid \boldsymbol{h}_{n,m}^{\mathrm{FM}} = \widehat{\boldsymbol{h}}_{n,m}^{\mathrm{FM}} + \Delta \boldsymbol{h}_{n,m}^{\mathrm{FM}} : \left\| \Delta \boldsymbol{h}_{n,m}^{\mathrm{FM}} \right\| \leqslant \varepsilon_{n,m}^{\mathrm{FM}} \right\} \\
\mathcal{R}_{\mathrm{F}} = \left\{ \Delta \boldsymbol{h}_{n,k}^{\mathrm{F}} \mid \boldsymbol{h}_{n,k}^{\mathrm{F}} = \widehat{\boldsymbol{h}}_{n,k}^{\mathrm{F}} + \Delta \boldsymbol{h}_{n,k}^{\mathrm{F}} : \left\| \Delta \boldsymbol{h}_{n,k}^{\mathrm{F}} \right\| \leqslant \varphi_{n,k}^{\mathrm{F}} \right\} \\
\mathcal{R}_{\mathrm{MF}} = \left\{ \Delta \boldsymbol{h}_{n,k}^{\mathrm{MF}} \mid \boldsymbol{h}_{n,k}^{\mathrm{MF}} = \widehat{\boldsymbol{h}}_{n,k}^{\mathrm{MF}} + \Delta \boldsymbol{h}_{n,k}^{\mathrm{MF}} : \left\| \Delta \boldsymbol{h}_{n,k}^{\mathrm{MF}} \right\| \leqslant \varphi_{n,k}^{\mathrm{MF}} \right\} \\
\mathcal{R}_{\mathrm{FE}} = \left\{ \Delta \boldsymbol{h}_{n,k}^{\mathrm{FE}} \mid \boldsymbol{h}_{n,k}^{\mathrm{FE}} = \widehat{\boldsymbol{h}}_{n,k}^{\mathrm{FE}} + \Delta \boldsymbol{h}_{n,k}^{\mathrm{FE}} : \left\| \Delta \boldsymbol{h}_{n,k}^{\mathrm{FE}} \right\| \leqslant \psi_{n,k}^{\mathrm{FE}} \right\} \\
\mathcal{R}_{\mathrm{ME}} = \left\{ \Delta \boldsymbol{h}_{n,k}^{\mathrm{ME}} \mid \boldsymbol{h}_{n,k}^{\mathrm{ME}} = \widehat{\boldsymbol{h}}_{n,k}^{\mathrm{ME}} + \Delta \boldsymbol{h}_{n,k}^{\mathrm{ME}} : \left\| \Delta \boldsymbol{h}_{n,k}^{\mathrm{ME}} \right\| \leqslant \psi_{n,k}^{\mathrm{ME}} \right\}
\end{cases}
\tag{7.98}
$$

其中，$\mathcal{R}_{\mathrm{M}}$、$\mathcal{R}_{\mathrm{FM}}$、$\mathcal{R}_{\mathrm{F}}$、$\mathcal{R}_{\mathrm{MF}}$、$\mathcal{R}_{\mathrm{FE}}$ 和 $\mathcal{R}_{\mathrm{ME}}$ 表示凸不确定性集合；$\widehat{\boldsymbol{h}}_m^{\mathrm{M}}$、$\widehat{\boldsymbol{h}}_{n,m}^{\mathrm{FM}}$、$\widehat{\boldsymbol{h}}_{n,k}^{\mathrm{F}}$、$\widehat{\boldsymbol{h}}_{n,k}^{\mathrm{MF}}$、$\widehat{\boldsymbol{h}}_{n,k}^{\mathrm{FE}}$ 和 $\widehat{\boldsymbol{h}}_{n,k}^{\mathrm{ME}}$ 表示估计信道向量；$\Delta \boldsymbol{h}_m^{\mathrm{M}}$、$\Delta \boldsymbol{h}_{n,m}^{\mathrm{FM}}$、$\Delta \boldsymbol{h}_{n,k}^{\mathrm{F}}$、$\Delta \boldsymbol{h}_{n,k}^{\mathrm{MF}}$、$\Delta \boldsymbol{h}_{n,k}^{\mathrm{FE}}$ 和 $\Delta \boldsymbol{h}_{n,k}^{\mathrm{ME}}$ 表示相应的估计误差；$\varepsilon_m^{\mathrm{M}}$、$\varepsilon_{n,m}^{\mathrm{FM}}$、$\varphi_{n,k}^{\mathrm{F}}$、$\varphi_{n,k}^{\mathrm{MF}}$、$\psi_{n,k}^{\mathrm{FE}}$ 和 $\psi_{n,k}^{\mathrm{ME}}$ 表示估计误差的上界。

2. P_1 的鲁棒对应问题

基于 P_1 和式 (7.98)，鲁棒优化问题为

$$
P_2: \max_{\boldsymbol{w}_m, \boldsymbol{v}_{n,k}, \boldsymbol{z}_n, \rho_{n,k}} \frac{R^{\mathrm{SUM}}}{P^{\mathrm{SUM}}}
$$

$$
\text{s.t.} \quad C_1, C_2, C_6
$$

$$
\bar{C}_3: \min_{\substack{\Delta \boldsymbol{h}_{n,k}^{\mathrm{F}}, \Delta \boldsymbol{h}_{n,k}^{\mathrm{MF}}, \\ \Delta \boldsymbol{h}_{n,k}^{\mathrm{FE}}, \Delta \boldsymbol{h}_{n,k}^{\mathrm{ME}},}} R_{n,k} \geqslant R_{n,k}^{\min}
$$

$$
\bar{C}_4: \min_{\Delta \boldsymbol{h}_m^{\mathrm{M}}, \Delta \boldsymbol{h}_{n,m}^{\mathrm{FM}}} \gamma_m^{\mathrm{M}} \geqslant \gamma_m^{\min}
\tag{7.99}
$$

$$
\bar{C}_5: \min_{\Delta \boldsymbol{h}_{n,k}^{\mathrm{F}}, \Delta \boldsymbol{h}_{n,k}^{\mathrm{MF}}} P_{n,k}^{\mathrm{EH}} \geqslant \theta_{n,k}^{\min}
$$

$$
C_7: \begin{array}{l}
\Delta \boldsymbol{h}_m^{\mathrm{M}} \in \mathcal{R}_{\mathrm{M}}, \Delta \boldsymbol{h}_{n,m}^{\mathrm{FM}} \in \mathcal{R}_{\mathrm{FM}}, \Delta \boldsymbol{h}_{n,k}^{\mathrm{MF}} \in \mathcal{R}_{\mathrm{MF}} \\
\Delta \boldsymbol{h}_{n,k}^{\mathrm{F}} \in \mathcal{R}_{\mathrm{F}}, \Delta \boldsymbol{h}_{n,k}^{\mathrm{FE}} \in \mathcal{R}_{\mathrm{FE}}, \Delta \boldsymbol{h}_{n,k}^{\mathrm{ME}} \in \mathcal{R}_{\mathrm{ME}}
\end{array}
$$

由于信道不确定性的影响，P_2 属于无穷维优化问题，求解的关键是将其转化为确定性问题。

3. 鲁棒约束的确定性转化

$\bar{C}_4$ 的转化：定义 $\boldsymbol{W}_m = \boldsymbol{w}_m \boldsymbol{w}_m^{\mathrm{H}}$ 和 $\boldsymbol{V}_{n,k} = \boldsymbol{v}_{n,k} \boldsymbol{v}_{n,k}^{\mathrm{H}}$，$\bar{C}_4$ 转化为

$$
\left(\Delta \boldsymbol{h}_m^{\mathrm{M}} \right)^{\mathrm{H}} \boldsymbol{B}_1 \Delta \boldsymbol{h}_m^{\mathrm{M}} + 2\mathrm{Re} \left\{ \left(\widehat{\boldsymbol{h}}_m^{\mathrm{M}} \right)^{\mathrm{H}} \boldsymbol{B}_1 \Delta \boldsymbol{h}_m^{\mathrm{M}} \right\}
$$

$$+ \left(\widehat{\boldsymbol{h}}_m^{\mathrm{M}}\right)^{\mathrm{H}} \boldsymbol{B}_1 \widehat{\boldsymbol{h}}_m^{\mathrm{M}} - \left(\boldsymbol{h}_{n,m}^{\mathrm{FM}}\right)^{\mathrm{H}} \boldsymbol{C}_1 \boldsymbol{h}_{n,m}^{\mathrm{FM}} - \gamma_m^{\min}\delta_m^2 \geqslant 0 \tag{7.100}$$

其中，$\boldsymbol{C}_1 = \gamma_m^{\min} \sum\limits_{n=1}^{N} \left(\sum\limits_{k=1}^{K_n} \boldsymbol{V}_{n,k} + \boldsymbol{Z}_n \right)$；$\boldsymbol{B}_1 = \boldsymbol{W}_m - \gamma_m^{\min} \sum\limits_{i\neq m}^{M} \boldsymbol{W}_i$。由于式 (7.100) 仍属于无限维约束，求解具有挑战性。

为了处理式 (7.100)，我们引入如下引理 7.1。

引理 7.1 (S 程序)：定义 $f_i(\boldsymbol{x}) \triangleq \boldsymbol{x}^{\mathrm{H}}\boldsymbol{A}_i\boldsymbol{x} + 2\mathrm{Re}\{\boldsymbol{b}_i^{\mathrm{H}}\boldsymbol{x}\} + c_i, i = 1, 2$，其中，$\boldsymbol{A}_i \in \mathbb{C}^{N\times N}$ 是一个厄尔米特矩阵；$\boldsymbol{b}_i \in \mathbb{C}^{N\times 1}$；$\boldsymbol{x} \in \mathbb{C}^{N\times 1}, c_i \in \mathbb{R}$。当且仅当以下公式成立时，$f_1(\boldsymbol{x}) \leqslant 0 \Rightarrow f_2(\boldsymbol{x}) \leqslant 0$ 成立。

$$\lambda \left[\begin{array}{cc} \boldsymbol{A}_1 & \boldsymbol{b}_1 \\ \boldsymbol{b}_1^{\mathrm{H}} & c_1 \end{array}\right] - \left[\begin{array}{cc} \boldsymbol{A}_2 & \boldsymbol{b}_2 \\ \boldsymbol{b}_2^{\mathrm{H}} & c_2 \end{array}\right] \succeq \boldsymbol{0} \tag{7.101}$$

通过利用引理 7.1，线性矩阵不等式

$$\left[\begin{array}{cc} \lambda_1 \boldsymbol{I}_{N_M} + \boldsymbol{B}_1 & \boldsymbol{B}_1 \widehat{\boldsymbol{h}}_m^{\mathrm{M}} \\ \left(\widehat{\boldsymbol{h}}_m^{\mathrm{M}}\right)^{\mathrm{H}} \boldsymbol{B}_1 & -\left(\boldsymbol{h}_{n,m}^{\mathrm{FM}}\right)^{\mathrm{H}} \boldsymbol{C}_1 \boldsymbol{h}_{n,m}^{\mathrm{FM}} + X_1 \end{array}\right] \succeq \boldsymbol{0} \tag{7.102}$$

成立。其中，$\lambda_1 \geqslant 0$ 是松弛变量；$X_1 = \left(\widehat{\boldsymbol{h}}_m^{\mathrm{M}}\right)^{\mathrm{H}} \boldsymbol{B}_1 \widehat{\boldsymbol{h}}_m^{\mathrm{M}} - \gamma_m^{\min}\delta_m^2 - \bar{\lambda}_1 \left(\varepsilon_m^{\mathrm{M}}\right)^2$。由于 $\boldsymbol{h}_{n,m}^{\mathrm{FM}}$ 中信道不确定性，式 (7.102) 仍然是非凸的。

为了进一步处理式 (7.102)，引入引理 7.2。

引理 7.2：如果 $\boldsymbol{D} \succeq \boldsymbol{0}$ 成立，$\boldsymbol{H}_j(j \in \{1,\cdots,6\})$ 满足：

$$\left[\begin{array}{cc} \boldsymbol{H}_1 & \boldsymbol{H}_2 + \boldsymbol{H}_3 \boldsymbol{X} \\ (\boldsymbol{H}_2 + \boldsymbol{H}_3 \boldsymbol{X})^{\mathrm{H}} & \boldsymbol{H}_4 + \boldsymbol{X}^{\mathrm{H}}\boldsymbol{H}_5 + \boldsymbol{H}_5^{\mathrm{H}}\boldsymbol{X} + \boldsymbol{X}^{\mathrm{H}}\boldsymbol{H}_6\boldsymbol{X} \end{array}\right] \succeq \boldsymbol{0} \tag{7.103}$$

$$\forall \boldsymbol{X} : \boldsymbol{I} - \boldsymbol{X}^{\mathrm{H}}\boldsymbol{D}\boldsymbol{X} \succeq \boldsymbol{0}$$

该公式等价于

$$\left[\begin{array}{ccc} \boldsymbol{H}_1 & \boldsymbol{H}_2 & \boldsymbol{H}_3 \\ \boldsymbol{H}_2^{\mathrm{H}} & \boldsymbol{H}_4 & \boldsymbol{H}_5 \\ \boldsymbol{H}_3^{\mathrm{H}} & \boldsymbol{H}_5^{\mathrm{H}} & \boldsymbol{H}_6 \end{array}\right] - \beta \left[\begin{array}{ccc} \boldsymbol{0} & \boldsymbol{0} & \boldsymbol{0} \\ \boldsymbol{0} & \boldsymbol{I} & \boldsymbol{0} \\ \boldsymbol{0} & \boldsymbol{0} & -\boldsymbol{D} \end{array}\right] \succeq \boldsymbol{0} \tag{7.104}$$

其中，$\beta \geqslant 0$ 表示松弛变量；$\boldsymbol{I}$ 表示单位阵，基于式 (7.103) 和式 (7.104)，式 (7.108) 能够重新写为

$$\left[\begin{array}{ccc} \lambda_1 \boldsymbol{I}_{N_M} + \boldsymbol{B}_1 & \boldsymbol{B}_1 \widehat{\boldsymbol{h}}_m^{\mathrm{M}} & \boldsymbol{0}_{N_M \times N_F} \\ \left(\widehat{\boldsymbol{h}}_m^{\mathrm{M}}\right)^{\mathrm{H}} \boldsymbol{B}_1 & Y_1 & -\left(\widehat{\boldsymbol{h}}_{n,m}^{\mathrm{FM}}\right)^{\mathrm{H}} \boldsymbol{C}_1 \\ \boldsymbol{0}_{N_F \times N_M} & -\boldsymbol{C}_1 \widehat{\boldsymbol{h}}_{n,m}^{\mathrm{FM}} & -\boldsymbol{C}_1 + \dfrac{\mu_1}{\left(\varepsilon_{n,m}^{\mathrm{FM}}\right)^2} \boldsymbol{I}_{N_F} \end{array}\right] \succeq \boldsymbol{0} \tag{7.105}$$

其中，$Y_1 = X_1 - \left(\widehat{\boldsymbol{h}}_{n,m}^{\mathrm{FM}}\right)^{\mathrm{H}} \boldsymbol{C}_1 \widehat{\boldsymbol{h}}_{n,m}^{\mathrm{FM}} - \mu_1$，$\mu_1 \geqslant 0$ 是松弛变量。

$\bar{C}_5$ 的转化：基于式 (7.92) 和式 (7.93)，$\bar{C}_5$ 变成

$$\min_{\Delta \boldsymbol{h}_{n,k}^{\mathrm{F}}, \Delta \boldsymbol{h}_{n,k}^{\mathrm{MF}}} \left[\left(\boldsymbol{h}_{n,k}^{\mathrm{MF}}\right)^{\mathrm{H}} \boldsymbol{B}_2 \boldsymbol{h}_{n,k}^{\mathrm{MF}} + \left(\boldsymbol{h}_{n,k}^{\mathrm{F}}\right)^{\mathrm{H}} \boldsymbol{C}_2 \boldsymbol{h}_{n,k}^{\mathrm{F}} \right] \geqslant \frac{B\left(\theta_{n,k}^{\min}\right)}{1 - \rho_{n,k}} \tag{7.106}$$

其中，$B\left(\theta_{n,k}^{\min}\right) = b - \dfrac{1}{a} \ln \left[\dfrac{A\left(1 + \mathrm{e}^{ab}\right)}{\left(\theta_{n,k}^{\min} + \dfrac{A}{\mathrm{e}^{ab}}\right) \mathrm{e}^{ab}} - 1 \right]$；$\boldsymbol{B}_2 = \displaystyle\sum_{m=1}^{M} \boldsymbol{W}_m$；$\boldsymbol{C}_2 = \displaystyle\sum_{k=1}^{K_n} \boldsymbol{V}_{n,k} + \boldsymbol{Z}_n$。

与式 (7.105) 相同，式 (7.106) 可以重写为

$$\begin{bmatrix} \lambda_2 \boldsymbol{I}_{N_M} + \boldsymbol{B}_2 & \boldsymbol{B}_2 \widehat{\boldsymbol{h}}_{n,k}^{\mathrm{MF}} & \boldsymbol{0}_{N_M \times N_F} \\ \left(\widehat{\boldsymbol{h}}_{n,k}^{\mathrm{MF}}\right)^{\mathrm{H}} \boldsymbol{B}_2 & Y_2 & \left(\widehat{\boldsymbol{h}}_{n,k}^{\mathrm{F}}\right)^{\mathrm{H}} \boldsymbol{C}_2 \\ \boldsymbol{0}_{N_F \times N_M} & \boldsymbol{C}_2 \widehat{\boldsymbol{h}}_{n,k}^{\mathrm{F}} & \boldsymbol{C}_2 + \dfrac{\mu_2}{\left(\varphi_{n,k}^{\mathrm{F}}\right)^2} \boldsymbol{I}_{N_F} \end{bmatrix} \succeq \boldsymbol{0} \tag{7.107}$$

其中，$\lambda_2 \geqslant 0$、$\mu_2 \geqslant 0$ 为松弛变量；$Y_2 = X_2 + \left(\widehat{\boldsymbol{h}}_{n,k}^{\mathrm{F}}\right)^{\mathrm{H}} \boldsymbol{C}_2 \widehat{\boldsymbol{h}}_{n,k}^{\mathrm{F}} - \mu_2$，$X_2 = \left(\widehat{\boldsymbol{h}}_m^{\mathrm{MF}}\right)^{\mathrm{H}} \boldsymbol{B}_2 \widehat{\boldsymbol{h}}_m^{\mathrm{MF}} - \dfrac{B\left(\theta_{n,k}^{\min}\right)}{1 - \rho_{n,k}} - \lambda_2 \left(\varphi_{n,k}^{\mathrm{MF}}\right)^2$。

可达速率的转化：为了处理目标函数和 $\bar{C}_3$ 的速率的非凸性，考虑下面的变量松弛。

$$\frac{\alpha_m}{\beta_m} \geqslant 2^{r_m^{\mathrm{M}}} - 1 \tag{7.108}$$

$$\frac{\nu_{n,k}}{\phi_{n,k}} \geqslant 2^{r_{n,k}^{\mathrm{F}}} - 1 \tag{7.109}$$

$$\frac{\chi_{n,k}}{\omega_{n,k}} \leqslant 2^{r_{n,k}^{\mathrm{E}}} - 1 \tag{7.110}$$

$$\alpha_m \leqslant \min_{\Delta \boldsymbol{h}_m^{\mathrm{M}}} \left(\boldsymbol{h}_m^{\mathrm{M}}\right)^{\mathrm{H}} \boldsymbol{W}_m \boldsymbol{h}_m^{\mathrm{M}} \tag{7.111}$$

$$\nu_{n,k} \leqslant \min_{\Delta \boldsymbol{h}_{n,k}^{\mathrm{F}}} \left(\boldsymbol{h}_{n,k}^{\mathrm{F}}\right)^{\mathrm{H}} \boldsymbol{V}_{n,k} \boldsymbol{h}_{n,k}^{\mathrm{F}} \tag{7.112}$$

$$\chi_{n,k} \geqslant \max_{\Delta \boldsymbol{h}_{n,k}^{\mathrm{FE}}} \left(\boldsymbol{h}_{n,k}^{\mathrm{FE}}\right)^{\mathrm{H}} \boldsymbol{V}_{n,k} \boldsymbol{h}_{n,k}^{\mathrm{FE}} \tag{7.113}$$

$$\beta_m \geqslant \max_{\Delta \boldsymbol{h}_m^{\mathrm{M}}, \Delta \boldsymbol{h}_{n,m}^{\mathrm{FM}}} \left(\boldsymbol{h}_m^{\mathrm{M}}\right)^{\mathrm{H}} \sum_{i \neq m}^{M} \boldsymbol{W}_i \boldsymbol{h}_m^{\mathrm{M}} + \left(\boldsymbol{h}_{n,m}^{\mathrm{FM}}\right)^{\mathrm{H}} \sum_{n=1}^{N} \left(\boldsymbol{Z}_n + \sum_{k=1}^{K_n} \boldsymbol{V}_{n,k}\right) \boldsymbol{h}_{n,m}^{\mathrm{FM}} + \delta_m^2 \tag{7.114}$$

$$\phi_{n,k} \geqslant \max_{\Delta \boldsymbol{h}_{n,k}^{\mathrm{MF}}, \Delta \boldsymbol{h}_{n,k}^{\mathrm{F}}} \left[\left(\boldsymbol{h}_{n,k}^{\mathrm{F}}\right)^{\mathrm{H}} \left(\boldsymbol{Z}_n + \sum_{j \neq k}^{K_n} \boldsymbol{V}_{n,j}\right) \boldsymbol{h}_{n,k}^{\mathrm{F}} + \left(\boldsymbol{h}_{n,k}^{\mathrm{MF}}\right)^{\mathrm{H}} \sum_{m=1}^{M} \boldsymbol{W}_m \boldsymbol{h}_{n,k}^{\mathrm{MF}} + \delta_{n,k}^2 + \frac{\delta_{\mathrm{P},nk}^2}{\rho_{n,k}} \right] \tag{7.115}$$

$$\min_{\Delta \boldsymbol{h}_{n,k}^{\mathrm{ME}}, \Delta \boldsymbol{h}_{n,k}^{\mathrm{FE}}} \left[\left(\boldsymbol{h}_{n,k}^{\mathrm{FE}} \right)^{\mathrm{H}} \left(\sum_{j \neq k}^{K_n} \boldsymbol{V}_{n,j} + \boldsymbol{Z}_n \right) \boldsymbol{h}_{n,k}^{\mathrm{FE}} + \left(\boldsymbol{h}_{n,k}^{\mathrm{ME}} \right)^{\mathrm{H}} \sum_{m=1}^{M} \boldsymbol{W}_m \boldsymbol{h}_{n,k}^{\mathrm{ME}} + \delta_{\mathrm{E},nk}^2 \right] \tag{7.116}$$

其中，r_m^{M}、$r_{n,k}^{\mathrm{F}}$、$r_{n,k}^{\mathrm{E}}$、α_m、β_m、$\nu_{n,k}$、$\phi_{n,k}$、$\chi_{n,k}$ 和 $\omega_{n,k}$ 是松弛变量。

然而，式 (7.108)~式 (7.110) 仍然是非凸约束。为处理式 (7.108) 的非凸性，利用连续凸近似方法和泰勒级数展开项，式 (7.108) 近似为

$$\begin{cases} \alpha_m \geqslant \mathrm{e}^{x_m^1}, x_m^1 - x_m^2 \geqslant x_m^3 \\ \beta_m \leqslant \mathrm{e}^{\bar{x}_m^2} \left(x_m^2 - \bar{x}_m^2 + 1 \right) \\ 2^{r_m^{\mathrm{M}}} - 1 \leqslant \mathrm{e}^{\bar{x}_m^3} \left(x_m^3 - \bar{x}_m^3 + 1 \right) \end{cases} \tag{7.117}$$

其中，x_m^1、x_m^2 和 x_m^3 为松弛变量；$\bar{x}_m^2$ 和 $\bar{x}_m^3$ 分别为 x_m^2 和 x_m^3 前一次迭代。附录 5 给出了推导过程。同样的，式 (7.109) 和式 (7.110) 可以近似为

$$\begin{cases} \nu_{n,k} \geqslant \mathrm{e}^{y_{n,k}^1}, y_{n,k}^1 - y_{n,k}^2 \geqslant y_{n,k}^3 \\ \phi_{n,k} \leqslant \mathrm{e}^{\bar{y}_{n,k}^2} \left(y_{n,k}^2 - \bar{y}_{n,k}^2 + 1 \right) \\ 2^{r_{n,k}^{\mathrm{F}}} - 1 \leqslant \mathrm{e}^{\bar{y}_{n,k}^3} \left(y_{n,k}^3 - \bar{y}_{n,k}^3 + 1 \right) \end{cases} \tag{7.118}$$

$$\begin{cases} \omega_{n,k} \geqslant \mathrm{e}^{z_{n,k}^2}, z_{n,k}^1 - z_{n,k}^2 \leqslant z_{n,k}^3 \\ \chi_{n,k} \leqslant \mathrm{e}^{\bar{z}_{n,k}^1} \left(z_{n,k}^1 - \bar{z}_{n,k}^1 + 1 \right) \\ 2^{\bar{r}_{n,k}^{\mathrm{E}}} \left[\left(r_{n,k}^{\mathrm{E}} - \bar{r}_{n,k}^{\mathrm{E}} \right) \ln 2 + 1 \right] - 1 \geqslant \mathrm{e}^{z_{n,k}^3} \end{cases} \tag{7.119}$$

式 (7.118) 和式 (7.119) 中，$y_{n,k}^1$、$y_{n,k}^2$、$y_{n,k}^3$、$z_{n,k}^1$、$z_{n,k}^2$ 和 $z_{n,k}^3$ 表示松弛变量；$\bar{y}_{n,k}^2$、$\bar{y}_{n,k}^3$、$\bar{z}_{n,k}^1$ 和 $\bar{r}_{n,k}^{\mathrm{E}}$ 分别表示 $y_{n,k}^2$、$y_{n,k}^3$、$z_{n,k}^1$ 和 $r_{n,k}^{\mathrm{E}}$ 的前一次迭代。

和式 (7.105)、式 (7.107) 类似，式 (7.111)~式 (7.116) 能够被转化为

$$\begin{bmatrix} \lambda_3 \boldsymbol{I}_{N_M} + \boldsymbol{W}_m & \boldsymbol{W}_m \widehat{\boldsymbol{h}}_m^{\mathrm{M}} \\ \left(\widehat{\boldsymbol{h}}_m^{\mathrm{M}} \right)^{\mathrm{H}} \boldsymbol{W}_m & X_3 \end{bmatrix} \succeq \boldsymbol{0} \tag{7.120}$$

$$\begin{bmatrix} \lambda_4 \boldsymbol{I}_{N_F} + \boldsymbol{V}_{n,k} & \boldsymbol{V}_{n,k} \widehat{\boldsymbol{h}}_{n,k}^{\mathrm{F}} \\ \left(\widehat{\boldsymbol{h}}_{n,k}^{\mathrm{F}} \right)^{\mathrm{H}} \boldsymbol{V}_{n,k} & X_4 \end{bmatrix} \succeq \boldsymbol{0} \tag{7.121}$$

$$\begin{bmatrix} \lambda_5 \boldsymbol{I}_{N_F} - \boldsymbol{V}_{n,k} & -\boldsymbol{V}_{n,k} \widehat{\boldsymbol{h}}_{n,k}^{\mathrm{FE}} \\ - \left(\widehat{\boldsymbol{h}}_{n,k}^{\mathrm{FE}} \right)^{\mathrm{H}} \boldsymbol{V}_{n,k} & X_5 \end{bmatrix} \succeq \boldsymbol{0} \tag{7.122}$$

$$\begin{bmatrix} \lambda_6 \boldsymbol{I}_{N_M} + \boldsymbol{B}_3 & \boldsymbol{B}_3 \widehat{\boldsymbol{h}}_m^{\mathrm{M}} & \boldsymbol{0}_{N_M \times N_F} \\ \left(\widehat{\boldsymbol{h}}_m^{\mathrm{M}} \right)^{\mathrm{H}} \boldsymbol{B}_3 & Y_3 & \left(\widehat{\boldsymbol{h}}_{n,m}^{\mathrm{FM}} \right)^{\mathrm{H}} \boldsymbol{C}_3 \\ \boldsymbol{0}_{N_F \times N_M} & \boldsymbol{C}_3 \widehat{\boldsymbol{h}}_{n,m}^{\mathrm{FM}} & \boldsymbol{C}_3 + \dfrac{\mu_3}{\left(\varepsilon_{n,m}^{\mathrm{FM}} \right)^2} \boldsymbol{I}_{N_F} \end{bmatrix} \succeq \boldsymbol{0} \tag{7.123}$$

$$\begin{bmatrix} \lambda_7 \boldsymbol{I}_{N_F} + \boldsymbol{B}_4 & \boldsymbol{B}_4 \widehat{\boldsymbol{h}}_{n,k}^{\mathrm{F}} & \boldsymbol{0}_{N_F \times N_M} \\ \left(\widehat{\boldsymbol{h}}_{n,k}^{\mathrm{F}}\right)^{\mathrm{H}} \boldsymbol{B}_4 & Y_4 & \left(\widehat{\boldsymbol{h}}_{n,k}^{\mathrm{MF}}\right)^{\mathrm{H}} \boldsymbol{C}_4 \\ \boldsymbol{0}_{N_M \times N_F} & \boldsymbol{C}_4 \widehat{\boldsymbol{h}}_{n,k}^{\mathrm{MF}} & \boldsymbol{C}_4 + \dfrac{\mu_4}{\left(\varphi_{n,k}^{\mathrm{MF}}\right)^2} \boldsymbol{I}_{N_M} \end{bmatrix} \succeq \boldsymbol{0} \tag{7.124}$$

$$\begin{bmatrix} \lambda_8 \boldsymbol{I}_{N_F} + \boldsymbol{B}_5 & \boldsymbol{B}_5 \widehat{\boldsymbol{h}}_{n,k}^{\mathrm{FE}} & \boldsymbol{0}_{N_F \times N_M} \\ \left(\widehat{\boldsymbol{h}}_{n,k}^{\mathrm{FE}}\right)^{\mathrm{H}} \boldsymbol{B}_5 & Y_5 & \left(\widehat{\boldsymbol{h}}_{n,k}^{\mathrm{ME}}\right)^{\mathrm{H}} \boldsymbol{C}_5 \\ \boldsymbol{0}_{N_M \times N_F} & \boldsymbol{C}_5 \widehat{\boldsymbol{h}}_{n,k}^{\mathrm{ME}} & \boldsymbol{C}_5 + \dfrac{\mu_5}{\left(\psi_{n,k}^{\mathrm{N}}\right)^2} \boldsymbol{I}_{N_M} \end{bmatrix} \succeq \boldsymbol{0} \tag{7.125}$$

式 (7.120)$\sim$ 式 (7.125) 中，$\lambda_f (f \in \{3, \cdots, 8\})$；$\mu_o (o \in \{3, 4, 5\})$；$\boldsymbol{B}_3 = -\sum\limits_{i \neq m}^{M} \boldsymbol{W}_i$；$\boldsymbol{C}_3 = -\sum\limits_{n=1}^{N} \left(\sum\limits_{k=1}^{K_n} \boldsymbol{V}_{n,k} + \boldsymbol{Z}_n\right)$；$\boldsymbol{B}_4 = -\sum\limits_{j \neq k}^{K_n} \boldsymbol{V}_{n,j} - \boldsymbol{Z}_n$；$\boldsymbol{C}_4 = -\boldsymbol{B}_2$；$\boldsymbol{B}_5 = -\boldsymbol{B}_4$；$\boldsymbol{C}_5 = \boldsymbol{B}_2$；

$X_3 = \left(\widehat{\boldsymbol{h}}_m^{\mathrm{M}}\right)^{\mathrm{H}} \boldsymbol{W}_m \widehat{\boldsymbol{h}}_m^{\mathrm{M}} - \alpha_m - \lambda_3 \left(\varepsilon_m^{\mathrm{M}}\right)^2$；$X_4 = \left(\widehat{\boldsymbol{h}}_{n,k}^{\mathrm{F}}\right)^{\mathrm{H}} \boldsymbol{V}_{n,k} \widehat{\boldsymbol{h}}_{n,k}^{\mathrm{F}} - \nu_{n,k} - \lambda_5 \left(\varphi_{n,k}^{\mathrm{F}}\right)^2$；$X_5 = -\left(\widehat{\boldsymbol{h}}_{n,k}^{\mathrm{FE}}\right)^{\mathrm{H}} \boldsymbol{V}_{n,k} \widehat{\boldsymbol{h}}_{n,k}^{\mathrm{FE}} + \chi_{n,k} - \lambda_7 \left(\psi_{n,k}^{\mathrm{FE}}\right)^2$；$Y_3 = \left(\widehat{\boldsymbol{h}}_m^{\mathrm{M}}\right)^{\mathrm{H}} \boldsymbol{B}_3 \widehat{\boldsymbol{h}}_m^{\mathrm{M}} - \delta_m^2 + \beta_m - \lambda_4 \left(\varepsilon_m^{\mathrm{M}}\right)^2 + \left(\widehat{\boldsymbol{h}}_{n,m}^{\mathrm{FM}}\right)^{\mathrm{H}} \boldsymbol{C}_3 \widehat{\boldsymbol{h}}_{n,m}^{\mathrm{FM}} - \mu_3$；$Y_4 = \left(\widehat{\boldsymbol{h}}_{n,k}^{\mathrm{F}}\right)^{\mathrm{H}} \boldsymbol{B}_4 \widehat{\boldsymbol{h}}_{n,k}^{\mathrm{F}} - \delta_{n,k}^2 - \dfrac{\delta_{\mathrm{P},nk}^2}{\rho_{n,k}} + \phi_{n,k} - \lambda_6 \left(\varphi_{n,k}^{\mathrm{F}}\right)^2 + \left(\widehat{\boldsymbol{h}}_{n,k}^{\mathrm{MF}}\right)^{\mathrm{H}} \boldsymbol{C}_4 \widehat{\boldsymbol{h}}_{n,k}^{\mathrm{MF}} - \mu_4$；$Y_5 = \left(\widehat{\boldsymbol{h}}_{n,k}^{\mathrm{FE}}\right)^{\mathrm{H}} \boldsymbol{B}_5 \widehat{\boldsymbol{h}}_{n,k}^{\mathrm{FE}} + \delta_{\mathrm{E},nk}^2 - \omega_{n,k} - \lambda_8 \left(\psi_{n,k}^{\mathrm{FE}}\right)^2 + \left(\widehat{\boldsymbol{h}}_{n,k}^{\mathrm{ME}}\right)^{\mathrm{H}} \boldsymbol{C}_5 \widehat{\boldsymbol{h}}_{n,k}^{\mathrm{ME}} - \mu_5$。

定义 $\Theta \triangleq \left\{r_m^{\mathrm{M}}, r_{n,k}^{\mathrm{F}}, r_{n,k}^{\mathrm{E}}, \alpha_m, \beta_m, \nu_{n,k}, \phi_{n,k}, \chi_{n,k}, \omega_{n,k}\right\}$，$\Lambda \triangleq \left(\lambda_1, \lambda_2, \{\lambda_f\}, \mu_1, \mu_2, \{\mu_o\}\right)$。$\mathrm{P}_2$ 可变为

$$\mathrm{P}_3: \max_{\rho_{n,k}, \Theta, \Upsilon, \Lambda, \boldsymbol{w}_m, \boldsymbol{v}_{n,k}, \boldsymbol{z}_n} \frac{\bar{R}^{\mathrm{SUM}}}{\bar{P}^{\mathrm{SUM}}}$$

s.t. $C_6, \tilde{C}_4$：式 (7.105)，$\tilde{C}_5$：式 (7.107)，C_8：式 (7.117)，式 (7.120)，式 (7.123)

$$\bar{C}_1: \sum_{m=1}^{M} \mathrm{Tr}\left(\boldsymbol{W}_m\right) \leqslant P^{\max}$$

$$\bar{C}_2: \sum_{k=1}^{K_n} \mathrm{Tr}\left(\boldsymbol{V}_{n,k}\right) + \mathrm{Tr}\left(\boldsymbol{Z}_n\right) \leqslant P_n^{\max} \tag{7.126}$$

$$\tilde{C}_3: r_{n,k}^{\mathrm{F}} - r_{n,k}^{\mathrm{E}} \geqslant R_{n,k}^{\min}，式 (7.118)，式 (7.119)，式 (7.121) \sim 式 (7.124)$$

$$C_9: \boldsymbol{W}_m \succeq \boldsymbol{0}, \boldsymbol{V}_{n,k} \succeq \boldsymbol{0}, \boldsymbol{Z}_n \succeq \boldsymbol{0}$$

$$C_{10}: \mathrm{Rank}\left(\boldsymbol{W}_m\right) = \mathrm{Rank}\left(\boldsymbol{V}_{n,k}\right) = 1$$

其中, $\bar{P}^{\text{SUM}} = P_c + \zeta \left\{ \sum_{m=1}^{M} \text{Tr}\left(\boldsymbol{W}_m\right) + \sum_{n=1}^{N} \left[\sum_{k=1}^{K_n} \text{Tr}\left(\boldsymbol{V}_{n,k}\right) + \text{Tr}\left(\boldsymbol{Z}_n\right) \right] \right\}$; $\bar{R}^{\text{SUM}} = \sum_{m=1}^{M} r_m^{\text{M}} +$

$\sum_{n=1}^{N} \sum_{k=1}^{K_n} r_{n,k}^{\text{F}}$。$P_3$ 仍然是一个分数阶非线性规划问题, 因此, 获得最优解具有挑战性。

4. 目标函数的转换

根据 Dinkelbach 方法, 将目标函数转化为减法形式:

$$f(\eta) = \bar{R}^{\text{SUM}} - \eta \bar{P}^{\text{SUM}} \tag{7.127}$$

其中, $\eta > 0$ 为辅助变量。很明显, 当 η 趋于正无穷时, $f(\eta) < 0$, 否则 $f(\eta) \geqslant 0$, 因此 $f(\eta)$ 是关于 η 的严格递减凸函数。假设 $\boldsymbol{W}_m^*$、$\boldsymbol{V}_{n,k}^*$、$\boldsymbol{Z}_n^*$、$\rho_{n,k}^*$ 为最优解, 最大能效能够通过以下公式获得。

$$f\left(\eta^*\right) = \bar{R}^{\text{SUM}}\left(\boldsymbol{W}_m^*, \boldsymbol{V}_{n,k}^*, \boldsymbol{Z}_n^*, \rho_{n,k}^*\right) - \eta^* \bar{P}^{\text{SUM}}\left(\boldsymbol{W}_m^*, \boldsymbol{V}_{n,k}^*, \boldsymbol{Z}_n^*\right) = 0 \tag{7.128}$$

其中, 辅助变量为

$$\eta^* = \frac{\bar{R}^{\text{SUM}}\left(\boldsymbol{W}_m^*, \boldsymbol{V}_{n,k}^*, \boldsymbol{Z}_n^*, \rho_{n,k}^*\right)}{\bar{P}^{\text{SUM}}\left(\boldsymbol{W}_m^*, \boldsymbol{V}_{n,k}^*, \boldsymbol{Z}_n^*\right)} \tag{7.129}$$

应用半定松弛法, 忽略秩一约束 C_{10}, P_3 可以重写为

$$\begin{aligned} P_4: \max_{\boldsymbol{w}_m, \boldsymbol{v}_{n,k}, \boldsymbol{z}_n, \rho_{n,k}, \Theta, \Upsilon, \Lambda} \quad & \bar{R}^{\text{SUM}} - \eta \bar{P}^{\text{SUM}} \\ \text{s.t.} \quad & \bar{C}_1, \bar{C}_2, \tilde{C}_3, \tilde{C}_4, \tilde{C}_5, C_6, C_8, C_9 \end{aligned} \tag{7.130}$$

P_4 不是凸的, 因为式 (7.108) 分母中的 $1 - \rho_{n,k}$ 和式 (7.125) 中的 $\rho_{n,k}$ 是耦合变量。引入辅助变量 $u_{n,k} = \dfrac{1}{\rho_{n,k}}$, $w_{n,k} = \dfrac{1}{1 - \rho_{n,k}}$, 有 $u_{n,k} \geqslant \dfrac{1}{\rho_{n,k}}$, $w_{n,k} \geqslant \dfrac{1}{1 - \rho_{n,k}}$。这时, P_4 是一个凸优化问题, 可以用 CVX 求解。此外, 当 $\text{Rank}(\boldsymbol{W}_m) = 1$、$\text{Rank}(\boldsymbol{V}_{n,k}) = 1$ 成立时, 可以使用特征值分解方法得到最优的 $\boldsymbol{W}_m^*$、$\boldsymbol{V}_{n,k}^*$; 当 $\text{Rank}(\boldsymbol{W}_m) > 1$、$\text{Rank}(\boldsymbol{V}_{n,k}) > 1$ 成立时, 可以使用高斯随机化方法得到近似解。所提算法如算法 7.5 所示。

算法 7.5 迭代资源分配算法

1. 初始化系统参数 N、M、K_n、δ_m^2、$\delta_{n,k}^2$、$\delta_{\text{P},nk}^2$、$\delta_{\text{E},nk}^2$、$\hat{\boldsymbol{h}}_m^{\text{M}}$、$\hat{\boldsymbol{h}}_{n,m}^{\text{FM}}$、$\hat{\boldsymbol{h}}_{n,k}^{\text{F}}$、$\hat{\boldsymbol{h}}_{n,k}^{\text{MF}}$、$\hat{\boldsymbol{h}}_{n,k}^{\text{FE}}$、$\hat{\boldsymbol{h}}_{n,k}^{\text{ME}}$、$P_c$ 和 ζ, 阈值 $\gamma_m^{\min}$、$\theta_{n,k}^{\min}$、$R_{n,k}^{\min}$、$P^{\max}$ 和 $P_n^{\max}$, 估计误差上界 ε_m^{M}、$\varepsilon_{n,m}^{\text{FM}}$、$\varphi_{n,k}^{\text{F}}$、$\varphi_{n,k}^{\text{MF}}$、$\psi_{n,k}^{\text{FE}}$ 和 $\psi_{n,k}^{\text{ME}}$, 辅助变量 $\bar{x}_m^2$、$\bar{x}_m^3$、$\bar{y}_{n,k}^2$、$\bar{y}_{n,k}^3$、$\bar{z}_{n,k}^1$ 和 $\bar{r}_{n,k}^{\text{E}}$。
2. 设置最大迭代次数 $L_{\max}$, 收敛精度 ϖ, 初始化迭代次数 $l = 0$。
3. **While** $\left| \dfrac{\sum\limits_{m=1}^{M} r_m^{\text{M}}(l) + \sum\limits_{n=1}^{N} \sum\limits_{k=1}^{K_n} r_{n,k}^{\text{F}}(l)}{\bar{P}^{\text{SUM}}(l)} - \eta(l-1) \right| > \varpi$ 或 $l \leqslant L_{\max}$ **do**
4. 求解 P_4, 获得 $\boldsymbol{W}_m$、$\boldsymbol{V}_{n,k}$、$\boldsymbol{Z}$ 和 $\rho_{n,k}$;
5. $l = l + 1$;

6. $\eta(l) = \dfrac{\sum\limits_{m=1}^{M} r_m^{\mathrm{M}}(l-1) + \sum\limits_{n=1}^{N}\sum\limits_{k=1}^{K_n} r_{n,k}^{\mathrm{F}}(l-1)}{\bar{P}^{\mathrm{SUM}}(l-1)}$；

7. **End While**

8. 基于特征值分解方法获得 $\boldsymbol{w}_m^*$ 和 $\boldsymbol{v}_{n,k}^*$。

5. 收敛性分析

对 $\rho_{n,k}$ 采用变松弛法和半定松弛法求解后，P_4 是一个凸优化问题。根据以上分析，每次迭代得到的最优目标值减小或保持不变，同时由于能效为正，最优目标值的下界为零，因此算法收敛。

6. 复杂度分析

通过对 P_4 的分析，该问题计算复杂度的构成如表 7-1 所示。算法 7.5 的计算复杂度为

$$
\mathcal{O}\left\{ \frac{\sqrt{\tilde{\beta}(\tilde{\kappa})}\tilde{C}}{\varpi^2} \log_2\left(L_{\max}\right) \ln\left(\frac{1}{\tilde{\varepsilon}}\right) \right\} \tag{7.131}
$$

其中，ϖ 和 $L_{\max}$ 分别表示收敛精度和 Dinkelbach 方法的迭代次数；$\tilde{\beta}$、$\tilde{C}$ 和 $\tilde{\varepsilon}$ 分别表示障碍参数、每次迭代开销和 P_4 解的精度。附录 6 给出了推导过程。

表 7-1　计算复杂度分析 $(\bar{N}_F = N_F + N_M + 1)$

变量 (维数, 个数)	正半定约束 (维数, 个数)
	$\left(\bar{N}_F,\, 2M + 3\sum\limits_{n=1}^{N} K_n\right)$
	$(N_M + 1,\, M)$
$(N_M,\, M)$	$\left(N_F + 1,\, 2\sum\limits_{n=1}^{N} K_n\right)$
$\left(N_F,\, \sum\limits_{n=1}^{N} K_n + N\right)$	$(N_M,\, M)$
$\left(1,\, 11M + 23\sum\limits_{n=1}^{N} K_n\right)$	$\left(N_F,\, \sum\limits_{n=1}^{N} K_n + N\right)$
	$\left(1,\, 9M + 21\sum\limits_{n=1}^{N} K_n + N + 1\right)$

7.3.3　仿真分析

含人工噪声非鲁棒算法：资源分配与 P_1 相同，不考虑信道不确定性（如 $\varepsilon_m^{\mathrm{M}} = 0$，$\boldsymbol{Z}_n \neq 0$）。

无人工噪声鲁棒算法：资源分配与 P_1 相同，但是没有考虑窃听者（如 $\varepsilon_m^{\mathrm{M}} \neq 0$，$\boldsymbol{Z}_n = 0$）。

非保密算法：资源分配与 P_1 相同，但是没有考虑保密约束 C_3。

仿真设置：网络中有一个宏蜂窝基站和两个飞蜂窝基站。宏蜂窝基站和每个飞蜂窝基站的覆盖半径分别为 500m 和 20m。不同飞蜂窝基站间的最小距离为 40m。此外，信道

模型包括大规模衰落模型和小规模衰落模型。大尺度衰落模型 $D = A_0(d/d_0)^{-\alpha}$，其中，$A_0 = 1$；d 表示给定用户到其连接基站的距离；参考距离 d_0 为 20m；$\alpha = 3$ 表示路径损耗指数。小尺度衰落模型服从零均值、单位方差的复高斯分布。其他参数：$N_M = N_F = 4$，$M = N = K_1 = K_2 = 2$，$P^{\max} = 10\text{W}$，$P_n^{\max} = 0.1\text{W}$，$\gamma_m^{\min} = 0.5$，$R_{n,k}^{\min} = 0.2(\text{bit/s})/\text{Hz}$，$\theta_{n,k}^{\min} = 0.1\text{mW}$，$\delta^2 = \delta_m^2 = \delta_{n,k}^2 = \delta_{\text{P},nk}^2 = \delta_{\text{E},nk}^2 = 10^{-8}\text{W}$，$\zeta = 1$，$P_c = 0.1\text{W}$，$L_{\max} = 10^4$，$\varpi = 10^{-6}$，$A = 24\text{mW}$，$a = 150$，$b = 0.024$。估计误差的上界在 $[0,0.3]$ 内。

图 7-13 给出了所提算法在不同信道下的收敛性。可以看出，系统总能效随着迭代次数的增加而增加；所提算法在 10 次迭代内收敛，表明其具有良好的收敛性。

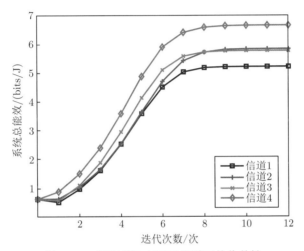

图 7-13　所提算法在不同信道下的收敛性

图 7-14 给出了信道不确定性 $\Delta \boldsymbol{h}_{n,k}^{\text{F}}$ 对系统总能效的影响。可以看出，总能效随着 $\Delta \boldsymbol{h}_{n,k}^{\text{F}}$ 的增大而减小，这是因为 $\Delta \boldsymbol{h}_{n,k}^{\text{F}}$ 越大，说明第 n 个飞蜂窝基站与第 k 个 FU 之间的信道估计误差越大，导致系统性能下降。在相同的 $\Delta \boldsymbol{h}_{n,k}^{\text{F}}$ 下，总能效随着 $\psi_{n,k}^{\text{FE}}$ 的增加

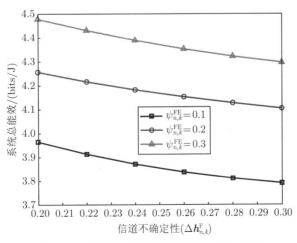

图 7-14　系统总能效与信道不确定性的关系

而增加，这是因为较大的 $\psi_{n,k}^{\text{FE}}$ 意味着第 n 个飞蜂窝基站与窃听者之间存在更多的信道估计误差，从而降低了窃听者的接收信干噪比。

图 7-15 给出了不同算法下系统总能效与飞蜂窝基站最大发射功率的关系。可以看出，由于用户数据速率的提高快于总功耗的提高，总能效随着最大发射功率 $(P_n^{\max})$ 的增加而增加，当 $P_n^{\max}$ 进一步增加时，总能效趋于稳定；在相同的 $P_n^{\max}$ 下，所提算法的能效最高，非鲁棒算法的能效最低，这是因为所提算法忽略了信道不确定性的影响，从而导致通信中断。此外，每个飞蜂窝基站上的人工噪声不仅被认为是对窃听者的干扰功率，而且还为 FU 提供无线能量。

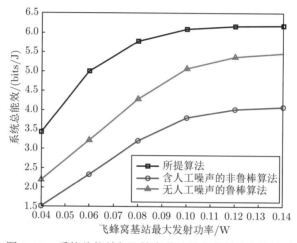

图 7-15　系统总能效与飞蜂窝基站最大发射功率的关系

图 7-16 给出了不同算法下系统总能效与 FU 能量采集阈值 $\theta_{n,k}^{\min}$ 的关系。可以看出，总能效与 $\theta_{n,k}^{\min}$ 呈单调递减函数关系。实际上，飞蜂窝基站需要发射更多的功率才能保证最

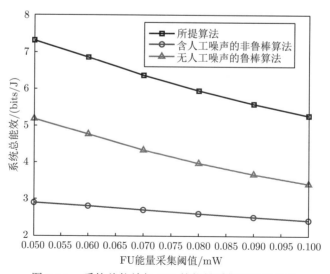

图 7-16　系统总能效与 FU 的能量采集阈值的关系

小的能量采集需求，这导致了更多的功率消耗，从而降低了总能效。在相同的 $\theta_{n,k}^{\min}$ 条件下，所提算法能效最高，这验证了所提算法的优越性。

图 7-17 给出了不同算法下 FU 的保密速率与信道不确定性 $\Delta\boldsymbol{h}_{n,k}^{\mathrm{F}}$ 的关系。可以看出，保密速率随着 $\Delta\boldsymbol{h}_{n,k}^{\mathrm{F}}$ 的增大而减小。随着 $\Delta\boldsymbol{h}_{n,k}^{\mathrm{F}}$ 的增大，参数扰动变大，每个 FU 的可达速率会降低，另一方面，当 $\Delta\boldsymbol{h}_{n,k}^{\mathrm{F}}$ 达到一定值时，非保密算法下的保密速率低于最小速率阈值 $R_{n,k}^{\min}$。此外，所提算法的保密速率在 $R_{n,k}^{\min}$ 以上，表明所提算法能够很好地保证每个 FU 的安全性。

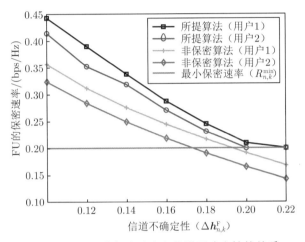

图 7-17　FU 的保密速率与信道不确定性的关系

图 7-18 给出了不同算法下 MU 的接收信干噪比与信道不确定性 $\Delta\boldsymbol{h}_m^{\mathrm{M}}$ 的关系。很明显，MU 处接收到的信干噪比随着 $\Delta\boldsymbol{h}_m^{\mathrm{M}}$ 的增大而减小，因为 $\Delta\boldsymbol{h}_m^{\mathrm{M}}$ 越大，估计的信道增益距离真实值就越远，从而降低了 MU 的信干噪比，另一方面，无人工噪声的鲁棒算法下 MU 的接收信干噪比最好。然而，该算法下 MU 的接收信干噪比略小于无人工噪声鲁棒算

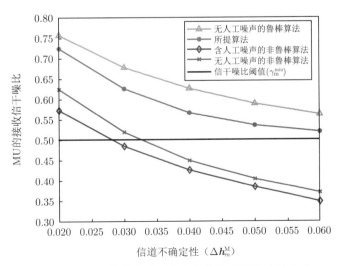

图 7-18　MU 的接收信干噪比与信道不确定性的关系

法下的接收信干噪比。事实上，人工噪声注入算法提高了系统的安全性，其代价是对 MU 的干扰更大，此外，鲁棒算法能够很好地保证 MU 的服务质量，而当 Δh_m^{M} 变大时，非鲁棒算法下 MU 的信干噪比小于 $\gamma_m^{\min}$。

7.4　本 章 小 结

在 7.1 节中，针对基于能效最大的异构 NOMA 网络稳健资源分配问题进行研究。考虑了小蜂窝用户的 QoS 约束、小蜂窝基站最大发射功率约束、MU 干扰功率约束以及资源块分配约束，建立了多用户能效最大的资源分配问题。针对原非凸问题难以求得解析解，利用凸松弛法、Dinkelbach 法和连续凸近似法，将原问题转化成等价的凸优化问题，并通过拉格朗日对偶法求得解析解。所提算法具有良好的能效和鲁棒性。

在 7.2 节中，对基于 NOMA 的异构携能通信网络鲁棒功率分配和时间优化策略进行研究。考虑用户 QoS 约束和最小能量收集约束，建立基于有界信道不确定性的鲁棒能效最大化资源分配模型。利用 Dinkelbach 方法将分式目标函数转换为总数据速率与加权总能量消耗相减的形式；利用 worst-case 方法和柯西不等式，将原问题转换为确定性的优化问题；根据连续凸近似方法将该问题转换为凸优化问题，利用拉格朗日对偶理论和梯度更新方法得到闭式解，并分析了算法的计算复杂度和鲁棒灵敏度。所提算法具有较好的鲁棒性和能效性能。

在 7.3 节中，针对非线性能量采集模型和不完美的 CSI 情况，研究了下行安全异构 SWIPT 网络中总能效最大化的鲁棒波束成形问题。通过联合优化宏蜂窝基站和飞蜂窝基站的波束成形向量、FU 的功率分流因子和飞蜂窝基站的人工噪声向量，提出了一种基于能效的迭代资源分配算法来求解以上问题。所提波束成形算法在总能效和系统安全性方面具有优越性。

第 8 章　基于统计 CSI 的异构无线网络鲁棒资源分配问题

一般来讲，解决信道不确定性的鲁棒资源分配技术主要分为两类。其中一类是最坏情况法（worst-case approach），不确定性参数被假设在一个有界不确定性集合范围内，优化问题在最坏参数影响条件下进行，因此，这种建模方法虽然能够提高系统的鲁棒性，但也会极大地降低系统的性能。为此，本章采用随机优化理论，即参数不确定性被建模为高斯随机变量，不确定性约束被建模为中断概率约束。

8.1　异构 OFDMA 网络鲁棒吞吐量优化算法

在第 7 章中，异构网络的鲁棒资源分配算法主要集中在有界不确定性。即假设不确定参数的瞬时值被最坏情况下的上边界（如椭球不确定集）所约束，其目的是获得最坏情况下的鲁棒性。在实际通信系统中，不确定性上界有时候不容易得到，只能获得不确定参数的统计特性，因此研究基于统计 CSI 的异构无线网络资源分配也是一个非常重要的问题。在基于统计 CSI 的场景中，随机方法通常被用来假设 CSI 或信道估计误差的统计信息在发射机处是已知的，寻找有一定中断概率的次优方案，如概率 SINR 约束。

本小节建立了一个两层 HetNet 的多用户资源分配模型。假设系统无法获得干扰链路和信号链路的完美 CSI，将 MU 的跨层干扰约束和每个 FU 的最小速率约束的信道不确定性表述为概率约束。与传统的伯恩斯坦近似方法的高计算复杂度不同，在本小节中，基于中断的干扰和速率约束都通过一些代数变换转化为闭式近似，通过使用拉格朗日对偶分解和次梯度算法来解决鲁棒混合整数规划问题，并给出了所提算法的计算复杂度，通过与现有的鲁棒功率控制算法进行比较，验证所提出的算法的性能。

8.1.1　系统模型

考虑一个由 M 个微蜂窝用户组成的多用户 OFDM 上行链路 HetNet，通过 K 个子载波与飞蜂窝基站进行通信。如图 8-1 所示，FU 可以通过家庭基站机会性地利用 MU 的频谱资源。请注意，M 和 K 都是根据活跃用户的数量和可用的空闲子载波动态变化的，分别定位为 $m \in \mathcal{M} \triangleq \{1, 2, \cdots, M\}$ 和 $k \in \mathcal{K} \triangleq \{1, 2, \cdots, K\}$。假设基站（base station，BS）和用户设备都有单天线，$K \geqslant M$，每个子载波的带宽被假定为 B Hz，远小于无线信道的相干带宽，用户会经历一个平坦衰减。

基于香农定理，第 m 个 FU 在子载波 k 上的数据速率为

$$r_{m,k} = B\rho_{m,k} \log_2 \left(1 + \frac{p_{m,k} h_{m,k}}{\sigma_{m,k}}\right) \tag{8.1}$$

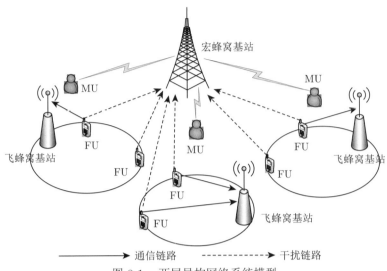

图 8-1　两层异构网络系统模型

其中，$p_{m,k}$ 表示第 m 个 FU 在子载波 k 上的发射功率；$h_{m,k}$ 表示第 m 个 FU 在子载波 k 上的直接信道增益；$\sigma_{m,k}$ 表示第 m 个 FU 在子载波 k 上的噪声功率；$\rho_{m,k}$ 表示第 m 个 FU 被分配到子载波 k 上，$\rho_{m,k}$ 只能是 1 或 0，表示该子载波 k 是否被第 m 个 FU 占用。

由于第 m 个 FU 发射机的电池容量的限制，每个 FU 的发射功率不是无限的，其约束条件表示为

$$\sum_{k=1}^{K} \rho_{m,k} p_{m,k} \leqslant p_m^{\max}, \forall m \in \mathcal{M} \tag{8.2}$$

其中，$p_m^{\max}$ 是第 m 个 FU 的最大发射功率。

同时，数据速率应满足最低要求，以保护第 m 个 FU 的 QoS，即

$$\sum_{k=1}^{K} r_{m,k} \geqslant R_m^{\min}, \forall m \in \mathcal{M} \tag{8.3}$$

其中，$R_m^{\min}$ 表示第 m 个 FU 的最小速率需求。

从飞蜂窝网络到 MU 接收机的总跨层干扰约束可以表示为

$$\sum_{m=1}^{M} \sum_{k=1}^{K} \rho_{m,k} p_{m,k} g_{m,k} \leqslant I^{\mathrm{th}} \tag{8.4}$$

其中，$g_{m,k}$ 表示子载波 k 上第 m 个 FU 到 MU 的接收机的信道增益；I^{th} 表示 MU 的干扰阈值。

基于和速率最大化的功率分配问题可以写为

$$\max_{\rho_{m,k},p_{m,k}} \sum_{m=1}^{M} \sum_{k=1}^{K} r_{m,k}$$

$$\text{s.t.} \quad C_1 : \sum_{k=1}^{K} \rho_{m,k} = 1, \forall m \in \mathcal{M}$$

$$C_2 : \sum_{k=1}^{K} \rho_{m,k} p_{m,k} \leqslant p_m^{\max}, \forall m \in \mathcal{M}$$

$$C_3 : \sum_{k=1}^{K} r_{m,k} \geqslant R_m^{min}, \forall m \in \mathcal{M} \tag{8.5}$$

$$C_4 : \sum_{m=1}^{M} \sum_{k=1}^{K} \rho_{m,k} p_{m,k} g_{m,k} \leqslant I^{\text{th}}$$

$$C_5 : \rho_{m,k} \in \{0,1\}, \forall m \in \mathcal{M}, k \in \mathcal{K}$$

其中，C_1 确保每个子载波 k 只分配给一个 FU；$\rho_{m,k} = 1$ 表示第 k 个子载波被第 m 个 FU 使用；C_2 表示第 m 个 FU 在子载波上的传输功率约束；C_3 可以保证每个 FU 的 QoS；C_4 表示对 MU 接收机的总干扰功率。带有整数变量 $\rho_{m,k} = 1$ 的问题是一个非凸的混合整数规划问题。假设 MU 可以向 FU 提供信道增益 $g_{m,k}$ 的反馈信息，这意味着信道增益可以被 FU 准确估计。目前 HetNets 的功率分配大多集中在完美 CSI 下的最优功率控制。

在实践中，由于估计误差和量化误差，信道不确定性是不可避免的，这对 MU 造成了有害干扰。为了避免 MU 性能的下降，应事先考虑有信道不确定性的功率分配。考虑到 FU 和 MU 的 QoS 鲁棒功率分配目前还没有被研究。由于飞蜂窝网络和宏蜂窝网络之间缺乏合作，精确估计 FU 发射机到 MU 接收机的信道增益 $g_{m,k}$ 非常困难。在本小节中，我们的目标是设计一个鲁棒的功率分配（power allocation，PA）和子载波分配方案，以确保在信道不确定情况下 FU 和 MU 的通信质量，因此，将约束条件 C_3 和 C_4 重新表述为概率形式。带有中断概率约束的 PA 问题 [式 (8.5)] 被表述为

$$\max_{\rho_{m,k}, p_{m,k}} \sum_{m=1}^{M} \sum_{k=1}^{K} r_{m,k}$$

$$\text{s.t.} \quad C_1, C_2, C_5$$

$$C_6 : \Pr\left\{ \sum_{k=1}^{K} r_{m,k} < R_m^{\min} \right\} \leqslant \xi_m, \forall m \in \mathcal{M} \tag{8.6}$$

$$C_7 : \Pr\left\{ \sum_{m=1}^{M} \sum_{k=1}^{K} \rho_{m,k} p_{m,k} g_{m,k} > I^{\text{th}} \right\} \leqslant \varepsilon$$

其中，C_6 和 C_7 都确保 MU 和 FU 的 QoS 在中断概率分别小于中断概率阈值 ξ_m 和 ε。一般来说，式 (8.6) 是一个具有挑战性的优化问题，因为概率干扰约束 (即 C_6 和 C_7) 是难以解决的，而且不是凸的。

8.1.2 算法设计

因为 OFDMA 技术的特点，不同的子载波之间没有相互干扰，所以每个 FU 的数据对于所有的子载波都是相互独立的。定义速率集：

$$\mathbb{R}^k = \left\{ r_{m,k} \leqslant R_m^{\min} \right\} \tag{8.7}$$

$$\bar{\mathbb{R}} = \left\{ \sum_{k=1}^{K} r_{m,k} \leqslant R_m^{\min} \right\} \tag{8.8}$$

由上定义可知，集合 $\bar{\mathbb{R}}$ 是 $\mathbb{R}^k$ 交集的子集，即

$$\bar{\mathbb{R}} \subset \mathbb{R} = \mathbb{R}^1 \cap \mathbb{R}^2 \cap \cdots \mathbb{R}^K \tag{8.9}$$

根据概率论，有以下关系：

$$\Pr\left\{ \bar{\mathbb{R}} \right\} \leqslant \Pr\left\{ \mathbb{R} \right\} = \prod_{k=1}^{K} \Pr\left\{ \mathbb{R}^k \right\} \tag{8.10}$$

则

$$\Pr\left\{ \sum_{k=1}^{K} r_{m,k} \leqslant R_m^{\min} \right\} \leqslant \prod_{k=1}^{K} \Pr\left\{ r_{m,k} \leqslant R_m^{\min} \right\} \tag{8.11}$$

如果概率约束上界满足中断概率要求，根据最坏情况法，随机约束 C_6 满足，有

$$\max \Pr\left\{ \sum_{k=1}^{K} r_{m,k} \leqslant R_m^{\min} \right\} = \prod_{k=1}^{K} \Pr\left\{ r_{m,k} \leqslant R_m^{\min} \right\} \leqslant \xi_m \tag{8.12}$$

根据式 (8.12)，确定性的中断概率约束可以表示为

$$R_m^{\min} \leqslant B\rho_{m,k} \log_2\left(1 + \frac{p_{m,k}}{\sigma_{m,k}} \cdot \frac{\xi_m}{K} H_{h_{m,k}}^{-1} \right), \forall m \in \mathcal{M} \tag{8.13}$$

如果 FU 的随机约束 C_6 功率满足约束式 (8.13)，则可以保证 C_6 的中断概率。式 (8.13) 的证明见附录 7。

类似的，C_7 的确定性的中断概率约束可以表示为

$$\rho_{m,k} p_{m,k} \leqslant \frac{I^{\text{th}}}{K G_{g_{m,k}}^{-1}\left(\sqrt[MK]{1-\varepsilon} \right)}, \forall m \in \mathcal{M}, \forall k \in \mathcal{K} \tag{8.14}$$

因此，中断概率约束 C_7 变为一个确定性约束。式 (8.14) 的证明见附录 8。

根据式 (8.13) 和式 (8.14)，确定性的功率分配问题可以描述为

$$\max_{\rho_{m,k}, p_{m,k}} \sum_{m=1}^{M} \sum_{k=1}^{K} r_{m,k}$$

s.t. C_1, C_2, C_5

$$C_8 : B\rho_{m,k} \log_2 \left(1 + \frac{\xi_m}{k} \cdot \frac{p_{m,k}}{\sigma_{m,k}} H_{h_{m,k}}^{-1} \right) \geqslant R_m^{\min}, \forall m \in \mathcal{M} \tag{8.15}$$

$$C_9 : K\rho_{m,k} p_{m,k} G_{g_{m,k}}^{-1} \left(\sqrt[MK]{1 - \varepsilon} \right) \leqslant I^{\text{th}}, \forall m \in \mathcal{M}$$

显然, 式 (8.6) 变成了一个确定性的问题。如果变量 (如 $g_{m,k}$ 和 $h_{m,k}$) 的反累积分布函数是已知的 (即 $G_{g_{m,k}}^{-1}$ 和 $H_{h_{m,k}}^{-1}$), 式 (8.15) 可以很容易解决。然而, 在实际通信场景中, 由于用户的移动性, 在不同的环境中假设相同的衰减模型是不现实的, 因此, 有必要找到一种通用方法来解决这个问题。

可以利用不确定信道增益扰动部分来求解上述问题。如果反馈量化或信道估计的信道增益存在误差。信道不确定性可以表示为不确定参数的可加模型, 即

$$\begin{cases} g_{m,k} = \hat{g}_{m,k} + \Delta g_{m,k}, & \forall m \in \mathcal{M}, \forall k \in \mathcal{K} \\ h_{m,k} = \hat{h}_{m,k} + \Delta h_{m,k} \end{cases} \tag{8.16}$$

其中, $\hat{g}_{m,k}$ 为 FU 发射机与 MU 接收机之间的估计信道增益; $\hat{h}_{m,k}$ 为从 FU 到其 BS 的估计信道增益, 这些参数对于 FU 来说是已知的; $\Delta g_{m,k}$ 和 $\Delta h_{m,k}$ 分别为对应的摄动项 (即估计误差)。

很明显, FU 可以通过估计 FU 和 MU 之间的信道来获得 CSI, 故 CSI 误差来自信道估计, 因此, 这种估计误差可以被表述为独立高斯分布模型。不确定参数 $\Delta g_{m,k}$ 被合理地假设为零均值和方差为 $v_{m,k}^2$ 的随机分布, 即 $\Delta g_{m,k} \sim \mathcal{CN}(0, v_{m,k}^2)$。然而, 式 (8.16) 中的元素 $\Delta h_{m,k}$ 应被假定为遵循独立的均匀分布随机变量, 即 $\Delta h_{m,k} \sim [-\delta_{m,k}, \delta_{m,k}]$, 其中, $\delta_{m,k}$ 表示不确定上限。

为了保护 MU 的性能, 每个 FU 需要传输更少的功率以避免对 MU 造成过度干扰。

$$\Pr \left\{ \sum_{k=1}^K B\rho_{m,k} \log_2 \left[1 + \frac{p_{m,k} \left(\hat{h}_{m,k} + \Delta h_{m,k} \right)}{\sigma_{m,k}} \right] < R_m^{\min} \right\}$$

$$\leqslant \Pr \left\{ |C_m| B\rho_{m,k} \log_2 \left[1 + \frac{p_{m,k} \left(\hat{h}_{m,k} + \Delta h_{m,k} \right)}{\sigma_{m,k}} \right] \leqslant R_m^{\min} \right\} \tag{8.17}$$

$$= \Pr \left\{ \Delta h_{m,k} \leqslant D_{m,k} \right\} \leqslant \xi_m$$

其中, C_m 表示第 m 个 FU 的子载波; $|C_m|$ 表示第 m 个 FU 的子载波数量; $D_{m,k} = \frac{\sigma_{m,k}}{p_{m,k}} \left(2^{R_m^{\min}/|C_m|B\rho_{m,k}} - 1 \right) - \hat{h}_{m,k}$。

由于信道误差 $\Delta h_{m,k}$ 服从均匀分布, 有

$$2^{R_m^{\min}/|C_m|B\rho_{m,k}} \leqslant 1 + \frac{p_{m,k}}{\sigma_{m,k}} \left(\hat{h}_{m,k} + 2\delta_{m,k}\xi_m \right) \tag{8.18}$$

$$\sum_{k \in C_m} B\rho_{m,k} \log_2 \left[1 + \frac{p_{m,k}}{\sigma_{m,k}} \left(\hat{h}_{m,k} + 2\delta_{m,k}\xi_m \right) \right] \geqslant R_m^{\min} \tag{8.19}$$

根据式 (8.16) 和约束 C_7, 有

$$\Pr\left\{ \sum_{m=1}^{M} \sum_{k=1}^{K} \rho_{m,k} p_{m,k} y_{m,k} > \bar{I} \right\} \leqslant \varepsilon \tag{8.20}$$

其中, $\bar{I} = I^{\mathrm{th}} - \sum_{m=1}^{M} \sum_{k=1}^{K} \rho_{m,k} p_{m,k} \hat{g}_{m,k}$, 式 (8.20) 可以重新描述为

$$\Pr\left\{ \sum_{m=1}^{M} \sum_{k=1}^{K} \rho_{m,k} p_{m,k} \Delta g_{m,k} \leqslant \bar{I} \right\} \geqslant 1 - \varepsilon \tag{8.21}$$

为了满足中断概率要求, 式 (8.21) 中左侧的干扰约束必须在任意信道估计误差下得到满足。

基于最坏情况准则, 有

$$\sum_{m=1}^{M} \sum_{k \in C_m} \rho_{m,k} p_{m,k} \Delta g_{m,k}$$
$$\leqslant \max_{\Delta g_{m,k} \in \mathbb{R}_g} \left(\sum_{m=1}^{M} \sum_{k \in C_m} \rho_{m,k} p_{m,k} \Delta g_{m,k} \right) \leqslant \sum_{m=1}^{M} |C_m| \rho_{m,k} p_{m,k} \Delta g_{m,k'} \tag{8.22}$$

其中, $k' = \arg\max_k (\hat{g}_{m,k})$, 表示最坏情况下 FU 对 MU 的干扰; $|\cdot|$ 表示集合中元素的数量。

换句话说, 在所有子载波误差最严重的情况下, 都可以确保 MU 的中断性能。因此, 有

$$\Pr\left\{ \sum_{m=1}^{M} |C_m| \rho_{m,k} p_{m,k} \Delta g_{m,k'} \leqslant \bar{I} \right\} \geqslant 1 - \varepsilon \tag{8.23}$$

定义 $B_m = |C_m| \rho_{m,k} p_{m,k}$ 和 $\tilde{B}_m = B_m \Delta g_{m,k'}$。因为 $\Delta g_{m,k'} \sim \mathcal{CN}(0, v_{m,k'}^2)$, $\tilde{B}_m$ 服从均值为 0, 方差为 $B_m^2 v_{m,k'}^2$ 的高斯分布, 有

$$\Pr\left\{ \sum_{m=1}^{M} |C_m| \rho_{m,k} p_{m,k} \Delta g_{m,k'} \leqslant \bar{I} \right\}$$
$$= \Pr\left\{ \sum_{m=1}^{M} B_m \Delta g_{m,k'} \leqslant \bar{I} \right\} = \Pr\left\{ \sum_{m=1}^{M} \tilde{B}_m \leqslant \bar{I} \right\} \geqslant 1 - \varepsilon \tag{8.24}$$

又因为高斯随机变量 $\tilde{B}_m$ 依然服从高斯分布, 即 $\hat{B} = \sum_{m=1}^{M} \tilde{B}_m \sim \mathcal{CN}(0, \sigma^2)$ 且 $\sigma =$

$\sqrt{\sum\limits_{m=1}^{M}(B_m v_{m,k'})^2}$，式 (8.24) 可以重新写为

$$\Pr\{B \leqslant \bar{I}\} = Q\left(\frac{\bar{I} - 0}{\sigma}\right) \geqslant 1 - \varepsilon \qquad (8.25)$$

其中，$Q(x)$ 是高斯 Q 函数，$Q(x) = \dfrac{1}{\pi}\int_0^{\pi/2}\exp\left(-\dfrac{x^2}{2\sin^2\theta}\right)\mathrm{d}\theta$，有

$$I \geqslant Q^{-1}(1-\varepsilon)\sqrt{\sum_{m=1}^{M}(B_m v_{m,k'})^2} \qquad (8.26)$$

其中，$Q^{-1}(\cdot)$ 表示 Q 函数的反函数。结合不等式 $\sqrt{\sum\limits_i x_i^2} \leqslant \sum\limits_i \sqrt{x_i^2}$，可以将式 (8.26) 的右边转化为

$$\sqrt{\sum_{m=1}^{M}(B_m v_{m,k'})^2} = \sum_{m=1}^{M} B_m v_{m,k'} \qquad (8.27)$$

因此，基于中断的概率约束 C_6 的确定形式为

$$\sum_{m=1}^{M}\sum_{k \in C_m} \rho_{m,k} p_{m,k}\left[\hat{g}_{m,k} + Q^{-1}(1-\varepsilon)v_{m,k'}\right] \leqslant I^{\mathrm{th}} \qquad (8.28)$$

定义 $\hat{r}_{m,k} = B\rho_{m,k}\log_2\left[1 + \dfrac{p_{m,k}}{\sigma_{m,k}}\left(h_{m,k} + 2\delta_{m,k}\xi_m\right)\right]$，结合式 (8.6)、式 (8.19) 和式 (8.28)，可以得到如下鲁棒资源分配问题：

$$\max_{\rho_{m,k}, p_{m,k}} \sum_{m=1}^{M}\sum_{k \in C_m} \hat{r}_{m,k}$$

$$\mathrm{s.t.} \quad C_1, C_2, C_5$$

$$C_{10}: \sum_{m=1}^{M}\sum_{k \in C_m} \rho_{m,k} p_{m,k}\left[\hat{g}_{m,k} + Q^{-1}(1-\varepsilon)v_{m,k'}\right] \leqslant I^{\mathrm{th}} \qquad (8.29)$$

$$C_{11}: \sum_{k \in C_m} \hat{r}_{m,k} \geqslant R_m^{\min}, \forall m \in \mathcal{M}$$

　　显然，由于整数变量 $\rho_{m,k}$ 的存在，式 (8.29) 仍然不是一个凸问题。因为实数变量 $p_{m,k}$ 和整数变量 $\rho_{m,k}$ 都在优化问题中，所以该问题是一个混合整数规划问题。将子载波分配因子放宽为连续因子，并引入变量 $s_{m,k} = \rho_{m,k} p_{m,k}$，其中，$\rho_{m,k} \in [0,1]$ 表示不同 FU TDMA 策略。此时，式 (8.29) 成为一个凸优化问题，如下所示。

$$\max_{\rho_{m,k}, s_{m,k}} \sum_{m=1}^{M} \sum_{k \in C_m} \tilde{r}_{m,k}$$

$$\text{s.t. } C_1$$

$$C_{12} : \sum_{k \in C_m} s_{m,k} \leqslant p_m^{\max}, \forall m \in \mathcal{M} \qquad (8.30)$$

$$C_{13} : \sum_{k \in C_m} \tilde{r}_{m,k} \geqslant R_m^{\min}, \forall m \in \mathcal{M}$$

$$C_{14} : \sum_{m=1}^{M} \sum_{k \in C_m} s_{m,k} \left[\hat{g}_{m,k} + Q^{-1}(1-\varepsilon) v_{m,k} \right] \leqslant I^{\text{th}}$$

其中，$\tilde{r}_{m,k} = B\rho_{m,k} \log_2 \left[1 + \dfrac{s_{m,k}(\hat{h}_{m,k} + 2\delta_{m,k}\xi_m)}{\sigma_{m,k}\rho_{m,k}} \right]$ 表示由于 $h_{m,k}$ 不确定性的有效数据速率。因为式 (8.30) 中的目标函数是凹的，又因为约束条件是线性的，所以鲁棒优化问题 [式 (8.30)] 是一个凸问题，可以用拉格朗日对偶方法得到解析解。为了处理优化问题 [式 (8.30)]，首先定义一个拉格朗日函数为

$$L\left(\{s_{m,k}\}, \{\rho_{m,k}\}, \{\lambda_m\}, \{\mu_m\}, \{\beta_m\}, v\right)$$

$$= \sum_{m=1}^{M} \sum_{k \in C_m} \tilde{r}_{m,k} - \sum_{m=1}^{M} \lambda_m \left(\sum_{k \in C_m} s_{m,k} - p_m^{\max} \right)$$

$$- \sum_{m=1}^{M} \beta_m \left(\sum_{k \in C_m} \rho_{m,k} - 1 \right) - v \left[\sum_{m=1}^{M} \sum_{k \in C_m} s_{m,k} \left[\hat{g}_{m,k} + Q^{-1}(1-\varepsilon) v_{m,k} \right] - I^{\text{th}} \right] \qquad (8.31)$$

$$- \sum_{m=1}^{M} \mu_m \left(R_m^{\min} - \sum_{k \in C_m} \tilde{r}_{m,k} \right)$$

其中，$\{\lambda_m\}$、$\{\mu_m\}$、$\{\beta_m\}$ 和 v 是式 (8.30) 中对应约束的非负拉格朗日乘子，拉格朗日函数定义为

$$g\left(\{\lambda_m\}, \{\mu_m\}, \{\beta_m\}, v\right) = \max_{\{s_{m,k}\}, \{\rho_{m,k}\}} L\left(\{s_{m,k}\}, \{\rho_{m,k}\}, \{\lambda_m\}, \{\mu_m\}, \{\beta_m\}, v\right) \quad (8.32)$$

对偶问题为

$$\min_{\{\lambda_m, \mu_m, \beta_m, v\}} g\left(\{\lambda_m\}, \{\mu_m\}, \{\beta_m\}, v\right)$$

$$\text{s.t. } \lambda_m \geqslant 0, \mu_m \geqslant 0, \beta_m \geqslant 0, v \geqslant 0 \qquad (8.33)$$

由于拉格朗日对偶问题 [式 (8.32) 和式 (8.33)] 可以分解为一个主问题和 $M \times K$ 个子问题，故拉格朗日函数可以改写为

$$L\left(\{s_{m,k}\}, \{\rho_{m,k}\}, \{\lambda_m\}, \{\beta_m\}, \{\mu_m\}, v\right)$$

$$= \sum_{m=1}^{M} \sum_{k \in C_m} L_{m,k} \left(\{s_{m,k}\}, \{\rho_{m,k}\}, \{\lambda_m\}, \{\beta_m\}, \{\mu_m\}, v \right) \tag{8.34}$$

$$+ \sum_{m=1}^{M} \lambda_m p_m^{\max} - \sum_{m=1}^{M} R_m^{\min} \mu_m + \sum_{m=1}^{M} \beta_m + I^{\mathrm{th}} v$$

其中，

$$L_{m,k} \left(\{s_{m,k}\}, \{\rho_{m,k}\}, \{\lambda_m\}, \{\beta_m\}, \{\mu_m\}, v \right)$$
$$= (1 + \mu_m) \tilde{r}_{m,k} - \lambda_m s_{m,k} - \beta_m \rho_{m,k} - v s_{m,k} \left[\hat{g}_{m,k} + Q^{-1} (1 - \varepsilon) v_{m,k} \right] \tag{8.35}$$

可以获得 $s_{m,k}$ 和 $\rho_{m,k}$ 的 KKT 条件为

$$0 \leqslant s_{m,k} \perp \frac{\partial L_{m,k}(\cdot)}{\partial s_{m,k}} \tag{8.36}$$

$$0 \leqslant \rho_{m,k} \perp \frac{\partial L_{m,k}(\cdot)}{\partial \rho_{m,k}} \tag{8.37}$$

其中，$\perp$ 表示对应变量的正交关系；$\dfrac{\partial L_{m,k}(\cdot)}{\partial s_{m,k}}$ 和 $\dfrac{\partial L_{m,k}(\cdot)}{\partial \rho_{m,k}}$ 分别表示为

$$\frac{\partial L_{m,k}(\cdot)}{\partial s_{m,k}} = (1 + \mu_m) \frac{\partial \tilde{r}_{m,k}(s_{m,k} \rho_{m,k})}{\partial s_{m,k}} - \lambda_m - v \left[\hat{g}_{m,k} + Q^{-1} (1 - \varepsilon) v_{m,k} \right] \tag{8.38}$$

$$\frac{\partial L_{m,k}(\cdot)}{\partial \rho_{m,k}} = (1 + \mu_m) \frac{\partial \tilde{r}_{m,k}(s_{m^*,k} \rho_{m,k})}{\partial s_{m,k}} - \beta_m \tag{8.39}$$

根据 KKT 条件可以得到最优的传输功率

$$p_{m,k}^* = \frac{s_{m,k}}{\rho_{m,k}} = \left\{ \frac{1}{\ln 2} \frac{B(1 + \mu_m)}{\lambda_m + v \left[\hat{g} + Q^{-1}(1 - \varepsilon) v_{m,k} \right]} - \frac{\sigma_{m,k}}{\hat{h}_{m,k} + 2\delta_{m,k} \xi_m} \right\}^+ \tag{8.40}$$

其中，$\{x\}^+ = \max(0, x)$，子载波 k 被分配给最优用户 m^*，即

$$\rho_{m,k}^* = 1|_{m^* = \max_m \hat{\beta}_{m,k}} \tag{8.41}$$

其中，

$$\hat{\beta}_{m,k} = (1 + \mu_m) \frac{\partial \tilde{r}_{m,k}(s_{m^*,k}, \rho_{m,k})}{\partial \rho_{m,k}}$$
$$= B(1 + \mu_m) \left[\log_2 \left(1 + \frac{p_{m,k}^* \hat{h}_{m,k}}{\sigma_{m,k}} \right) - \frac{p_{m,k}^* \hat{h}_{m,k}}{\ln 2 \left(\sigma_{m,k} + p_{m,k}^* \hat{h}_{m,k} \right)} \right] \tag{8.42}$$

拉格朗日乘子更新为

$$\lambda_m^{t+1} = \left[\lambda_m^t - d_1^t\left(p_m^{\max} - \sum_{k\in C_m}p_{m,k}^t\right)\right]^+ \tag{8.43}$$

$$\mu_m^{t+1} = \left[\mu_m^t - d_2^t\left(\sum_{k\in C_m}\tilde{r}_{m,k}^t - R_m^{\min}\right)\right]^+ \tag{8.44}$$

$$v^{t+1} = \left[v^t - d_3^t\left\{I^{\text{th}} - \sum_{m=1}^M\sum_{k\in C_m}p_{m,k}^t\left[\hat{g}_{m,k} + Q^{-1}(1-\varepsilon)v_{m,k}\right]\right\}\right]^+ \tag{8.45}$$

其中，t 表示迭代数；d_1、d_2 和 d_3 分别表示相应的步长。当步长足够小时，拉格朗日乘法器可以收敛到平衡点。流程图如图 8-2 所示，实现过程如算法 8.1 所示。

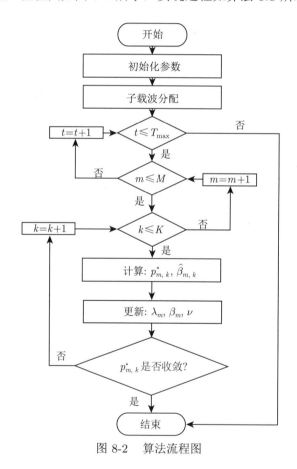

图 8-2　算法流程图

8.1.3　仿真分析

在本小节中，将使用计算机模拟来证明所提算法在不同情况下的性能。仿真参数有 $M = 4$，$K = 128$，$B = 10\text{kHz}$，$\sigma_{m,k} = 10^{-8}\text{mW}$，$I^{\text{th}} = 10^{-5}\text{mW}$，$\hat{g}_{m,k}$，$\hat{h}_{m,k} \in [0,1]$，$\varepsilon \in [0,1]$，$\xi_m \in [0,1]$，$R_m^{\min} = 2 \times 10^5\text{bit/s}$，$p_m^{\max} = 5\text{mW}$。

算法 8.1 基于吞吐量最大的异构 OFDMA 网络鲁棒资源分配算法

---

1. 初始化最大迭代次数 $T_{\max}$；初始化迭代次数 $t = 0$、$M > 0$ 和 $K > 0$；初使化拉格朗日乘子 $\lambda_m(0) > 0$、$\mu_m > 0$、$\beta_m(0) > 0$ 和 $v(0) > 0$；中断概率阈值 $\varepsilon \in (0,1)$ 和 $\xi_m \in (0,1)$；定义 FU 链路信道估计误差的上界 $\delta_{m,k} \in [0,1]$；定义 FU 到 MU 信道估计误差的方差 $v_{m,k} \in [0,1]$；

2. 初始化最大发射功率 $p_m^{\max} > 0$，初始化传输功率 $p_{m,k} > 0$；定义干扰阈值 I^{th}；初始化 $\hat{g}_{m,k}$ 和 $\hat{h}_{m,k}$；

3. 初始化 $\rho_{m,k}$，定义子载波集合 C_m，计算 $|C_m|$；

4. **Repeat**

5. **For** $t = 1:1:T_{\max}$ **do**

6.   **For** $m = 1:1:M$ **do**

7.   **For** $k = 1:1:K$ **do**

8.   根据式 (8.40) 计算传输功率 $p_{m,k}^*$；

9.   根据式 (8.42) 计算 $\hat{\beta}_{m,k}$；

10.   根据式 (8.41) 计算 $\rho_{m,k}^*$；

11.   根据式 (8.43)～式 (8.45) 计算 λ_m、μ_m 和 v；

12.   **End For**

13.   **End For**

14. $t = t + 1$；

15. **End For**

16. **Until** $t = T_{\max}$ 或者传输功率收敛。

图 8-3 显示了所提算法在发射功率和干扰功率方面的收敛性能与迭代次数 t 的关系。可以看到，所提算法只需要很小的迭代次数就能收敛，这表明它在实际应用中具有良好的实时性；每个 FU 的发射功率都受到最大发射功率水平的限制，此外，所提算法可以很好地保护 MU 的性能，这是因为其相应的干扰功率不超过干扰阈值。

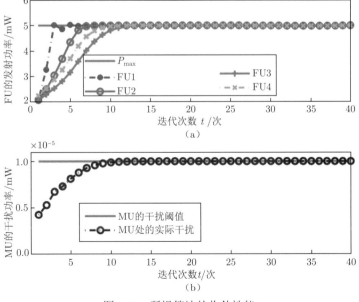

图 8-3 所提算法的收敛性能

在图 8-4 中，FU 的中断概率被定义为 $\xi_m = 0.1$，信道估计误差 $\Delta h_{m,k}$ 的方差为 $\delta_{m,k} = 0.01$。可以看出，随着最大发射功率阈值 $p_m^{\max}$ 的增加，FU 的总数据率也在增加，这是因为对于较低的 $p_m^{\max}$ 值，FU 的总发射功率是有限的，增加发射功率阈值 $p_m^{\max}$ 可以增加发射功率 $p_{m,k}, \forall k$ 的可行区域，因此，所提算法能够改善 FU 的总速率。此外，在较高的中断概率 ε 下，FU 的总数据率高于较低中断概率门限 ε 下的总数据率，例如，速率 $(\varepsilon = 0.2, v_{m,k} = 0.50) >$ 速率 $(\varepsilon = 0.1, v_{m,k} = 0.50)$，原因是在 MU 允许更大的中断概率的情况下，MU 不容易被中断。因此，可以允许 FU 传输更多的功率以提高其性能。此外，在中断概率相同的情况下，可以发现估计误差方差小的 FU 的总速率比方差大的要好，如 $v_{m,k} = 0.2$。因为较大误差的方差意味着估计的信道并不精确，信道估计值 $\hat{g}_{m,k}$ 与真实的信道增益 $g_{m,k}$ 偏差严重。

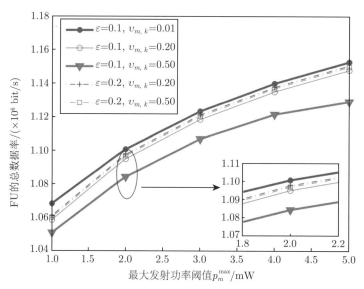

图 8-4　不同中断概率下 FU 总速率与最大发射功率的关系

图 8-5 描述了不同 FU 中断概率下的 FU 总数据速率与最大发射功率的关系。MU 的中断概率和信道不确定性的方差被定义为 $\varepsilon = 0.1$ 和 $v_{m,k} = 0.01$。FU 的总数据速率随着发射功率 $p_m^{\max}$ 的增加而增加。此外，随着 $\delta_{m,k}$ 的增加，即估计误差的增加，FU 的传输速率也相应增加，因为它需要更多的发射功率来克服信道不确定性的影响，从而使每个 FU 的基本速率要求得到满足。此外，FU 的总数据速率随着 ξ_m 的增加而增加。

图 8-6 显示了干扰功率与最大发射功率的关系。MU 的中断概率为 $\varepsilon = 0.1$。FU 的中断概率和方差分别定义为 $\xi_m = 0.1$ 和 $\delta_{m,k} = 0.1$。从图 8-6 可以看出，所提算法和非鲁棒算法对 MU 的干扰功率随着发射功率 $p_m^{\max}$ 的增大而增大，这是因为更大的发射功率可以提供更广的可行域。此外，MU 收到的干扰功率超过了阈值 I^{th}。而所提算法对 MU 的干扰低于干扰功率阈值。此外，不确定性的上限 $v_{m,k}$ 越大，通信系统中的估计误差就越大。因此，在 $v_{m,k} = 0.10$ 下对 MU 的干扰功率比 $v_{m,k} = 0.01$ 的大。

在图 8-7 中，给出了在 FU-MU 链路上不同的信道估计误差的方差下，FU 的可实现数据速率与最大发射功率的关系。从图 8-7 中可以看出，所提算法和非鲁棒算法下 FU 的总数据率随着最大发射功率的增加而增加。正如预期的那样，如果假设完美的 CSI，在给

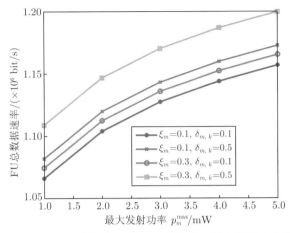

图 8-5　不同 FU 中断概率下的 FU 总速率与最大发射功率的关系

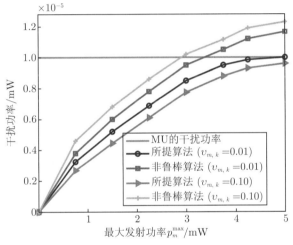

图 8-6　干扰功率与最大发射功率的关系

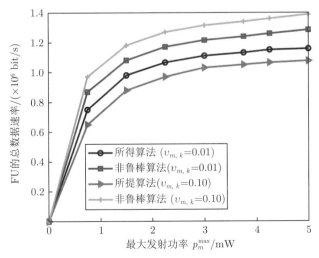

图 8-7　信道不确定性对总速率的影响

定发射功率上限情况下，非鲁棒算法下的 FU 速率之和要高于所提算法，因为发射功率更高。此外，FU 的总数据会收敛到一个平衡点 (即饱和状态)，原因是在较高的发射功率区域下，最佳功率会受到干扰功率阈值的限制，为了保护 MU 的 QoS，它不允许 FU 无休止地增加其发射功率。

8.2　异构无线网络鲁棒能效优化算法

8.1 节讨论了异构无线网络在统计 CSI 情况下的鲁棒资源分配算法设计问题，实现了多用户吞吐量最大化。由于该方法无法适用于传输速率与能量消耗折中的场景，故本节将研究能效最大化目标函数下的鲁棒资源分配问题。

一般来讲，基于能效的资源分配算法是提高 HetNets 性能和能效的一种有效方法。虽然很多学者对 HetNets 的能效资源分配问题做出了很多贡献，但以下问题仍有待于进一步研究。从系统不确定性的角度来看，大多数工作都假设网络节点可以获得完整的 CSI，这对实际系统来说是不现实的。从能量利用的角度看，由于部署大量的低功耗 BS，这会增加能量消耗，因此，在网络寿命和能量消耗的约束下进行资源分配是未来需要解决的问题。本节介绍了有概率约束的下行链路 HetNets 的能效资源分配问题，与传统只考虑系统容量最大化和功耗最小化算法不同，其目标是最大化微蜂窝网络的总能效。此外，FU 对 MU 产生的干扰在机会约束的形式下保持低于干扰阈值。本小节还介绍了鲁棒资源分配的灵敏度分析，推导出鲁棒性导致的性能差距，并利用拉格朗日对偶法找到了最优值。

8.2.1　系统模型

考虑一个两层的下行链路 HetNets 系统模型，由一个宏蜂窝基站（microcell base station，MBS）和 L 个 MU，一个微蜂窝网络和 K 个 FU 组成，如图 8-8 所示。定义 $l \in \ell \triangleq \{1, 2, \cdots, L\}$ 和 $k \in \kappa \triangleq \{1, 2, \cdots, K\}$ 分别表示 MU 和 FU 的集合；$p_k \in P \triangleq \{p_1, p_1, \cdots, p_K\}$ 表示第 K 个 FU 的发射功率。同样，P_l 表示第 l 个 MU 的发射功率。g_k 表示从微蜂窝到第 k 个用户的直接信道增益，$G_{l,k}$ 表示从 MU 到 FU 的干扰信道增益。

宏蜂窝网络对微蜂窝网络产生的干扰功率可以表示为

$$I_{l,k}^{\mathrm{MF}} = P_l G_{l,k} \tag{8.46}$$

根据香农定理，第 k 个 FU 的 SINR 为

$$r_k = \frac{p_k g_k}{\sigma^2 + \sum_{l=1}^{L} I_{l,k}^{\mathrm{MF}}} \tag{8.47}$$

其中，σ^2 表示背景噪声功率，定义

$$A_k = \frac{g_k}{\sigma^2 + \sum_{l=1}^{L} I_{l,k}^{\mathrm{MF}}} \tag{8.48}$$

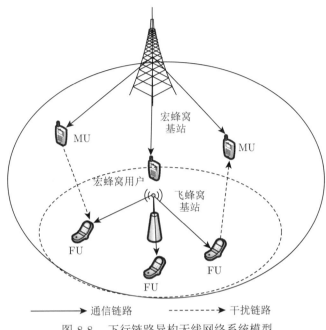

图 8-8 下行链路异构无线网络系统模型

则第 k 个 FU 的传输速率为

$$R_k = \log(1 + r_k) \tag{8.49}$$

系统的能效定义为系统吞吐量与功率消耗的比值, 即

$$\eta_{\text{EE}} = \frac{\displaystyle\sum_{k=1}^{K} R_k}{\displaystyle\sum_{k=1}^{K} p_k + P_c} \tag{8.50}$$

其中, P_c 是电路消耗, 是一个常量。

由于微蜂窝电池容量的限制, 微蜂窝的传输功率不可能无限大, 所以有

$$\sum_{k=1}^{K} p_k \leqslant P^{\max} \tag{8.51}$$

其中, $P^{\max}$ 表示微蜂窝基站的最大发射功率。

在传统的资源分配算法中, 没有考虑 MU 的中断概率约束。从微蜂窝到宏蜂窝的跨层干扰约束可以表示为

$$\sum_{k=1}^{K} p_k h_{k,l} \leqslant I_{\text{th}} \tag{8.52}$$

其中, $h_{k,l}$ 表示第 k 个 FU 到第 l 个 MU 的信道增益; I_{th} 表示微蜂窝网络对宏蜂窝网络的干扰阈值。

为了提高飞蜂窝网络的系统性能，建立如下能效最大化问题：

$$\max \eta_{\mathrm{EE}} = \frac{\sum\limits_{k=1}^{K} R_k}{\sum\limits_{k=1}^{K} p_k + P_c}$$

$$\text{s.t.} \quad C_1 : \sum_{k=1}^{K} p_k \leqslant P^{\max} \tag{8.53}$$

$$C_2 : \sum_{k=1}^{K} p_k h_{k,l} \leqslant I_{\mathrm{th}}$$

其中，C_1 表示传输功率限制；C_2 保证 MU 的服务质量。

8.2.2　算法设计

在本节中，采用概率方法处理信道不确定性来保证 MU 的 QoS 要求，其中断概率为 α。为了保护宏蜂窝网络的性能，确保干扰阈值的概率不小于 $1 - \alpha$，有

$$\Pr\left\{ \sum_{k=1}^{K} p_k h_{k,l} \leqslant I_{\mathrm{th}} \right\} \geqslant 1 - \alpha \tag{8.54}$$

式 (8.53) 可以重新描述为

$$\max \eta_{\mathrm{EE}} = \frac{\sum\limits_{k=1}^{K} R_k}{\sum\limits_{k=1}^{K} p_k + P_c}$$

$$\text{s.t.} \quad C_1 : \sum_{k=1}^{K} p_k \leqslant P^{\max} \tag{8.55}$$

$$C_2 : \Pr\left\{ \sum_{k=1}^{K} p_k h_{k,l} \leqslant I_{\mathrm{th}} \right\} \geqslant 1 - \alpha$$

因为目标函数和约束条件都是非凸的，式 (8.55) 很难求解，下面将其转化为凸形式进行求解。本小节考虑了瑞利衰落模型，这是城市无线网络通信中一个非常实际的假设。在瑞利衰落模型中，接收的信号功率服从指数分布。从约束条件 C_2 可以看出，只有信道参数 $h_{k,l}$ 对 FU 发射功率的调整有影响。假设干扰信道增益 $h_{k,l}$ 的值服从均值 $\bar{h}_{k,l}$ 的指数分布，以减少信道不确定性的影响，保证 MU 的性能，此外，考虑加权干扰功率约束，以克服近远效应。约束条件 C_2 可以改写为

$$\Pr_{h_{k,l} \sim \exp(\bar{h}_{k,l})} \{ p_k h_{k,l} \leqslant \omega_k I_{\mathrm{th}} \} = \Pr_{h_{k,l} \sim \exp(\bar{h}_{k,l})} \left\{ h_{k,l} \leqslant \frac{\omega_k I_{\mathrm{th}}}{p_k} \right\} \tag{8.56}$$

根据指数分布, 式 (8.56) 可以简化为

$$\Pr_{h_{k,l}\sim\exp(\bar{h}_{k,l})}\left\{h_{k,l}\leqslant\frac{\omega_k I_{\mathrm{th}}}{p_k}\right\}=F\left(h_{k,l}\right) \tag{8.57}$$

其中, $F(\cdot)$ 为累积分布函数,

$$F(h_{k,l})=1-\mathrm{e}^{-\frac{\omega_k I_{\mathrm{th}}}{\bar{h}_{k,l} p_k}} \tag{8.58}$$

从 C_2 中可知 $F(h_{k,l})\geqslant 1-\alpha$, 于是有

$$\frac{h_{k,l}p_k\ln\dfrac{1}{\alpha}}{\omega_k}\leqslant I_{\mathrm{th}} \tag{8.59}$$

其中, $\omega_k=\dfrac{d_{k,l}}{\displaystyle\sum_{l=1}^{L}d_{k,l}}$, $\displaystyle\sum_{k=1}^{K}\omega_k=1$, $d_{k,l}$ 表示第 k 个 FU 到第 l 个 MU 的距离。因此,
式 (8.55) 可以重新描述为

$$\begin{aligned} \max\ \eta_{\mathrm{EE}}&=\frac{\displaystyle\sum_{k=1}^{K}\log(1+p_k A_k)}{\displaystyle\sum_{k=1}^{K}p_k+P_c}\\[2mm] \mathrm{s.t.}\ \ C_1&:\sum_{k=1}^{K}p_k-P^{\max}\leqslant 0\\[2mm] C_2&:\frac{h_{k,l}p_k\ln\dfrac{1}{\alpha}}{\omega_k}-I_{\mathrm{th}}\leqslant 0 \end{aligned} \tag{8.60}$$

显然, 式 (8.60) 是一个分式规划形式。将式 (8.60) 转化为参数化的相减形式问题, 其
最优值定义为

$$\eta_{\mathrm{EE}}^{*}=\max_{p_k}\frac{\displaystyle\sum_{k=1}^{K}\log(1+p_k^* A_k)}{\displaystyle\sum_{k=1}^{K}p_k^*+P_c} \tag{8.61}$$

当且仅当

$$\begin{aligned} &\max_{p_k}\left[\sum_{k=1}^{K}\log\left(1+p_k^* A_k\right)-\eta_{\mathrm{EE}}^{*}\left(\sum_{k=1}^{K}p_k^*+P_c\right)\right]\\[2mm] &=\sum_{k=1}^{K}\log\left(1+p_k^* A_k\right)-\eta_{\mathrm{EE}}^{*}\left(\sum_{k=1}^{K}p_k^*+P_c\right)=0 \end{aligned} \tag{8.62}$$

最优 η_{EE}^* 能够实现。因此，求解式 (8.60) 相当于找到一个 η_{EE}，有

$$\max \left[\sum_{k=1}^{K} \log\left(1 + p_k A_k\right) - \eta_{\text{EE}} \left(\sum_{k=1}^{K} p_k + P_c \right) \right]$$
$$\text{s.t. } C_1, C_2 \tag{8.63}$$

成立。

　　显然，式 (8.63) 是一个标准的凸优化问题，可以直接求解。基于 Dinkelbach 方法初始化 η_{EE}，并在每次迭代中用算法 8.1 中外循环的 $p_k^*(n-1)$ 更新 η_{EE} 来解决这个问题，其中，n 表示迭代次数。

$$\eta_{\text{EE}}(n) = \max_{p_k} \frac{\sum_{k=1}^{K} \log[1 + p_k^*(n-1)A_k]}{\sum_{k=1}^{K} p_k^*(n-1) + P_c} \tag{8.64}$$

在第 n 次迭代时，通过求解以下问题可以得到 $p_k^*(n)$。

$$\max \left\{ \sum_{k=1}^{K} \log\left[1 + p_k(n)A_k(n)\right] - \eta_{\text{EE}}(n) \left[\sum_{k=1}^{K} p_k(n) + P_c \right] \right\}$$
$$\text{s.t. } C_1, C_2 \tag{8.65}$$

定义：

$$H\left[\eta_{\text{EE}}(n), p_k(n)\right] = \eta_{\text{EE}}(n) \left[\sum_{k=1}^{K} p_k(n) + P_c \right] - \sum_{k=1}^{K} \log[1 + p_k(n)A_k(n)] \tag{8.66}$$

　　根据拉格朗日对偶理论，式 (8.65) 可以重新表示为

$$\max H\left[\eta_{\text{EE}}(n), p_k(n)\right]$$
$$\text{s.t. } C_1, C_2 \tag{8.67}$$

对偶函数为

$$L\left[\eta_{\text{EE}}(n), p_k(n), \varphi(n), \beta_k(n)\right]$$

$$= H\left[\eta_{\text{EE}}(n), p_k(n)\right] + \varphi(n)\left(\sum_{k=1}^{K} p_k - P^{\max} \right) + \sum_{k=1}^{K} \beta_k(n) \left(\frac{\bar{h}_{k,l} p_k \ln \frac{1}{\alpha}}{\omega_k} - I_{\text{th}} \right) \tag{8.68}$$

其中，φ 和 β_k 是 C_1 和 C_2 对应的拉格朗日乘子。基于拉格朗日对偶理论，式 (8.68) 可以重新描述为

$$D\left[\varphi(n), \beta_k(n)\right]$$

$$= \min_{p_k} L_1 \left[\eta_{\mathrm{EE}}(n), p_k(n), \varphi(n), \beta_k(n) \right] + \eta_{\mathrm{EE}}(n) P_c \tag{8.69}$$

$$- \varphi(n) P^{\max} - \sum_{k=1}^{K} \beta_k(n) I_{\mathrm{th}}$$

其中，

$$L_1 \left[\eta_{\mathrm{EE}}(n), p_k(n), \varphi(n), \beta_k(n) \right]$$

$$= - \sum_{k=1}^{K} \log \left[1 + p_k(n) A_k(n) \right] \tag{8.70}$$

$$+ \left[\eta_{\mathrm{EE}}(n) + \varphi(n) + \beta_k(n) \frac{\bar{h}_{k,} \ln \frac{1}{\alpha}}{\omega_k} \right] \sum_{k=1}^{K} p_k(n)$$

定义 $B_k = \left[\eta_{\mathrm{EE}}(n) + \varphi(n) + \beta_k(n) \dfrac{h_{k,l} \ln(1/\alpha)}{\omega_k} \right]$，根据 KKT 条件，最优 $p_k^*(n)$ 为

$$p_k^*(n) = \left[\frac{1}{B_k} - \frac{1}{A_k} \right]^+ \tag{8.71}$$

其中，$[x]^+ = \max(0, x)$，拉格朗日乘子更新为

$$\varphi(n+1) = \left[\varphi(n) + a_1 \left(\sum_{k=1}^{K} p_k - P^{\max} \right) \right]^+ \tag{8.72}$$

$$\beta(n+1) = \left[\beta(n) + a_2 \left(\bar{h}_{k,l} p_k \ln \frac{1}{\alpha} \omega_k - I_{\mathrm{th}} \right) \right]^+ \tag{8.73}$$

其中，a_1，a_2 为迭代步长，通过选择合适的步长，可以保证算法收敛。算法流程如算法 8.2 所示。

算法 8.2 能效资源分配算法

Input：$P^{\max}$、P_c、I_{th}、$h_{k,l}$、g_k、ω_k、M、L；

Output：η_{EE}^*、$p_k^*(n)$；

1. 设置最大迭代次数 N，初始化 $n=0$、$\eta_{\mathrm{EE}}(n)$；

2. 根据 $\eta_{\mathrm{EE}}(n)$ 求解式 (8.67)，得到 $p_k^*(n)$；

3. **While** $n < N$ **do**

4. $n = n + 1$；

5.   根据 $p_k^*(n-1)$ 求解 $\eta_{\mathrm{EE}}^*(n) = \max\limits_{p_k} \dfrac{\sum\limits_{k=1}^{K} \log[1 + p_k^*(n-1) A_k]}{\sum\limits_{k=1}^{K} p_k^*(n-1) + P_c}$；

6.   根据 $\eta_{\mathrm{EE}}(n)$ 求解式 (8.67)，得到 $p_k^*(n)$；

7. **End While**

很容易看出，所提算法的复杂度与迭代次数和用户数近似为平方关系，即 $\mathcal{O}[(N)^2]$，计算复杂度至少为 $\mathcal{O}[(K+N)^3]$。

考虑从微蜂窝到 MU 接收机的不确定性，假设干扰信道增益 $h_{k,l}$ 是不确定的，有估计值 $\bar{h}_{k,l}$ 和估计误差 Δh，即 $h_{k,l} = \bar{h}_{k,l} + \Delta h$，$E^*$ 和 E_Δ^* 分别表示通过解决名义问题和鲁棒问题得到的最优值，性能差距由 $E_{\text{gap}} = E_\Delta^* - E^*$ 表示。下面讨论不同的情况。

情况一：如果 $P^{\max} \geqslant \sum\limits_{k=1}^{K} \dfrac{-\omega_k I_{\text{th}} \ln \alpha}{(\bar{h}_{k,l} + \Delta h)}$，

$$E_{\text{gap}} = \left(\frac{\lambda A_k}{\bar{h}_{k,l}^2 + \lambda A_k \bar{h}_{k,l}} - \eta_{\text{EE}}^* \frac{\lambda}{\bar{h}_{k,l}^2} \right) \Delta h_{k,l} \tag{8.74}$$

情况二：如果 $P^{\max} < \sum\limits_{k=1}^{K} \dfrac{-\omega_k I_{\text{th}} \ln \alpha}{(\bar{h}_{k,l} + \Delta h)}$，

$$E_{\text{gap}} = E_\Delta^* - E^* = 0 \tag{8.75}$$

其中，$\lambda = -\omega_k I_{\text{th}} \ln \alpha$，证明见附录 9。

8.2.3　仿真分析

在这一节中，通过数值结果来评估所提出算法的性能。微蜂窝网络和宏蜂窝网络的蜂窝半径分别为 30m 和 500m，假设在 HetNets 中，有一个带有单 MU 的 MBS 和一个带有两个 FU 的 FBS；考虑瑞利衰落模型，假设信道功率增益（指数分布）为单位平均值，用 $\bar{h}_{k,l}$ 表示；背景噪声功率被设定为 10^{-8}W，$I_{\text{th}} = 6 \times 10^{-3}$W，$P_c = 4.8$W，$\bar{h}_{k,l} = 2.7 \times 10^{-3}$，中断概率 $P_{\text{ro}} = (I_{\text{act}} - I_{\text{th}})/I_{\text{th}} = 0.1$。

图 8-9 给出了 FU 的传输功率与 MU 的干扰功率的收敛性能。从图 8-9（a）中可以清楚地看到，FU 的发射功率迅速收敛到平衡点（即最优值）；实际总发射功率低于最大发射功率。为了评估微蜂窝网络发射功率的影响，图 8-9（b）给出了微蜂窝网络对宏蜂窝网络造成的干扰功率。可以看出，FU 的干扰功率一直控制在干扰阈值以下。基于以上分析，可以知道所提算法可以很好地保护 MU 的 QoS。

为了进一步观察 MU 数量对系统能效的影响，假设两种情况（即 MU =1，FU=2；MU =2，FU=2）。在不超过发射功率限制和干扰阈值的条件下，从图 8-10 可以直接看出，一个 MU 和两个 FU 的能效比两个 MU 和两个 FU 的高，这是因为 MU 越多，干扰将被越多地引入到系统中，从而影响到微蜂窝网络的能效。

图 8-11 给出了不同加权因子 ω_k 下能效与干扰信道增益的关系。在直接信道增益 g_k 值相同的情况下，设置了三个权重值，即情况一：$\omega_1 = 0.3$（FU1），$\omega_2 = 0.7$（FU2）；情况二：$\omega_1 = 0.5$（FU1），$\omega_2 = 0.5$（FU2）；情况三：$\omega_1 = 0.7$（FU1），$\omega_2 = 0.3$（FU2）。从图 8-11 中可以看出，情况一的性能比其他两种情况都好，原因是 ω_k 与用户的信道状况成正比，当第 k 个 FU 具有良好的信道状态时，ω_k 应该很小，以避免对 MU 的有害干扰。因此，情况一的性能是最好的，它将随着干扰阈值的增加而减少，而情况二和情况三下的能效会随着干扰信道增益的增加而增加。

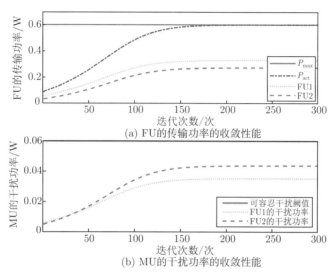

(a) FU的传输功率的收敛性能

(b) MU的干扰功率的收敛性能

图 8-9 FU 的传输功率与 MU 的接收干扰功率的收敛性能

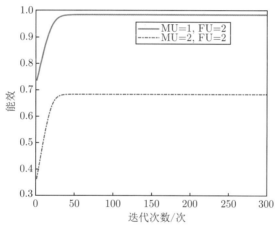

图 8-10 MU 数量与能效的关系

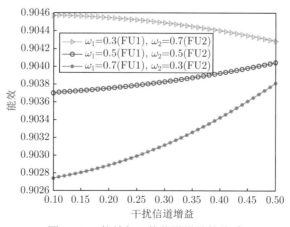

图 8-11 能效与干扰信道增益的关系

定义服务概率为 $\varepsilon = 1 - \alpha$，图 8-12 显示了不同最大发射功率 $P^{\max}$ 下能效与服务概率的关系。很明显，在一定的服务概率下，能效随着最大发射功率的增加而增加，这是因为更大的发射功率可使微蜂窝分配更多功率给对应的链路。此外，可以观察到，在一定的最大发射功率下，当服务概率超过一定值时，能效会减少，这是因为当服务概率过大时，它将减少 FU 的发射功率以保护 MU 的性能，这将导致能效的减少。

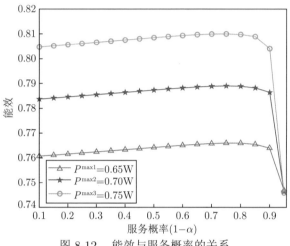

图 8-12　能效与服务概率的关系

从图 8-13 可以看出，在一定的电路功耗 P_c 下，能效随着最大发射功率的增加而增加；在一定的最大发射功率下，能效随着电路功耗的增加而降低，这是因为电路功耗越大，系统将消耗更多的能量，从而导致能效降低。

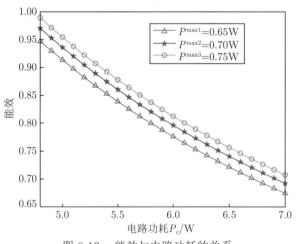

图 8-13　能效与电路功耗的关系

图 8-14 显示了不同干扰信道增益 $(\bar{h}_{k,l})$ 下能效与干扰阈值的关系。可以看出，在一定的干扰阈值下，能效随着干扰信道增益的增加而增加，如果信道增益的值是固定的，能效随着干扰阈值的增加而减少。由于 FU 的发射功率随着干扰信道增益的增加而增加，因此导致总能耗的增加。

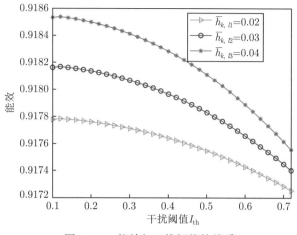

图 8-14　能效与干扰阈值的关系

以上考虑了从微蜂窝网络到宏蜂窝网络的干扰链路信道不确定性。下面将对所提算法进行评估。

图 8-15 显示了所提算法、传统算法和非鲁棒算法的能效比较，其中传统算法只考虑最大限度地提高 FU 的总数据率。从图 8-15 中可以看出，所提算法的能效比其他算法好，这验证了所提算法的优势，而非鲁棒算法的性能是最差的，它忽略了信道不确定性的影响。在实际中，信道的不确定性是非常重要的，它可能会导致通信中断。

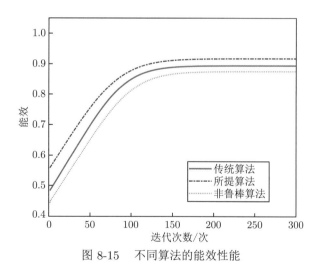

图 8-15　不同算法的能效性能

图 8-16 展示了不同算法下服务概率与信道不确定性的关系。可以看出，三种算法的能效都随着不确定性参数 Δh 的增加而减小。此外，更大的 Δh 意味着在从微蜂窝网络到宏蜂窝网络的链接中存在更多的干扰信道不确定性。显然，所提算法的能效比传统算法和非鲁棒要好，非鲁棒算法的性能是最差的，因为它不考虑信道不确定性的影响，故产生更高的干扰功率。

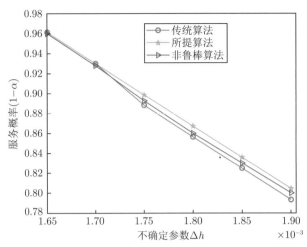

图 8-16　不同算法下服务概率与信道不确定性的关系

8.3　基于 QoS 约束的异构 SWIPT 网络鲁棒能效优化算法

随着通信终端业务呈现出多样化、智能化和宽屏化的特点，移动设备的能量消耗变得尤为严重，在能源日益枯竭的今天，寻找可再生能源是社会发展的必然趋势。为了降低二氧化碳排放并延长通信系统寿命，SWIPT 技术应运而生。SWIPT 技术通过从周围环境无线电信号中吸收电磁波能量，给设备进行充电从而延长设备寿命，提高通信系统的能量利用率。异构携能通信网络结合了 SWIPT 技术和异构无线网络的优势，在提高网络覆盖范围、减小通信盲区的同时，延长网络运行寿命、实现绿色通信，因此成为当前 5G 通信技术研究的热点。

在异构携能通信网络中，如何实现有效的干扰管理、提升服务质量是实现多网共存的关键。实际物理通信场景中，环境干扰、信道时延、估计误差都会导致很难获得完美的 CSI。针对上述问题，有大量学者开始研究异构无线网络鲁棒资源分配问题，目前大部分工作并没有考虑信道不确定性所带来的影响，因此，研究异构携能通信网络联合鲁棒功率控制和功率分流具有十分重要的理论意义。

本节考虑不完美 CSI 与非线性能量收集模型，研究双层异构携能通信网络下行传输鲁棒资源分配问题。首先，考虑 FBS 最大发射功率约束、MU 中断概率约束和 FU 最小传输速率约束，建立飞蜂窝网络能量利用率最大化的鲁棒资源分配模型；其次，针对含概率约束的非凸优化问题，采用最小最大值近似理论将中断概率约束转换为凸约束条件，并利用 Dinkelbach 方法将分式目标函数下的资源优化问题转换为一个凸优化问题；再次，利用拉格朗日对偶原理获得解析解，并进行了鲁棒性能分析；最后，通过算法收敛性、能量效率和不同算法鲁棒性的对比，验证所提算法的有效性。

8.3.1　系统模型

本节考虑由宏蜂窝和飞蜂窝组成的两层异构无线网络下行传输场景。系统中有一个宏蜂窝基站服务 M 个 MU，一个飞蜂窝基站服务 N 个 FU，如图 8-17 所示。宏蜂窝网络是具有大覆盖范围、高功率的主网络，是频谱资源的拥有者，具有较高的频谱资源利用优先级，因此任何其他网络共存或用户接入不应该对当前 MU 的性能造成无法容忍的影响。飞蜂窝网络是部署在宏蜂窝网络覆盖范围内来解决密集节点传输与室内覆盖盲区或通信质量差等问题，通常具有较低的频谱利用权限。当飞蜂窝网络与宏蜂窝网络共存时，彼此之间会出现跨层干扰（即非同层干扰）。因此，在功率分配或功率调节时，FU 需要有效控制其传输功率的大小来避免对已经存在相同频谱资源 MU 带来有害干扰。网络共存的核心是既需要提高当前网络性能，减小遮蔽效应带来的影响，同时需要保证当前网络用户能够正常通信，减少中断。假设 FU 设备具有 SWIPT 技术，通过提取接收信号的能量有效地向各种终端设备馈电，解决传统有线供电或电池供电能量受限的不足。采用功率分流方案，在 FU 接收机端，将接收到的信号分成两部分：信息解码信号和能量收集信号，并在信息解码器和能量收集器中共享。定义 MU 集合 $\forall i \in \mathcal{M} \triangleq \{1, 2, \cdots, M\}$ 和 FU 集合 $\forall j \in \mathcal{N} \triangleq \{1, 2, \cdots, N\}$。

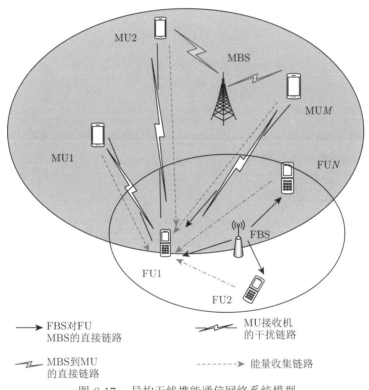

图 8-17　异构无线携能通信网络系统模型

在上述异构携能通信网络频谱共享模式下，MU 为授权用户是具有高的频谱使用优先级，因此飞蜂窝在共享频谱时，不能影响 MU 正常的通信质量。为了保护每个 MU 接收机的基本通信质量（即最小速率需求或最小 SINR 需求），网络中所有 FU 对任意 MU 的干扰功率应该满足：

$$\sum_{j \in \mathcal{N}} p_j h_{j,i} \leqslant I_{\text{th}} \tag{8.76}$$

与此同时，由于 FBS 发射功率受到物理电路的条件限制，不可能提供无限大的能量，因此

FBS 传输功率同时应该满足：

$$\sum_{j \in \mathcal{N}} p_j \leqslant P^{\max} \tag{8.77}$$

考虑宏蜂窝网络与飞蜂窝网络间的跨层干扰和飞蜂窝内部之间的多址干扰，每个 FU 接收机端实际接收到的 SINR 可以描述为

$$\gamma_j = \frac{\rho_j p_j g_j}{\rho_j \left[I_j + \sum_{n \neq j, n \in \mathcal{N}} p_n h_{n,j} \right] + \sigma^2} \tag{8.78}$$

其中，$\rho_j \in [0,1]$ 为信号功率中信息信号的比例系数。

基于香农定理，第 j 个 FU 的传输速率可以表示为

$$R_j = \log_2(1 + \gamma_j) \tag{8.79}$$

同时，为了保证每个 FU 的基本服务质量，假设每个 FU 满足某一最小传输速率约束要求，即

$$R_j \geqslant R_j^{\min} \tag{8.80}$$

随着 SWIPT 技术的引入，在功率消耗部分可以通过收集到的能量进行功率补偿，因此，基站处总功率消耗可以描述为

$$Q_{\text{total}} = P^{\text{total}} + P_C - Q_{\text{EH}}(p_j, \rho) \tag{8.81}$$

其中，$P^{\text{total}} = \sum_{j \in \mathcal{N}} p_j$ 表示 FBS 对 FU 的实际总发射功率；PC 表示电路的功率消耗；Q_{EH} 表示在能量收集器处收集到的功率，其具体表达式为

$$Q_{\text{EH}}(p_j, \rho_j) = \theta(1 - \rho_j) \sum_{j \in \mathcal{N}} A_j \tag{8.82}$$

其中，θ 为能量收集效率 $(0 < \theta < 1)$；$A_j = I_j + \sum_{n \neq j, n \in \mathcal{N}} p_n h_{n,j}$。

基于上述分析，假设系统参数能够精确得到，则可以得到异构携能通信网络能效最大化的资源分配优化问题如下：

$$\max_{p_j, \rho} \eta_{\text{EE}} = \frac{R}{Q_{\text{total}}}$$

$$\text{s.t.} \quad C_1 : \sum_{j \in \mathcal{N}} p_j \leqslant P^{\max}$$

$$C_2 : \sum_{j \in \mathcal{N}} p_j h_{j,i} \leqslant I_{\text{th}} \tag{8.83}$$

$$C_3 : R_j \geqslant R_j^{\min}$$

$$C_4 : 0 \leqslant \rho_j \leqslant 1$$

其中，$R = \sum\limits_{j \in \mathcal{N}} R_j$ 为飞蜂窝网络的总传输速率，式 (8.83) 没有考虑参数不确定性（如信道增益不确定性），通常被称为名义模型，由于信道时延、系统估计误差、能量收集非线性特性的影响，完美 CSI 在实际通信系统中往往很难获得，因此需要考虑该网络下的鲁棒资源分配问题。

8.3.2　算法设计

为了最大程度保护 MU 的通信质量，本节考虑 FBS 发射机到 MU 接收机链路上的信道不确定性，因为该不确定性可能导致对 MU 造成无法容忍的干扰，为了提高系统的鲁棒性，所以需要将系统的冗余性提前考虑到资源分配设计算法中来。本节假设在信道不确定性摄动存在的条件下，MU 能够容忍一定的中断概率，基于干扰中断概率约束的鲁棒资源分配问题可以描述为

$$
\begin{aligned}
\max_{p_j, \rho} \quad & \eta_{\mathrm{EE}} = \frac{R}{Q_{\mathrm{total}}} \\
\mathrm{s.t.} \quad & C_1 : \sum_{j \in \mathcal{N}} p_j \leqslant P^{\max} \\
& C_2 : \mathrm{Pr}\left\{ \sum_{j \in \mathcal{N}} p_j h_{j,i} \leqslant I_{\mathrm{th}} \right\} \geqslant 1 - \varepsilon_i, \forall i \\
& C_3 : R_j \geqslant R_j^{\min} \\
& C_4 : 0 \leqslant \rho \leqslant 1
\end{aligned}
\tag{8.84}
$$

其中，$\varepsilon_i \in [0,1]$ 为第 i 个 MU 的中断概率阈值。由于 C_2 概率约束的引入，使得式 (8.84) 是一个难以求解的 NP-hard 问题。

1. 随机优化问题

针对概率约束处理方式，已经有很多文献研究过松弛概率积分、伯恩斯坦近似方法，然而上述方法都需要知道不确定参数的精确概率统计分布模型。在实际的异构无线网络场景中，随着用户接入的动态变化、信道衰落的影响，得到这些随机参数的准确统计模型往往是难以实现的，因此，在此引入最小最大概率机方法来求解随机参数概率分布模型未知的不确定性概率约束转化问题。考虑如下形式的概率约束问题：

$$\inf_{\boldsymbol{y} \sim (\bar{\boldsymbol{y}}, \boldsymbol{E})} \mathrm{Pr}\{\boldsymbol{a}^{\mathrm{T}}\boldsymbol{y} \leqslant b\} \geqslant 1 - \varepsilon \tag{8.85}$$

其中，inf 表示下确界；$\boldsymbol{y}$ 表示不确定性变量；$\varepsilon \in [0,1]$ 表示中断概率，即在参数 $\boldsymbol{y}$ 存在不确定性的条件下，仍然使不等式保持成立的最大概率阈值。假设随机变量 $\boldsymbol{y}$ 的均值和方差分别用 $\bar{\boldsymbol{y}}$ 和 $\boldsymbol{E}$ 表示，可以得

$$\sup_{\boldsymbol{y} \sim (\bar{\boldsymbol{y}}, \boldsymbol{E})} \mathrm{Pr}\{\boldsymbol{a}^{\mathrm{T}}\boldsymbol{y} \geqslant b\} = \frac{1}{1 + d^2} \tag{8.86}$$

其中，

$$d^2 = \inf_{\boldsymbol{a}^{\mathrm{T}}\boldsymbol{y} \geqslant b} (\boldsymbol{y} - \bar{\boldsymbol{y}})^{\mathrm{T}} E^{-1}(\boldsymbol{y} - \bar{\boldsymbol{y}}) = \frac{\max[(b - \boldsymbol{a}^{\mathrm{T}}\boldsymbol{y}), 0]^2}{\boldsymbol{a}^{\mathrm{T}}E\boldsymbol{a}} \tag{8.87}$$

由于式 (8.85) 等价于 $\displaystyle\sup_{\boldsymbol{y} \sim (\bar{\boldsymbol{y}}, \boldsymbol{E})} \mathrm{Pr}\{\boldsymbol{a}^{\mathrm{T}}\boldsymbol{y} \geqslant b\} \leqslant \varepsilon$，将式 (8.87) 代入其中可得

$$\varepsilon \geqslant \frac{1}{1 + d^2} \tag{8.88}$$

根据上述分析，可以得

$$\max[(b - \boldsymbol{a}^{\mathrm{T}}\bar{\boldsymbol{y}}), 0] \geqslant \kappa(\varepsilon)\sqrt{\boldsymbol{a}^{\mathrm{T}}\boldsymbol{E}\boldsymbol{a}} \tag{8.89}$$

其中，$\kappa(\varepsilon) = \sqrt{\dfrac{1-\varepsilon}{\varepsilon}}$，同时，由于在题设中是 $\boldsymbol{a}^{\mathrm{T}}\bar{\boldsymbol{y}} \leqslant b$，则 $\max[(b - \boldsymbol{a}^{\mathrm{T}}\bar{\boldsymbol{y}}), 0] = b - \boldsymbol{a}^{\mathrm{T}}\bar{\boldsymbol{y}}$，综上所述，概率约束式 (8.85) 转换为

$$b - \boldsymbol{a}^{\mathrm{T}}\bar{\boldsymbol{y}} \geqslant \kappa(\varepsilon)\sqrt{\boldsymbol{a}^{\mathrm{T}}\boldsymbol{E}\boldsymbol{a}} \tag{8.90}$$

由于本节考虑 FBS 发射机到 MU 接收机链路上的信道不确定性，即干扰信道增益存在扰动的情况下，$h_{j,i}$ 可以当作是一个随机变量。定义 $h_{j,i}$ 的均值和方差分别为 $\bar{h}_{j,i}$ 和 $E_{j,i}$，通过上述分析，可以将不确定性约束条件 C_2 转换为

$$\sum_{j \in \mathcal{N}} p_j \bar{h}_{j,i} + \kappa(\varepsilon_i)\sqrt{\sum_{j \in \mathcal{N}} p_j^2 E_{j,i}} \leqslant I_{\mathrm{th}} \tag{8.91}$$

利用柯西不等式对 $\displaystyle\sum_{j \in \mathcal{N}} p_j^2 E_{j,i}$ 进行放缩处理得

$$\sum_{j \in \mathcal{N}} (p_j^2 E_{j,i}) \leqslant \sqrt{\sum_{j \in \mathcal{N}} p_j^4}\sqrt{\sum_{j \in \mathcal{N}} E_{j,i}^2} \leqslant \sum_{j \in \mathcal{N}} p_j^2 \sum_{j \in \mathcal{N}} E_{j,i} \tag{8.92}$$

则式 (8.91) 转换为

$$\sum_{j \in \mathcal{N}} p_j \bar{h}_{j,i} + \kappa(\varepsilon_i)\sqrt{\sum_{j \in \mathcal{N}} p_j^2}\sqrt{\sum_{j \in \mathcal{N}} E_{j,i}} \leqslant I_{\mathrm{th}} \tag{8.93}$$

令 $f(\boldsymbol{p}) = \displaystyle\sum_{j \in \mathcal{N}} p_j \bar{h}_{j,i} + \kappa(\varepsilon_i)\sqrt{\sum_{j \in \mathcal{N}} p_j^2}\sqrt{\sum_{j \in \mathcal{N}} E_{j,i}}$，考虑最坏情况（worst-case）准则，则式 (8.93) 的等价形式如下

$$\max f(\boldsymbol{p}) \leqslant I_{\mathrm{th}} \tag{8.94}$$

利用不等式缩放性质：

$$\sqrt{\sum a_i^2} \leqslant \sum \sqrt{a_i^2} = \sum a_i \tag{8.95}$$

可以得

$$
\begin{aligned}
\sup\{f(\boldsymbol{P})\} &= \sum_{j\in\mathcal{N}} p_j \bar{h}_{j,i} + \kappa(\varepsilon_i)\sqrt{\sum_{j\in\mathcal{N}} p_j^2}\sqrt{\sum_{j\in\mathcal{N}} E_{j,i}} \\
&\leqslant \sum_{j\in\mathcal{N}} p_j \bar{h}_{j,i} + \kappa(\varepsilon_i)\sqrt{\sum_{j\in\mathcal{N}} E_{j,i}}\sum_{j\in\mathcal{N}} p_j \\
&= \sum_{j\in\mathcal{N}} p_j\left[\bar{h}_{j,i} + \kappa(\varepsilon_i)\sqrt{\sum_{j\in\mathcal{N}} E_{j,i}}\right]
\end{aligned}
\tag{8.96}
$$

则优化问题式 (8.84) 变为

$$
\begin{aligned}
\max_{p_j,\rho}\quad & \eta_{\mathrm{EE}} = \frac{R}{Q_{\mathrm{total}}} \\
\text{s.t.}\quad & C_1 : \sum_{j\in\mathcal{N}} p_j \leqslant P^{\max} \\
& \bar{C}_2 : \sum_{j\in\mathcal{N}} p_j H_j \leqslant I_{\mathrm{th}} \\
& C_3 : R_j \geqslant R_j^{\min} \\
& C_4 : 0 \leqslant \rho_j \leqslant 1
\end{aligned}
\tag{8.97}
$$

其中，$H_j = \bar{h}_{j,i} + \kappa(\varepsilon_i)\sqrt{\sum_{j\in\mathcal{N}} E_{j,i}}$，将约束条件 C_2 转换成了凸约束条件 $\bar{C}_2$。

2. 鲁棒资源分配问题

根据能量效率的定义，可知目标函数是一个分式规划问题，因此，式 (8.97) 是一个非线性规划问题，根据 Dinkelbach 方法，将目标函数转换成参数相减的形式，即

$$
F(p_j,\rho) = \sum_{j\in\mathcal{N}} R_j - \eta_{\mathrm{EE}}\left[P^{\mathrm{total}} + P_C - \theta(1-\rho_j)\sum_{j\in\mathcal{N}} A_j\right]
\tag{8.98}
$$

为了获得式 (8.98) 的解析解，需要将其转换成凸优化的形式，得到如下资源分配问题：

$$
\begin{aligned}
\min_{p_j,\rho}\quad & (-F) \\
\text{s.t.}\quad & C_1 : \sum_{j\in\mathcal{N}} p_j - P^{\max} \leqslant 0 \\
& \bar{C}_2 : \sum_{j\in\mathcal{N}} p_j H_j - I_{\mathrm{th}} \leqslant 0 \\
& C_3 : R_j^{\min} - R_j \leqslant 0
\end{aligned}
\tag{8.99}
$$

$$C_4 : \rho_j - 1 \leqslant 0$$

由于约束条件 C_1、$\bar{C}_2$ 和 C_4 为线性约束条件,根据凸优化函数和凸条件定义,该约束为凸约束。由于飞蜂窝通常情况下采用低功率节点传输,约束条件 C_3 和目标函数的凸性可以通过优化变量的海森矩阵正定性证明得到。另外,函数 R_j 是关于优化变量 ρ_j 的单独递增函数,是一个凸优化问题。综上所述,优化问题 [式 (8.99)] 变成可求解的凸优化形式。本节联合优化发射功率 p_j 与信息信号系数 ρ_j,采用双循环变量法,将原优化问题分解成两个等价的子问题进行求解。

3. 鲁棒资源分配算法求解

针对式 (8.99) 的凸优化问题,利用拉格朗日对偶原理,可以求解该问题。构建如下关于功率分配因子 p_j 的拉格朗日函数,即

$$
L(p_j, \lambda, \varphi, \nu_j) = -F(p_j) + \lambda \left(\sum_{j \in \mathcal{N}} p_j - P^{\max} \right)
$$
$$
+ \varphi \left[\sum_{j \in \mathcal{N}} (p_j H_j) - I_{\text{th}} \right] + \sum_{j \in \mathcal{N}} v_j (R_j^{\min} - R_j) \tag{8.100}
$$

其中,λ、φ 和 ν_j 分别是约束条件 C_1、$\bar{C}_2$ 和 C_3 所对应的非负拉格朗日乘子。式 (8.100) 的对偶函数可以写为

$$
D(\lambda, \varphi, \nu_j, z_j) = \min_{p_j} L_1(p_j, \lambda, \varphi, \nu_j) + S_j^1 + C \tag{8.101}
$$

其中,$S_j^1 = \sum_{j \in \mathcal{N}} [\nu_j R_j^{\min} - \eta_{\text{EE}} \theta (1 - \rho) A_j]$;$C = \eta_{\text{EE}} P_{\text{c}} - \lambda P^{\max} - \varphi I_{\text{th}}$。令 $G_j = \dfrac{\rho g_j}{A_j \rho + \sigma^2}$,则式 (8.101) 中以拉格朗日乘子为优化变量的对偶优化问题表达式为

$$
L_1(p_j, \lambda, \varphi, \nu_j, z_j) = \sum_{j \in \mathcal{N}} [(\eta_{\text{EE}} + \lambda + \varphi H_j) p_j - (1 + \nu_j) \log_2 (1 + p_j G_j)] \tag{8.102}
$$

假设存在最优解 p_j^* 使得优化问题 [式 (8.99)] 目标函数最优,且满足所有约束条件。根据 KKT 条件,可求得最优功率解:

$$
p_j^* = \left[\frac{(1 + v_j) G_j - (\eta_{\text{EE}} + \lambda + \varphi H_j) \ln 2}{G_j (\eta_{\text{EE}} + \lambda + \varphi H_j) \ln 2} \right]^+ \tag{8.103}
$$

将最优功率 p_j^* 代入优化问题 [式 (8.99)] 中,重新构造以信息信号系数 ρ 为优化变量的拉格朗日函数:

$$
L(p_j^*, \rho, \lambda, \varphi, \nu_j, z) = -F(p_j^*, \rho_j) + \lambda \left(\sum_{j \in \mathcal{N}} p_j^* - P^{\max} \right)
$$

$$+ \varphi \left[\sum_{j \in \mathcal{N}} (p_j^* H_j) - I_{\text{th}} \right] + \sum_{j \in \mathcal{N}} \nu_j (R_j^{\min} - R_j) + z(\rho_j - 1) \quad (8.104)$$

其中，z 是约束条件 C_4 对应的拉格朗日乘子。根据拉格朗日对偶原理，得出对偶函数为

$$D(p_j^*, \rho_j, \varphi, \nu_j, z) = \min_{\rho} L_2(p_j^*, \rho_j, \varphi, \nu_j, z_j) + S_j^2 + C + \lambda P^{\max} \quad (8.105)$$

其中，$S_j^2 = \sum_{j \in \mathcal{N}} \left[(\eta_{\text{EE}} + \varphi H_j) p_j^* - \eta_{\text{EE}} \theta A_j + \nu_j R_j^{\min} - z \right]$，式 (8.105) 中以拉格朗日乘子为优化变量的对偶优化问题表达式为

$$L_2(p_j^*, \rho_j, \varphi, \nu_j, z) = \sum_{j \in \mathcal{N}} \left[(z + \eta_{\text{EE}} \theta A_j) \rho_j \right] - \sum_{j \in \mathcal{N}} \left[(1 + \nu_j) \log_2 \left(1 + \frac{\rho_j p_j^* g_j}{A_j \rho_j + \sigma^2} \right) \right] \quad (8.106)$$

令 $X_j = A_j p_j^* g_j + A_j^2$; $Y_j = 2 A_j \sigma^2 + p_j^* g_j \sigma^2$; $Z_j = \sigma^4 - \dfrac{(1 + v_j) p_j^* g_j \sigma^2}{(\eta_{\text{EE}} \theta A_j + z) \ln 2}$, 利用 KKT 条件，得

$$\rho_j^* = \left[\frac{\sqrt{Y_j^2 - 4 X_j Z_j} - Y_j}{2 X_j} \right]^+ \quad (8.107)$$

根据次梯度更新算法，来更新拉格朗日因子：

$$\lambda(t+1) = \left[\lambda(t) + d_1 \left(\sum_{j \in \mathcal{N}} p_j - P^{\max} \right) \right]^+ \quad (8.108)$$

$$\varphi(t+1) = \left[\varphi(t) + d_2 \left(\sum_{j \in \mathcal{N}} p_j H_j - I_{th} \right) \right]^+ \quad (8.109)$$

$$\nu_j(t+1) = \left[\nu_j(t) + d_3 (R_j^{\min} - R_j) \right]^+ \quad (8.110)$$

$$z(t+1) = [z(t) + d_4(\rho - 1)]^+ \quad (8.111)$$

其中，t 表示迭代次数；$d_1 \geqslant 0$、$d_2 \geqslant 0$、$d_3 \geqslant 0$ 和 $d_4 \geqslant 0$ 为步长，通过选择合适的步长，可以保证次梯度更新算法的收敛性。

综上所述，本节提出的基于能效的鲁棒资源分配算法步骤如算法 8.3 所示。

算法 8.3　鲁棒资源分配算法

1. 初始化系统参数 $d_1 \geqslant 0$、$d_2 \geqslant 0$、$d_3 \geqslant 0$、$d_4 \geqslant 0$、$I_{\text{th}} > 0$、$P^{\max} > 0$、$R_j^{\min} > 0$、$p_j > 0$，设定网络用户数和最大迭代次数 T，算法收敛精度 ξ，初始化功率分流系数 $\rho > 0$，初始化能效 η_{EE}，迭代次数初始化 $t = 0$；

2. 当 $\left| \dfrac{R[p_i(t), \rho_i(t)]}{Q_{\text{total}}[p_i(t), \rho_i(t)]} - \eta_{\text{EE}}(t-1) \right| \geqslant \xi$ 时，进入主循环；

3. 根据式 (8.103) 计算 FU 的最优发射功率 p_j^*，并更新拉格朗日乘子；

4. 判断 FBS 发射功率总和、MU 接收机收到的干扰和 FU 传输速率等是否满足设定阈值，若都满足，则继续；否则，返回步骤 2；

5. 根据式 (8.107) 得到次优功率分流比系数 ρ^*;
6. 更新迭代次数 $t = t + 1$;
7. 若 $t \geqslant T$, 则终止; 否则, 计算能效 $\eta_{\mathrm{EE}}(t+1)$, 返回步骤 3;
8. 输出最优解 p_j^*、次优解 ρ^*, 得到飞蜂窝网络能效 η_{EE}^*, 算法结束。

4. 复杂度和灵敏度分析

本节考虑由飞蜂窝网络和宏蜂窝网络构成的异构无线网络, 提出了联合优化发射功率和信息系数飞蜂窝网络能量利用率最大化的鲁棒资源分配算法。假设算法收敛最大迭代次数为 T, FU 个数为 N。根据式 (8.103), 式 (8.107)~ 式 (8.111) 可以知道, 在同层循环内, 主变量 p_j、ρ_j 和 ν_j 需要的计算复杂度为 $O(N)$, 而其他拉格朗日乘子需要的计算复杂度为 $O(1)$, 因为 Dinkelbach 方法求解外循环是一个超线性时间复杂度 $O(T)$, 所以所提算法具有多项式时间复杂度 $O(NT)$。

由于本节考虑链路 j 上 FU 到链路 i 上 MU 的干扰信道增益不确定性, 实际的干扰信道增益定义为 $h_{j,i} = \tilde{h}_{j,i} + \Delta h_{j,i}$, $\tilde{h}_{j,i}$ 表示干扰信道增益估计值, $\Delta h_{j,i}$ 表示干扰信道增益的摄动值。由于本节提前将参数不确定性考虑进来, 则会牺牲一定的能效性能来保障系统鲁棒性。E_{non}^* 和 E_{Δ}^* 分别表示名义优化模型和鲁棒资源分配模型下的能效值, 因此, 能量效率牺牲的代价可以用 $E_{\mathrm{gap}} = E_{\mathrm{non}}^* - E_{\Delta}^*$ 来衡量。

根据泰勒级数展开式, 可以将 E_{Δ}^* 展开为

$$E_{\Delta}^*(\Delta h) = E_{\Delta}^*(0) + \frac{\partial E_{\Delta}^*(0)}{\partial \Delta h} \Delta h + o(\Delta h) \tag{8.112}$$

其中, $E_{\Delta}^*(0)$ 表示扰动参数为 0 时能效的最优解, 即 $E_{\Delta}^*(0) = E_{\mathrm{non}}^*$; $o(\Delta h)$ 表示泰勒级数展开的截断误差。式 (8.112) 中右边第二项表达式为

$$\frac{\partial E_{\Delta}^*(0)}{\partial \Delta h} = \frac{\partial E_{\Delta}^*(\partial \Delta h)}{\partial \Delta h}\bigg|_{\Delta h=0} = \frac{\varphi\left(\mathcal{T}_1 - G_j\mathcal{T}_2\right)}{\left(1 + p_j^*A_j\right)\mathcal{T}_1^2} - \mathcal{P}' + \theta \sum_{j \in \mathcal{N}} A_j\mathcal{J}' \tag{8.113}$$

其中,

$$\mathcal{T}_1 = G_j[\eta_{\mathrm{EE}} + \lambda + \varphi(\tilde{H}_j + \Delta h)]\ln 2 \tag{8.114}$$

$$\mathcal{T}_2 = (1 + v_j)G_j - [\eta_{\mathrm{EE}} + \lambda + \varphi(\tilde{H}_j + \Delta h)]\ln 2 \tag{8.115}$$

$$\mathcal{T}_3 = Y_j^2 - 4X_jZ_j \tag{8.116}$$

$$\mathcal{P}' = \frac{\partial p_j^*}{\Delta h} = \frac{\varphi\ln 2\left(\mathcal{T}_1 - G_j\mathcal{T}_2\right)}{\mathcal{T}_1^2} \tag{8.117}$$

$$\mathcal{J}' = \frac{\partial \rho_j^*}{\partial \Delta h} = \frac{X_j\mathcal{P}'\left[\mathcal{T}_3^{-\frac{1}{2}}\left(Y_j - 4\mathcal{P}'\right) - 1\right] - \left[\mathcal{T}_3^{\frac{1}{2}} - Y_j\right]\mathcal{P}'}{4X_j^2} \tag{8.118}$$

综上所述, 结合式 (8.112) 与式 (8.113) 可以得

$$E_{\text{gap}} = E_{\text{non}}^* - E_\Delta^* = \left[\frac{\varphi(\mathcal{T}_1 - G_j \mathcal{T}_2)}{(1 + p_j^* A_j)\mathcal{T}_1^2} - \mathcal{P}' + \theta \sum_{j \in \mathcal{N}} A_j \mathcal{J}' \right] \Delta h \tag{8.119}$$

8.3.3 仿真分析

本节为了验证算法的有效性，在相同仿真环境下，从不同角度对比分析基站发射功率阈值、干扰功率阈值对系统能量效率和中断概率的影响。中断概率的定义式如下：

$$P_{\text{out}} = \begin{cases} \dfrac{I_{\text{act}} - I_{\text{th}}}{I_{\text{th}}}, & I_{\text{act}} \geqslant I_{\text{th}} \\ 0, & I_{\text{act}} < I_{\text{th}} \end{cases} \tag{8.120}$$

其中，$I_{\text{act}} = \sum\limits_{j \in \mathcal{N}} p_j^*(\bar{h}_{j,i} + \Delta h_{j,i})$。定义所提算法——MPM-鲁棒能效优化算法 (MPM-based robust energy efficiency algorithm，MREA)、伯恩斯坦-鲁棒能效优化算法 (Berstein-based robust energy efficiency algorithm，BREA)、MPM-鲁棒速率优化算法 (MPM-based robust rate maximization algorithm，MRRA)、非鲁棒能效优化算法 (non-robust energy algorithm，NREA) 与 worst-case 鲁棒资源分配算法 (worst case-based robust efficiency algorithm，WREA)，直接信道增益和干扰信道增益在一定范围内随机取值，其他参数有 $P^{\max} = 1.5\text{W}$，$\sigma^2 = 10^{-8}\text{W}$，$\sigma^2 = 10^{-8}\text{W}$，$\varepsilon = 0.2$，$\theta = 0.5$，$R_j^{\min} = 2(\text{bit/s})/\text{Hz}$，$P_c = 0.2\text{W}$。

假设用户均随机分布在基站的周围，为了验证所提算法的快速收敛性，假设飞蜂窝网络中存在两个 FU，即 $N = 2$。从图 8-18(a) 中可以看出，本节所提出算法具有很好的收敛性，FBS 通过不断调整对 FU 的发射功率，来保障 FU 的通信质量，同时总发射功率并没有超过最大发射功率阈值，同时，从图 8-18(b) 中可以看出，FU 对 MU 产生的干扰并没有超过干扰功率阈值，从而也可以保证 MU 的通信质量。

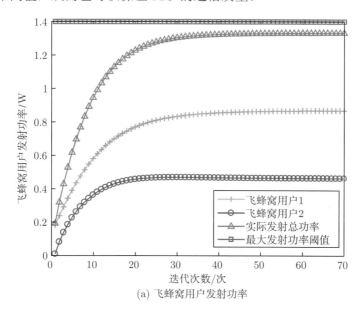

(a) 飞蜂窝用户发射功率

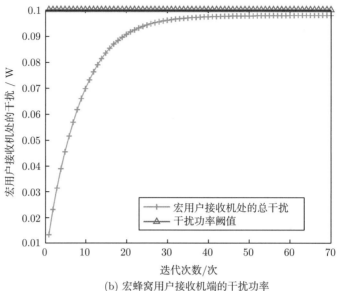

(b) 宏蜂窝用户接收机端的干扰功率

图 8-18 FU 发射功率收敛性和干扰功率控制

为了研究飞蜂窝基站最大发射功率和系统电路损耗功率对能量效率的影响，假设其他系统参数相同。从图 8-19 中可以看出，当电路损耗功率值不变时，飞蜂窝网络的能量效率随着最大发射功率门限值的增加而增加。因为，当发射功率门限值越大，允许飞基站对用户的发射功率越大，传输速率越快，从而系统容量随之增加，飞蜂窝网络能量效率增加。当系统最大发射功率值一定时，随着电路损耗功率的增加，显然能量效率会随之减小，电路损耗功率越大，整个系统消耗的功率越多。

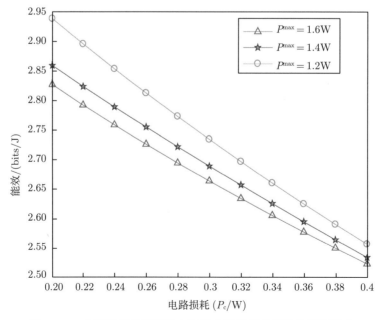

图 8-19 电路损耗功率和最大发射功率阈值对能量效率的影响

为了验证信道参数对能量效率的影响，假设其他系统参数不变，图 8-20 说明了干扰信道增益参数（方差、均值）对能量效率的影响。从图中可以看出，当均值 $\bar{h}_{j,i}$ 一定时，方差 $E_{j,i}$ 越大，能量效率越小。因为，方差值越大说明这组信道参数偏离均值的程度越大，信道环境越差，从而导致系统能量效率降低，同时，当方差值一定时，能量效率随着均值的增加而减小，均值越大，说明干扰信道增益越大，对宏蜂窝用户接收机产生的干扰越大，因此，系统能量效率降低。

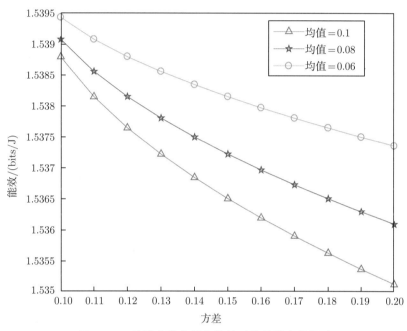

图 8-20　信道参数方差和均值对能量效率的影响

为了进一步验证本节所提算法的有效性，从系统性能和收敛性方面与不同算法进行对比分析。从图 8-21(a) 中可以看出，随着迭代次数的增加，四种算法都逐渐趋于收敛值，但是本节所提出的算法趋于收敛值时的迭代次数最低，即收敛性最好。因为，采用伯恩斯坦近似法，会设定大量参数，从而提高了算法的复杂度，所以收敛性较差，同时从图 8-21(b) 中可以看出，随着信息系数的增加，四种算法下的能效都随之降低。因为，信息系数越大，从干扰信号中收集的能量越多，导致飞蜂窝用户的信干噪比降低，从而影响飞蜂窝用户的通信质量。

结合图 8-21(a) 和图 8-21(b) 可以看出，本节所提算法 MREA 的能效是最高的，因为 WREA 算法是考虑最坏情况下的资源分配，虽然避免了用户发射中断的情况，但是却牺牲了能效，同时 MRRA 是考虑速率最优，却忽略了最小化功率损耗部分。

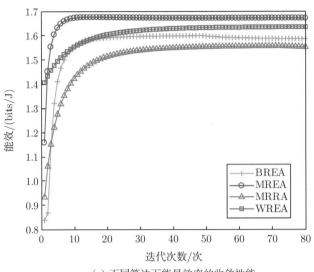

(a) 不同算法下能量效率的收敛性能

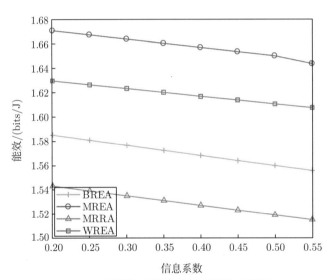

(b) 不同算法下信息系数对能量效率的影响

图 8-21　不同算法下的能量效率对比

　　图 8-22 描述了在干扰功率和信道参数影响下，不同算法下的中断概率对比值。图 8-22(a) 中对比的三种算法都是鲁棒资源分配算法，可以看出，在干扰功率阈值一定的情况下，本节所提出的算法中断概率是最低的，并且，中断概率随着干扰功率阈值的增加而减小。因为，干扰功率阈值越大，则说明宏蜂窝用户接收机端可以容忍的干扰越大，因此，宏蜂窝用户发生的中断概率降低。

　　另外，为了验证所提算法的鲁棒性，考虑信道扰动参数对中断概率的影响，实际干扰信道增益为 $h_{j,i} = \tilde{h}_{j,i} + \Delta h_{j,i}$，其中，$\tilde{h}_{j,i}$ 为信道估计值，$\Delta h_{j,i}$ 为扰动参数。从图 8-22(b) 中可以观察到，随着扰动参数的增加，中断概率随之增加。因为，扰动参数越大，说明信道增益波动越大，则宏蜂窝用户发生中断的概率越大，同时，可以看出，本书所提出的鲁棒能量效率优化算法中断概率最低，非鲁棒算法中断概率最高。因为，鲁棒算法提前将参数不确定性考虑进去，可以减小用户发生中断的概率，保障了系统的鲁棒性。

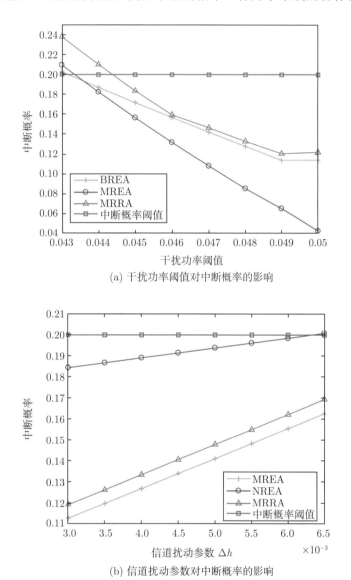

(a) 干扰功率阈值对中断概率的影响

(b) 信道扰动参数对中断概率的影响

图 8-22　不同算法下干扰功率和信道参数对中断概率的影响

为了进一步验证算法的有效性，图 8-23 给出了已知统计模型处理方法与本节在不同估计误差和中断概率方面的能量效率对比。定义场景 1：基于高斯随机变量的鲁棒算法；场景 2：基于均匀分布的鲁棒算法。图 8-23 表明，在固定中断概率阈值要求下，随着估计误差方差的增大，三种算法的能效都增加。本节提出的 MREA 算法明显好于另外两种已知概率分布下的鲁棒算法。因为无线信道的随机性和量化误差影响，并不能保证估计误差时刻满足高斯分布或均匀分布特性，因此本节算法更具有一般性。图 8-24 表明，随着中断概率阈值要求的增加，三种算法的能效都减小，并且可以看出本节所提出的 MREA 算法好于另外两种算法性能。由于实际系统模型失配（即算法假设模型与实际系统模型不符），会使得已知模型算法性能降低。

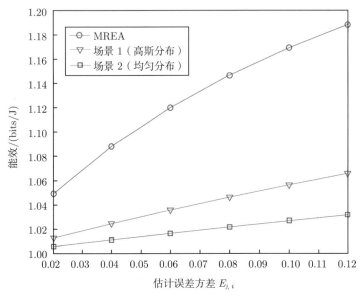

图 8-23　估计误差对能效的影响

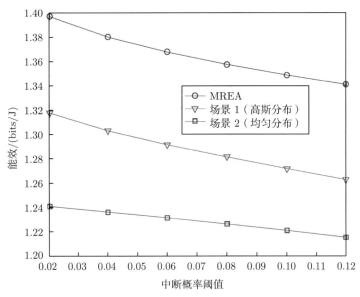

图 8-24　中断概率阈值对能效的影响

8.4　面向感知和 CSI 不确定性的认知异构无线网络鲁棒能效优化算法

8.1~8.3 节虽然对异构无线网络鲁棒资源分配做出了许多积极的贡献,但是并没有充分考虑频谱感知机制与性能对资源分配的影响。为了更好地刻画频谱感知、资源分配、传输时间、鲁棒性之间的关系,本节将对联合考虑不完美感知误差和信道不确定性下的鲁棒能效优化问题进行研究。

为了提高资源效率和鲁棒性传输,本节通过考虑误检概率(即感知不完美)引起的同信道干扰、平均数据传输时长的影响以及跨层干扰中断概率,将 FU 的总能效最大化问题表示为一个无穷维混合整数非线性规划非凸问题。为了设计一种鲁棒能效资源分配方案,首先提出了一种考虑传输时长的次优子载波分配方法;然后将原优化问题转化为传输时长优化子问题和功率分配子问题,前者被证明是一个平均传输时间服从指数分布的拟凹问题,基于泰勒展开近似法,可以得到最优传输时长;后者通过丁克尔巴赫法将该子问题转换为相减形式,利用 Bernstain 近似方法将中断概率转化为凸概率;最后利用拉格朗日对偶法和次梯度更新法得到功率分配的解析解,并提供了复杂性和鲁棒敏感度。所提算法具有良好的收敛性和鲁棒性。

8.4.1　系统模型

1. 传统问题描述

考虑了一个两层上行认知异构网络(CR-HetNet)(图 8-25),它由一个具有认知能力的宏蜂窝网络和一个具有认知能力的飞蜂窝网络组成。有 M 个 MU 和 F 个 FU,$w \in \mathcal{M} = \{1, 2, \cdots, M\}$ 和 $i \in \mathcal{F} = [1, 2, \cdots, F]$。飞蜂窝网络采用 OFDM 调制。FU 通过下垫式频谱共享方式共享 MU 的频谱。定义 $n \in \mathcal{N}_v = \{1, 2, \cdots, N\}$ 和 $l \in \mathcal{N}_o = \{1, 2, \cdots, L\}$ 分别为空子载波 $\mathcal{N}_v$ 和已占用子载波组成的子载波总数 $\mathcal{N}_o$ 的集合。在频谱感知阶段,飞蜂窝网络感知 N_{total} 子载波并估计空闲子载波。

根据香农容量公式,子载波 n 上第 i 个 FU 的 SNR 可以表示为

$$r_{i,n}^{\mathrm{F}} = \frac{p_{i,n}^{\mathrm{F}} h_{i,n}^{\mathrm{FF}}}{\displaystyle\sum_{w=1}^{M} p_{w,n}^{\mathrm{M}} h_{w,n}^{\mathrm{MF}} + \sigma^2} \tag{8.121}$$

其中,$p_{i,n}^{\mathrm{F}}$ 为第 i 个 FU 在子载波 n 上的发射功率;$p_{w,n}^{\mathrm{M}}$ 为第 w 个 MU 到 MBS 在子载波 n 上的发射功率;$h_{i,n}^{\mathrm{FF}}$ 为在子载波 n 上从第 i 个 FU 到 FBS 的信道增益;$h_{w,n}^{\mathrm{MF}}$ 为在子载波 n 上从第 w 个 MU 到 FBS 的信道增益;σ^2 为接收机背景噪声。

由于每个 FU 电池容量的限制,第 i 个 FU 的发射功率必须满足:

$$\sum_{n=1}^{N} x_{i,n} p_{i,n}^{\mathrm{F}} \leqslant p_i^{\max}, \forall i \tag{8.122}$$

其中，$x_{i,n}$ 为子载波 n 上的子载波分配因子；$p_i^{\max}$ 为第 i 个 FU 上发射功率峰值。

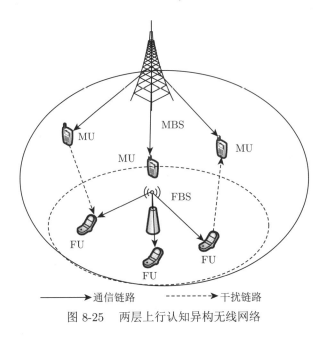

图 8-25　两层上行认知异构无线网络

各子载波的峰值发射功率约束为

$$0 \leqslant p_{i,n}^{\mathrm{F}} \leqslant p_n^{\max}, \forall i, n \tag{8.123}$$

其中，$p_n^{\max}$ 为子载波 n 上发射功率峰值。

由于每个子载波在每个时间段只能被一个 FU 使用，因此有以下子载波分配约束，即

$$\sum_{i=1}^{F} x_{i,n} \leqslant 1, x_{i,n} = \{0,1\}, \forall i, n \tag{8.124}$$

在完美 CSI 下，保护 MU 性能的跨层干扰可以表示为

$$\sum_{i=1}^{F} \sum_{n=1}^{N} x_{i,n} p_{i,n}^{\mathrm{F}} G_{i,n}^{\mathrm{FM}} \leqslant I_{\mathrm{th}}^{\mathrm{M}} \tag{8.125}$$

其中，$G_{i,n}^{\mathrm{FM}}$ 为在子载波 n 上从第 i 个 FU 到 MBS 的信道增益；$I_{\mathrm{th}}^{\mathrm{M}}$ 为 MBS 最大干扰功率阈值。

在不考虑传输时长和不完美频谱感知的情况下，飞蜂窝网络的 $\mathrm{FU_S}$ 可以变为

$$R = \sum_{i=1}^{F} \sum_{n=1}^{N} x_{i,n} \log_2 \left(1 + r_{i,n}^{\mathrm{F}}\right) \tag{8.126}$$

$$E = \sum_{i=1}^{F} \sum_{n=1}^{N} x_{i,n} p_{i,n}^{\mathrm{F}} + P_c^{\mathrm{total}} \tag{8.127}$$

其中，P_c^{total} 表示电路总功耗。

因此，一个具有完美频谱感知和完美信道增益的名义资源分配优化问题可以表述为

$$\max_{p_{i,n}^F, x_{i,n}} \quad \eta = \frac{R}{E}$$

$$\text{s.t. } C_1 : \sum_{n=1}^{N} x_{i,n} p_{i,n}^{\mathrm{F}} \leqslant p_i^{\max}, \forall i$$

$$C_2 : 0 \leqslant p_{i,n}^{\mathrm{F}} \leqslant p_n^{\max}, \forall i, n \qquad (8.128)$$

$$C_3 : \sum_{i=1}^{F} \sum_{n=1}^{N} x_{i,n} p_{i,n}^{\mathrm{F}} G_{i,n}^{\mathrm{FM}} \leqslant I_{\mathrm{th}}^{\mathrm{M}}$$

$$C_4 : \sum_{i=1}^{F} x_{i,n} \leqslant 1, x_{i,n} = \{0,1\}, \forall i, n$$

显然，式 (8.128) 是一个整数变量的分式规划问题。约束 $C_1 \sim C_3$ 决定了可用发射功率上限。

在实际的 HetNets 中，传输时长会严重影响系统的有效能效和传输质量。此外，由于用户接入的动态特性，FUs 的频谱感知结果不同，因此 FUs 到 MU 的实际干扰功率是动态的；由于频谱感知误差的影响，传统的限制（如 C_3）不能充分提高频谱利用率和能效，又由于无线环境的随机性，假设得到完美的 CSI 是不合理的，信道不确定性可能会导致用户通信中断（如中断概率）。因此，需要考虑传输持续时间策略来节约能源、提高能效，以及克服频谱感知和信道不确定性的影响。

2. 传输时隙的影响

为了考虑更多的实际情况，异构网络的能效优化问题应该解决上述问题。为了方便描述数据传输的特性，图 8-26 描述了数据帧结构，其中 T_{d2} 和 T_{d1} 分别表示有 MU 冲突和没有 MU 冲突的数据传输阶段（如 MU 返回并访问子载波）。定义 τ 和 T_d 分别为感知阶段和数据传输阶段的时间，并假设帧长为 T，则有 $T = \tau + T_d$ 和 $T_d = T_{d1} + T_{d2}$。

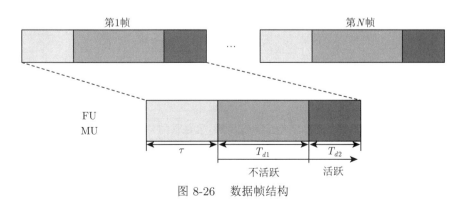

图 8-26 数据帧结构

评论 8.1：在传感阶段，FUs 可以感知子载波的状态，并同时将相关的传感结果反馈给飞蜂窝接入点（femtocell access point，FAP）。FAP 给出了可用频谱资源的结果。如果 FAP 感知到空闲子载波（如空闲状态），则该子载波可以被 FUs 使用。但是，在 FU 传输期间，MU 可能会随机返回，从而导致冲突，这种冲突可以降低 FUs 的实际数据速率。

若 MU 的空闲状态服从指数分布，则空闲时间的概率密度函数可表示为

$$f(t) = \alpha e^{-\alpha t} \tag{8.129}$$

其中，α 为 MU 从空闲到忙碌的切换速率因子，值为常数，如 $\alpha = 0.35$；t 为切换到空闲状态的时间，$t = 0$ 表示数据传输阶段的开始。MU 的平均冲突持续时间为

$$T_{d2} = \int_0^{T_d} (T_d - t) f(t) \mathrm{d}t = T_d - \frac{1 - e^{-\alpha T_d}}{\alpha} \tag{8.130}$$

因此，FU 的有效传输时间 $T_{d1} = T_d - T_{d2} = (1 - e^{-\alpha T_d})/\alpha$。基于泰勒展开式，简化为

$$T_{d1} = T_d - \frac{\alpha T_d^2}{2} \tag{8.131}$$

随着 FU 传输时间的增加，MU 更有可能重新占用信道，从而导致子载波上 FU 和 MU 之间的冲突。传输阶段的冲突时间 T_{d2} 受以下公式约束。

$$\frac{T_{d2}}{T_d} \leqslant \theta \tag{8.132}$$

其中，$\theta \in [0, 1)$ 为传输阶段的冲突概率上界。

基于式 (8.126)，FUs 的平均吞吐量为

$$\bar{R} = \sum_{i=1}^{F} \sum_{n=1}^{N} x_{i,n} T_{d1} \log_2 \left(1 + r_{i,n}^{\mathrm{F}} \right) \tag{8.133}$$

另外，根据式 (8.127) 可将 FUs 的平均能耗变为

$$\bar{E} = \sum_{i=1}^{F} \sum_{n=1}^{N} x_{i,n} T_d p_{i,n}^{\mathrm{F}} + T P_c^{\mathrm{total}} \tag{8.134}$$

FU 的总能效变成

$$\bar{\eta} = \frac{\bar{R}}{\bar{E}} = \frac{\displaystyle\sum_{i=1}^{F} \sum_{n=1}^{N} x_{i,n} \left(T_d - \frac{\alpha T_d^2}{2} \right) \log_2 \left(1 + r_{i,n}^{\mathrm{F}} \right)}{\displaystyle\sum_{i=1}^{F} \sum_{n=1}^{N} x_{i,n} T_d p_{i,n}^{\mathrm{F}} + (T_d + \tau) P_c^{\mathrm{total}}} \tag{8.135}$$

3. 不完美频谱感知的影响

此外，不完美的频谱感知会造成能量浪费，影响传输效率。图 8-27 为不完美频谱感知的影响。根据贝叶斯定理，这四种情况归纳如表 8-1 所示。

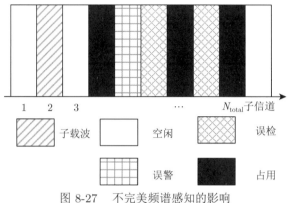

图 8-27 不完美频谱感知的影响

表 8-1 不完美感知介绍 '0'-未激活 (未使用子载波)，'1'-激活 (占用子载波)，MU 占用概率：$q\ [\mathrm{Pr}\,(H_1) = q,\ \mathrm{Pr}\,(H_0) = 1 - q]$

状态	感知误差	条件感知概率
MU 未激活：H_0	$\mathrm{Pr}(D_1\|H_0)$：虚警概率 q^{fa}	$\rho^1 = \mathrm{Pr}(H_0\|D_0) = \dfrac{(1-q^{fa})(1-q)}{(1-q^{fa})(1-q) + q^{md}q}$
MU 激活：H_1	$\mathrm{Pr}(D_0\|H_1)$：漏警概率 q^{md}	$\rho^2 = \mathrm{Pr}(H_1\|D_0) = \dfrac{q^{md}q}{(1-q^{fa})(1-q) + q^{md}q}$
FU 感知未激活：D_0	$\mathrm{Pr}(D_0\|H_0)$：探测概率 $(1-q^{md})$	$\rho^3 = \mathrm{Pr}(H_0\|D_1) = \dfrac{q^{fa}(1-q)}{(1-q^{fa})(1-q) + q^{md}q}$
FU 感知激活：D_1	$\mathrm{Pr}(D_1\|H_1)$：空闲感知概率 $(1-q^{fa})$	$\rho^4 = \mathrm{Pr}(H_1\|D_1) = \dfrac{(1-q^{md})q}{(1-q^{fa})(1-q) + q^{md}q}$

显然，从表 8-1 可以看出，有两种情况会对 MBS 产生有害干扰。第一种情况，任一子载波 $m(\forall m \in \mathcal{N}_v)$ 被 FUs 感知为空，但实际被 MU 占据，即情形 2，会造成同频干扰；第二种情况，第 i 个 FU 在子载波 n 上的信号也可以对 MU 所使用的子载波产生带外发射，即情形 4，因此，子载波 n 上的第 i 个 FU 对 MU 的实际干扰功率为

$$I_{i,n}^{\mathrm{FM}} = p_{i,n}^{\mathrm{F}}\left(\sum_{m\in\mathcal{N}_v}\rho_m^2 I_{m,n} + \sum_{k\in\mathcal{N}_0}\rho_k^4 I_{k,n}\right) = p_{i,n}^{\mathrm{F}} G_{i,n}^{\mathrm{FSM}} \tag{8.136}$$

式中，$I_{i,n}^{\mathrm{FM}}$ 和 $I_{k,n}$ 分别为同信道干扰增益和旁瓣干扰增益。MBS 接收的有效干扰功率为

$$\sum_{i=1}^{F}\sum_{n=1}^{N} x_{i,n} p_{i,n}^{\mathrm{F}} G_{i,n}^{\mathrm{FSM}} \leqslant I_{\mathrm{th}}^{\mathrm{M}} \tag{8.137}$$

另外，由于不完美频谱感知的影响，存在第 i 个 FU 将使用第 n 个子载波的两种情况。情况 1：空闲子载波被正确检测为空闲，如表 8-1 中的 ρ_n^1，第 i 个 FU 的可达吞吐量为 $T_{d1}\rho_n^1 \log_2(1+r_{i,n}^{\rm F})$；情况 2：忙子载波被错误检测为空，如表 8-1 中的 ρ_n^2。然而，FU 的信号会因为与 MU 的传输发生冲突而丢失，这种情况下的平均吞吐量为零，因此，不完美频谱感知下 FUs 的总吞吐量为

$$\tilde{R} = \sum_{i=1}^{F} \sum_{n=1}^{N} x_{i,n} T_{d1} \rho_n^1 \log_2\left(1+r_{i,n}^{\rm F}\right) \tag{8.138}$$

4. 不完美 CSI 的影响

此外，由于无线通信环境的动态特性，基站不能准确地获得 CSI。考虑信道估计误差的影响，信道增益可以表示为

$$G_{i,n}^{\rm FSM} = \bar{G}_{i,n}^{\rm FSM} + \Delta G_{i,n}^{\rm FSM}, \forall i,n \tag{8.139}$$

其中，$\bar{G}_{i,n}^{\rm FSM}$ 和 $\Delta G_{i,n}^{\rm FSM}$ 分别表示 FU 和 MU 之间的估计信道增益和估计误差。信道估计误差是有界的，即 $\Delta G_{i,n}^{\rm FSM} \in [-\varrho_{i,n}, \varrho_{i,n}]$，$\varrho_{i,n}$ 表示误差上界。当 $\varrho_{i,n}=0$，系统处于理想情况，估计信道增益等于真实值。

一般有两种不确定性建模方法：随机约束法和最坏情况法。具体地说，前者是用一种基于中断的概率形式来处理随机参数摄动系统。由于信道估计误差的随机性，该模型更适合于设计 HetNets 中的鲁棒资源分配，且由于 MU（如基站）的发射功率远大于 FU，故 MU 通常可以容忍一定的中断事件 (如高质量视频)。此外，在这种情况下，FU 可以进一步提高其速率，然而，具有有限不确定性的最坏情况法不允许任何中断。信道估计误差在具有一定上界的封闭区间内变化。由于 HetNets 中存在大量低功耗的 FU，因此很难确定信道不确定性的上界。

为了保护 MU 的 QoS，我们使用中断概率阈值来保证 MBS 在信道扰动下的 QoS 要求，即

$$\Pr\left\{ \sum_{i=1}^{F} \sum_{n=1}^{N} x_{i,n} p_{i,n}^{\rm F} G_{i,n}^{\rm FSM} \leqslant I_{\rm th}^{\rm M} \right\} \geqslant 1 - \epsilon \tag{8.140}$$

其中，ϵ 为 MU 中断概率阈值。

基于以上分析，名义资源分配问题变成了下面的鲁棒资源分配问题：

$$\max_{p_{i,n}^{\rm F}, x_{i,n}, T_d} \frac{\displaystyle\sum_{i=1}^{F} \sum_{n=1}^{N} x_{i,n} T_{d1} \rho_n^1 \log_2\left(1+r_{i,n}^{\rm F}\right)}{\displaystyle\sum_{i=1}^{F} \sum_{n=1}^{N} x_{i,n} T_d p_{i,n}^{\rm F} + (T_d + \tau) P_c^{\rm total}}$$

s.t. C_1, C_2, C_4 $\tag{8.141}$

$$\bar{C}_3 : \Pr\left\{ \sum_{i=1}^{F} \sum_{n=1}^{N} x_{i,n} p_{i,n}^{\rm F} G_{i,n}^{\rm FSM} \leqslant I_{\rm th}^{\rm M} \right\} \geqslant 1 - \epsilon$$

$$C_5 : \frac{T_{d2}}{T_d} \leqslant \theta$$

其中，θ 为冲突概率上界。$T_{d2} = T_d - T_{d1}$，$T_{d1} = T_d - \frac{\alpha T_d^2}{2}$，$0 \leqslant T_d \leqslant T$。因为 $T_{d1} \geqslant 0$，所以 $T_d \leqslant \frac{2}{\alpha}$，进一步，因为 $\theta < 1$，所以 $\frac{2\theta}{\alpha} \leqslant \frac{2}{\alpha}$。将有效传输时间 T_d 简化为

$$T_d \leqslant T_d^{\max} \tag{8.142}$$

其中，$T_d^{\max} = \min\left(T, \frac{2\theta}{\alpha}\right)$。显然，所考虑的问题更适用于实际物理通信场景。因为频谱感知的时间会影响数据传输的效率，所以该问题是一个非凸优化问题。

8.4.2 算法设计

由式 (8.136) 可知，信道增益 $G_{i,n}^{\mathrm{FSM}}$ 越大，MBS 引入的干扰功率越大，因此，每个子载波上的分配方案应同时考虑 C_2 和 C_3。为了保证在每个子载波上的公平性，本小节考虑了等效干扰功率，这是现有工作中常用的方法。根据可用子载波上的平均干扰功率阈值和峰值发射功率约束，将初始功率分配给每个子载波 n。

$$p_{i,n} = \min\left[p_n^{\max}, \frac{I_{\mathrm{th}}^{\mathrm{M}}}{N G_{i,1}^{\mathrm{FSM}}}, \cdots, \frac{I_{\mathrm{th}}^{\mathrm{M}}}{N G_{i,N}^{\mathrm{FSM}}} \right] \tag{8.143}$$

由于最优的子载波分配由 T_d 决定，故构造以下关于子载波 n 上第 i 个 FU 的传输时间的函数，即

$$f(T_d) = \frac{T_{d1} \rho_n^1 \log_2\left(1 + p_{i,n} C_{i,n}\right)}{T_d p_{i,n} + (T_d + \tau) p_c} \tag{8.144}$$

其中，$f(T_d)$ 表示子载波 n 上每个 FU 的能效；$C_{i,n} = h_{i,n}^{\mathrm{FF}} \Big/ \sigma^2 + \sum\limits_{w=1}^{M} p_{w,n}^{\mathrm{M}} h_{w,n}^{\mathrm{MF}}$ 表示等价的信道增益；$p_c = P_c^{\mathrm{total}}/N$，子载波 n 可以分配给能效最大的 FU。换句话说，有

$$x_{i^*,n} = \begin{cases} 1, & i^* = \arg\max\limits_i f(T_d) \\ 0, & \text{其他} \end{cases} \tag{8.145}$$

其中，$0 \leqslant T_d \leqslant T_d^{\max}$。最优子载波分配可以简化为

$$x_{i^*,n} = \begin{cases} 1, & i^* = \arg\max\limits_i f(T_d^p) \\ 0, & \text{其他} \end{cases} \tag{8.146}$$

其中，$T_d^p = \dfrac{\sqrt{(\alpha\tau p_c)^2 + 2\alpha\tau p_c (p_{i,n} + p_c)} - \alpha\tau p_c}{\alpha(p_{i,n} + p_c)}$。附录 10 给出了证明过程。

在分配子载波后，二进制变量 $x_{i,n}$ 的确定值为 0 或 1，变量 $x_{i,n}$ 变成 $x_{i^*,n}$。在不失一般性的情况下，将变量 $x_{i^*,n}$ 移除，式 (8.141) 就变成

$$
\max_{p_{i,n}^{\mathrm{F}}, T_d} \frac{\displaystyle\sum_{i=1}^{F}\sum_{n=1}^{N} T_{d1}\rho_n^1 \log_2\left(1 + r_{i,n}^{\mathrm{F}}\right)}{\displaystyle\sum_{i=1}^{F}\sum_{n=1}^{N} T_d p_{i,n}^{\mathrm{F}} + (T_d + \tau)\, P_c^{\mathrm{F}} tal}
$$

$$
\text{s.t.}\ C_1, C_2
$$

$$
\bar{C}_3 : \mathrm{Pr}\left\{\sum_{i=1}^{F}\sum_{n=1}^{N} p_{i,n}^{\mathrm{F}} G_{i,n}^{\mathrm{FSM}} \leqslant I_{\mathrm{th}}^{\mathrm{M}}\right\} \geqslant 1 - \epsilon
$$

$$
C_5 : \frac{T_{d2}}{T_d} \leqslant \theta \tag{8.147}
$$

由于最优变量 T_d 只出现在目标函数和 C_5 中，因此式 (8.147) 可简化为

$$
\max_{p_{i,n}^{\mathrm{F}}, T_d} \frac{\displaystyle\sum_{i=1}^{F}\sum_{n=1}^{N} T_{d1}\rho_n^1 \log_2\left(1 + r_{i,n}^{\mathrm{F}}\right)}{\displaystyle\sum_{i=1}^{F}\sum_{n=1}^{N} T_d p_{i,n}^{\mathrm{F}} + (T_d + \tau)\, P_c^{\mathrm{total}}}
$$

$$
\text{s.t.}\ C_5 : \frac{T_{d2}}{T_d} \leqslant \theta \tag{8.148}
$$

结合式 (8.142)，有

$$
\max_{p_{i,n}^{\mathrm{F}}, T_d} \frac{\displaystyle\sum_{i=1}^{F}\sum_{n=1}^{N} T_{d1}\rho_n^1 \log_2\left(1 + r_{i,n}^{\mathrm{F}}\right)}{\displaystyle\sum_{i=1}^{F}\sum_{n=1}^{N} T_d p_{i,n}^{\mathrm{F}} + (T_d + \tau)\, P_c^{\mathrm{total}}}
$$

$$
\text{s.t.}\ C_5 : 0 \leqslant T_d \leqslant T_d^{\mathrm{max}} \tag{8.149}
$$

定义：

$$
\begin{cases}
u = \displaystyle\sum_{i=1}^{F}\sum_{n=1}^{N} \rho_n^1 \log_2\left(1 + r_{i,n}^{\mathrm{F}}\right) \\
v = \displaystyle\sum_{i=1}^{F}\sum_{n=1}^{N} p_{i,n}^{\mathrm{F}}
\end{cases} \tag{8.150}
$$

式 (8.9) 变成

$$
\max_{p_{i,n}^{\mathrm{F}}, T_d} \frac{T_{d1} u}{v T_d + (T_d + \tau)\, P_c^{\mathrm{total}}}
$$

$$
\text{s.t.}\ \bar{C}_5 : 0 \leqslant T_d \leqslant T_d^{\mathrm{max}} \tag{8.151}
$$

引理 8.1：式 (8.151) 是关于 T_d 的拟凹问题。

证明见附录 11。因此，拥有传输持续时间因子 T_d^* 的唯一最优解决方案。根据附录 10 中的相同方法，最优传输时长为

$$T_d^* = \frac{\sqrt{(\alpha\tau P_c^{\mathrm{total}})^2 + 2\alpha\tau P_c^{\mathrm{total}}(v + P_c^{\mathrm{total}})} - \alpha\tau P_c^{\mathrm{total}}}{\alpha(v + P_c^{\mathrm{total}})} \tag{8.152}$$

引理 8.2: T_d^* 是一个随频谱感知时间 τ 和总功耗 P_c^{total} 递增的函数。

证明见附录 12。这是一个非常重要的结论。随着频谱感知时间的增加，系统需要更有效的传输时间来支持更高的 FU 总能效，因此，可用传输时间 T_d 得到一个较高的值。由于总能效相对于 T_d 的单调性 (已在附录 10 中分析)，T_d 的值必须在区间 $(0, T_d]$。因为效用函数在这个区域是递增的，所以受帧长和 T_d 可用范围的限制，频谱感知 τ 不能无限地追求更高的 T_d。

这时，式 (8.147) 就变成了关于 $p_{i,n}^{\mathrm{F}}$ 的功率分配问题，即

$$\max_{p_{i,n}^{\mathrm{F}}} \frac{\displaystyle\sum_{i=1}^{F}\sum_{n=1}^{N} T_{d1}(T_d^*)\rho_n^1 \log_2\left(1 + r_{i,n}^{\mathrm{F}}\right)}{\displaystyle\sum_{i=1}^{F}\sum_{n=1}^{N} T_d^* p_{i,n}^{\mathrm{F}} + (T_d^* + \tau)P_c^{\mathrm{total}}}$$

$$\text{s.t. } C_1, C_2 \tag{8.153}$$

$$\bar{C}_3 : \Pr\left\{\sum_{i=1}^{F}\sum_{n=1}^{N} p_{i,n}^{\mathrm{F}} G_{i,n}^{\mathrm{FSM}} \leqslant I_{\mathrm{th}}^{\mathrm{M}}\right\} \geqslant 1 - \epsilon$$

由于中断概率约束 $\bar{C}_3$ 使得式 (8.153) 难以求解。在本节中，使用伯恩斯坦近似方法将其转化为确定性问题。

考虑一般情况，概率约束可以表示为

$$\Pr\left[f_0(\boldsymbol{x}) + \sum_{n=1}^{N} \zeta_n f_n(\boldsymbol{x}) \leqslant 0\right] \geqslant 1 - \epsilon \tag{8.154}$$

其中，ζ_n 是一个边缘分布 ξ_n 的随机变量。$f_n(\boldsymbol{x})$ 是关于 $\boldsymbol{x}$ 的仿射函数。当边缘分布为 ξ_n 时，$\zeta_1, \cdots, \zeta_N$ 的分量被认为是相互独立的，从 ξ_n 开始的所有分布都有一个公共有界支持。从 ξ_n 开始的分布假定为 $[-1, 1]$，这意味着 ζ_n 已知在 $[-1, 1]$ 范围内变化，因此，有以下保守变换：

$$\inf_{\varphi > 0}\left\{f_0(\boldsymbol{x}) + \varphi \sum_{n=1}^{N} \Omega_n\left[\varphi^{-1} f_n(\boldsymbol{x})\right] + \varphi \log(1/\epsilon)\right\} \leqslant 0 \tag{8.155}$$

其中，$\Omega_n(z) = \max_{\xi_n} \log\left[\int \exp(zs)\mathrm{d}\xi_n(s)\right]$。当有效估计为 $\Omega_n(z)$ 时，这种近似是有用的。引入 $\Omega_n(z)$ 的上界：

$$\Omega_n(z) \leqslant \max\left[\mu_n^- z, \mu_n^+ z\right] + \frac{\sigma_n^2}{2} z^2, \forall n \tag{8.156}$$

其中, $\mu_n^- z$ 和 $\mu_n^+ z$ 满足 $-1 \leqslant \mu_n^- z \leqslant \mu_n^+ z \leqslant 1$, $\sigma_n \geqslant 0$, 概率分布决定了 σ_n 的值。基于等差几何不等式, 将 $\Omega_n(\cdot)$ 代入式 (8.155), 则中断概率约束 [式 (8.154)] 为

$$f_0(\boldsymbol{x}) + \sum_{n=1}^{N} \max \left[\mu_n^- f_n(\boldsymbol{x}), \mu_n^+ f_n(\boldsymbol{x}) \right] + \sqrt{2 \log \frac{1}{\epsilon}} \left[\sum_{n=1}^{N} \sigma_n^2 f_n(\boldsymbol{x}) \right]^{\frac{1}{2}} \leqslant 0 \tag{8.157}$$

假设 $G_{i,n}^{\mathrm{FSM}}$ 的分布为 $[a_{i,n}, b_{i,n}]$, 其中, $a_{i,n} \triangleq \bar{G}_{i,n}^{\mathrm{FSM}} - \varrho_{i,n}$; $b_{i,n} \triangleq \bar{G}_{i,n}^{\mathrm{FSM}} + \varrho_{i,n}$。定义:

$$\alpha_{i,n} \triangleq \frac{1}{2}(b_{i,n} - a_{i,n}) \tag{8.158}$$

$$\beta_{i,n} \triangleq \frac{1}{2}(b_{i,n} + a_{i,n}) \tag{8.159}$$

其中, $\alpha_{i,n}$ 和 $\beta_{i,n}$ 为辅助变量。

定义 $\boldsymbol{p} = \{p_{i,n}\}$, $f_0(\boldsymbol{p}) = -I_{\mathrm{th}}^{\mathrm{M}} + \sum_{n=1}^{N} \beta_{i,n} p_{i,n}^{\mathrm{F}}$ 和 $f_n(\boldsymbol{p}) = \alpha_{i,n} p_{i,n}^{\mathrm{F}}$, 有

$$\sum_{i=1}^{F} \sum_{n=1}^{N} \left(\gamma_{i,n} p_{i,n}^{\mathrm{F}} + \sqrt{2 \log \frac{1}{\epsilon}} \left| \sigma_n \alpha_{i,n} p_{i,n}^{\mathrm{F}} \right| \right) \leqslant I_{\mathrm{th}}^{\mathrm{M}} \tag{8.160}$$

其中, $\gamma_{i,n} \triangleq \mu_n^+ \alpha_{i,n} + \beta_{i,n}$。将式 (8.160) 代入式 (8.153), 有

$$\max_{p_{i,n}^{\mathrm{F}}} \frac{\displaystyle\sum_{i=1}^{F} \sum_{n=1}^{N} T_{d1}(T_d^*) \rho_n^1 \log_2 \left(1 + r_{i,n}^{\mathrm{F}} \right)}{\displaystyle\sum_{i=1}^{F} \sum_{n=1}^{N} T_d^* p_{i,n}^{\mathrm{F}} + (T_d^* + \tau) P_c^{t,\mathrm{tal}}}$$
$$\text{s.t. } C_1, C_2 \tag{8.161}$$
$$\bar{C}_3 : \sum_{i=1}^{F} \sum_{n=1}^{N} p_{i,n}^{\mathrm{F}} w_{i,n} \leqslant I_{\mathrm{th}}^{\mathrm{M}}$$

其中, $\omega_{i,n} = \gamma_{i,n} + \sqrt{2 \log \frac{1}{\varepsilon}} \sigma_n \alpha_{i,n}$。此时, 中断概率约束被转化为确定性形式。

基于 Dinkelbach 方法, 分数阶目标函数可以转化为相减形式, 因此, 得到了等价优化问题:

$$\max_{p_{i,n}^{\mathrm{F}}} \sum_{i=1}^{F} \sum_{n=1}^{N} T_{d1}(T_d^*) \rho_n^1 \log_2 \left(1 + r_{i,n}^{\mathrm{F}} \right) - \chi \left[\sum_{i=1}^{F} \sum_{n=1}^{N} T_d^* p_{i,n}^{\mathrm{F}} + (T_d^* + \tau) P_c^{\mathrm{total}} \right]$$
$$\text{s.t. } C_1 : \sum_{n=1}^{N} p_{i,n}^{\mathrm{F}} \leqslant p_i^{\max}$$
$$\tag{8.162}$$
$$C_2 : 0 \leqslant p_{i,n}^{\mathrm{F}} \leqslant p_n^{\max}$$

$$\bar{C}_3 : \sum_{i=1}^{F} \sum_{n=1}^{N} p_{i,n}^{\mathrm{F}} w_{i,n} \leqslant I_{\mathrm{th}}^{\mathrm{M}}$$

对于固定的能效 χ，式 (8.2) 是一个带线性约束的凸优化问题，其拉格朗日函数表示为

$$L\left(p_{i,n}^{\mathrm{F}}, \lambda_i, \phi\right) = \sum_{i=1}^{F} \sum_{n=1}^{N} T_{d1}^* \rho_n^1 \log_2\left(1 + p_{i,n}^{\mathrm{F}} C_{i,n}\right) - \chi\left[\sum_{i=1}^{F} \sum_{n=1}^{N} T_d^* p_{i,n}^{\mathrm{F}} + \left(T_d^* + \tau\right) P_c^{\mathrm{total}}\right]$$

$$+ \sum_{i=1}^{F} \lambda_i\left(p_i^{\max} - \sum_{n=1}^{N} p_{i,n}^{\mathrm{F}}\right) + \phi\left(I_{\mathrm{th}}^{\mathrm{M}} - \sum_{i=1}^{F} \sum_{n=1}^{N} p_{i,n}^{\mathrm{F}} w_{i,n}\right) \tag{8.163}$$

其中，λ_i 和 ϕ 分别为约束条件 C_1 和 $\bar{C}_3$ 的拉格朗日乘子。式 (8.163) 可以重写为

$$L\left(p_{i,n}^{\mathrm{F}}, \lambda_i, \phi\right) = \sum_{i=1}^{F} \sum_{n=1}^{N} L_{i,n}\left(p_{i,n}^{\mathrm{F}}, \lambda_i, \phi\right) + \sum_{i=1}^{F} \lambda_i p_i^{\max} + \phi I_{\mathrm{th}}^{\mathrm{M}} - \chi\left(T_d^* + \tau\right) P_c^{\mathrm{total}} \tag{8.164}$$

基于拉格朗日对偶分解法，子载波 n 上每个 FU 的拉格朗日函数可以表示为

$$L_{i,n}\left(p_{i,n}^{\mathrm{F}}, \lambda_i, \phi\right) = T_{d1}^* \rho_n^1 \log_2\left(1 + p_{i,n}^{\mathrm{F}} C_{i,n}\right) - \chi T_d^* p_{i,n}^{\mathrm{F}} - \lambda_i p_{i,n}^{\mathrm{F}} - \phi p_{i,n}^{\mathrm{F}} w_{i,n} \tag{8.165}$$

式 (8.3) 的对偶问题为

$$\min_{\lambda_i, \phi} \max_{p_{i,n}^{\mathrm{F}}} L\left(p_{i,n}^{\mathrm{F}}, \lambda_i, \phi\right)$$
$$\text{s.t. } \lambda_i \geqslant 0, \phi \geqslant 0 \tag{8.166}$$

利用 KKT 条件，通过 $\dfrac{\partial L_{i,n}\left(p_{i,n}^{\mathrm{F}}, \lambda_i, \phi\right)}{\partial p_{i,n}^{\mathrm{F}}} = 0$ 计算得到最优功率 $p_{i,n}^{\mathrm{F}}$，即

$$p_{i,n}^{\mathrm{F},*} = \left[\frac{T_{d1}^* \rho_n^1}{\ln 2\left(\chi T_d^* + \lambda_i + \phi w_{i,n}\right)} - \frac{1}{C_{i,n}}\right]_0^{p_n^{\max}} \tag{8.167}$$

其中，$[x]_a^b = \min[b, \max(a, x)]$。不完美 CSI 和不完美频谱感知下的最优能效为

$$\chi^* = \frac{\displaystyle\sum_{i=1}^{F} \sum_{n=1}^{N} T_{d1}^* \rho_n^1 \log_2\left(1 + p_{i,n}^{\mathrm{F},*} C_{i,n}\right)}{\displaystyle\sum_{i=1}^{F} \sum_{n=1}^{N} T_d^* p_{i,n}^{\mathrm{F},*} + \left(T_d^* + \tau\right) P_c^{\mathrm{total}}} \tag{8.168}$$

再用梯度法更新拉格朗日乘子，即

$$\lambda_i(t+1) = \left[\lambda_i(t) + b_1\left(\sum_{n=1}^{N} p_{i,n}^{\mathrm{F}}(t) - p_i^{\max}\right)\right]^+ \tag{8.169}$$

$$\phi(t+1) = \left[\phi(t) + b_2\left(\sum_{i=1}^{F} \sum_{n=1}^{N} p_{i,n}^{\mathrm{F}}(t)\omega_{i,n} - I_{\mathrm{th}}^{\mathrm{M}}\right)\right]^+ \tag{8.170}$$

其中，b_1 和 b_2 为步长；t 为迭代次数；$[x]^+ = \max(0, x)$，算法在合适的步长下可以快速收敛，实现步骤如算法 8.4 所示。

算法 8.4　鲁棒资源分配算法

---

1. 初始化系统参数：FU 的最大发射功率 $p_i^{\max} > 0$，电路总功耗 P_c^{total}，MBS 最大干扰功率 $I_{\mathrm{th}}^{\mathrm{M}}$；定义用户和子载波数 M、N 和 F，峰值发射功率 $p_n^{\max} = p_i^{\max}/N$，MU 转换速率因子 α，感知时间 τ，冲突概率上界 $0 < \theta < 1$，MU 的中断概率阈值 $0 < \varepsilon < 1$；设置信道估计误差上界 $0 < \varrho_{i,n} < 1$，伯恩斯坦近似参数 μ_n^-、μ_z^+ 和 σ_n，随机产生信道增益 $h_{i,n}^{FF}, h_{w,n}^{MF}, \bar{G}_{i,n}^{FSM}$，背景噪声 σ^2。

2. 子载波分配：

3. **For** $n = 1:1:N$ **do**

4. 　**For** $i = 1:1:F$ **do**

5. 　　根据式 (8.143) 计算发射功率 $p_{i,n}$；

6. 　　计算信道增益 $C_{i,n} = h_{i,n}^{\mathrm{FF}} \Big/ \left(\sigma^2 + \sum\limits_{w=1}^{M} p_{w,n}^{\mathrm{M}} h_{w,n}^{\mathrm{MF}} \right)$；

7. 　　计算 $T_d^p = \dfrac{\sqrt{(\alpha\tau p_c)^2 + 2\alpha\tau p_c(p_{i,n} + p_c)} - \alpha\tau p_c}{\alpha(p_{i,n} + p_c)}$；

8. 　　根据式 (8.144) 计算 $f(T_d^p)$，根据式 (8.146) 更新 $x_{i,n}$；

9. 　**End For**

10. 　更新用户集合 $\mathcal{F}_{-i} = \{1, 2, \cdots, i-1, i+1, \cdots, F\}$ 和 $F = |\mathcal{F}_{-i}|$。

11. **End For**

12. 功率分配和传输时隙：

13. 初始化外层迭代因子 $l = 0$、能效 $\chi(0)$ 和算法准确度 $\varepsilon > 0$、能效最大迭代次数 L_m。

14. **While** $l \leqslant L_m$，$\dfrac{\sum\limits_{i=1}^{F}\sum\limits_{n=1}^{N} T_{d1}(l)\rho_n^1 \log_2[1 + p_{i,n}^{\mathrm{F}}(l)c_{i,n}]}{\sum\limits_{i=1}^{F}\sum\limits_{n=1}^{N} T_d(l)p_{i,n}^{\mathrm{F}}(l) + (T_d(l) + \tau)P_c^{\mathrm{total}}} \geqslant \varepsilon$ **do**

15. 　初始化内层循环最大迭代次数 T_m、迭代因子 $t = 0$。设置初始化的拉格朗日乘子和步长。

16. 　**While** $t \leqslant T_m$，$|f(t+1) - f(t)| \geqslant \varepsilon$，$f(t) = [\lambda_i(t), \phi(t)]^{\mathrm{T}}$ **do**

17. 　　**For** $i = 1:1:F$ **do**

18. 　　　**For** $n = 1:1:N$ **do**

19. 　　　　根据式 (8.167) 计算发射功率 $p_{i,n}^{\mathrm{F},*}$；

20. 　　　　根据式 (8.152) 计算传输时隙 T_d^*；

21. 　　　　根据式 (8.168) 计算能效 χ^*；

22. 　　　　根据式 (8.169) 和式 (8.170) 更新 λ_i, ϕ；

23. 　　　**End For**

24. 　　**End For**

25. 　　更新 $t = t + 1$；

26. 　**End While**

27. 更新 $l = l + 1$，$\chi(l) = \dfrac{\sum\limits_{i=1}^{F}\sum\limits_{n=1}^{N} T_{d1}(l-1)\rho_n^1 \log_2[1 + p_{i,n}^{\mathrm{F}}(l-1)c_{i,n}]}{\sum\limits_{i=1}^{F}\sum\limits_{n=1}^{N} T_d(l-1)p_{i,n}^{\mathrm{F}}(l) + [T_d(l-1) + \tau]P_c^{\mathrm{total}}}$；

28. **End While**

29. 返回最优功率 $p_{i,n}^{\mathrm{F}}$，最优传输时隙 T_d。

本节讨论了所提算法的计算复杂度。子载波分配：根据式 (8.143) 和式 (8.145) 中的初始功率分配和子载波分配，复杂度为 $\mathcal{O}(FN)$ 次操作，λ_i 和 ϕ 的更新分别需要 $\mathcal{O}(F)$ 和 $\mathcal{O}(1)$，另外，更新 $p_{i,n}$ 需要 $\mathcal{O}(FN)$。因为 T_m 的最大迭代次数是一个内循环迭代的多标称函数，所以主变量的计算复杂度为 $\mathcal{O}(FNT_m)$，考虑到 Dinkelbach 方法更新能效的复杂度，所提算法的最坏情况复杂度为 $\mathcal{O}(FNT_mL_m)$。

在本节中，给出了不确定性 $\Delta G_{i,n}^{\mathrm{FSM}}$ 下总能效间隙的精确扰动。将非鲁棒问题和鲁棒问题之间的上行能效间隙定义为 $EE_{\mathrm{gap}} = EE_{\mathrm{non}}^* - EE_{\mathrm{rob}}^*$，其中，$EE_{\mathrm{non}}^*$ 和 EE_{rob}^* 分别是式 (8.128) 中非鲁棒问题和鲁棒问题的最优总能效值。将 ϕ^* 和 $p_{i,n}^{\mathrm{F},*}$ 分别定义为 ϕ 和 $p_{i,n}^{\mathrm{F}}$ 的最优值。考虑到不确定性的影响，总能效的性能差距表示为

$$EE_{\mathrm{gap}} = \phi^* \sum_{i=1}^{F} \sum_{n=1}^{N} \left(\mu_n^+ p_{i,n}^{\mathrm{F},*} \varrho_{i,n} + \sqrt{2\log\frac{1}{\epsilon}} \left| \sigma_n p_{i,n}^{\mathrm{F},*} \varrho_{i,n} \right| \right) \tag{8.171}$$

证明过程见附录 13。

8.4.3 仿真分析

本节将给出仿真结果，以评估所提算法的性能。飞蜂窝和宏蜂窝的蜂窝半径分别为 30m 和 500m。用户随机分布在 BSs 覆盖区域，集合为 $\mathcal{N}_v = \{1, 3, 5, \cdots, 31\}$ 和 $\mathcal{N}_o = \{2, 4, 6, \cdots, 32\}$。其他仿真参数有 $N_{\mathrm{total}} = 32$，$p_i^{\max} = 0.5\mathrm{W}$，$I_{\mathrm{th}}^{\mathrm{M}} = 0.001$，$\alpha = 0.352\mathrm{s}^{-1}$，$\beta = 0.65\,\mathrm{s}^{-1}$，$\sigma^2 = 1 \times 10^{-8}\mathrm{W}$，$p_n^{\max} = 0.5/N\mathrm{W}$，$P_c^{\mathrm{total}} = 0.048\mathrm{W}$，$a_{i,n} = 0.001$，$b_{i,n} = 0.002$，$\sigma_n = \sqrt{1/12}$，$\mu_n^+ = 0.5$，$q_n = [0, 1]$，$q_n^{md} = [0.01, 0.05]$，$q_n^{fa} = [0.05, 0.1]$，$\theta = 0.2$，$\epsilon = 0.2$，$\varrho_{i,n} = [0, 0.001]$。为了方便讨论系统的性能，将提出的包含不完美频谱感知和不完美 CSI 的资源分配算法定义为 "Proposed RAA（ISS+ICSI）"，具体不完美 CSI 的资源分配算法定义为 "Proposed RAA（ICSI）"，具有不完美频谱感知的传统基于能效的资源分配算法定义为 "EE-based RAA（ISS）"，传统的等功率分配算法定义为 EPAA。信道增益从区间 $(0, 1)$ 中选择。

1. 所提算法的性能

图 8-28 给出了每个 FU 的发射功率收敛性能。可以看出，发射功率随着迭代次数的增加而显著增加，最终在迭代次数为 15 时迅速收敛到一个稳定值。同时，FU 的发送功率低于最大发送功率阈值 ($P_i^{\max}$)。

图 8-29 给出了所提算法在每个子载波上的功率分配性能。可以看出，子载波总是分配给能效最大的 FU。此外，在每个子载波上分配的功率能够很好地实现，并且不超过最大功率阈值 ($P_n^{\max}$)。

图 8-30 给出了不同 MU 下 FU 总能效随传输时长的关系。假设感知持续时间为 50ms。从图中可以明显看出，FU 的总能效随着传输时长 T_d 的增加而增加，在传输时长 T_d 较大的情况下，该值减小。其原因是目标函数是关于传输时长 T_d 的凹函数，这在前文已经证明过。此外，在较多 MU 的情况下，FU 的总能效小于少数 MU 的情况，因为较多的 MU 会对 FU 产生较多的有害干扰。

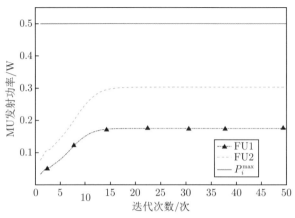

图 8-28　每个 FU 的发射功率收敛性能

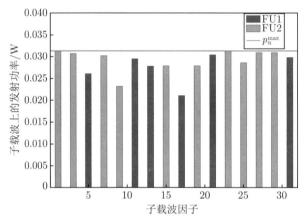

图 8-29　每个子载波上的功率分配性能

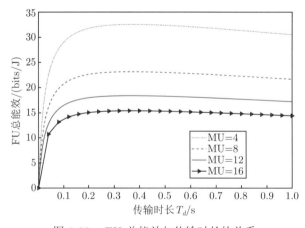

图 8-30　FU 总能效与传输时长的关系

图 8-31 给出了不同总功耗 P_c^{total} 下最优传输时长 T_d 与感知时长 τ 的关系。可以观

察到，随着感知时长 τ 的增大，最优传输时长变大。由于在频谱感知期间可用数据率为零，能效也为零。随着感知时长 τ 的增大，飞蜂窝系统需要花费更多的传输时长才能获得良好的能效。由式 (8.152) 可知，最优传输时长 T_d 是一个以 τ 为变量的单调递增函数。

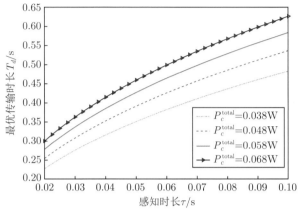

图 8-31　最优传输时长与感知时长的关系

图 8-32 给出了不同传感时长下传输时长与总功耗的关系。由图可知，传输时长 T_d 随着 P_c^{total} 的增大而增大，这里因为最佳传输时长是 P_c^{total} 的递增函数；频谱感知时长 $\tau = 0.06\mathrm{s}$ 时的传输时长大于频谱感知时长 $\tau = 0.02\mathrm{s}$ 时的传输时长。

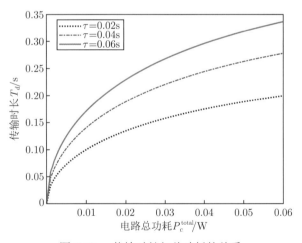

图 8-32　传输时长与总功耗的关系

2. 算法比较

图 8-33 给出了不同算法下的 FU 的能效性能。考虑 ISS 和 ICSI 后，所提资源分配算法 (ISS+ICSI) 的总能效优于 EPAA，这是因为所提算法将子载波分配到能效最大的 FU。此外，ICSI 的能效性能略高于 ISS+ICSI，这是因为前者忽略了不完美频谱传感误差的影响。由于没有考虑信道不确定性和有效传输时长，ISS 的总能效优于上述所提资源分配算法，但实际的中断概率会增加。

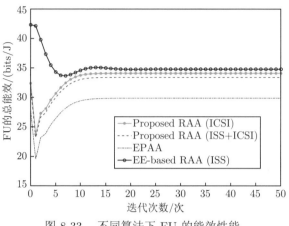

图 8-33　不同算法下 FU 的能效性能

图 8-34 给出了无信道估计误差的 MBS 实际干扰功率。基于 ISS 的能效资源分配算法的干扰功率最高，这意味着它对 MU 产生的有害干扰功率更大；提出的资源分配算法 (ISS+ICSI) 的干扰功率最低，对 MU 提供了更多的保护。

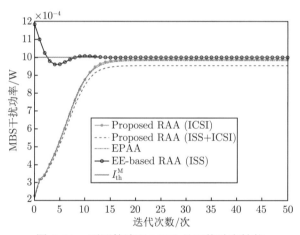

图 8-34　不同算法下 MBS 处干扰功率性能

图 8-35 给出了信道估计误差较小时 MU 的实际中断概率。中断概率定义为 out $=$

$$\frac{\max\left(0, \sum_{i=1}^{F}\sum_{n=1}^{N} A_{i,n} G_{i,n}^{\mathrm{FSM}} - I_{\mathrm{th}}^{\mathrm{M}}\right)}{I_{\mathrm{th}}^{\mathrm{M}}}$$

和 $A_{i,n} = p_{i,n}^{F,\mathrm{design}}\left(\bar{G}_{i,n}^{\mathrm{FSM}}, \rho_{i,n}\right)$，$G_{i,n}^{\mathrm{FSM}}$ 为实际信道增益；$p_{i,n}^{F,\mathrm{design}}$ 为不同算法的最优功率。当算法不考虑信道估计误差 (如不考虑 ICSI) 时，$\rho_{i,n} = 0$；当算法不考虑感知误差时，不存在共道干扰，检测概率为 1，如 $\rho_n^1 = 1$，$\rho_m^2 = 0$，$\rho_k^4 = 1$。各算法下的中断概率都随着信道估计误差的不确定性增大而增大。基于能效的资源分配算法 (ISS) 中断概率由于忽略了信道估计误差的影响而具有差的中断性能。提出的资源分配算法 (ISS + ICSI) 由于提前考虑了可能的不确定性，对 MU 的干扰较小，尽管它牺牲了一些最优能效。由于信道估计误差小,非线性中断概率呈线性关系。

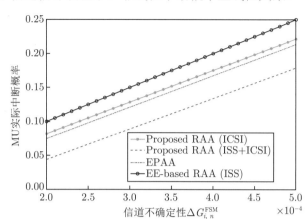

图 8-35　不同算法下 MU 中断概率与不确定参数的关系

图 8-36 给出了实际干扰功率与估计误差上界的关系。从图中可以看出,所提资源分配算法(ISS+ICSI)具有较好的鲁棒性,能够很好地限制对 MBS 的干扰功率;随着不确定性的增加,基于能效的资源分配算法(ISS)超过了干扰功率阈值 I_{th}^{M};与基于能效的资源分配算法(ISS)相比,所提资源分配算法(ICSI)对 MU 接收机的干扰功率较小。这是因为在不完美 CSI 的情况下,鲁棒性算法可以限制 FU 的最大可用发射功率,避免对 MU 接收机产生更多有害干扰。

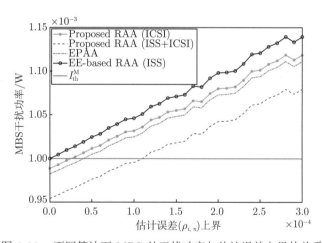

图 8-36　不同算法下 MBS 处干扰功率与估计误差上界的关系

8.5　基于几何分析法的异构无线网络鲁棒干扰效率优化算法

尽管异构网络中鲁棒资源分配算法的现有工作集中在速率最大化、发射功率最小化、能效最大化(即速率-功率权衡)和能效-频谱效率权衡问题上,但仍然没有研究数据速率和跨层干扰之间的权衡关系。功率分配和干扰管理对于多层异构网络提高用户数据速率和减少来自不同蜂窝的跨层干扰具有重要意义,因此,对多蜂窝异构网络的速率干扰权衡问题进行研究是十分必要的。为了平衡传输速率和干扰功率，现有工作研究了认知无线网络中干扰效率最大化问题，在平衡传输速率和干扰方面给出了一些重要的结果，但未考虑不完美 CSI 和最小速率约束。

正如上述分析，CSI 误差可能会降低系统性能。此外，所考虑的资源分配问题的可行区域也没有进行分析。为此，本节提出了一种基于干扰效率和不完美 CSI 的两层异构网络下垫式频谱共享资源分配问题，包括每个 FU 的中断率约束、每个 MU 的中断干扰约束、FBS 的最大发射功率约束和整数子载波分配约束。利用丁克尔巴赫法、变量松弛方法和二次变换方法，将功率分配和子载波分配的联合优化问题转化为确定性凸优化问题；利用拉格朗日对偶理论和次梯度更新方法，得到了功率分配和子载波分配的闭式解，并给出了计算复杂度、鲁棒灵敏度和可行域分析。所提算法在接收干扰功率方面具有较好的性能。

8.5.1 系统模型

考虑一个两层下行正交频分多址接入的多蜂窝异构网络，如图 8-37 所示。其中 M 个飞蜂窝通过下垫式频谱共享与宏蜂窝共享频谱资源；MBS 服务于 J 个 MU，并通过集合 $\mathcal{J} = \{1, 2, \cdots, J\}$ 来表示；每个 MU 占用一个子载波进行数据传输。假设每个飞蜂窝有一个 FBS 服务，FBS 的集合为 $\mathcal{M} = \{1, 2, \cdots, M\}, \forall m, i \in \mathcal{M}$，$m$ 表示飞蜂窝被第 m 个 FBS 服务；每个飞蜂窝有 K_m 个 FU，每个飞蜂窝内的 FU 集合为 $\mathcal{K} = \{1, 2, \cdots, K_m\}$。定义所有子载波的集合为 $\mathcal{N} = \{1, 2, \cdots, N\}$。在正交频分多址接入的假设下，MBS 的每个子载波被分配到一个 MU，每个 FBS 可以为每个子载波分配一个最合适的用户。该信道被建模为大规模衰落和小规模衰落。假设小尺度衰落是频率选择性衰落，各子载波中的信道是平坦衰落。这样，信道增益可以在每个时隙内保持不变。假设 CSI 是不完美的，估计的 CSI 可以通过以下步骤收集：① 基站向所有用户广播导频信号；② 每个用户估计 CSI，并通过反馈信道将 CSI 发送给相关基站；③ 所有基站通过光纤将 CSI 发送到集中控制器。

定义 $h_{m,k,n}$ 为第 n 个子载波上从第 m 个 FBS 到第 k 个 FU 的信道增益，假设将第 n 个子载波分配给第 k 个 FU，则该子信道的接收信干噪比可以表示为

$$\gamma_{m,k,n} = \frac{p_{m,k,n}h_{m,k,n}}{\sum\limits_{i \neq m} p_{i,k,n}h_{i,k,n} + \sigma^2} \tag{8.172}$$

其中，$p_{m,k,n}$ 为从第 m 个 FBS 到第 k 个 FU 在第 n 个子载波上分配的功率；σ^2 为噪声功率与 MU 的干扰之和。第 k 个 FU 在第 n 个子载波上可实现的数据速率为 $r_{m,k,n} = \log(1 + \gamma_{m,k,n})$，定义二元变量 $s_{m,k,n}$ 为子载波分配因子，若将子载波 n 分配给蜂窝 m 中第 k 个 FU，则 $s_{m,k,n} = 1$，否则为 0。为了保证每个 FU 的最小速率要求，蜂窝 m 中第 k 个 FU 的速率约束必须满足：

$$\sum_{n=1}^{N} s_{m,k,n} r_{m,k,n} \geqslant R_{m,k}^{\min} \tag{8.173}$$

其中，$R_{m,k}^{\min}$ 代表每个 FU 的最小速率阈值。FU 的和速率为 $\sum\limits_{m=1}^{M}\sum\limits_{k=1}^{K_m}\sum\limits_{n=1}^{N}s_{m,k,n}r_{m,k,n}$。

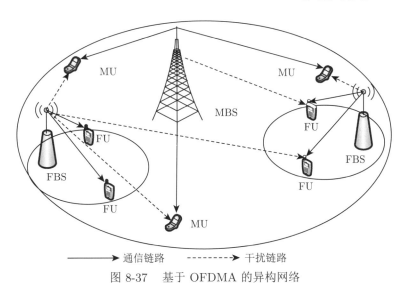

图 8-37 基于 OFDMA 的异构网络

为了保护 MU 的服务质量，系统需要满足以下跨层干扰约束：

$$\sum_{m=1}^{M}\sum_{k=1}^{K_m}s_{m,k,n}p_{m,k,n}g_{m,k,n} \leqslant I_n^{\text{th}} \tag{8.174}$$

其中，$g_{m,k,n}$ 为蜂窝 m 中第 k 个 FU 在第 n 个子载波上到 MU 的信道增益；I_n^{th} 为第 n 个子载波上 MU 接收机的干扰阈值。

为了提高低功耗 FU 的数据速率，同时降低对 MU 的跨层干扰，本节联合优化每个 FBS 的发射功率和子载波分配，以在不完美 CSI 条件下最大化 FU 的总干扰效率为目标。数学上，所考虑的不确定参数的鲁棒优化问题可以表示为

$$\max_{s_{m,k,n},p_{m,k,n}} \frac{\sum\limits_{m=1}^{M}\sum\limits_{k=1}^{K_m}\sum\limits_{n=1}^{N}s_{m,k,n}r_{m,k,n}}{\sum\limits_{m=1}^{M}\sum\limits_{k=1}^{K_m}\sum\limits_{n=1}^{N}s_{m,k,n}p_{m,k,n}g_{m,k,n}}$$

$$\text{s.t. } C_1 : \Pr\left\{\sum_{m=1}^{M}\sum_{k=1}^{K_m}s_{m,k,n}p_{m,k,n}g_{m,k,n} \geqslant I_n^{\text{th}}\right\} \leqslant \xi_n$$

$$C_2 : \Pr\left\{\sum_{n=1}^{N}s_{m,k,n}r_{m,k,n} \leqslant R_{m,k}^{\min}\right\} \leqslant v_{m,k} \tag{8.175}$$

$$C_3 : \sum_{k=1}^{K_m}s_{m,k,n} = 1, s_{m,k,n} \in \{0,1\}$$

$$C_4 : \sum_{k=1}^{K_m} \sum_{n=1}^{N} p_{m,k,n} \leqslant p_m^{\max}$$

其中，$p_m^{\max}$ 表示第 m 个 FBS 的最大发射功率；$v_{m,k} \in [0,1]$ 表示第 m 个蜂窝中第 k 个 FU 的中断概率阈值；$\xi_n \in [0,1]$ 表示保护子载波 n 上 MU 服务质量的中断概率阈值。在式 (8.175) 中，采用任何直接搜索方法都需要穷举搜索所有可能的 $s_{m,k,n}$，找到最优功率 $p_{m,k,n}$。很明显，这种方法在子载波的数量上引起了指数级的复杂性。此外，目标函数的非凸性意味着，即使对于固定的子载波分配，联合优化所有用户的发射功率本身也是一个具有挑战性的问题。由于 C_1 和 C_2 的非凸约束，随机信道不确定性使得式 (8.175) 更具挑战性。

8.5.2　算法设计

在解决式 (8.175) 时，首先将其转化为一个连续优化问题；然后将不确定参数的约束和目标函数转化为凸函数；最后利用拉格朗日对偶理论推导出闭式解。

1. 目标函数的转化

应用松弛方法，通过定义 $\bar{p}_{m,k,n} = s_{m,k,n} p_{m,k,n}$，$s_{m,k,n}$ 可视为在 $[0,1]$ 中的一个连续变量，因此，关于二元变量的式 (8.175) 可以重新表述为

$$
\begin{aligned}
\max_{s_{m,k,n}, \bar{p}_{m,k,n}} & \quad \frac{\displaystyle\sum_{m=1}^{M} \sum_{k=1}^{K_m} \sum_{n=1}^{N} R_{m,k,n}}{\displaystyle\sum_{m=1}^{M} \sum_{k=1}^{K_m} \sum_{n=1}^{N} \bar{p}_{m,k,n} g_{m,k,n}} \\
\text{s.t.} \ \ \bar{C}_1 : & \ \Pr\left\{ \sum_{m=1}^{M} \sum_{k=1}^{K_m} \bar{p}_{m,k,n} g_{m,k,n} \geqslant I_n^{\text{th}} \right\} \leqslant \xi_n \\
\bar{C}_2 : & \ \Pr\left\{ \sum_{n=1}^{N} R_{m,k,n} \leqslant R_{m,k}^{\min} \right\} \leqslant v_{m,k} \\
\bar{C}_3 : & \ \sum_{k=1}^{K_m} s_{m,k,n} = 1, 0 \leqslant s_{m,k,n} \leqslant 1 \\
\bar{C}_4 : & \ \sum_{k=1}^{K_m} \sum_{n=1}^{N} \bar{p}_{m,k,n} \leqslant s_{m,k,n} p_m^{\max}
\end{aligned}
\tag{8.176}
$$

其中，$R_{m,k,n} = s_{m,k,n} \log\left(1 + \bar{\gamma}_{m,k,n}\right)$，$\bar{\gamma}_{m,k,n} = \dfrac{\bar{p}_{m,k,n} h_{m,k,n}}{\displaystyle\sum_{i \neq m} \bar{p}_{i,k,n} h_{i,k,n} + s_{m,k,n} \sigma^2}$。式 (8.176) 仍有两个问题难以解决：① 分数目标函数；② 中断概率约束 $\bar{C}_1$ 和 $\bar{C}_2$。

根据 Dinkelbach 方法，可以将式 (8.176) 中的目标函数转化为

$$F(\eta) = \sum_{m=1}^{M}\sum_{k=1}^{K_m}\sum_{n=1}^{N} R_{m,k,n} - \eta \sum_{m=1}^{M}\sum_{k=1}^{K_m}\sum_{n=1}^{N} \bar{p}_{m,k,n} g_{m,k,n} \tag{8.177}$$

其中，$\eta \geqslant 0$ 为干扰效率。当 η 趋于 $+\infty$ 时，$F(\eta) < 0$；当 η 趋于 $-\infty$ 时，$F(\eta) \geqslant 0$。因此，$F(\eta)$ 是一个关于 η 的单调递减凸函数。如果最优解是 $s_{m,k,n}^*$ 和 $\bar{p}_{m,k,n}^*$，则最优 η^* 可以通过以下公式获得。

$$F(\eta^*) = \sum_{m=1}^{M}\sum_{k=1}^{K_m}\sum_{n=1}^{N} R_{m,k,n}^* - \eta^* \sum_{m=1}^{M}\sum_{k=1}^{K_m}\sum_{n=1}^{N} \bar{p}_{m,k,n}^* g_{m,k,n} = 0 \tag{8.178}$$

因此，最优干扰效率为

$$\eta^* = \frac{\displaystyle\sum_{m=1}^{M}\sum_{k=1}^{K_m}\sum_{n=1}^{N} R_{m,k,n}^*}{\displaystyle\sum_{m=1}^{M}\sum_{k=1}^{K_m}\sum_{n=1}^{N} \bar{p}_{m,k,n}^* g_{m,k,n}} \tag{8.179}$$

根据以上分析，式 (8.176) 等价于

$$\max_{s_{m,k,n}, \bar{p}_{m,k,n}} \sum_{m=1}^{M}\sum_{k=1}^{K_m}\sum_{n=1}^{N} R_{m,k,n} - \eta \sum_{m=1}^{M}\sum_{k=1}^{K_m}\sum_{n=1}^{N} \bar{p}_{m,k,n} g_{m,k,n} \tag{8.180}$$
$$\text{s.t. } \bar{C}_1 - \bar{C}_4$$

式 (8.180) 中的目标函数由于在 $R_{m,k,n}$ 中存在耦合的发射功率，仍然是非凸的，如 $\bar{p}_{m,k,n}$ 和 $\bar{p}_{i,k,n}$。对于速率函数中的耦合变量，常采用双凹函数差分近似方法和连续凸近似方法，然而，近似方法的 SINR 下界难以选择，且会严重影响系统性能，特别是在参数不确定的情况下。

为了得到发射功率的解析解，在二次变换方法的基础上，将速率表达式 $R_{m,k,n}$ 等效变换为

$$\bar{R}_{m,k,n} = s_{m,k,n} \log\left(1 + 2y_{m,k,n}\sqrt{\bar{p}_{m,k,n}h_{m,k,n}} - y_{m,k,n}^2 z_{m,k,n}\right) \tag{8.181}$$

其中，$y_{m,k,n}$ 是由于每个用户二次变换而引入的辅助变量；$z_{m,k,n} = \sum_{i\neq m} \bar{p}_{i,k,n} h_{i,k,n} + s_{m,k,n}\sigma^2$；$y_{m,k,n} = \sqrt{\bar{p}_{m,k,n}h_{m,k,n}}/z_{m,k,n}$。

2. 中断概率的转换

速率表达式中 $h_{m,k,n}$ 和 $g_{m,k,n}$ 的信道不确定性和干扰功率约束可以建模为

$$\begin{cases} h_{m,k,n} = \bar{h}_{m,k,n} + \Delta h_{m,k,n} \\ g_{m,k,n} = \bar{g}_{m,k,n} + \Delta g_{m,k,n} \end{cases} \tag{8.182}$$

其中，$\bar{h}_{m,k,n}$ 和 $\bar{g}_{m,k,n}$ 表示估计的信道增益；$\Delta h_{m,k,n} \sim \mathcal{CN}(0, \delta_{m,k,n}^2)$ 和 $\Delta g_{m,k,n} \sim \mathcal{CN}(0, \tau_{m,k,n}^2)$ 表示相应的信道估计误差。如果 $\delta_{m,k,n} = 0$，$\tau_{m,k,n} = 0$，那么不存在信道估计误差，这属于一个非鲁棒场景，然而，由于链路延迟和量化误差的影响，导致信道估计误差的存在，这种场景对于实际通信系统是不现实的。

定义 $\hat{I}_n = \sum\limits_{m=1}^{M} \sum\limits_{k=1}^{K_m} \bar{p}_{m,k,n} \bar{g}_{m,k,n}$ 为确定项，$\bar{I}_n = I_n^{\text{th}} \quad \hat{I}_n$。根据式 (8.182) 中 $\Delta g_{m,k,n}$ 高斯分布模型，$\bar{C}_1$ 变成

$$\Pr_{\Delta g_{m,k,n} \sim \mathcal{CN}(0, \tau_{m,k,n}^2)} \left\{ \sum_{m=1}^{M} \sum_{k=1}^{K_m} \bar{p}_{m,k,n} \Delta g_{m,k,n} \geqslant \bar{I}_n \right\} \leqslant \xi_n \tag{8.183}$$

相应地，式 (8.183) 等价于

$$1 - Q\left[\frac{I_n^{\text{th}} - \hat{I}_n}{\sqrt{\sum\limits_{m=1}^{M} \sum\limits_{k=1}^{K} (\bar{p}_{m,k,n} \tau_{m,k,n})^2}} \right] \geqslant 1 - \xi_n \tag{8.184}$$

其中，$Q(\cdot)$ 为高斯 Q 函数，其表达式为 $Q(x) = \dfrac{1}{\pi} \displaystyle\int_0^{\frac{\pi}{2}} \exp\left(-\dfrac{x^2}{2\sin^2\theta} \right) \mathrm{d}\theta$。式 (8.184) 可以重写为

$$\sum_{m=1}^{M} \sum_{k=1}^{K_m} \bar{p}_{m,k,n} \bar{g}_{m,k,n} + Q^{-1}(\xi_n) \sqrt{\sum_{m=1}^{M} \sum_{k=1}^{K_m} (\bar{p}_{m,k,n} \tau_{m,k,n})^2} \leqslant I_n^{\text{th}} \tag{8.185}$$

显然，约束 [式 (8.185)] 是凸确定性约束，很难通过平方运算得到发射功率的解析解。根据 $\sqrt{\sum\limits_i x_i^2} \leqslant \sum\limits_i \sqrt{x_i^2}$，式 (8.185) 可变为

$$\sum_{m=1}^{M} \sum_{k=1}^{K_m} \bar{p}_{m,k,n} \hat{g}_{m,k,n} \leqslant I_n^{\text{th}} \tag{8.186}$$

其中，$\hat{g}_{m,k,n} = \bar{g}_{m,k,n} + \tau_{m,k,n} Q^{-1}(\xi_n)$。

基于相同的方法，$\bar{C}_2$ 能够转化为

$$\sum_{n=1}^{N} \hat{R}_{m,k,n} \geqslant R_{m,k}^{\min} \tag{8.187}$$

其中，$\hat{R}_{m,k,n} = s_{m,k,n} \log(1 + \hat{\gamma}_{m,k,n})$，$\hat{\gamma}_{m,k,n} = \dfrac{\bar{p}_{m,k,n} \hat{h}_{m,k,n}}{\sum\limits_{i \neq m} \bar{p}_{i,k,n} \hat{h}_{i,k,n} + s_{m,k,n} \sigma^2}$，$\hat{h}_{m,k,n} = \bar{h}_{m,k,n} - \delta_{m,k,n} Q^{-1}(v_{m,k})$，$\hat{h}_{i,k,n} = \bar{h}_{i,k,n} + Q^{-1}(v_{m,k})$，$\forall i$。附录 14 给出了证明过程。

3. 资源分配问题的闭式解

基于式 (8.181)、式 (8.186) 和式 (8.187)，式 (8.180) 可变成以下凸优化问题：

$$\max_{s_{m,k,n}, \bar{p}_{m,k,n}} \sum_{m=1}^{M} \sum_{k=1}^{K_m} \sum_{n=1}^{N} \tilde{R}_{m,k,n} - \eta \sum_{m=1}^{M} \sum_{k=1}^{K_m} \sum_{n=1}^{N} \bar{p}_{m,k,n} \hat{g}_{m,k,n}$$

$$\text{s.t. } \hat{C}_1 : \sum_{m=1}^{M} \sum_{k=1}^{K_m} \bar{p}_{m,k,n} \hat{g}_{m,k,n} \leqslant I_n^{\text{th}} \tag{8.188}$$

$$\hat{C}_2 : \sum_{n=1}^{N} \tilde{R}_{m,k,n} \geqslant R_{m,k}^{\min}$$

$$\bar{C}_3, \bar{C}_4$$

其中，

$$\tilde{R}_{m,k,n} = \log\left(1 + 2y_{m,k,n}\sqrt{\bar{p}_{m,k,n}\hat{h}_{m,k,n}} - y_{m,k,n}^2 \hat{z}_{m,k,n}\right) \tag{8.189}$$

其中，$\hat{z}_{m,k,n} = \sum_{i \neq m} \bar{p}_{i,k,n}\hat{h}_{i,k,n} + s_{m,k,n}\sigma^2$。式 (8.188) 的闭式解能够通过拉格朗日对偶理论来推导，定义 $x_{m,k,n} = \{s_{m,k,n}, \bar{p}_{m,k,n}, \beta_{m,k}, \alpha_n, \chi_{m,n}, \lambda_m\}$，其拉格朗日函数为

$$L(x_{m,k,n}) = \sum_{m=1}^{M} \sum_{k=1}^{K_m} \sum_{n=1}^{N} \tilde{R}_{m,k,n} - \eta \sum_{m=1}^{M} \sum_{k=1}^{K_m} \sum_{n=1}^{N} \bar{p}_{m,k,n} \hat{g}_{m,n}$$

$$+ \sum_{n=1}^{N} \alpha_n \left(I_n^{\text{th}} - \sum_{m=1}^{M} \sum_{k=1}^{K_m} \bar{p}_{m,k,n} \hat{g}_{m,k,n}\right) + \sum_{m=1}^{M} \sum_{k=1}^{K_m} \beta_{m,k} \left(\sum_{n=1}^{N} \tilde{R}_{m,k,n} - R_{m,k}^{\min}\right) \tag{8.190}$$

$$+ \sum_{m=1}^{M} \sum_{n=1}^{N} \chi_{m,n} \left(1 - \sum_{k=1}^{K_m} s_{m,k,n}\right) + \sum_{m=1}^{M} \lambda_m \left(s_{m,k,n} p_m^{\max} - \sum_{k=1}^{K_m} \sum_{n=1}^{N} \bar{p}_{m,k,n}\right)$$

其中，$\beta_{m,k}$、α_n、$\chi_{m,n}$ 和 λ_m 为非负拉格朗日乘子。式 (8.190) 能够重写为

$$L(x_{m,k,n}) = \sum_{m=1}^{M} \sum_{k=1}^{K_m} \sum_{n=1}^{N} L_{m,k,n}(x_{m,k,n}) - \sum_{m=1}^{M} \sum_{k=1}^{K_m} \beta_{m,k} R_{m,k}^{\min}$$

$$+ \sum_{m=1}^{M} \sum_{k=1}^{K_m} \lambda_m s_{m,k,n} p_m^{\max} + \sum_{m=1}^{M} \sum_{n=1}^{N} \chi_{m,n} + \sum_{n=1}^{N} \alpha_n I_n^{\text{th}} \tag{8.191}$$

其中，

$$L_{m,k,n}(x_{m,k,n}) = (1 + \beta_{m,k})\tilde{R}_{m,k,n} - \lambda_m \bar{p}_{m,k,n} - \chi_{m,n} s_{m,k,n} - (\eta + \alpha_n)\bar{p}_{m,k,n}\hat{g}_{m,k,n} \tag{8.192}$$

式 (8.189) 的对偶问题为

$$\min_{\lambda_m, \alpha_n, \beta_{m,k}, \chi_{m,n}} D(\lambda_m, \alpha_n, \beta_{m,k}, \chi_{m,n})$$

$$\text{s.t. } \lambda_m \geqslant 0, \alpha_n \geqslant 0, \beta_{m,k} \geqslant 0, \chi_{m,n} \geqslant 0 \tag{8.193}$$

其中，对偶函数为

$$D\left(\lambda_{m,k},\alpha_n,\beta_{m,k},\chi_{m,n}\right) = \max_{x_{m,k,n},\bar{p}_{m,k,n}} L\left(x_{m,k,n}\right) \tag{8.194}$$

根据式 (8.193) 和式 (8.194)，可以将对偶问题考虑为两层优化问题，其中，内层优化问题是获得最优的 $p^*_{m,k,n}$ 和 $s^*_{m,k,n}$；外层优化问题是求最优的拉格朗日乘子。

对于固定的用户数和初始化的干扰效率 η，可以将式 (8.191) 的拉格朗日对偶函数分解为子载波 n 上每个 FU 的子问题。当子载波分配完成时，可相应地求解发射功率 $p_{m,k,n}$。式 (8.192) 对 $s_{m,k,n}$ 的偏导数为

$$\frac{\partial L_{m,k,n}(\cdot)}{\partial s_{m,k,n}} = \varphi_{m,k,n} - \chi_{m,n} \begin{cases} < 0, & s_{m,k,n} = 0 \\ = 0, & 0 < s_{m,k,n} < 1 \\ > 0, & s_{m,k,n} = 1 \end{cases} \tag{8.195}$$

其中，

$$\varphi_{m,k,n} = (1 + \beta_{m,k})\tilde{R}_{m,k,n} - \lambda_m p_{m,k,n} - (\eta + \alpha_n) p_{m,k,n}\hat{g}_{m,k,n} \tag{8.196}$$

因此，蜂窝 m 中第 k 个 FU 能够根据以下公式接入最好的子载波 n^*。

$$s_{m,k,n^*} = 1 \mid n^* = \max_n \varphi_{m,k,n}, \forall m, k \tag{8.197}$$

通过固定 $s_{m,k,n}$ 和 η，基于 KKT 条件，最优功率为

$$p^*_{m,k,n} = \frac{Q^2_{m,k,n} + 2Q_{m,k,n}\sqrt{Q^2_{m,k,n} + 8W_{m,k,n}} + Q^2_{m,k,n} + 8W_{m,k,n}}{16\hat{h}_{m,k,n}} \tag{8.198}$$

其中，$W_{m,k,n} = \dfrac{1 + \beta_{m,k}}{\lambda_m + (\eta + \alpha_n)\hat{g}_{m,k,n}}$；$Q_{m,k,n} = y_{m,k,n}\hat{z}_{m,k,n} - \dfrac{1}{y_{m,k,n}}$。

通过使用次梯度算法，拉格朗日乘子能够根据以下公式更新，即

$$\alpha_n^{t+1} = \left[\alpha_n^t - s_1^t\left(I_n^{th} - \sum_{m=1}^{M}\sum_{k=1}^{K_m}\bar{p}_{m,k,n}\hat{g}_{m,k,n}\right)\right]^+ \tag{8.199}$$

$$\beta_{m,k}^{t+1} = \left[\beta_{m,k}^t - s_2^t\left(\sum_{n=1}^{N}\tilde{R}_{m,k,n} - R_{m,k}^{min}\right)\right]^+ \tag{8.200}$$

$$\lambda_m^{t+1} = \left[\lambda_m^t - s_3^t\left(s_{m,k,n}p_m^{max} - \sum_{k=1}^{K_m}\sum_{n=1}^{N}\bar{p}_{m,k,n}\right)\right]^+ \tag{8.201}$$

其中 $[x]^+ = \max(0, x)$；t 为迭代次数；s_1^t、s_2^t 和 s_3^t 为正数迭代步长。当所有步骤都选择正确时，可以保证算法的收敛性。算法 8.5 给出了一种迭代资源分配算法。

算法 8.5 迭代资源分配算法

---

1. 初始化迭代次数 D、收敛精度 κ，基于等功率分配法初始化 $p_{m,n}$。

2. 初始化 $p_m^{\max}$、I_n^{th}、$R_{m,k}^{\min}$、M、N、K 和 η；设置中断概率 ξ_n、$v_{m,k}$ 和估计误差的方差 $\tau_{m,k,n}$、$\delta_{m,k,n}$。

3. 设置初始化迭代 $d \leftarrow 0$。

4. **While** $\left| \dfrac{\displaystyle\sum_{m=1}^{M}\sum_{k=1}^{K_m}\sum_{n=1}^{N} \tilde{R}_{m,k,n}(d-1)}{\displaystyle\sum_{m=1}^{M}\sum_{k=1}^{K_m}\sum_{n=1}^{N} \bar{p}_{m,k,n}(d-1)\hat{g}_{m,k,n}} - \eta(d-1) \right| > \kappa,\ d \leqslant D$。

5. 初始化内层循环迭代 T 和容忍因子 κ_t；设置 $t \leftarrow 0, \lambda_m^{(0)}, \beta_{m,k}^{(0)}, \alpha_n^{(0)}, 0 < s_e^t < 1, \forall e = \{1,2,3\}$。

6.   **While** $t \leqslant T,\ \|\boldsymbol{f}(t+1) - \boldsymbol{f}(t)\| > \kappa_t (\boldsymbol{f} = [\lambda_m; \beta_{m,k}; \alpha_n])$ do

7.   **For** $n = 1 : 1 : N$ do

8.   **For** $k = 1 : 1 : K$ do

9.   **For** $m = 1 : 1 : M$ do

10.   根据 $\sqrt{\bar{p}_{m,k,n}\hat{h}_{m,k,n}}/\hat{z}_{m,k,n}$ 计算 $y_{m,k,n}$；

11.   根据式 (8.198) 计算 $p_{m,k,n}$；

12.   根据式 (8.199)～式 (8.201) 更新 $\alpha_n, \beta_{m,k}, \lambda_m$；

13.   根据式 (8.196) 计算 $\varphi_{k,m,n}$；

14.   根据式 (8.197) 获得 $s_{m,k,n}$；

15.   **End For**

16.   **End For**

17.   **End For**

18. $t \leftarrow t + 1$；

19.   **End While**

20. $d \leftarrow d+1; \eta(t) \leftarrow \dfrac{\displaystyle\sum_{m=1}^{M}\sum_{k=1}^{K}\sum_{n=1}^{N} \tilde{R}_{m,k,n}(t-1)}{\displaystyle\sum_{m=1}^{M}\sum_{k=1}^{K_m}\sum_{n=1}^{N} \bar{p}_{m,k,n}(t-1)\hat{g}_{m,k,n}}$；

21. **End For**

---

4. 计算复杂度分析

计算复杂度分析如下：定义拉格朗日乘子外层在干扰效率上的最大收敛数为 D，内层的最大收敛数为 T。在内层的每次迭代中，计算式 (8.197) 的子载波分配需要 $\mathcal{O}(KMN)$ 运算；根据式 (8.199)～式 (8.201)，拉格朗日乘子的更新需要 $\mathcal{O}(KMN)$ 次操作，此外，T 是关于总迭代次数 $\mathcal{O}[T(KMN)^2]$ 的一个多项式函数，因此，所提算法的总复杂度为 $\mathcal{O}[DT(KMN)^2]$，而传统穷举搜索法的最坏情况复杂度为 $\mathcal{O}(DTKN^2MK^M)$。进一步，适当地选择步长和拉格朗日乘子的初始值，可以使参数 D 和 T 很小。

5. 可行域分析

可行域对于资源分配问题可行解的确定至关重要,然而,很少有工作考虑这个问题。由于所考虑的问题是一个多变量与整数变量耦合的问题,因此很难直接分析可行域。接下来以两个用户的场景来说明系统参数对发射功率的影响。

基于式 (8.197),可行域能够由以下公式决定。

$$
\begin{cases}
\hat{C}_1 : \displaystyle\sum_{m=1}^{M}\sum_{k=1}^{K_m} \bar{p}_{m,k,n}\hat{g}_{m,k,n} \leqslant I_n^{\mathrm{th}} \\[4mm]
\hat{C}_2 : \displaystyle\sum_{n=1}^{N} \tilde{R}_{m,k,n} \geqslant R_{m,k}^{\min} \\[4mm]
\bar{C}_3 : \displaystyle\sum_{k=1}^{K_m} s_{m,k,n} = 1, 0 \leqslant s_{m,k,n} \leqslant 1 \\[4mm]
\bar{C}_4 : \displaystyle\sum_{k=1}^{K_m}\sum_{n=1}^{N} \bar{p}_{m,k,n} \leqslant s_{m,k,n} p_m^{\max}
\end{cases}
\tag{8.202}
$$

为了便于展示结果,采用几何方法讨论了不同情况下的可行域。假设有两个 FU 和一个 MU。为简化符号,定义 $g_1 = \bar{g}_1 + \tau_1 Q^{-1}(\xi)$ 和 $g_2 = \bar{g}_2 + \tau_2 Q^{-1}(\xi)$ 为 FU 到 MU 的信道增益;$h_1 = \bar{h}_1 - \delta_{11}Q^{-1}(v_1)$ 和 $h_2 = \bar{h}_2 - \delta_{22}Q^{-1}(v_2)$ 为直传信道增益;$h_{21} = \bar{h}_{21} + \delta_{21}Q^{-1}(v_1)$ 和 $h_{12} = \bar{h}_{12} + \delta_{12}Q^{-1}(v_2)$ 为相互干扰链路的信道增益;$A_k = 2^{R_k^{\min}} - 1$, $R_k^{\min} = R_{m,k}^{\min}$, $\forall m, k$ 和 $I^{\min} = I_n^{\mathrm{th}}$。在固定的子载波分配下,式 (8.202) 的可行域可以简化为

$$
p_1 \leqslant p_1^{\max}, p_2 \leqslant p_1^{\max}
\tag{8.203a}
$$

$$
p_1 g_1 + p_2 g_2 \leqslant I^{\min}
\tag{8.203b}
$$

$$
\frac{p_1 h_1}{p_2 h_{21} + \sigma^2} \geqslant A_1
\tag{8.203c}
$$

$$
\frac{p_2 h_2}{p_1 h_{12} + \sigma^2} \geqslant A_2
\tag{8.203d}
$$

场景 1:基于式 (8.203c) 和式 (8.203d),有两条线 $p_2 = \dfrac{h_1}{A_1 h_{21}}p_1 - \dfrac{\sigma^2}{h_{21}}$ 和 $p_2 = \dfrac{A_2 h_{12}}{h_2}p_1 + \dfrac{A_2 \sigma^2}{h_2}$,如果 $\dfrac{h_1}{A_1 h_{21}} = \dfrac{A_2 h_{12}}{h_2}$ 成立,则这两条线平行,如图 8-38(a)所示。此时,不存在可行域。

场景 2:讨论存在一个交点的情况,如 $B_0 = \left\{ \dfrac{A_1 \sigma^2 (A_2 h_{21} + h_2)}{h_1 h_2 - A_1 A_2 h_{12} h_{21}}, \dfrac{A_2 \sigma^2 (A_1 h_{12} + h_1)}{h_1 h_2 - A_1 A_2 h_{12} h_{21}} \right\}$。若交点 B_0 在干扰极限 $p_1 g_1 + p_2 g_2 = I_{\min}$ 线上,则不存在可行区域,如图 8-38(b)所示。由图 8-38(b)可知,如果交点 B_0 在该线上方,也不存在可行区域,如图 8-38(c)所示。

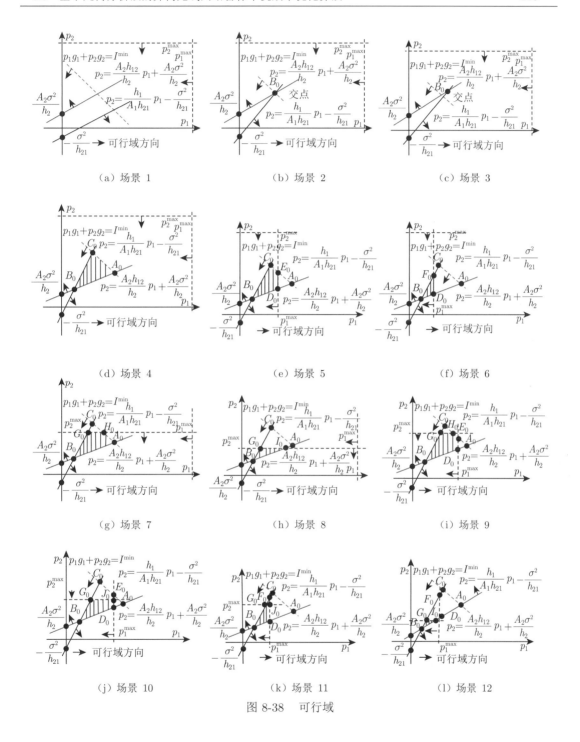

图 8-38 可行域

场景 3：考虑有以下多个交点的情况：

（1）当 $p_2^{\max} > y_{C_0}$ 时，存在三种情况：$p_1^{\max} \geqslant x_{A_0}$、$x_{C_0} < p_1^{\max} < x_{A_0}$ 和 $x_{B_0} < p_1^{\max} < x_{C_0}$。当 $p_1^{\max} \geqslant x_{A_0}$ 时，可行域是 (A_0, B_0, C_0)，如图 8-38（d）所示，其中，$A_0 =$

$$\left(\frac{h_2 I^{\min} - A_2 g_2 \sigma^2}{A_1 g_2 h_{12} + g_1 h_2}, \frac{A_1 h_{12} I^{\min} + A_2 g_1 \sigma^2}{A_1 g_2 h_{12} + g_1 h_2}\right); \quad C_0 = \left[\frac{A_1 \left(h_{21} I^{\min} + g_2 \sigma^2\right)}{A_1 g_1 h_{21} + g_2 h_1}, \frac{h_1 I^{\min} - A_1 g_1 \sigma^2}{A_1 g_1 h_{21} + g_2 h_1}\right]。$$

当 $x_{C_0} < p_1^{\max} < x_{A_0}$，可行域为 (B_0, D_0, E_0, C_0)，如图 8-38（e）所示，其中，$D_0 = \left[p_1^{\max}, \frac{A_2 \left(h_{12} p_1^{\max} + \sigma^2\right)}{h_2}\right]$，$E_0 = \left[p_1^{\max}, \frac{I^{\min} - p_1^{\max} g_1}{g_2}\right]$。当 $x_{B_0} < p_1^{\max} < x_{C_0}$，可行域为 (B_0, D_0, F_0)，如图 8-38（f）所示，其中，$F_0 = \left(p_1^{\max}, \frac{h_1 p_1^{\max} - A_1 \sigma^2}{A_1 h_{21}}\right)$。当 $p_1^{\max} < x_{B_0}$，无可行域。

（2）当 $p_1^{\max} \geqslant x_{A_0}$，存在两种情况：$y_{A_0} < p_2^{\max} < y_{C_0}$ 和 $y_{B_0} < p_2^{\max} < y_{A_0}$。当 $y_{A_0} < p_2^{\max} < y_{C_0}$ 时，可行域为 (B_0, A_0, H_0, G_0)，如图 8-38（g）所示，其中，$G_0 = \left\{\frac{A_1 \left(h_{21} p_2^{\max} + \sigma^2\right)}{h_1}, p_2^{\max}\right\}$；$F_0 = \left\{\frac{I^{\min} - p_2^{\max} g_2}{g_1}, p_2^{\max}\right\}$。当 $y_{B_0} < p_2^{\max} < y_{A_0}$，可行域为 (B_0, I_0, G_0)，如图 8-38（h）所示，其中，$I_0 = \left\{\frac{p_2^{\max} h_2 - A_2 \sigma^2}{A_2 h_{12}}, p_2^{\max}\right\}$。

（3）当 $x_{C_0} < p_1^{\max} < x_{A_0}$，存在三种情况：$y_{E_0} < p_2^{\max} < y_{C_0}$、$y_{D_0} < p_2^{\max} < y_{E_0}$ 和 $y_{B_0} < p_2^{\max} < y_{D_0}$。当 $y_{E_0} < p_2^{\max} < y_{C_0}$，可行域为 $(B_0, D_0, E_0, H_0, G_0)$，如图 8-38（i）所示。当 $y_{D_0} < p_2^{\max} < y_{E_0}$，可行域为 (B_0, D_0, J_0, G_0)，如图 8-38（j）所示，其中，$J_0 = (p_1^{\max}, p_2^{\max})$。当 $y_{B_0} < p_2^{\max} < y_{D_0}$，可行域为 (B_0, I_0, G_0)，如图 8-38（h）所示。

（4）当 $x_{B_0} < p_1^{\max} < x_{C_0}$，存在四种情况：$p_2^{\max} > y_{F_0}$、$p_2^{\max} < y_{B_0}$、$y_{D_0} < p_2^{\max} < y_{F_0}$ 和 $y_{B_0} < p_2^{\max} < y_{D_0}$。当 $p_2^{\max} > y_{F_0}$，可行域与场景 6 相同。当 $p_2^{\max} < y_{B_0}$，无可行域。当 $y_{D_0} < p_2^{\max} < y_{F_0}$，可行域为 (B_0, D_0, J_0, G_0)，如图 8-38（k）所示。当 $y_{B_0} < p_2^{\max} < y_{D_0}$，可行域为 (B_0, I_0, G_0)，如图 8-38（l）所示。

6. 鲁棒灵敏度分析

为了说明信道不确定性对系统性能的影响，接下来分析鲁棒资源分配算法和非鲁棒资源分配算法之间的间隙。间隙差距为

$$F = -\sum_{k=1}^{K}\sum_{m=1}^{M}\sum_{n=1}^{N} s_{m,k,n} c_{m,k,n} Q^{-1}\left(v_{m,k}\right) - \sum_{k=1}^{K}\sum_{m=1}^{M}\sum_{n=1}^{N} s_{m,k,n} \alpha_n p_{m,k,n} \tau_{m,k,n} Q^{-1}\left(\xi_n\right) \tag{8.204}$$

其中，$c_{m,k,n} = a_{m,k,n}\delta_{m,k,n} + b_{m,k,n}\delta_{i,k,n}$，$a_{m,k,n} = (1+\beta_{m,k})\bar{p}_{m,k,n}/\hat{z}_{m,k,n}$，$b_{m,k,n} = (1+\beta_{m,k})\bar{p}_{m,k,n}\hat{h}_{m,k,n}\sum_{i\neq m}\bar{p}_{i,k,n}/\hat{z}_{m,k,n}^2$。附录 15 给出了证明过程。

由式 (8.204) 可知，当信道不确定性的方差为零时，$F = 0$ 成立，这是因为估计的信道增益等于它们的真实值，鲁棒资源分配方案与非鲁棒资源分配方案的性能相同。$F < 0$ 表示非鲁棒资源分配方案（如传输速率）的最优性优于鲁棒资源分配方案，这是因为鲁棒资源分配方案在克服信道不确定性和降低用户中断概率方面消耗了一定的能量，也就是说，所设计的鲁棒资源分配方案以最优性为代价获得了较好的鲁棒性。例如，当非负的 $\delta_{m,k,n}$ 增大时，估计的信道增益 $\bar{h}_{m,k,n}$ 偏离其真实值 $h_{m,k,n}$。因此，式 (8.204) 的性能间隙变得更大，另外，当中断阈值 ξ_n 增大时，性能差距变小，这是因为函数 $Q^{-1}(x)$ 是一个关于变

量 x 的递减函数。

8.5.3 仿真分析

本节对所提算法的有效性进行评估。网络中有一个宏蜂窝和两个飞蜂窝。MBS 与飞蜂窝之间的最小距离为 50m。信道模型包括路径损耗、阴影衰落和频率选择性瑞利衰落。路径损耗模型定义为 $140.7 + 36.7\lg d$,d 为收发机之间的距离。阴影衰落模型为一个标准差为 10dB 的随机变量。将瑞利衰落信道模型建模为单位均值服从指数分布的随机变量。宏蜂窝基站的发射功率为 43dBm。其他参数有:$\sigma^2 = 10^{-10}\text{mW}$,$p_m^{\max} = 30\text{dBm}$,$R_k^{\min} = 1(\text{bit/s})/\text{Hz}$。假设信道估计误差的上界相同,即 $\delta = \delta_{m,k,n}, \forall k, m, n$,该上界从区间 $[0, 1]$ 中随机生成。

1. 所提算法的性能分析

本节给出几个仿真结果来评估所提算法在不同参数设置下的性能。

图 8-39 给出了 FU 总干扰效率与 FU 数量的关系。由图可知,随着 FU 数量的增加,FU 的干扰效率也在增加,这是因为 K_m 越大,通过频谱共享策略接入异构网络的 FU 越多,FU 的总数据速率就会提高很多,且随着 J 的增加,FU 的总干扰效率变小,原因是当 MU 数量增加时,MU 通过跨层链路对 FU 的干扰功率增大,FU 的数据速率减小。

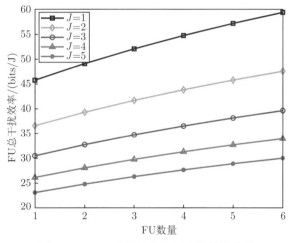

图 8-39 FU 干扰效率与用户数量的关系

图 8-40 给出了 FU 总干扰效率与不同信道条件的关系。假设有两个 FU、FU1 的信道比 FU2 的差,即 $h_1 = 0.50$,$h_2 = 0.95$。中断概率阈值为 $\xi_n = \upsilon_{m,k} = 0.05$。FU 的总干扰效率随信道估计误差的方差($\delta_{k,m,n}$ 或 $\delta_{m,n}$)减小而增大,这是因为估计误差的方差很小,估计的信道增益非常接近其准确值,FU 的发射功率变大,此外,具有强信道的 FU2 的干扰效率优于具有弱信道的 FU1。

图 8-41 给出了 FU 总干扰效率与不同中断阈值的关系。由图可知,随着估计误差的方差增大,FU 的总干扰效率也增大。在固定中断概率(例如,$\xi_n = 0.05$)下,大中断概率阈值下的干扰效率(例如,$\upsilon_{m,k} = 0.20$)高于小中断概率阈值(例如,$\upsilon_{m,k} = 0.05$),这是因

为如果用户能够容忍一定的中断，FU 可以获得更少的功率，同时 MU 接收到的跨层干扰也变小，此外，在 MU 链路的信道估计误差较小时 [如 $\delta_{k,m,n} \in (0, 0.05)$]，较大中断概率阈值下（如 $\upsilon_{m,k} = 0.20$）的 FU 的总干扰效率比较小中断概率（如 $\upsilon_{m,k} = 0.05$）下的要高，这是因为 FU 链路的信道不确定性对系统性能的影响更大。

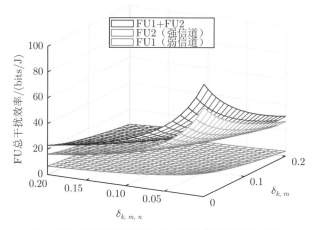

图 8-40　FU 总干扰效率与不同信道条件的关系

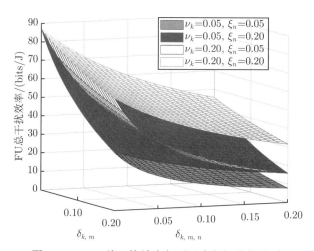

图 8-41　FU 总干扰效率与不同中断阈值的关系

图 8-42 给出了非鲁棒资源分配算法与所提算法的性能间隙。为了简便起见，将性能差距定义为 $-F$（即非鲁棒资源分配算法的效用函数减去所提算法的效用函数）。从图中可以看出，在没有信道估计误差的情况下，性能间隙为零；在较大的估计误差下，性能间隙会变得更大，这意味着所提算法以最小的最优损失为代价，抑制了可行的发射功率，避免了对信道的有害干扰，而且当中断概率阈值增大时，性能间隙会增大，原因是逆高斯 Q 函数是一个关于中断概率阈值的单调递减函数。

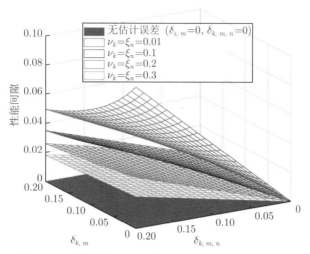

图 8-42 非鲁棒资源分配算法与所提算法的性能间隙

2. 不同算法之间的性能比较

本节通过与其他算法进行比较, 评估了所提算法的优越性。其中, 非鲁棒资源分配算法为无 CSI 误差下基于干扰效率最大化算法 (如 $\Delta h_{m,k,n} = 0$, $\Delta g_{m,k,n} = 0$); 基于能效的资源分配算法为完美 CSI 下基于能效最大化资源分配算法。

图 8-43 给出了不同算法下 FU 的总干扰效率与最大干扰功率阈值的关系 (如 $I^{\min} = I_n^{\text{th}}$)。从图中可以看出, 随着 I_n^{th} 的增大, 所有算法下的 FU 总干扰效率减小, 这是因为当最大干扰功率等级增加时, FU 的可用发射功率增加, 而效用函数是一个关于发射功率的单调递减函数。此外, 基于能效的资源分配算法的干扰效率最低, 而所提算法具有较高的干扰效率; 当信道不确定性 $\delta = 0.01$ 时, 所提算法的性能接近非鲁棒资源分配算法; 穷举搜索算法具有最好的干扰效率, 因为该算法可以以更多的迭代和计算开销为代价获得最优解,

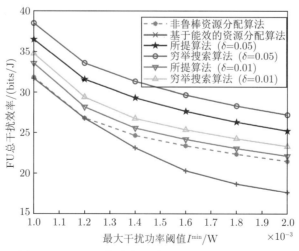

图 8-43 FU 干扰效率与最大干扰功率阈值的关系

并提供了系统性能的上限。

图 8-44 给出了不同算法下不同干扰水平与 FU 总能效的关系。显然，基于能效最大化的资源分配算法具有最佳的能效，因为其目标函数是最大化可行区域下的总能效。与图 8-43 和图 8-44 相比，由于所提算法具有较好的功效，FU 的总干扰效率远大于能效。随着 δ 的增加，所提算法的 FU 总能效增加，这是因为在固定中断概率阈值下，可用发射功率随着 δ 的增大而变小，目的是给 FU 提供更多的保护。此外，穷举搜索算法下的总能效也高于所提算法，这是因为穷举搜索算法可以通过减少对蜂窝的干扰功率来得到最大干扰效率。

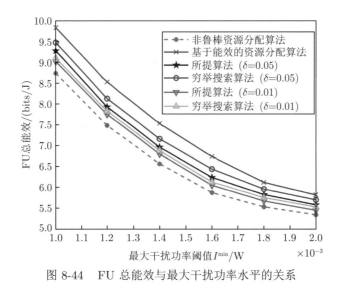

图 8-44　FU 总能效与最大干扰功率水平的关系

图 8-45 给出了不同算法下 MU 实际接收干扰功率与最大干扰功率阈值的关系。可以看出，实际接收到的干扰功率随着 $I^{\min}$ 的增加而增加。这是因为干扰水平越大，FBS就可

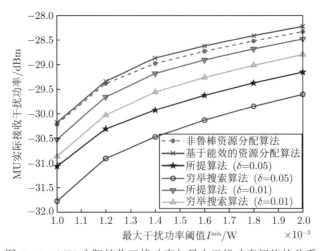

图 8-45　MU 实际接收干扰功率与最大干扰功率阈值的关系

以为 FU 分配更多的功率来提高数据速率。此外，所提算法的接收功率比基于能效的资源分配算法低，因为后者忽略了对 MU 的整体干扰功率和信道增益的动态变化。所提算法下 ($\delta = 0.05$) 的干扰功率最小，因为 δ 较大时，估计信道增益 $\hat{g}_{m,n}$ 偏离其真实值 $g_{m,n}$ 越多。通过精心调整发射功率，以避免对 MU 的有害干扰。此外，可以看到穷举搜索算法对 MU 的干扰较小，因为它得到了最优干扰效率，也就是说，它可以获得更好的传输速率以及对 MU 的干扰功率小，从而提供最佳的干扰效率性能。

8.6 本章小结

为了很好地保护宏蜂窝网络的 QoS 和提高系统容量，8.1 节提出了由一个宏蜂窝和多个飞蜂窝组成的两层异构网络的总速率最大化问题。由于层间干扰信道和 FU 直接信道的信道不确定性的影响，我们在基于中断的不确定性模型下增加了鲁棒干扰约束和鲁棒速率约束以保护宏蜂窝和飞蜂窝的传输性能。在无 CSI 反馈和部分 CSI 反馈的情况下，中断概率约束通过近似的方法转化为闭合的表达。通过拉格朗日对偶法，鲁棒的功率分配问题被分解成一个对偶问题。通过使用次梯度方法来解决原始问题，提出了一种鲁棒的功率分配算法。所提算法可以快速收敛到最优值。

8.2 节研究了一个宏蜂窝/微蜂窝两层下行 HetNets 的能效最大化问题。考虑到从 FU 发射机到 MU 接收机的干扰链路中信道不确定性的影响，为了保护 MU 和 FU 的性能，考虑了基于中断概率模型下的受限发射功率和干扰约束，并提出了一个概率约束的分数规划问题。通过 Dinkelbach 方法，原始的分式问题被转化为参数化的相减形式。为了解决非凸问题，将概率约束转化为确定性的形式。最后，提出了一种双层迭代算法来寻找最优解。

以提高飞蜂窝网络系统能量利用率为目标，8.3 节研究了信道不确定性下的异构携能网络鲁棒资源分配问题，考虑飞蜂窝基站最大发射功率约束以及用户最小速率约束、MU 接收机干扰约束，提出了一种联合功率和信息系数分配的鲁棒资源分配算法。由于求解最大化能量利用率的效用函数属于非线性规划问题，本节利用 Dinkelbach 方法，将原分式规划问题转换成线性规划形式。并基于最小最大概率机近似理论，将原机会式约束条件转换成凸优化形式。最后将发射功率和信息系数的联合优化过程分解成两个等价的迭代子问题进行求解。所提鲁棒资源分配算法，在保障 FU 和 MU 的通信质量前提下，能够有效地提升飞蜂窝网络的能量利用率，并且能较好地保障系统的鲁棒性。

8.4 节研究了两层 C-HetNet 中的资源分配算法和传输时间优化问题。该问题的目的是通过考虑频谱感知误差和信道不确定性，以一种鲁棒的方式最大化系统能效。采用次优子载波分配方案确定子载波分配。采用泰勒级数近似法确定最优传输时长，并将干扰机会约束转化为凸约束。从理论上分析了该算法的计算复杂度和鲁棒性。与现有算法相比，所提算法能够有效地保护 FUs 的 QoS，并在不完美 CSI 条件下达到理想的能效性能。

8.5 节研究了一个基于干扰效率的两层异构网络在不完美 CSI 下的鲁棒资源分配问题。考虑不完美信道估计，本节描述了一个联合发射功率和子载波分配的机会式资源分配问题来最大化 FU 的干扰效率，同时保障了 MU 的服务质量需求、每个飞蜂窝基站的最大发射功率约束和子载波分配约束。变量松弛法、丁克尔巴赫法和二次变换法被用来转换该非凸问题为凸优化问题。根据拉格朗日对偶理论，推导出闭式解，并分析了所提算法的计算复杂度、可行域和鲁棒灵敏度。所提算法在干扰效率和干扰功率方面优于传统算法。由于飞蜂窝内的墙或障碍物会阻碍飞蜂窝基站发射到 FU 的信号，因此可以将可重构智能表面技术集成到异构网络中解决这一问题。综上，可重构智能表面辅助的异构网络是未来一个很好的研究方向。

第 9 章　D2D 通信网络鲁棒资源分配问题

随着通信技术的迅速发展，可用的频谱资源越来越少，海量终端设备接入增加了能源消耗的负担，基站在满足快速增长的网络容量需求时，也出现了严重的过载问题，因此，如何提高频谱利用率和能效，减少基站负荷成为 5G 通信技术的重要发展方向。为了解决这些问题，D2D 技术通过复用蜂窝用户的频谱资源已成为一种新的分布式、协作通信方式。该通信技术可以允许终端设备在没有基础网络设施的情况下，利用宏蜂窝小区频谱资源完成终端之间直接通信任务，是一种有效提高频谱效率、减小网络负担的新技术。由于 D2D 技术的引入，使得原本基于频谱共享的认知无线电动态资源分配变得更加复杂，另外，D2D 技术的引入同时也导致同频干扰与用户间干扰增加，因此，如何设计有效的资源分配算法对提升 D2D 网络通信性能至关重要。本章将从传统 D2D 通信网络、基于 NOMA 的无线携能 D2D 通信网络和基于 UAV 辅助的无线携能 D2D 通信网络研究鲁棒资源分配问题。

9.1　基于有界 CSI 的 D2D 通信网络鲁棒资源分配算法

D2D 通信网络现有资源分配算法并没有考虑实际场景的参数不确定性对资源分配与系统性能的影响，同时也缺少兼顾子信道分配及用户 QoS。由于感知误差、量化误差、信道时延的影响，假设系统参数信息完美已知是不切实际的，因此，传统资源分配算法无法保障系统的鲁棒性和用户的 QoS，故本节在已有研究基础上，提出了一种基于用户 QoS 保护的 D2D 网络鲁棒资源分配法。该算法以 D2D 用户总能效最大化为目标，考虑每个 D2D 用户的最小速率需求约束、蜂窝用户最大容忍干扰功率约束、资源块分配约束，基于有界信道不确定性，获得对应的鲁棒资源分配模型；利用最坏准则方法，将鲁棒最小速率约束和最大干扰约束转换为凸约束条件，并结合变量松弛方法将原问题转换为凸优化问题，利用拉格朗日对偶理论求得资源分配的解析解。所提算法可以有效保障用户的 QoS，具有较好的鲁棒性和能效。

9.1.1　系统模型

为了提高频谱利用率，考虑下垫式频谱共享模式，如图 9-1 所示。网络中含有 1 个蜂窝基站，M 个蜂窝用户和 N 对 D2D 用户对进行通信，其中 D2D 用户对集合定义为 $n \in \{1, 2, \cdots, N\}$。为了减小用户间的共道干扰，采用 OFDM 的方式共享频谱资源。基站给每个蜂窝用户分配 1 个正交的子信道，定义子信道集合为 $m \in \{1, 2, \cdots, M\}$。

假设每个子信道由 1 个蜂窝用户占用，若 D2D 用户对 n 占用第 m 个子信道，则第 n 个 D2D 用户接收机的 SINR 为

$$\gamma_{n,m}^{\mathrm{D}} = \frac{p_{n,m} h_{n,m}}{P_m h_{n,m}^{\mathrm{C}} + \sigma_{\mathrm{D}}^2} \tag{9.1}$$

其中，$p_{n,m}$ 和 $h_{n,m}$ 分别是第 n 个 D2D 用户对在子信道 m 上的传输功率和信道增益；P_m 为蜂窝用户在第 m 个子信道上的传输功率；$h_{n,m}^{\mathrm{C}}$ 为蜂窝用户到第 m 个子信道上 D2D 用户 n 接收机的信道增益；σ_{D}^2 为接收机端的加性高斯白噪声功率。任意 D2D 用户对在子信道 m 上的实际传输速率为

$$r_{n,m}^{\mathrm{D}} = \alpha_{n,m} \log_2(1 + \gamma_{n,m}^{\mathrm{D}}) \tag{9.2}$$

其中，$\alpha_{n,m}$ 为子信道分配因子，$\alpha_{n,m} = 1$ 表示第 m 个子信道被分配给第 n 个 D2D 用户对，否则，$\alpha_{n,m} = 0$。

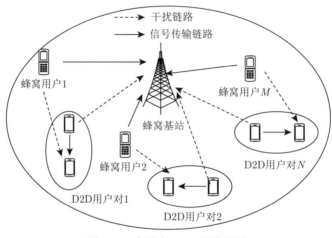

图 9-1　多用户 D2D 通信网络

为了使 D2D 用户接入到网络中实现频谱共享，同时不影响蜂窝用户的正常通信质量，需要满足如式 (9.3) 所示的干扰功率约束。

$$\sum_{n=1}^{N} \alpha_{n,m} p_{n,m} g_{n,m}^{\mathrm{D}} \leqslant I_m^{\mathrm{th}} \tag{9.3}$$

其中，I_m^{th} 为蜂窝用户接收机的最大干扰功率阈值；$g_{n,m}^{\mathrm{D}}$ 为第 n 个 D2D 用户在子信道 m 上到蜂窝用户的信道增益。

因此，保证每个 D2D 用户对基本通信质量的前提条件下，能效最大化问题为

$$\max_{\alpha_{n,m}, p_{n,m}} \frac{\displaystyle\sum_{n=1}^{N}\sum_{m=1}^{M} r_{n,m}^{\mathrm{D}}}{\displaystyle\sum_{n=1}^{N}\sum_{m=1}^{M} \alpha_{n,m} p_{n,m} + P_{\mathrm{c}}}$$

$$\mathrm{s.t.}\ C_1 : \sum_{m=1}^{M} r_{n,m}^{\mathrm{D}} \geqslant r_n^{\min}$$

$$C_2 : \sum_{n=1}^{N} \alpha_{n,m} \leqslant 1, \alpha_{n,m} \in \{0,1\} \tag{9.4}$$

$$C_3 : \sum_{n=1}^{N} \alpha_{n,m} p_{n,m} g_{n,m}^{\mathrm{D}} \leqslant I_m^{\mathrm{th}}$$

$$C_4 : 0 \leqslant \alpha_{n,m} p_{n,m} \leqslant p_{n,m}^{\max}$$

其中，P_{c} 表示 D2D 网络总电路功耗；C_1 表示 D2D 用户对的传输速率不小于最小传输速率阈值 $r_n^{\min}$；C_2 表示每个子信道只能被 1 个 D2D 用户对占用；C_3 表示蜂窝用户在子信道 m 上的干扰功率不大于干扰阈值约束 I_m^{th}；C_4 表示第 n 个 D2D 用户在子信道 m 上的传输功率不超过其最大传输功率 $p_{n,m}^{\max}$。

9.1.2 算法设计

由于无线通信系统固有的随机性和信道反馈时延，完美的 CSI 难以获得，因此，实际信道增益可以用式 (9.5) 的加性不确定性模型描述。

$$\begin{cases} h_{n,m} = \bar{h}_{n,m} + \Delta h_{n,m}, \Delta h_{n,m} \in \mathcal{R}_h \\ h_{n,m}^{\mathrm{C}} = \bar{h}_{n,m}^{\mathrm{C}} + \Delta h_{n,m}^{\mathrm{C}}, \Delta h_{n,m}^{\mathrm{C}} \in \mathcal{R}_h^{\mathrm{C}} \\ g_{n,m}^{\mathrm{D}} = \bar{g}_{n,m}^{\mathrm{D}} + \Delta g_{n,m}^{\mathrm{D}}, \Delta g_{n,m}^{\mathrm{D}} \in \mathcal{R}_g^{\mathrm{D}} \end{cases} \tag{9.5}$$

其中，$\bar{h}_{n,m}$、$\bar{h}_{n,m}^{\mathrm{C}}$ 和 $\bar{g}_{n,m}^{\mathrm{D}}$ 表示信道增益的估计值；$\Delta h_{n,m}$、$\Delta h_{n,m}^{\mathrm{C}}$ 和 $\Delta g_{n,m}^{\mathrm{D}}$ 表示信道增益的估计误差；$\mathcal{R}_h$、$\mathcal{R}_h^{\mathrm{C}}$ 和 $\mathcal{R}_g^{\mathrm{D}}$ 表示对应信道增益不确定性集合。

考虑最坏情况准则进行信道不确定性建模，假设信道估计误差被限制在封闭的不确定性集合内，则信道增益的不确定性集合可以表示为

$$\begin{cases} \mathcal{R}_h = \left\{ \Delta h_{n,m} \,\middle|\, \left| h_{n,m} - \bar{h}_{n,m} \right| \leqslant \delta_{n,m} \right\} \\ \mathcal{R}_h^{\mathrm{C}} = \left\{ \Delta h_{n,m}^{\mathrm{C}} \,\middle|\, \left| h_{n,m}^{\mathrm{C}} - \bar{h}_{n,m}^{\mathrm{C}} \right| \leqslant \upsilon_{n,m}^{\mathrm{C}} \right\} \\ \mathcal{R}_g^{\mathrm{D}} = \left\{ \Delta g_{n,m}^{\mathrm{D}} \,\middle|\, \left| g_{n,m}^{\mathrm{D}} - \bar{g}_{n,m}^{\mathrm{D}} \right| \leqslant \varepsilon_{n,m}^{\mathrm{D}} \right\} \end{cases} \tag{9.6}$$

其中，$\delta_{n,m}$、$\upsilon_{n,m}^{\mathrm{C}}$ 和 $\varepsilon_{n,m}^{\mathrm{D}}$ 表示对应信道估计误差的上界。

在原名义优化问题 [式 (9.4)] 中引入式 (9.5) 的信道参数不确定性后，有

$$\max_{\alpha_{n,m}, p_{n,m}} \frac{\displaystyle\sum_{n=1}^{N} \sum_{m=1}^{M} \bar{r}_{n,m}^{\mathrm{D}}(\Delta h_{n,m}, \Delta h_{n,m}^{\mathrm{C}})}{\displaystyle\sum_{n=1}^{N} \sum_{m=1}^{M} \alpha_{n,m} p_{n,m} + P_{\mathrm{c}}}$$

$$\text{s.t. } C_2, C_4, \bar{C}_1 : \sum_{m=1}^{M} \bar{r}_{n,m}^{\mathrm{D}}(\Delta h_{n,m}, \Delta h_{n,m}^{\mathrm{C}}) \geqslant r_n^{\min}$$

$$\bar{C}_3 : \sum_{n=1}^{N} \alpha_{n,m} p_{n,m} g_{n,m}^{\mathrm{D}}(\Delta g_{n,m}^{\mathrm{D}}) \leqslant I_m^{\mathrm{th}} \tag{9.7}$$

其中，$\bar{r}_{n,m}^{\mathrm{D}}(\Delta h_{n,m}, \Delta h_{n,m}^{\mathrm{C}}) = \alpha_{n,m} \log_2(1 + \bar{\gamma}_{n,m}^{\mathrm{D}})$，$\bar{\gamma}_{n,m}^{\mathrm{D}} = \dfrac{p_{n,m} h_{n,m}(\Delta h_{n,m})}{P_m h_{n,m}^{\mathrm{C}}(\Delta h_{n,m}^{\mathrm{C}}) + \sigma_{\mathrm{D}}^2}$。由于式 (9.7) 是一个存在整数变量的分式优化问题，因此该问题是非凸的，难以直接求解。

为求解式 (9.7)，需要将 $\bar{C}_1$ 和 $\bar{C}_3$ 转换为确定性约束。基于最坏准则，$\bar{C}_1$ 应满足：

$$\min_{\Delta h_{n,m},\Delta h_{n,m}^{\mathrm{C}}} \sum_{m=1}^{M} \bar{r}_{n,m}^{\mathrm{D}}(\Delta h_{n,m},\Delta h_{n,m}^{\mathrm{C}}) \geqslant r_n^{\min} \tag{9.8}$$

同理，$\bar{C}_3$ 应满足

$$\max_{\Delta g_{n,m}^{\mathrm{D}}} \sum_{n=1}^{N} \alpha_{n,m} p_{n,m} g_{n,m}^{\mathrm{D}}(\Delta g_{n,m}^{\mathrm{D}}) \leqslant I_m^{\mathrm{th}} \tag{9.9}$$

因此，传输速率 $\bar{C}_1$ 可以等价描述为

$$\min_{\Delta h_{n,m},\Delta h_{n,m}^{\mathrm{C}}} \sum_{m=1}^{M} \bar{r}_{n,m}^{\mathrm{D}}(\Delta h_{n,m},\Delta h_{n,m}^{\mathrm{C}}) \Leftrightarrow \frac{\min\limits_{\Delta h_{n,m}} [p_{n,m} h_{n,m}(\Delta h_{n,m})]}{\max\limits_{\Delta h_{n,m}^{\mathrm{C}}} [P_m h_{n,m}^{\mathrm{C}}(\Delta h_{n,m}^{\mathrm{C}})] + \sigma_{\mathrm{D}}^2} \tag{9.10}$$

根据最坏情况准则与信道不确定性集合 [式 (9.6)] 的定义，可以得

$$\min_{\Delta h_{n,m}} [p_{n,m} h_{n,m}(\Delta h_{n,m})] = p_{n,m}(\bar{h}_{n,m} - \delta_{n,m}) \tag{9.11}$$

$$\max_{\Delta h_{n,m}^{\mathrm{C}}} [P_m h_{n,m}^{\mathrm{C}}(\Delta h_{n,m}^{\mathrm{C}})] = P_m(\bar{h}_{n,m}^{\mathrm{C}} + \upsilon_{n,m}^{\mathrm{C}}) \tag{9.12}$$

因此，$\bar{C}_1$ 可转换为如式 (9.13) 所示的确定形式。

$$\hat{C}_1 : \sum_{m=1}^{M} \hat{r}_{n,m}^{\mathrm{D}} \geqslant r_n^{\min} \tag{9.13}$$

其中，$\hat{r}_{n,m}^{\mathrm{D}} = \alpha_{n,m} \log_2\left(1 + \dfrac{p_{n,m} H_{n,m}}{P_m H_{n,m}^{\mathrm{C}} + \sigma_{\mathrm{D}}^2}\right)$，$H_{n,m} = \bar{h}_{n,m} - \delta_{n,m}$，$H_{n,m}^{\mathrm{C}} = h_{n,m}^{\mathrm{C}} + \upsilon_{n,m}^{\mathrm{C}}$。

针对约束 $\bar{C}_3$，利用柯西-施瓦茨不等式，可作如式 (9.14) 的等价转换：

$$\begin{aligned}
\max_{\Delta g_{n,m}^{\mathrm{D}}} & \left\{ \sum_{n=1}^{N} \alpha_{n,m} p_{n,m} g_{n,m}^{\mathrm{D}}(\Delta g_{n,m}^{\mathrm{D}}) \right\} = \max_{\Delta g_{n,m}^{\mathrm{D}}} \left\{ \sum_{n=1}^{N} \alpha_{n,m} p_{n,m}(\bar{g}_{n,m}^{\mathrm{D}} + \Delta g_{n,m}^{\mathrm{D}}) \right\} \\
= & \sum_{n=1}^{N} \alpha_{n,m} p_{n,m} \bar{g}_{n,m}^{\mathrm{D}} + \max_{\Delta g_{n,m}^{\mathrm{D}}} \left(\sum_{n=1}^{N} \alpha_{n,m} p_{n,m} \Delta g_{n,m}^{\mathrm{D}} \right) \\
\leqslant & \sum_{n=1}^{N} \alpha_{n,m} p_{n,m} \bar{g}_{n,m}^{\mathrm{D}} + \sqrt{\sum_{n=1}^{N} (\alpha_{n,m} p_{n,m})^2} \sqrt{\sum_{n=1}^{N} (\Delta g_{n,m}^{\mathrm{D}})^2} \\
\leqslant & \sum_{n=1}^{N} \alpha_{n,m} p_{n,m} \bar{g}_{n,m}^{\mathrm{D}} + \varepsilon_{n,m}^{\mathrm{D}} \sqrt{\sum_{n=1}^{N} (\alpha_{n,m} p_{n,m})^2} \leqslant \sum_{n=1}^{N} \alpha_{n,m} p_{n,m}(\bar{g}_{n,m}^{\mathrm{D}} + \varepsilon_{n,m}^{\mathrm{D}})
\end{aligned} \tag{9.14}$$

因此，可将 $\bar{C}_3$ 转换为

$$\sum_{n=1}^{N} \alpha_{n,m} p_{n,m} G_{n,m}^{\mathrm{D}} \leqslant I_m^{\mathrm{th}} \tag{9.15}$$

其中，$G_{n,m}^{\mathrm{D}} = \bar{g}_{n,m}^{\mathrm{D}} + \varepsilon_{n,m}^{\mathrm{D}}$。

因此，可得到如式 (9.16) 所示的确定性优化问题。

$$\max_{\alpha_{n,m}, p_{n,m}} \frac{\displaystyle\sum_{n=1}^{N} \sum_{m=1}^{M} \hat{r}_{n,m}^{\mathrm{D}}}{\displaystyle\sum_{n=1}^{N} \sum_{m=1}^{M} \alpha_{n,m} p_{n,m} + P_{\mathrm{c}}}$$

$$\mathrm{s.t.}\ C_2, C_4, \hat{C}_1 : \sum_{m=1}^{M} \hat{r}_{n,m}^{\mathrm{D}} \geqslant r_n^{\min} \tag{9.16}$$

$$\hat{C}_3 : \sum_{n=1}^{N} \alpha_{n,m} p_{n,m} G_{n,m}^{\mathrm{D}} \leqslant I_m^{\mathrm{th}}$$

由于二进制整数型变量 $\alpha_{n,m}$ 的存在，问题 [式 (9.16)] 仍然是一个非凸问题。为求解该问题，采用松弛变量法，令 $\tilde{p}_{n,m} = \alpha_{n,m} p_{n,m}$，可得如式 (9.17) 所示的优化问题。

$$\max_{\alpha_{n,m}, \tilde{p}_{n,m}} \frac{\displaystyle\sum_{n=1}^{N} \sum_{m=1}^{M} \tilde{r}_{n,m}^{\mathrm{D}}}{\displaystyle\sum_{n=1}^{N} \sum_{m=1}^{M} \tilde{p}_{n,m} + P_{\mathrm{c}}}$$

$$\mathrm{s.t.}\ \tilde{C}_1 : \sum_{m=1}^{M} \tilde{r}_{n,m}^{\mathrm{D}} \geqslant r_n^{\min},$$

$$\hat{C}_2 : \sum_{n=1}^{N} \alpha_{n,m} \leqslant 1 \tag{9.17}$$

$$\tilde{C}_3 : \sum_{n=1}^{N} \tilde{p}_{n,m} G_{n,m}^{\mathrm{D}} \leqslant I_m^{\mathrm{th}}$$

$$\hat{C}_4 : \tilde{p}_{n,m} \leqslant p_{n,m}^{\max}$$

其中，$\tilde{r}_{n,m}^{\mathrm{D}} = \alpha_{n,m} \log_2 \left[1 + \dfrac{\tilde{p}_{n,m} H_{n,m}}{\alpha_{n,m}(P_m H_{n,m}^{\mathrm{C}} + \sigma_{\mathrm{D}}^2)} \right]$。

由于问题 [式 (9.17)] 目标函数为分式形式，该问题仍然是一个非凸问题，因此，基于

Dinkelbach 方法，该分式规划问题可转换为

$$\max_{\alpha_{n,m},\tilde{p}_{n,m}} \sum_{n=1}^{N}\sum_{m=1}^{M} \tilde{r}_{n,m}^{\mathrm{D}} - \theta\left(\sum_{n=1}^{N}\sum_{m=1}^{M} \tilde{p}_{n,m} + P_{\mathrm{c}}\right) \tag{9.18}$$
$$\text{s.t. } \tilde{C}_1 \sim \hat{C}_4$$

问题 [式 (9.18)] 是一个凸优化问题，可用拉格朗日对偶理论求得解析解，其拉格朗日函数为

$$L(\alpha_{n,m},\tilde{p}_{n,m},\beta_n,\varpi_m,\lambda_m,\varphi_{n,m})$$
$$= \sum_{n=1}^{N}\sum_{m=1}^{M} \tilde{r}_{n,m}^{\mathrm{D}} - \theta\left(\sum_{n=1}^{N}\sum_{m=1}^{M} \tilde{p}_{n,m} + P_{\mathrm{c}}\right)$$
$$+ \sum_{m=1}^{M} \varpi_m\left(1 - \sum_{n=1}^{N}\alpha_{n,m}\right) + \sum_{m=1}^{M}\lambda_m\left(I_m^{\mathrm{th}} - \sum_{n=1}^{N}\tilde{p}_{n,m}G_{n,m}^{\mathrm{D}}\right) \tag{9.19}$$
$$+ \sum_{n=1}^{N}\sum_{m=1}^{M}\varphi_{n,m}(p_{n,m}^{\max} - \tilde{p}_{n,m}) + \sum_{n=1}^{N}\beta_n\left(\sum_{m=1}^{M}\tilde{r}_{n,m}^{\mathrm{D}} - r_n^{\min}\right)$$

其中，β_n、ϖ_m、λ_m 和 $\varphi_{n,m}$ 为非负的拉格朗日乘子。对式 (9.19) 通过整理，可以重新表述为

$$L(\alpha_{n,m},\tilde{p}_{n,m},\beta_n,\varpi_m,\lambda_m,\varphi_{n,m}) = \sum_{n=1}^{N}\sum_{m=1}^{M} L_{n,m}(\alpha_{n,m},\tilde{p}_{n,m},\beta_n,\varpi_m,\lambda_m,\varphi_{n,m}) + C \tag{9.20}$$

其中，$C = -\theta P_{\mathrm{c}} - \sum_{n=1}^{N}\beta_n r_n^{\min} + \sum_{m=1}^{M}\varpi_m + \sum_{m=1}^{M}\lambda_m I_m^{\mathrm{th}} + \sum_{n=1}^{N}\sum_{m=1}^{M}\varphi_{n,m}p_{n,m}^{\max}$，$L_{n,m}(\cdot)$ 满足：

$$L_{n,m}(\alpha_{n,m},\tilde{p}_{n,m},\beta_n,\varpi_m,\lambda_m,\varphi_{n,m})$$
$$= (1+\beta_n)\tilde{r}_{n,m}^{\mathrm{D}} - \theta\tilde{p}_{n,m} - \varpi_m\alpha_{n,m} - \lambda_m\tilde{p}_{n,m}G_{n,m}^{\mathrm{D}} - \varphi_{n,m}\tilde{p}_{n,m} \tag{9.21}$$

因此，问题 [式 (9.18)] 的对偶问题为

$$\min_{\beta_n,\varpi_m,\lambda_m,\varphi_{n,m}} D(\beta_n,\varpi_m,\lambda_m,\varphi_{n,m}) \tag{9.22}$$
$$\text{s.t. } \beta_n \geqslant 0, \varpi_m \geqslant 0, \lambda_m \geqslant 0, \varphi_{n,m} \geqslant 0$$

其中，对偶函数为

$$D(\beta_n,\varpi_m,\lambda_m,\varphi_{n,m}) = \max_{\alpha_{n,m},\tilde{p}_{n,m}} L_{n,m}(\alpha_{n,m},\tilde{p}_{n,m},\beta_n,\varpi_m,\lambda_m,\varphi_{n,m}) \tag{9.23}$$

通过利用 KKT 条件，并令 $\partial L_{n,m}(\cdot)/\partial\tilde{p}_{n,m} = 0$，可得最优传输功率的解析解为

$$p_{n,m}^* = \frac{\tilde{p}_{n,m}^*}{\alpha_{n,m}} = \left[\frac{1+\beta_n}{\ln 2(\theta + \lambda_m G_{n,m}^{\mathrm{D}} + \varphi_{n,m})} - \frac{P_m H_{n,m}^{\mathrm{C}} + \sigma_{\mathrm{D}}^2}{H_{n,m}}\right]^+ \tag{9.24}$$

其中，$[x]^+ = \max(0, x)$。

为得到最优子信道分配策略，对 $\partial L_{n,m}(\cdot)$ 关于子信道分配因子 $\alpha_{n,m}$ 求偏导，有

$$\frac{\partial L_{n,m}(\cdot)}{\partial \alpha_{n,m}} = \pi_{n,m} - \varpi_m \tag{9.25}$$

其中，与传输功率取值相关的辅助变量为

$$\pi_{n,m} = (1 + \beta_n) \log_2 \left(1 + \frac{p_{n,m} H_{n,m}}{P_m H_{n,m}^{\mathrm{C}} + \sigma_{\mathrm{D}}^2} \right) - p_{n,m}(\theta + \lambda_m G_{n,m}^{\mathrm{D}} + \varphi_{n,m}) \tag{9.26}$$

因此，将子信道 m 分配给具有最大 $\pi_{n,m}$ 值的用户 n，即

$$\alpha_{n,m} = 1 \,|\, n^* = \arg\max \pi_{n,m} \tag{9.27}$$

为得到最优的拉格朗日乘子，可利用次梯度法对式 (9.28)～ 式 (9.31) 进行更新，得

$$\varpi_m^{t+1} = \left[\varpi_m^t - d_1^t \left(1 - \sum_{n=1}^{N} \alpha_{n,m} \right) \right]^+ \tag{9.28}$$

$$\varphi_{n,m}^{t+1} = [\varphi_{n,m}^t - d_2^t (p_{n,m}^{\max} - \alpha_{n,m} p_{n,m})]^+ \tag{9.29}$$

$$\beta_n^{t+1} = \left[\beta_n^t - d_3^t \left(\sum_{m=1}^{M} \hat{r}_{n,m}^{\mathrm{D}} - r_n^{\min} \right) \right]^+ \tag{9.30}$$

$$\lambda_m^{t+1} = \left[\lambda_m^t - d_4^t \left(I_m^{\mathrm{th}} - \sum_{n=1}^{N} \alpha_{n,m} p_{n,m} G_{n,m}^{\mathrm{D}} \right) \right]^+ \tag{9.31}$$

其中，t 表示迭代次数；$d_1 \sim d_4$ 为迭代步长。当步长满足 $\sum\limits_{t=1}^{\infty} d_i^t = \infty, \lim\limits_{t \to \infty} d_i^t = 0, \forall i = \{1, 2, 3, 4\}$，通过选择合适的步长，可以保证算法稳定收敛。本节提出的鲁棒资源分配算法具体步骤如算法 9.1 所示。

算法 9.1 基于次梯度的鲁棒资源分配算法

1. 初始化系统参数 M、N、P_c、$r_n^{\min}$、I_m^{th}、$p_{n,m}^{\max}$、$\delta_{n,m}$、$v_{n,m}^{\mathrm{C}}$、$\varepsilon_{n,m}^{\mathrm{D}}$ 和 σ_{D}^2；

2. 初始化外层最大迭代次数 $L_{\max}$、收敛精度 ψ_O、能效 θ^0 和传输功率 $p_{n,m}^0$，外层迭代次数置零：$l \leftarrow 0$；

3. **while** $\left| \sum\limits_{n=1}^{N} \sum\limits_{m=1}^{M} \hat{r}_{n,m}^{\mathrm{D},l} \middle/ \left(\sum\limits_{n=1}^{N} \sum\limits_{m=1}^{M} \alpha_{n,m} p_{n,m}^l + P_c \right) - \theta^{l-1} \right| \leqslant \psi_O$ **or** $l \leqslant L_{\max}$, **do**

4. 初始化内层最大迭代次数 $T_{\max}$ 和内层收敛精度 ψ_I，内层迭代次数置零：$t \leftarrow 0$，初始化拉格朗日乘子 ϖ_m^0、$\varphi_{n,m}^0$、β_n^0 和 λ_m^0；初始化步长 d_1^0、d_2^0、d_3^0 和 d_4^0；

5. **while** $\left|f^{t+1} - f^t\right| > \psi_I(f = \varpi_m, \varphi_{n,m}, \beta_n, \lambda_m)$ **or** $t \leqslant T_{\max}$，**do**

6. **for** $n = 1 : 1 : N$

7.   **for** $m = 1 : 1 : M$

8.   根据式 (9.24) 计算最优传输功率 $p_{n,m}$；

9.   根据式 (9.26) 和式 (9.27) 更新子信道分配因子 $\alpha_{n,m}$；

10.   根据式 (9.28)$\sim$ 式 (9.31) 更新拉格朗日乘子 ϖ_m^t、$\varphi_{n,m}^t$、β_n^t 和 λ_m^t；

11.   **end for**

12. **end for**

13. 更新内层迭代次数 $t \leftarrow t + 1$；

14. **end while**

15. 更新外层迭代次数 $l \leftarrow l + 1$ 和 $\theta^l = \sum\limits_{n=1}^{N} \sum\limits_{m=1}^{M} \hat{r}_{n,m}^{D,l-1} \bigg/ \left(\sum\limits_{n=1}^{N} \sum\limits_{m=1}^{M} \alpha_{n,m} p_{n,m}^{l-1} + P_c \right)$；

16. **end while**

17. **output** $p_{n,m}^*$、$\alpha_{n,m}^*$ 和 θ^*。

（1）复杂度分析：假设外层能效效率和内层拉格朗日方法的最大迭代次数分别为 $L_{\max}$ 和 $T_{\max}$，根据式 (9.26) 和式 (9.27)，对每个子信道进行最优分配需要 $O(NM)$ 次运算；根据式 (9.28)$\sim$ 式 (9.31)，拉格朗日乘子更新的计算复杂度为 $O(NM)$。因为内层迭代次数 $T_{\max}$ 是 $O(N^2 M^2 T_{\max})$ 的多项式函数，所以算法的最大计算复杂度为 $O(N^2 M^2 T_{\max} L_{\max})$。

（2）鲁棒性分析：为了反映信道不确定性对系统性能的影响，将分析不确定性参数 $\Delta h_{n,m}$、$\Delta h_{n,m}^C$ 和 $\Delta g_{n,m}^D$ 对系统总能效的影响。基于泰勒级数展开，效用函数 [式 (9.7)] 可以描述为

$$u^*(\bar{h}_{n,m} + \Delta h_{n,m}, \bar{h}_{n,m}^C + \Delta h_{n,m}^C, \bar{g}_{n,m}^D + \Delta g_{n,m}^D) = u^*(\bar{h}_{n,m}, \bar{h}_{n,m}^C, \bar{g}_{n,m}^D)$$

$$+ \sum_{n=1}^{N} \sum_{m=1}^{M} \frac{\partial(\bar{h}_{n,m}, \bar{h}_{n,m}^C + \Delta h_{n,m}^C, \bar{g}_{n,m}^D + \Delta g_{n,m}^D)}{\partial \Delta h_{n,m}} \Delta h_{n,m} + o[(\Delta h_{n,m})^x]$$

$$+ \sum_{n=1}^{N} \sum_{m=1}^{M} \frac{\partial(\bar{h}_{n,m} + \Delta h_{n,m}, \bar{h}_{n,m}^C, \bar{g}_{n,m}^D + \Delta g_{n,m}^D)}{\partial \Delta h_{n,m}^C} \Delta h_{n,m}^C + o[(\Delta h_{n,m}^C)^x] \qquad (9.32)$$

$$+ \sum_{n=1}^{N} \sum_{m=1}^{M} \frac{\partial(\bar{h}_{n,m} + \Delta h_{n,m}, \bar{h}_{n,m}^C + \Delta h_{n,m}^C, \bar{g}_{n,m}^D)}{\partial \Delta g_{n,m}^D} \Delta g_{n,m}^D + o[(\Delta g_{n,m}^D)^x]$$

其中，$o[(\Delta h_{n,m})^x]$、$o[(\Delta h_{n,m}^C)^x]$ 和 $o[(\Delta g_{n,m}^D)^x]$ 分别为 3 个信道不确参数对应的高阶无穷小量，x 为阶数；$u^*(\bar{h}_{n,m}, \bar{h}_{n,m}^C, \bar{g}_{n,m}^D)$ 为未考虑信道参数不确定性的效用函数。

忽略高阶无穷小的影响，本节提出的鲁棒资源分配算法与非鲁棒资源分配算法之间的总能效差距可以表示为

$$EE_{\text{gap}} = u_{\text{rob}}^* - u_{\text{non}}^* = \sum_{n=1}^{N} \sum_{m=1}^{M} \frac{\partial(\bar{h}_{n,m}, \bar{h}_{n,m}^C + \Delta h_{n,m}^C, \bar{g}_{n,m}^D + \Delta g_{n,m}^D)}{\partial \Delta h_{n,m}} \Delta h_{n,m}$$

$$+ \sum_{n=1}^{N} \sum_{m=1}^{M} \frac{\partial(\bar{h}_{n,m} + \Delta h_{n,m}, \bar{h}_{n,m}^{\mathrm{C}}, \bar{g}_{n,m}^{\mathrm{D}} + \Delta g_{n,m}^{\mathrm{D}})}{\partial \Delta h_{n,m}^{\mathrm{C}}} \Delta h_{n,m}^{\mathrm{C}} \tag{9.33}$$

$$+ \sum_{n=1}^{N} \sum_{m=1}^{M} \frac{\partial(\bar{h}_{n,m} + \Delta h_{n,m}, \bar{h}_{n,m}^{\mathrm{C}} + \Delta h_{n,m}^{\mathrm{C}}, \bar{g}_{n,m}^{\mathrm{D}})}{\partial \Delta g_{n,m}^{\mathrm{D}}} \Delta g_{n,m}^{\mathrm{D}}$$

其中，$u_{\mathrm{rob}}^* = u^*(\bar{h}_{n,m} + \Delta h_{n,m}, \bar{h}_{n,m}^{\mathrm{C}} + \Delta h_{n,m}^{\mathrm{C}}, \bar{g}_{n,m}^{\mathrm{D}} + \Delta g_{n,m}^{\mathrm{D}})$；$u_{\mathrm{non}}^* = u^*(\bar{h}_{n,m}, \bar{h}_{n,m}^{\mathrm{C}}, \bar{g}_{n,m}^{\mathrm{D}})$。当不确定性参数取值很小时，有

$$\frac{\partial(\bar{h}_{n,m}, \bar{h}_{n,m}^{\mathrm{C}} + \Delta h_{n,m}^{\mathrm{C}}, \bar{g}_{n,m}^{\mathrm{D}} + \Delta g_{n,m}^{\mathrm{D}})}{\partial \Delta h_{n,m}} \approx (1 + \beta_n^*) \tag{9.34a}$$

$$\frac{\partial(\bar{h}_{n,m} + \Delta h_{n,m}, \bar{h}_{n,m}^{\mathrm{C}}, \bar{g}_{n,m}^{\mathrm{D}} + \Delta g_{n,m}^{\mathrm{D}})}{\partial \Delta h_{n,m}^{\mathrm{C}}} \approx -(1 + \beta_n^*) \tag{9.34b}$$

$$\frac{\partial(\bar{h}_{n,m} + \Delta h_{n,m}, \bar{h}_{n,m}^{\mathrm{C}} + \Delta h_{n,m}^{\mathrm{C}}, \bar{g}_{n,m}^{\mathrm{D}})}{\partial \Delta g_{n,m}^{\mathrm{D}}} \approx -\lambda_m^* \tag{9.34c}$$

其中，β_n^* 和 λ_m^* 为最优拉格朗日乘子。根据式 (9.33) 和式 (9.34)，可得鲁棒资源分配算法与非鲁棒资源分配算法总能效差距为

$$\begin{aligned} EE_{\mathrm{gap}} = u_{\mathrm{rob}}^* - u_{\mathrm{non}}^* &= \sum_{n=1}^{N} \sum_{m=1}^{M} [(1 + \beta_n^*)\Delta h_{n,m} - (1 + \beta_n^*)\Delta h_{n,m}^{\mathrm{C}} - \lambda_m^* \Delta g_{n,m}^{\mathrm{D}}] \\ &= \sum_{n=1}^{N} \sum_{m=1}^{M} [(1 + \beta_n^*)\delta_{n,m} - (1 + \beta_n^*)\upsilon_{n,m}^{\mathrm{C}} - \lambda_m^* \varepsilon_{n,m}^{\mathrm{D}}] \end{aligned} \tag{9.35}$$

9.1.3 仿真分析

本节针对所提算法性能进行仿真验证。考虑 1 个蜂窝基站，假设其覆盖半径为 500m，蜂窝用户和 D2D 用户均匀分布在小区内；路径损耗模型为 $PL = ld^{-\alpha}$，其中，d 表示从发送端到接收端的距离；α 表示路径损耗指数，在仿真中取 $\alpha = 4$，小规模衰落模型服从 $l \sim \mathcal{CN}(0,1)$；子信道个数 $M = 8$，D2D 用户最小速率约束 $r_n^{\mathrm{min}} = 1.5\mathrm{bit/Hz}$，每个子信道上最大传输功率阈值 $p_{n,m}^{\mathrm{max}} = 0.1\mathrm{W}$，D2D 用户接收机端的噪声功率 $\sigma_{\mathrm{D}}^2 = 1 \times 10^{-3}\mathrm{W}$，电路功耗 $P_{\mathrm{c}} = 0.3\mathrm{W}$。

1. 所提算法性能分析

图 9-2 给出了 D2D 用户传输功率的收敛情况。从图中可以看出，所提算法经过大约 10 次迭代就能得到收敛，同时用户的传输功率被很好地限制在子信道最大传输功率阈值 $p_{n,m}^{\mathrm{max}}$ 以下。这体现了所提算法在满足传输功率约束的情况下具有良好的收敛性能。

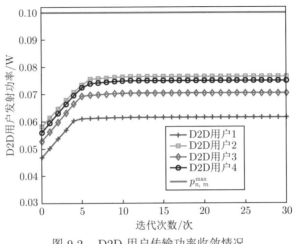

图 9-2　 D2D 用户传输功率收敛情况

图 9-3 给出了不同信道估计误差下，蜂窝用户接收的实际干扰功率情况。从图中可知，蜂窝用户接收的实际干扰功率随迭代次数的增加也能快速收敛，此外，D2D 用户对蜂窝用户的信道估计误差 $\varepsilon_{n,m}^{\mathrm{D}}$ 越大，蜂窝用户接收的实际干扰功率越小，其原因是信道估计误差越大，D2D 用户需要降低传输功率以满足干扰功率约束，使得干扰功率的降低。

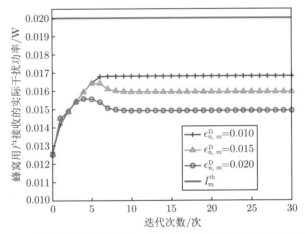

图 9-3　 不同信道估计误差下，蜂窝用户接收的实际干扰功率情况

图 9-4 给出了不同 D2D 用户速率约束 $r_n^{\min}$ 和信道估计误差下，D2D 用户总速率与 D2D 用户数量的关系。由图可知，D2D 用户总速率随着 D2D 用户数量的增加而增加，增长趋势逐渐变缓，其原因是随着 D2D 用户数量的增加，传输链路数量增加，从而总速率增加。受干扰约束的影响，一方面，总速率的增加趋势逐渐变缓；另一方面，D2D 用户传输链路信道估计误差 $\delta_{n,m}$ 和蜂窝用户对 D2D 用户干扰链路的信道估计误差 $v_{n,m}^{\mathrm{C}}$ 越大，D2D 用户的总速率越高，其原因是信道估计误差越大，D2D 用户需要提高传输功率以克服信道不确定性，以满足 D2D 用户的最小速率约束。

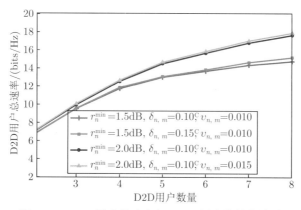

图 9-4 D2D 用户总速率与 D2D 用户数量的关系

图 9-5 给出了不同电路功耗 P_c 下，D2D 用户总能效与信道不确定性 $\Delta h_{n,m}$ 和 $\Delta h_{n,m}^C$ 之间的关系。从图中可以看出，电路功耗 P_c 越大，D2D 用户总能效越低，这是由于 P_c 越大意味着 D2D 网络电路硬件开销越大，因此网络总能效降低。此外，D2D 用户总能效随着传输链路信道不确定性 $\Delta h_{n,m}$ 的增加而增加，随着蜂窝用户对 D2D 用户干扰链路信道不确定性 $\Delta h_{n,m}^C$ 的增加而减小，其原因是 $\Delta h_{n,m}$ 的增加和 $\Delta h_{n,m}^C$ 的减小都会使得 D2D 用户接收机处的 SINR 增加，从而传输速率增加，进一步使得总能效增加。

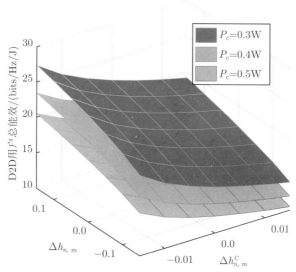

图 9-5 D2D 用户总能效与信道不确定性的关系

2. 算法对比性能分析

本部分将所提算法与现有算法比较，验证所提算法的性能。为方便仿真展示，将提出的鲁棒资源分配算法描述为"所提算法"；将基于完美 CSI，同时考虑了传输功率约束、干扰功率约束和最小速率约束的速率最大化算法描述为"非鲁棒速率最大化算法"；将考虑了传输功率和干扰约束的最坏情况准则鲁棒资源分配算法描述为"鲁棒速率最大化算法"；

将基于完美 CSI，考虑了传输功率约束，最小速率约束的能效最大化算法描述为"非鲁棒能效最大化算法"。

图 9-6 给出了不同算法下，D2D 用户总速率与子信道最大传输功率阈值 $p_{n,m}^{\max}$ 之间的关系。由图可知，D2D 用户的总速率随着 $p_{n,m}^{\max}$ 的增加而增加，增加的趋势逐渐变缓，其原因是传输功率阈值增加意味着 D2D 用户总速率也会随之提升，随着传输功率增加到一定程度后，由于干扰阈值的约束，其增长趋势变缓。另一方面，在 $p_{n,m}^{\max}$ 较大的取值下鲁棒速率最大化算法和非鲁棒速率最大化算法相比于基于能效的算法具有更高的总速率。此外，由于所提算法相较于非鲁棒能效最大化算法，对最小速率约束引入了鲁棒性设计，使得发射功率相对较高，因此所提算法中 D2D 用户总速率高于非鲁棒能效最大化算法。

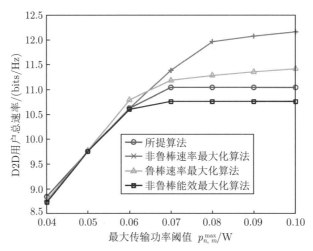

图 9-6　不同算法下，D2D 用户总速率与最大传输功率阈值的关系

图 9-7 给出了不同算法下，D2D 用户总能效与子信道最大传输功率阈值 $p_{n,m}^{\max}$ 之间的关系。由图可知，随着 $p_{n,m}^{\max}$ 的增大，鲁棒速率最大化算法和非鲁棒速率最大化算法的总能效先升高后降低。其原因是非鲁棒速率最大化算法是随着传输功率的增加而实现总速率的提升，但一味地提升传输功率会伴随系统总能效的降低。另一方面，所提算法和非鲁棒能效最大化算法以 D2D 网络总能效为优化目标，不会带来过度的功率消耗。由于所提算法考虑了信道不确定性的影响，相较于非鲁棒能效最大化算法，需要更大的传输功率以克服信道不确定性，使得总能效低于非鲁棒速率最大化算法。

图 9-8 给出了不同算法下，D2D 用户实际最小速率与 D2D 传输信道不确定性上界 $\Delta h_{n,m}$ 的关系。从图中可看出，随着信道不确定性上界 $\Delta h_{n,m}$ 增大，D2D 用户实际最小速率逐渐降低。其原因是更大的信道不确定性意味着 D2D 传输链路更加随机，且复杂的信道环境导致实际最小速率下降。非鲁棒能效最大化算法由于考虑的是理想情况下的最小速率约束，导致在信道不确定性上界较大的情况下，D2D 用户实际最小速率低于最小速率阈值，在实际通信系统中可能会引起通信中断。由于所提算法在考虑了最小速率约束并对

其引入了鲁棒性设计，保证了 D2D 用户的服务质量。

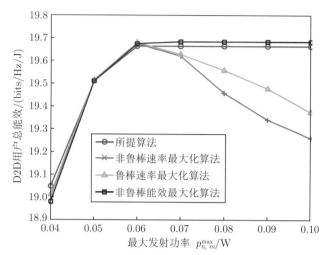

图 9-7　不同算法下，D2D 用户总能效与最大传输功率的关系

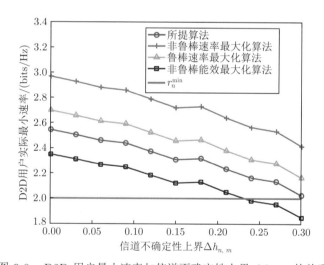

图 9-8　D2D 用户最小速率与信道不确定性上界 $\Delta h_{n,m}$ 的关系

图 9-9 给出了不同算法下，蜂窝用户接收的实际干扰功率与信道不确定性上界 $\Delta g_{n,m}^{\mathrm{D}}$ 的关系。从图中可以看出，随着 $\Delta g_{n,m}^{\mathrm{D}}$ 的增大，蜂窝用户接收的实际干扰功率增大，其原因是更大的信道不确定性意味着干扰链路的信道环境随机性更强，导致蜂窝用户接收的实际干扰功率更大。此外，在 $\Delta g_{n,m}^{\mathrm{D}}$ 较大的情况下，一方面，鲁棒速率最大化算法中蜂窝用户接收的实际干扰功率超过了干扰功率阈值；另一方面，由于所提算法和鲁棒速率最大化算法都对干扰约束进行了鲁棒设计，两种算法都能够满足干扰功率约束，以保障蜂窝用户的服务质量。

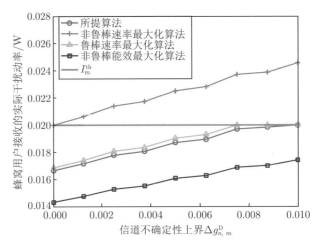

图 9-9　蜂窝用户干扰功率与信道不确定性上界 $\Delta g_{n,m}^{\mathrm{D}}$ 的关系

9.2　基于 NOMA-SWIPT 的 D2D 通信网络鲁棒能效优化算法

虽然 D2D 技术可以实现终端直接通信，但是通信范围和在网时长受到设备电池寿命的影响。为了提高网络运行寿命，SWIPT 技术作为一种新型的无线数能同传技术被提出。它可以利用射频信号携带的能量对移动设备进行充电，实现数据和能量的并行传输，结合 D2D 通信设备彼此相邻且功耗小的特性，可以有效收集射频能量，提升能效的同时延长设备寿命。此外，NOMA 可以通过功率域的复用，允许多个用户复用同一频率和时间资源，进一步提高频谱利用率和系统容量。虽然基于 NOMA 的无线携能 D2D 通信网络可以有效解决上述问题，但是该网络场景下技术指标变得更加复杂，为了减少 D2D 用户与蜂窝用户的共道干扰，需要合理优化功率分流比、资源块分配因子以及发射功率，因此，对该网络场景下资源分配问题的研究具有重要意义。

现有基于 NOMA 的 D2D 通信网络资源分配算法主要集中在完美 CSI 下的资源分配问题。在实际 D2D 通信系统中，受限于系统时延及量化误差的影响，完美的 CSI 通常难以获取，因此，本节考虑随机信道不确定性模型，研究了基于 NOMA 的无线携能 D2D 通信鲁棒能效最大化资源分配问题；以最大化 D2D 用户能效为目标，考虑用户服务质量约束、SIC 约束、资源块分配约束及最大发射功率约束，建立基于中断概率的鲁棒资源分配模型；利用马尔可夫不等式和卡方分布的性质，将概率约束问题转换为非概率问题，基于 Dinkelbach 方法和变量替换方法，将原 NP-hard 问题转换为确定性的凸优化问题，并利用拉格朗日对偶理论求得该问题的解析解。与传统非鲁棒和非无线携能算法对比，所提算法具有较好的能效性，可以为未来 5G 通信提供高鲁棒性的资源分配策略。

9.2.1　系统模型

考虑基于 NOMA 的无线携能 D2D 通信网络，其中 D2D 用户配有能量收集电路，蜂窝用户采用 NOMA，该网络采用下行传输。如图 9-10 所示。MBS 覆盖范围内包含 M 个蜂窝用户和 N 对 D2D 用户；定义蜂窝用户集合为 $\forall i,j \in \mathcal{M} = \{1, 2, \cdots, M\}$，复用资源

块 k 的蜂窝用户数量为 M_k，且 $M_k \leqslant M$，D2D 用户集合为 $\forall n \in \mathcal{N} = \{1, 2, \cdots, N\}$，资源块集合为 $\forall k \in \mathcal{K} = \{1, 2, \cdots, K\}$。由于蜂窝用户采用 NOMA，多个用户复用同一资源块，假设基站到蜂窝用户的信道增益满足 $|h_1^{k,C}| \leqslant |h_2^{k,C}| \leqslant \cdots \leqslant |h_M^{k,C}|$，利用 SIC，按照信道增益递增的顺序依次消除干扰。D2D 用户采用衬底式接入，即 D2D 通信可以复用蜂窝通信资源块，且 D2D 用户与蜂窝用户都只会占用一个资源块。该系统可以有效提高无线传感器网络、物联网等网络场景的频谱利用率和能效，符合绿色通信的发展要求。

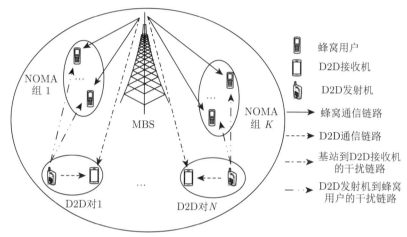

图 9-10 基于下行 NOMA 的无线携能 D2D 通信网络

对于第 i 个蜂窝用户，能够解码并且移除同一资源块上用户 j 的传输信号，$\forall j < i$，减少共道干扰，并且在这种混合网络下，衬底式 D2D 用户会对占用相同资源块的蜂窝用户造成干扰，因此，第 i 个蜂窝用户的 SINR 为

$$\varUpsilon_i^{k,C} = \frac{p_i^k |h_i^{k,C}|^2}{\sum\limits_{s=i+1}^{M_k} |h_i^{k,C}|^2 p_s^k + \sum\limits_{n=1}^{N} |g_{n,i}^k|^2 \alpha_n^k q_n^k + \sigma^2} \tag{9.36}$$

其中，$\alpha_n^k = \{0, 1\}$ 为 D2D 用户的资源块分配因子，当 $\alpha_n^k = 1$，表示 D2D 用户 n 占用资源块 k，否则 $\alpha_n^k = 0$。根据香农定理，蜂窝用户 i 的数据速率为 $R_i^{k,C} = \log_2(1 + \varUpsilon_i^{k,C})$，蜂窝用户 i 解码用户 j 信号的 SINR 可以写为

$$\varUpsilon_{i \to j}^{k,C} = \frac{p_j^k |h_i^{k,C}|^2}{\sum\limits_{s=j+1}^{M_k} |h_i^{k,C}|^2 p_s^k + \sum\limits_{n=1}^{N} |g_{n,i}^k|^2 \alpha_n^k q_n^k + \sigma^2} \tag{9.37}$$

对于蜂窝用户 j 有 $|h_j^{k,C}| \leqslant |h_i^{k,C}|$，当其解码自身信号时，SINR 为

$$\varUpsilon_{j \to j}^{k,C} = \frac{p_j^k |h_j^{k,C}|^2}{\sum\limits_{s=j+1}^{M_k} |h_j^{k,C}|^2 p_s^k + \sum\limits_{n=1}^{N} |g_{n,j}^k|^2 \alpha_n^k q_n^k + \sigma^2} \tag{9.38}$$

为了成功执行 SIC, 蜂窝用户 i 接收到的 SINR 必须不小于用户 j 接收自身信号的 SINR, 即 $\Upsilon_{i \to j}^{k,\mathrm{C}} \geqslant \Upsilon_{j \to j}^{k,\mathrm{C}}$。

假设 D2D 用户 n 与蜂窝用户复用第 k 个资源块, 其 SINR 为

$$\Upsilon_n^k = \frac{\rho_{n,1}^k q_n^k |h_n^k|^2}{\rho_{n,1}^k \left(\displaystyle\sum_{i=1}^{M_k} |g_n^{k,B}|^2 p_i^k + \sum_{d \neq n}^{N} |g_{d,n}^k|^2 \alpha_d^k q_d^k \right) + \sigma^2} \tag{9.39}$$

其中, $\rho_{n,1}^k$ 为功率分流系数。将第 n 对 D2D 链路、基站对 D2D 用户的干扰链路和 D2D 用户 d 对 D2D 用户 n 的干扰链路的信道增益分别建模为 $h_n^k = H_n^k L_n^k$、$g_n^{k,B} = G_n^{k,B} L_n^{k,B}$ 和 $g_{d,n}^k = G_{d,n}^k L_{d,n}^k$, 其中, H_n^k、$G_n^{k,B}$ 和 $G_{d,n}^k$ 为瑞利衰落系数; $L_n^k = (d_n^k)^{-\nu}$、$L_n^{k,B} = (d_n^{k,B})^{-\nu}$ 和 $L_{d,n}^k = (d_{d,n}^k)^{-\nu}$, d_n^k、$d_n^{k,B}$ 和 $d_{d,n}^k$ 为通信设备间的距离, ν 为路径损耗指数。

由于 D2D 接收机配有能量收集电路, D2D 接收机收集的能量可以描述为

$$E_n = \theta \rho_{n,2}^k \left(\sum_{i=1}^{M_k} |g_n^{k,B}|^2 p_i^k + q_n^k |h_n^k|^2 + \sum_{d \neq n}^{N} \alpha_d^k q_d^k |g_{d,n}^k|^2 \right) \tag{9.40}$$

其中, $\rho_{n,2}^k = 1 - \rho_{n,1}^k$。从式 (9.40) 可以看出, D2D 接收机收集的能量主要来自 D2D 链路通信信号、MBS 和其他 D2D 用户对当前 D2D 用户的干扰信号。

考虑非完美信道状态下的信道增益, 将信道不确定性建模为加性模型, 不确定性参数可以描述为

$$H_n^k = \bar{H}_n^k + \Delta H_n^k \tag{9.41a}$$

$$G_n^{k,\mathrm{B}} = \bar{G}_n^{k,\mathrm{B}} + \Delta G_n^{k,\mathrm{B}} \tag{9.41b}$$

$$G_{d,n}^k = \bar{G}_{d,n}^k + \Delta G_{d,n}^k \tag{9.41c}$$

其中, $\bar{H}_n^k \sim \mathcal{CN}(0, 1 - \sigma_1^2)$、$\bar{G}_n^{k,B} \sim \mathcal{CN}(0, 1 - \sigma_2^2)$ 和 $\bar{G}_{d,n}^k \sim \mathcal{CN}(0, 1 - \sigma_3^2)$ 为信道估计值; $\Delta H_n^k \sim \mathcal{CN}(0, \sigma_1^2)$, $\Delta G_n^{k,B} \sim \mathcal{CN}(0, \sigma_2^2)$ 和 $\Delta G_{d,n}^k \sim \mathcal{CN}(0, \sigma_3^2)$ 为信道估计误差。

基于式 (9.41), 将 D2D 用户 n 的估计数据速率和实际数据速率分别描述为

$$R_n^k = \sum_{k=1}^{K} \alpha_n^k \log_2(1 + \bar{\Upsilon}_n^k) \tag{9.42}$$

$$C_n^k = \sum_{k=1}^{K} \alpha_n^k \log_2(1 + \Upsilon_n^k) \tag{9.43}$$

其中, $\bar{\Upsilon}_n^k = \dfrac{\rho_{n,1}^k q_n^k |\bar{h}_n^k|^2}{\rho_{n,1}^k \left(\displaystyle\sum_{i=1}^{M_k} |\bar{g}_n^{k,B}|^2 p_i^k + \sum_{d \neq n}^{N} |\bar{g}_{d,n}^k|^2 \alpha_d^k q_d^k \right) + \sigma^2}$, $\bar{h}_n^k = \bar{H}_n^k L_n^k$、$\bar{g}_n^{k,\mathrm{B}} = \bar{G}_n^{k,\mathrm{B}} L_n^{k,\mathrm{B}}$ 和 $\bar{g}_{d,n}^k = \bar{G}_{d,n}^k L_{d,n}^k$ 为信道估计值。

因此，定义 D2D 用户的平均中断速率和为

$$\bar{R} = \sum_{n=1}^{N} R_n^k \Pr\left[C_n^k \geqslant R_n^k \middle| \bar{H}_n^k, \bar{G}_n^{k,\mathrm{B}}, \bar{G}_{d,n}^k\right] \tag{9.44}$$

其中，$\Pr[\cdot]$ 表示 D2D 用户估计数据速率不大于实际数据速率的概率。

综上所述，基于能效最大的资源分配问题可以表示为

$$\max_{q_n^k,\alpha_n^k,\rho_{n,1}^k,\rho_{n,2}^k,p_i^k} \frac{\bar{R}}{\displaystyle\sum_{n=1}^{N}\sum_{k=1}^{K}\alpha_n^k q_n^k + NP_c^{\mathrm{D}} - \sum_{n=1}^{N} E_n}$$

$$\begin{aligned}
\text{s.t. } &C_1 : \Upsilon_{i\to j}^{k,\mathrm{C}} \geqslant \Upsilon_{j\to j}^{k,\mathrm{C}} \\[4pt]
&C_2 : R_i^{k,\mathrm{C}} \geqslant R_i^{k,\min} \\[4pt]
&C_3 : \Pr[C_n^k \leqslant R_n^k \,|\, \bar{H}_n^k, \bar{G}_n^{k,\mathrm{B}}, \bar{G}_{d,n}^k] \leqslant \tau \\[4pt]
&C_4 : \sum_{k=1}^{K} \alpha_n^k \leqslant 1, \ \alpha_n^k \in \{0,1\} \\[4pt]
&C_5 : \sum_{k=1}^{K} \alpha_n^k q_n^k \leqslant P_n^{\max} \\[4pt]
&C_6 : \sum_{k=1}^{K}\sum_{i=1}^{M_k} p_i^k \leqslant P_{\max} \\[4pt]
&C_7 : \rho_{n,1}^k + \rho_{n,2}^k = 1, \rho_{n,1}^k \geqslant 0, \rho_{n,2}^k \geqslant 0
\end{aligned} \tag{9.45}$$

其中，C_1 为蜂窝用户成功执行 SIC 的约束；C_2 为蜂窝用户的服务质量约束；C_3 为 D2D 通信的中断概率约束；C_4 为资源块分配约束；C_5 和 C_6 为发射功率约束；C_7 为功率分流比约束。式 (9.45) 是一个存在整数变量的分式规划问题，难以直接求解。

9.2.2 算法设计

为了将中断概率约束转换为非概率约束形式，将式 (9.42) 和式 (9.43) 重新描述为

$$\bar{R}_n^k = \sum_{k=1}^{K} \alpha_n^k \log_2\left(1 + \frac{a_n^k}{b_n^k}\right) \tag{9.46}$$

$$\bar{C}_n^k = \sum_{k=1}^{K} \alpha_n^k \log_2\left(1 + \frac{c_n^k}{d_n^k}\right) \tag{9.47}$$

其中，$a_n^k = \rho_{n,1}^k q_n^k |\bar{h}_n^k|^2$；$b_n^k = \rho_{n,1}^k \left(\sum\limits_{i=1}^{M_k} |\bar{g}_n^{k,\mathrm{B}}|^2 p_i^k + \sum\limits_{d \neq n}^{N} |\bar{g}_{d,n}^k|^2 \alpha_d^k q_d \right) + \sigma^2$；$c_n^k = \rho_{n,1}^k q_n^k |h_n^k|^2$；

$d_n^k = \rho_{n,1}^k \left(\sum\limits_{i=1}^{M_k} |g_n^{k,\mathrm{B}}|^2 p_i^k + \sum\limits_{d \neq n}^{N} |g_{d,n}^k|^2 \alpha_d^k q_d^k \right) + \sigma^2$。基于式 (9.46) 和式 (9.47)，$C_3$ 等价于

$\Pr\left[\dfrac{c_n^k}{d_n^k} \leqslant \dfrac{a_n^k}{b_n^k} \Big| \bar{H}_n^k, \bar{G}_n^{k,B}, \bar{G}_{d,n}^k \right] \leqslant \tau$。将概率约束松弛表示为

$$\Pr\left[a_n^k \geqslant c_n^k | \bar{H}_n^k, \bar{G}_n^{k,\mathrm{B}}, \bar{G}_{d,n}^k \right] = \frac{\tau}{2} \tag{9.48}$$

$$\Pr\left[d_n^k \geqslant b_n^k | \bar{H}_n^k, \bar{G}_n^{k,\mathrm{B}}, \bar{G}_{d,n}^k \right] \leqslant \frac{\tau}{2} \tag{9.49}$$

对于式 (9.48)，做出如下推导。

$$\begin{aligned}
\Pr[a_n^k \geqslant c_n^k | \bar{H}_n^k, \bar{G}_n^{k,\mathrm{B}}, \bar{G}_{d,n}^k] &= \Pr\left[|H_n^k|^2 \leqslant \frac{a_n^k}{\rho_{n,1}^k q_n^k (L_n^k)^2} \Big| \bar{H}_n^k, \bar{G}_n^{k,\mathrm{B}}, \bar{G}_{d,n}^k \right] \\
&= F_{|H_n^k|^2}\left[\frac{a_n^k}{\rho_{n,1}^k q_n^k (L_n^k)^2} \right] = \frac{\tau}{2}
\end{aligned} \tag{9.50}$$

其中，$|H_n^k|^2 \sim \mathcal{CN}(\bar{H}_n^k, \sigma_1^2)$ 表示自由度为 2 的非中心卡方分布；$F_{|H_n^k|^2}$ 表示 D2D 通信链路功率增益 $|H_n^k|^2$ 的累积分布函数。根据式 (9.50)，可以得到 $a_n^k = F_{|H_n^k|^2}^{-1}(\tau/2) \rho_{n,1}^k q_n^k (L_n^k)^2$，$|H_n^k|^2 = |\bar{H}_n^k|^2 + \sigma_1^2$，$F_{|H_n^k|^2}^{-1}$ 为卡方分布的逆累积分布函数。

定义 $I_n^k = \sum\limits_{i=1}^{M_k} |G_n^{k,\mathrm{B}}|^2 (L_n^{k,\mathrm{B}})^2 p_i^k + \sum\limits_{d \neq n}^{N} |G_{d,n}^k|^2 (L_{d,n}^k)^2 \alpha_d^k q_d^k$，$|G_n^{k,\mathrm{B}}|^2 = |\bar{G}_n^{k,\mathrm{B}}|^2 + \sigma_2^2$，$|G_{d,n}^k|^2 = |\bar{G}_{d,n}^k|^2 + \sigma_3^2$。对于式 (9.49)，利用马尔科夫不等式转换得

$$\Pr[d_n^k \geqslant b_n^k | \bar{H}_n^k, \bar{G}_n^{k,\mathrm{B}}, \bar{G}_{d,n}^k] = \Pr[\rho_{n,1}^k I_n^k \geqslant b_n^k - \sigma^2 | \bar{H}_n^k, \bar{G}_n^{k,\mathrm{B}}, \bar{G}_{d,n}^k] \leqslant \frac{E[\rho_{n,1}^k I_n^k]}{b_n^k - \sigma^2} = \frac{\rho_{n,1}^k I_n^k}{b_n^k - \sigma^2} \tag{9.51}$$

令 $\dfrac{\rho_{n,1}^k I_n^k}{b_n^k - \sigma^2} = \dfrac{\tau}{2}$，可以得到 $b_n^k = \dfrac{2}{\tau} \rho_n^k I_n^k + \sigma^2$，将 a_n^k 和 b_n^k 代入 D2D 用户的 SINR 公式得到 $\tilde{\Upsilon}_n^k = \delta_n^k \rho_{n,1}^k q_n^k / (2\rho_n^k I_n^k + \tau \sigma^2)$，其中，$\delta_n^k = \tau F_{|H_n^k|^2}^{-1}(\tau/2)(L_n^k)^2$。因为 σ^2 和 τ 都为极小的值，且 $0 \leqslant \rho_{n,1}^k \leqslant 1$，所以有 $2\rho_{n,1}^k I_n^k + \tau \sigma^2 \leqslant 2I_n^k$，可以近似得到 SINR 为 $\hat{\Upsilon}_n^k = \delta_n^k \rho_{n,1}^k q_n^k / 2I_n^k$。根据上述推导，得到 D2D 用户 n 的估计数据速率 $\hat{R}_n^k = \sum\limits_{k=1}^{K} \alpha_n^k \log_2(1 + \delta_n^k \rho_{n,1}^k q_n^k / 2I_n^k)$，将 $\hat{R}_n^k$ 代入式 (9.44) 得到系统的平均中断速率和为

$$\tilde{R} = (1 - \tau) \sum_{n=1}^{N} \hat{R}_n^k \tag{9.52}$$

对约束条件 C_1 进行如式 (9.53) 所示的化简。

$$\sum_{n=1}^{N} \alpha_n^k q_n^k S_n^k \leqslant \sigma^2(|h_i^{k,\mathrm{C}}|^2 - |h_j^{k,\mathrm{C}}|^2) \tag{9.53}$$

其中，$S_n^k = |h_j^{k,\mathrm{C}}|^2|g_{n,i}^k|^2 - |h_i^{k,\mathrm{C}}|^2|g_{n,j}^k|^2$。

假设 D2D 用户 n 与蜂窝用户 i 复用资源块 k，即 $\alpha_n^k = 1$。将约束条件 C_2 描述为 $p_i^k \geqslant \vartheta_i \left(\sum_{s=i+1}^{M_k} p_s^k + e_i^k \right)$，其中，$\vartheta_i = 2^{R_i^{k,\min}} - 1, e_i^k = \left(\sum_{n=1}^{N} \alpha_n^k q_n^k |g_{n,i}^k|^2 + \sigma^2 \right) \Big/ |h_i^{k,\mathrm{C}}|^2$。由于式 (9.45) 中目标函数随 p_i^k 的增加而单调递减，因此，为了保证服务质量并且减少蜂窝通信对 D2D 通信的干扰，蜂窝用户的最优发射功率为

$$\bar{p}_i^k = \vartheta_i \left(\sum_{s=i+1}^{M_k} \bar{p}_s^k + e_i^k \right) \tag{9.54}$$

将式 (9.53) 和式 (9.54) 代入式 (9.45)，得

$$\begin{aligned}
&\max_{q_n^k, \alpha_n^k, \rho_{n,1}^k, \rho_{n,2}^k} \tilde{R}/\tilde{P} \\
&\text{s.t. } \bar{C}_1 : \sum_{n=1}^{N} \alpha_n^k q_n^k S_n^k \leqslant \sigma^2(|h_i^{k,\mathrm{C}}|^2 - |h_j^{k,\mathrm{C}}|^2) \\
&\quad\quad \bar{C}_6 : \sum_{k=1}^{K} \sum_{i=1}^{M_k} \vartheta_i \left(\sum_{s=i+1}^{M_k} \bar{p}_s^k + e_i^k \right) \leqslant P^{\max} \\
&\quad\quad C_4, C_5, C_7
\end{aligned} \tag{9.55}$$

其中，$\tilde{P} = \sum_{n=1}^{N} \sum_{k=1}^{K} \alpha_n^k q_n^k + N P_c^{\mathrm{D}} - \sum_{n=1}^{N} \hat{E}_n$ 为系统的总能量消耗，且

$$\begin{aligned}
\hat{E}_n = {} & \theta \rho_{n,2}^k \left[\sum_{i=1}^{M_k} |\bar{G}_n^{k,\mathrm{B}}|^2 (L_n^{k,\mathrm{B}})^2 \bar{p}_i^k + q_n^k |\bar{H}_n^k|^2 (L_n^k)^2 + \sum_{d \neq n}^{N} \alpha_d^k q_d^k |\bar{G}_{d,n}^k|^2 (L_{d,n}^k)^2 \right] \\
& + \theta \rho_{n,2}^k \left[\sum_{i=1}^{M_k} \sigma_2^2 (L_n^{k,\mathrm{B}})^2 \bar{p}_i^k + q_n^k \sigma_1^2 (L_n^k)^2 + \sum_{d \neq n}^{N} \alpha_d^k q_d^k \sigma_3^2 (L_{d,n}^k)^2 \right]
\end{aligned} \tag{9.56}$$

式 (9.56) 中，等式右边第一项为收集能量的名义值；第二项为误差项。当误差项为零时，即 $G_n^{k,\mathrm{B}} = \bar{G}_n^{k,\mathrm{B}}$、$H_n^k = \bar{H}_n^k$ 和 $G_{d,n}^k = \bar{G}_{d,n}^k$，与式 (9.40) 等同。

由于存在整数变量 α_n^k 及变量耦合形式，式 (9.55) 仍然是一个非凸优化问题。为了便于求解，将 α_n^k 松弛为区间 $[0,1]$ 上的连续变量，并定义 $x_n^k = \alpha_n^k q_n^k$、$T_n^k = \rho_{n,1}^k x_n^k$ 及

$W_n^k = \rho_{n,2}^k q_n^k$, 利用 Dinkelbach 方法, 将式 (9.55) 重新描述为

$$
\max_{x_n^k, \alpha_n^k, T_n^k, W_n^k} (1-\tau) \sum_{n=1}^{N} \sum_{k=1}^{K} \alpha_n^k \log_2 \left[1 + \frac{\delta_n^k T_n^k}{2 I_n^k(x_d^k) \alpha_n^k} \right] - \eta \tilde{P}(x_n^k, W_n^k)
$$

$$
\text{s.t. } \tilde{C}_1 : \sum_{n=1}^{N} x_n^k S_n^k \leqslant \sigma^2 (|h_i^{k,\mathrm{C}}|^2 - |h_j^{k,\mathrm{C}}|^2)
$$

$$
\bar{C}_4 : \sum_{k=1}^{K} \alpha_n^k \leqslant 1
$$

$$
\bar{C}_5 : \sum_{k=1}^{K} x_n^k \leqslant P_n^{\max} \tag{9.57}
$$

$$
\tilde{C}_6 : \sum_{k=1}^{K} \sum_{i=1}^{M_k} \vartheta_i \left(\sum_{s=i+1}^{M_k} \bar{p}_s^k + e_i^k \right) \leqslant P^{\max}
$$

$$
\bar{C}_7 : 0 \leqslant T_n^k \leqslant x_n^k
$$

其中, η 为系统总能效。式 (9.57) 是一个目标函数为凹函数且包含线性约束条件的凸优化问题, 可以利用拉格朗日对偶理论求得解析解。

定义 $Q = \{\alpha_n^k, x_n^k, T_n^k, W_n^k, \chi^k, \phi_n, \varphi_n, \psi, \lambda_n^k\}$, 式 (9.57) 的拉格朗日函数为

$$
L(Q) = (1-\tau) \sum_{n=1}^{N} \sum_{k=1}^{K} \alpha_n^k \log_2 \left[1 + \frac{\delta_n^k T_n^k}{2 I_n^k(x_d^k) \alpha_n^k} \right] - \eta \tilde{P}(x_n^k, W_n^k)
$$

$$
+ \sum_{n=1}^{N} \sum_{k=1}^{K} \lambda_n^k (x_n^k - T_n^k) + \sum_{n=1}^{N} \phi_n \left(1 - \sum_{k=1}^{K} \alpha_n^k \right) + \psi P^{\max}
$$

$$
+ \sum_{k=1}^{K} \chi^k \left[\sigma^2 (|h_i^{k,\mathrm{C}}|^2 - |h_j^{k,\mathrm{C}}|^2) - \sum_{n=1}^{N} x_n^k S_n^k \right] \tag{9.58}
$$

$$
- \psi \sum_{k=1}^{K} \sum_{i=1}^{M_k} \vartheta_i \left[\sum_{s=i+1}^{M_k} \bar{p}_s^k + e_i^k(x_n^k) \right] + \sum_{n=1}^{N} \varphi_n \left(P_n^{\max} - \sum_{k=1}^{K} x_n^k \right)
$$

其中, χ^k、ϕ_n、φ_n、λ_n^k 和 ψ 为非负的拉格朗日乘子。拉格朗日函数可以重新描述为

$$
L(Q) = \sum_{n=1}^{N} L_{nk}(Q) + \sum_{k=1}^{K} \chi^k \sigma^2 (|h_i^{k,\mathrm{C}}|^2 - |h_j^{k,\mathrm{C}}|^2) + \sum_{n=1}^{N} \phi_n
$$

$$
+ \sum_{n=1}^{N} \varphi_n P_n^{\max} + \psi P^{\max} - \eta N P_{\mathrm{c}}^{\mathrm{D}} - \psi \sum_{k=1}^{K} \sum_{i=1}^{M_k} \vartheta_i \sum_{s=i+1}^{M_k} \bar{p}_s^k \tag{9.59}
$$

其中,

$$L_{nk}(Q) = (1-\tau)\alpha_n^k \log_2\left[1 + \frac{\delta_n^k T_n^k}{2I_n^k(x_d^k)\alpha_n^k}\right] - \eta x_n^k + \eta\hat{E}_n^{(}W_n^k) - x_n^k S_n^k \chi^k$$
$$- \phi_n\alpha_n^k + \lambda_n^k(x_n^k - T_n^k) - \varphi_n x_n^k - \psi \sum_{i=1}^{M_k}\vartheta_i\left(\frac{x_n^k|g_{n,i}^k|^2 + \sigma^2/N}{|h_i^{k,C}|^2}\right)$$

$$(9.60)$$

根据 KKT 条件, 可以得到最优的分配策略:

$$T_n^{k^*} = \left[\frac{(1-\tau)}{\lambda_n^k \ln 2} - \frac{2I_n^k(x_d^k)}{\delta_n^k}\right]^+ \tag{9.61}$$

其中, $[x]^+ = \max(0, x)$。定义 $Q' = \{\alpha_n^k, x_n^k, W_n^k, \chi^k, \phi_n, \varphi_n, \psi, \lambda_n^k\}$, 将 $T_n^{k^*}$ 代入式 (9.60), 得

$$L'_{nk}(Q') = (1-\tau)\alpha_n^k \log_2\left[\frac{\delta_n^k(1-\tau)}{2I_n^k(x_d^k)\lambda_n^k \ln 2}\right] - \eta x_n^k + \eta\hat{E}_n^{(}W_n^k) - x_n^k S_n^k \chi^k$$
$$+ \lambda_n^k\left[x_n^k - \frac{(1-\tau)}{\lambda_n^k \ln 2} + \frac{2I_n^k(x_d^k)}{\delta_n^k}\right] - \phi_n\alpha_n^k - \varphi_n x_n^k - \psi \sum_{i=1}^{M_k}\vartheta_i\left(\frac{x_n^k|g_{n,i}^k|^2 + \sigma^2/N}{|h_i^{k,C}|^2}\right)$$

$$(9.62)$$

对 x_n^k 求偏导数可以得到 $\partial L'_{nk}/\partial x_n^k = \lambda_n^k - D_n^k$, 其中,

$$D_n^k = \eta + \chi^k S_n^k + \varphi_n + \psi \sum_{i=1}^{M_k}\vartheta_i|g_{n,i}^k|^2/|h_i^{k,C}|^2 \tag{9.63}$$

利用梯度下降法, 对优化变量进行更新 $x_n^k(l+1) = [x_n^k(l) - \varepsilon_x(\partial L'_{nk}/\partial x_n^k)]^+$, 其中, ε_x 为大于零的步长。

同时, 为了求解最优的资源块分配因子 α_n^k, 对拉格朗日函数求偏导得

$$\frac{\partial L'_{nk}}{\partial \alpha_n^k} = i_n^k - \phi_n = \begin{cases} < 0, & \alpha_n^k = 0 \\ = 0, & 0 < \alpha_n^k < 1 \\ > 0, & \alpha_n^k = 1 \end{cases} \tag{9.64}$$

其中, $i_n^k = (1-\tau)\log_2\left[\frac{\delta_n^k(1-\tau)}{2I_n^k(x_d^k)\lambda_n^k \ln 2}\right] - q_n^k D_n^k + \lambda_n^k q_n^k$。于是, 将第 k 个资源块分配给 i_n^k 最大的 D2D 用户, 即

$$\alpha_n^k = 1\left|k^* = \max_n i_n^k, \forall n\right. \tag{9.65}$$

根据 $\rho_{n,1}^k + \rho_{n,2}^k = 1$、$x_n^k = \alpha_n^k q_n^k$ 和 $T_n^k = \rho_{n,1}^k x_n^k$, 可以求得 $\rho_{n,1}^{k^*}$、$\rho_{n,2}^{k^*}$ 和 $q_n^{k^*}$, 同时, 通过梯度下降法对拉格朗日乘子进行更新, 得

$$\phi_n(l+1) = \left[\phi_n(l) - \varepsilon_\phi\left(1 - \sum_{k=1}^K\alpha_n^k\right)\right]^+ \tag{9.66}$$

$$\varphi_n(l+1) = \left[\varphi_n(l) - \varepsilon_\varphi \left(P_n^{\max} - \sum_{k=1}^{K} x_n^k \right) \right]^+ \tag{9.67}$$

$$\lambda_n^k(l+1) = \left\{ \lambda_n^k(l) - \varepsilon_\lambda \left[x_n^k - \frac{(1-\tau)\alpha_n^k}{\lambda_n^k \ln 2} + \frac{2I_n^k(x_d^k)\alpha_n^k}{\delta_n^k} \right] \right\}^+ \tag{9.68}$$

$$\chi^k(l+1) = \left\{ \chi^k(l) - \varepsilon_\chi \left[\sigma^2(|h_i^{k,C}|^2 - |h_j^{k,C}|^2) - \sum_{n=1}^{N} x_n^k S_n^k \right] \right\}^+ \tag{9.69}$$

$$\psi(l+1) = \left\{ \psi(l) - \varepsilon_\psi \left[P^{\max} - \sum_{k=1}^{K} \sum_{i=1}^{M_k} \vartheta_i \left(\sum_{s=i+1}^{M_k} \hat{p}_s^k + e_i^k(x_n^k) \right) \right] \right\}^+ \tag{9.70}$$

其中, ε_ϕ、ε_φ、ε_λ、ε_χ 和 ε_ψ 为大于零的步长。鲁棒资源分配算法的实施步骤如算法 9.2 所示。

算法 9.2 鲁棒资源分配算法

初始化系统参数 N、M_k、M、K、P_c^D、σ^2、θ、τ、$R_n^{\min}$、$R_i^{k,\min}$、$P_n^{\max}$、$P_{\max}$ 和 d, 给定 p_n^k、x_n^k、η、$\rho_{n,1}^k$ 和 $\rho_{n,2}^k$, 外层迭代次数 $t = 0$, 定义算法收敛精度为 ϖ 和 ς, 外层最大迭代次数为 T;

1. **While** $\left| \dfrac{\tilde{R}(t)}{\tilde{P}(t)} - \eta(t-1) \right| > \varpi$ 和 $t < T$, do

2.   初始化迭代步长和拉格朗日乘子, 定义内层最大迭代次数为 L, 初始化 $l = 0$;

3.   **While** $\left| q_n^k(l) - q_n^k(l-1) \right| > \varsigma$ 和 $l < L$, do

4.   **For** $m = 1:1:M$

5.   **For** $n = 1:1:N$

6.   **For** $k = 1:1:K$

7.   根据式 (9.61) 计算 T_n^k, 更新 x_n^k;

8.   根据式 (9.65) 计算 α_n^k;

9.   计算 $\rho_{n,1}^k$、$\rho_{n,2}^k$ 和 q_n^k 的最优值;

10.   根据式 (9.66)~ 式 (9.70) 更新拉格朗日乘子;

11.   **End For**

12.   **End For**

13.   **End For**

14.   更新 $l = l+1$;

15.   **End While**

16. 更新 $\eta(t) = \dfrac{\tilde{R}(t)}{\tilde{P}(t)}$, $t = t+1$;

17. **End While**

9.2.3 仿真分析

本节将所提算法与基于 SWIPT 的传统能效算法、非 SWIPT 的传统能效算法, 以及非 SWIPT 的能效最大鲁棒算法进行对比。假设有一个宏蜂窝小区, 包含 9 个蜂窝用户, 小区半径为 500m, 系统资源块数量 $K = 3$, 系统带宽为 10MHz, 且复用同一资源块的蜂窝用户数量为 3,信道模型为 $h = Hd^{-\nu}$,H 为瑞利衰落信道增益,路径损耗指数 $\nu = 2$,背景噪声功率 $\sigma^2 = 10^{-8}\text{W}$,MBS 的最大发射功率为 5W,能量收集效率系数 $\theta = 0.5$。

图 9-11 给出了算法总能效在不同信道距离下的收敛性能。D2D 用户的数量 $N = 2$,D2D 发射机的最大发射功率为 250mW,中断概率阈值 $\tau = 0.05$,信道估计误差的方差 $\sigma_1^2 = \sigma_2^2 = \sigma_3^2 = 0.05$。从图中可以看出,在经过约 20 次迭代后算法取得收敛,所提算法具有较好的收敛性能,且 D2D 发射机到接收机的距离 (L_n^k) 越小,能效越高。

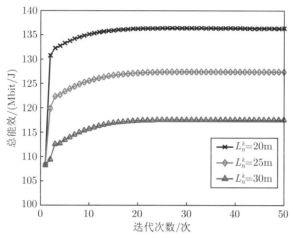

图 9-11 总能效在不同信道距离下的收敛性能

图 9-12 给出了在不同 D2D 用户数量 (N) 下,系统总能效效率随 D2D 发射机最大发射功率的变化曲线。从图中可以看出,随着最大发射功率的增加,不同 D2D 用户数量下的总能效都会增加,这是因为更大发射功率阈值允许 D2D 发射机具有更大的发射功率,从而提高数据速率以及系统能效,当 D2D 最大发射功率达到一定值后,系统总能效趋于收敛。

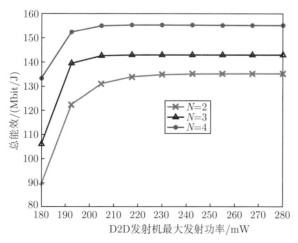

图 9-12 总能效与 D2D 发射机最大发射功率的关系

图 9-13 给出了不同中断概率 (τ) 下，系统总能效随 D2D 用户数量的变化曲线。从图中可以看出，随着 D2D 用户数量的增加，不同中断概率阈值下的总能效随之增加。当中断概率阈值提高时，意味着预期的数据速率提高，D2D 发射机通过调节发射功率来提高数据速率以防止中断的发生，因此，当中断概率阈值增加时，系统总能效随之增加。

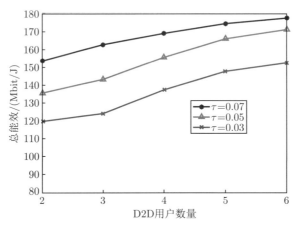

图 9-13   总能效与 D2D 用户数量在不同中断概率阈值下的关系

图 9-14 给出了不同算法下，系统总能效与 D2D 用户数量的变化曲线。从图中可以看出，随着 D2D 用户数量的增加，4 种算法的系统总能效都会随之增加，所提算法具有最高的总能效，而基于 SWIPT 的传统能效算法与非 SWIPT 的能效最大鲁棒算法具有近似的总能效，其原因为基于 SWIPT 的传统能效算法利用收集射频信号的能量补偿了系统能耗，非 SWIPT 的能效最大鲁棒算法通过考虑中断概率约束具有更高的平均数据速率。此外，非 SWIPT 的传统能效算法具有最低的能效。

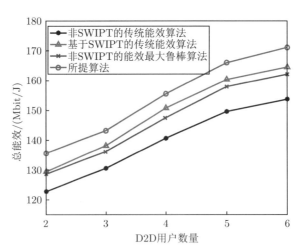

图 9-14   系统总能效与 D2D 用户数量的关系

图 9-15 给出了总能效在不同信道估计误差的方差下的收敛情况。从图中可以看出，D2D 通信链路存在信道估计误差时，系统的总能效最低，而其他 D2D 发射机对此接收机的干扰链路存在估计误差时，系统的总能效最高。说明 D2D 发射机到接收机链路信道估计误差的方差 σ_1^2 对系统总能效影响最大，其他干扰链路估计误差的方差对系统总能效影响较小。

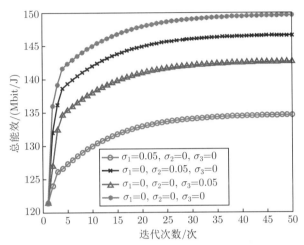

图 9-15　总能效在不同信道估计误差的方差下的收敛情况

图 9-16 给出了不同算法下，中断概率与信道估计误差的方差的关系，从图中可以看出，当信道估计误差的方差 σ_1^2 很小时，实际的信道参数与信道估计值近似，系统中断概率为零。当 σ_1^2 增大时，系统的中断概率随之增加，且 σ_2^2 和 σ_3^2 越大，中断概率也越大。相较于基于 SWIPT 的传统能效算法，所提算法的中断概率更低且不超过阈值，说明所提算法通过考虑信道参数的不确定性，降低 D2D 通信的中断概率，具有很好的鲁棒性能。

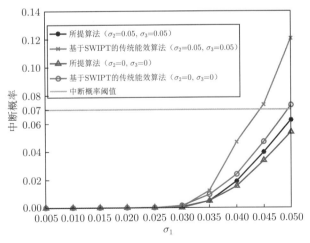

图 9-16　中断概率与信道估计误差的方差的关系

9.3　基于 UAV 辅助的无线携能 D2D 通信网络鲁棒资源分配算法

物联网已被广泛应用于智能交通、智慧城市、智能家居、无人工厂等领域，万物互联的时代即将到来。物联网作为下一代移动通信的重要发展技术，需要更灵活的网络互联能力和更高的系统容量，然而由于传统地面基站难以部署在偏僻山区且此场景网络建设成本高，因此对于物联网而言，如何降低网络运营成本至关重要。

最近 UAV 以其低成本、灵活部署的特点引起广泛关注。针对物联网场景，无线设备只需要消耗较小功率即可通信，而 UAV 作为低空平台可提供无线接入服务并增大网络覆盖范围。与传统地面基站相比，UAV 可以与地面终端建立视距链路，从而提高系统容量。另外，针对 UAV 辅助的物联网系统中存在的低频谱效率和低能效问题，D2D 通信和能量收集技术是一种有效解决方案。一方面，D2D 可以与地面终端共享频谱资源直接传输数据，以提升频谱效率并减少基站负荷；另一方面，能量收集技术可以从周围射频信号中收集电磁能量并延长无线物联网设备寿命。UAV 辅助的衬底式能量收集 D2D 通信网络在未来物联网中有巨大发展潜力。为了充分利用 UAV 和 D2D 通信优势，同时提升通信系统鲁棒性，设计一种鲁棒资源分配算法至关重要。

现有基于 UAV 辅助的 D2D 通信网络资源分配算法都是在假设完美 CSI 和用户精确位置信息条件下设计的。然而，在实际 UAV 辅助的通信系统中，由于链路时延、UAV 动态飞行特性和量化误差等因素的影响，使得获取完美 CSI 和准确位置信息难度加大，此外信道估计误差和 UAV 位置误差会降低系统性能，因此，有必要对基于 UAV 辅助的无线携能 D2D 网络鲁棒资源分配问题进行研究。

为了降低用户中断概率和提高系统能效，本节考虑信道不确定性和坐标不确定性，联合优化 D2D 用户发射功率、传输时间、UAV 飞行高度和资源块，使 UAV 辅助的衬底式能量收集 D2D 通信网络鲁棒能效最大化。该问题是一个多变量耦合的非凸问题，难以直接求解，因此利用 worst-case 方法将含参数扰动的鲁棒资源分配问题转化为确定性问题，其中 D2D 用户坐标不确定性可利用泰勒级数展开，进一步利用变量松弛和变量替换方法将确定性问题转化为凸优化问题，并利用拉格朗日对偶理论和次梯度更新方法获得闭式解。所提算法具有较好的能效和鲁棒性。

9.3.1　系统模型

考虑如图 9-17 所示的 UAV 辅助的下垫式能量收集 D2D 通信网络，其中 UAV 作为一个空中基站服务 M 个地面终端。网络中有 N 对 D2D 发射机以衬底式与地面终端共享频谱。定义 $\mathcal{M} = \{1, 2, \cdots, M\}$ 和 $\mathcal{N} = \{1, 2, \cdots, N\}$ 分别表示地面终端数量和 D2D 数量集合，假设所有地面终端和 D2D 用户均位于偏远山区户外区域且不超过 UAV 的覆盖范围，此时空–地链路可建模为路径损耗较小的视距链路。假设 UAV 位于目标区域的中心位置且飞行高度为 Hm，并定义第 m 个地面终端、第 n 个 D2D 发射机和第 n 个 D2D 接收机的水平位置分别为 (x_m, y_m)、$(x_{n,\mathrm{T}}, y_{n,\mathrm{T}})$ 和 $(x_{n,\mathrm{R}}, y_{n,\mathrm{R}})$。

每个地面终端占用一个正交资源块与 UAV 通信，同时允许每对 D2D 用户与地面终端共享相同资源块；每个资源块服务一个地面终端和多对 D2D 用户，每对 D2D 用户只允许占用一个资源块；每对 D2D 发射机均配有能量收集电路以收集能量。由于不考虑 UAV 轨迹优化，故从 UAV 到每个 D2D 发射机的无线能量可以被稳定收集。定义时间帧长为 T，其被分为如图 9-17 所示的两个阶段，分别为第一阶段（即能量收集阶段）和第二阶段（即信息传输阶段）。能量收集阶段，每个 D2D 发射机收集由 UAV 下行数据传输携带的射频能量。信息传输阶段，D2D 发射机利用收集的能量传输信息，其中 $\tau_{n,m}$ 定义为数据传输时间。该模型能够提升系统能效和物联网谱效，可以广泛用于物联网场景，如无人工厂、无线感知网络等。

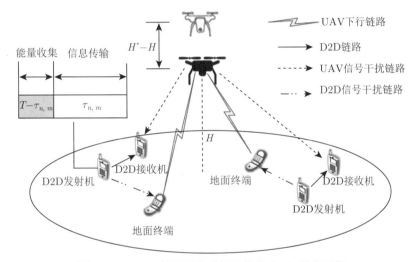

图 9-17　UAV 辅助下垫式能量收集 D2D 通信网络

UAV 到地面终端 m、D2D 发射机 n 和 D2D 接收机 n 之间的信道增益分别为

$$h_m^{\mathrm{U}} = \frac{\beta}{x_m^2 + y_m^2 + H^2} \tag{9.71}$$

$$g_{n,\mathrm{T}}^{\mathrm{U}} = \frac{\beta}{x_{n,\mathrm{T}}^2 + y_{n,\mathrm{T}}^2 + H^2} \tag{9.72}$$

$$g_{n,\mathrm{R}}^{\mathrm{U}} = \frac{\beta}{x_{n,\mathrm{R}}^2 + y_{n,\mathrm{R}}^2 + H^2} \tag{9.73}$$

其中，β 表示单位距离信道增益。为了保障地面终端的视距通信，UAV 的飞行高度控制在 $[H_{\min}, H_{\max}]$。

在第一阶段，UAV 下行传输数据服务第 m 个地面终端，同时 D2D 发射机收集 UAV 发送的射频信号，此时第 m 个地面终端的接收信噪比和第 n 个 D2D 发射机收集的能量分别为

$$r_m^{\mathrm{G}} = \frac{P_0 h_m^{\mathrm{U}}}{\sigma^2} \tag{9.74}$$

$$E_{n,m}^{\mathrm{D}} = T_{n,m} \theta P_0 g_{n,\mathrm{T}}^{\mathrm{U}} \tag{9.75}$$

其中，P_0 表示 UAV 发射功率；σ^2 表示背景噪声；θ 表示能量收集效率；$T_{n,m} = T - \sum\limits_{m=1}^{M} \tau_{n,m}\alpha_{n,m}$ 表示辅助变量；$\alpha_{n,m}$ 表示第 n 个 D2D 用户与第 m 个 GT 资源块的配对因子，当第 n 个 D2D 用户占用第 m 个 GT 资源块时，$\alpha_{n,m} = 1$；否则 $\alpha_{n,m} = 0$。

在第二阶段，D2D 发射机利用收集的能量传输数据。考虑到 D2D 用户与 GTs 之间的共享信道干扰，则第 m 个 GT 与第 n 个 D2D 用户的 SNR 分别为

$$\gamma_m^{\mathrm{G}} = \frac{P_0 h_m^{\mathrm{U}}}{\sum\limits_{n=1}^{N} \alpha_{n,m} p_{n,m} g_{n,m} + \sigma^2} \tag{9.76}$$

$$\gamma_{n,m}^{\mathrm{D}} = \frac{p_{n,m} h_n^{\mathrm{D}}}{P_0 g_{n,\mathrm{R}}^{\mathrm{U}} + \sum\limits_{d \neq n}^{N} \alpha_{d,m} p_{d,m} g_{d,n}^{\mathrm{D}} + \sigma^2} \tag{9.77}$$

其中，$p_{n,m}$ 表示第 n 个 D2D 发射机在第 m 个 GT 资源块上的传输功率；$g_{n,m}$ 表示第 n 个 D2D 发射机到第 m 个 GT 的信道增益；h_n^{D} 表示第 n 个 D2D 发射机到对应 D2D 接收机的信道增益；$g_{d,n}^{\mathrm{D}}$ 表示第 d 个 D2D 发射机到第 n 个 D2D 接收机的信道增益。为方便简化，定义 $I_m^{\mathrm{D}} = \sum\limits_{n=1}^{N} \alpha_{n,m} p_{n,m} g_{n,m} + \sigma^2$ 和 $\sigma_{n,m} = \sum\limits_{d \neq n}^{N} \alpha_{d,m} p_{d,m} g_{d,n}^{\mathrm{D}} + \sigma^2$。

定义 C_n^{E} 和 C_n^{I} 分别为 D2D 用户在能量收集阶段和信息传输阶段的电路功耗，那么第 n 个 D2D 用户在第 m 个 GT 资源块上的实际电路功耗应小于收集的能量 $E_{n,m}^{\mathrm{D}}$，即满足：

$$E_{n,m}^{\mathrm{C}} \leqslant E_{n,m}^{\mathrm{D}} \tag{9.78}$$

其中，$E_{n,m}^{\mathrm{C}} = T_{n,m} C_n^{\mathrm{E}} + \sum\limits_{m=1}^{M} \alpha_{n,m} \tau_{n,m} (p_{n,m} + C_n^{\mathrm{I}})$ 表示第 n 个 D2D 用户总电路功耗。

第 n 个 D2D 用户在第二阶段的数据速率为

$$R_{n,m}^{\mathrm{D}} = \sum\limits_{m=1}^{M} \alpha_{n,m} \tau_{n,m} \log_2 \left(1 + \gamma_{n,m}^{\mathrm{D}}\right) \tag{9.79}$$

由于 UAV 动态移动性，使得 UAV 获取 D2D 用户的精确坐标信息存在困难。假设第 n 个 D2D 发射机和接收机的坐标分别为 $(x_{n,\mathrm{T}}, y_{n,\mathrm{T}})$ 和 $(x_{n,\mathrm{R}}, y_{n,\mathrm{R}})$，根据加性不确定性模型，坐标估计误差可以建模为

$$\begin{cases} x_{n,\mathrm{T}} = \bar{x}_{n,\mathrm{T}} + \Delta x_{n,\mathrm{T}} \\ y_{n,\mathrm{T}} = \bar{y}_{n,\mathrm{T}} + \Delta y_{n,\mathrm{T}} \\ x_{n,\mathrm{R}} = \bar{x}_{n,\mathrm{R}} + \Delta x_{n,\mathrm{R}} \\ y_{n,\mathrm{R}} = \bar{y}_{n,\mathrm{R}} + \Delta y_{n,\mathrm{R}} \end{cases} \tag{9.80}$$

其中，$(\bar{x}_{n,\mathrm{T}}, \bar{y}_{n,\mathrm{T}})$ 和 $(\bar{x}_{n,\mathrm{R}}, \bar{y}_{n,\mathrm{R}})$ 分别表示第 n 对 D2D 用户的估计坐标；$(\Delta x_{n,\mathrm{T}}, \Delta y_{n,\mathrm{T}})$ 和 $(\Delta x_{n,\mathrm{R}}, \Delta y_{n,\mathrm{R}})$ 表示相关估计误差且满足：

$$R_{\mathrm{C}} : \begin{cases} \delta_{n,\mathrm{T}} \triangleq \left\{ \Delta x_{n,\mathrm{T}}^2 + \Delta y_{n,\mathrm{T}}^2 \leqslant O_{n,\mathrm{T}}^2 \right\} \\ \delta_{n,\mathrm{R}} \triangleq \left\{ \Delta x_{n,\mathrm{R}}^2 + \Delta y_{n,\mathrm{R}}^2 \leqslant O_{n,\mathrm{R}}^2 \right\} \end{cases} \tag{9.81}$$

其中，R_{C} 表示半径为 $O_{n,\mathrm{T}}^2$ 和 $O_{n,\mathrm{R}}^2$ 的圆形不确定性模型。

此外，由于量化误差和反馈时延，使得完美信道增益难以获取，因此 UAV 到第 m 个 GT 的实际信道增益为

$$R_{\mathrm{H}} : \left\{ \Delta h_m^{\mathrm{U}} \,\middle|\, h_m^{\mathrm{U}} = \bar{h}_m^{\mathrm{U}} + \Delta h_m^{\mathrm{U}}, \Delta h_m^{\mathrm{U}} \sim \mathcal{CN}(0, \sigma_m^2) \right\} \tag{9.82}$$

其中，$\bar{h}_m^{\mathrm{U}}$ 表示 UAV 到第 m 个 GT 的估计信道增益；Δh_m^{U} 表示对应信道估计误差。

基于式 (9.81) 和式 (9.82)，鲁棒能效最大化资源分配算法可以表示为

$$\max_{\substack{p_{n,m}, \tau_{n,m}, \\ \alpha_{n,m}, H}} \frac{\displaystyle\sum_{n=1}^{N} \underset{\Delta x_{n,\mathrm{R}}, \Delta y_{n,\mathrm{R}} \in R_{\mathrm{C}}}{R_{n,m}^{\mathrm{D}}}}{\displaystyle\sum_{n=1}^{N} E_{n,m}^{\mathrm{C}}}$$

$$\mathrm{s.t.} \ C_1 : \underset{\Delta h_m^{\mathrm{U}} \in R_{\mathrm{H}}}{\mathrm{Pr}} \left\{ \log_2 \left(1 + \gamma_m^{\mathrm{G}} \right) \geqslant R_m^{\min} \right\} \geqslant 1 - \varepsilon_m$$

$$C_2 : E_{n,m}^{\mathrm{C}} \leqslant E_{n,m}^{\mathrm{D}}, \{\Delta x_{n,\mathrm{T}}, \Delta y_{n,\mathrm{T}}\} \in R_{\mathrm{C}}$$

$$C_3 : H_{\min} \leqslant H \leqslant H_{\max} \tag{9.83}$$

$$C_4 : \sum_{m=1}^{M} \alpha_{n,m} \leqslant 1, \alpha_{n,m} \in \{0, 1\}$$

$$C_5 : \sum_{m=1}^{M} \alpha_{n,m} \tau_{n,m} \leqslant T$$

$$C_6 : 0 \leqslant \tau_{n,m} \leqslant T$$

其中，C_1 表示对任意第 m 个 GT 中断概率约束；$R_m^{\min}$ 表示第 m 个 GT 的最小速率阈值；ε_m 表示中断概率阈值；C_2 表示最小能量收集约束；C_3 表示 UAV 飞行高度约束；C_4 表示用户配对约束；C_5 表示传输时间约束。

9.3.2 算法设计

式 (9.83) 是一个非凸优化问题。针对目标函数、C_1 和 C_2 中的不确定性参数，需要利用 worst-case 方法和柯西-施瓦兹不等式将其转化为确定性表达式。在此基础上，利用 Dinkelbach 方法、变量替换法和变量松弛方法将确定问题转化为凸优化问题，并利用对偶次梯度方法获得闭式解。

为了处理 C_1 中不确定性约束，基于式 (9.82) 有

$$\Pr\left\{\Delta h_m^{\mathrm{U}} \geqslant \vartheta_m I_m^{\mathrm{D}} - \bar{h}_m^{\mathrm{U}}\right\} = F_{\Delta h_m^{\mathrm{U}}}\left(\vartheta_m I_m^{\mathrm{D}} - \bar{h}_m^{\mathrm{U}}\right) \geqslant 1 - \epsilon_m \tag{9.84}$$

其中，$\vartheta_m = (2^{R_m^{\min}} - 1)/P_0$；$F_{\Delta h_m^{\mathrm{U}}}(\cdot)$ 表示 Δh_m^{U} 的累积分布函数。结合式 (9.82) 和式 (9.84) 有

$$\tilde{h}_m^{\mathrm{U}} \geqslant \vartheta_m I_m^{\mathrm{D}} \tag{9.85}$$

其中，$\tilde{h}_m^{\mathrm{U}} \geqslant \bar{h}_m^{\mathrm{U}} + \vartheta_m Q^{-1}(1 - \varepsilon_m)$，$Q^{-1}(\cdot)$ 表示逆 Q 函数。

基于 worst-case 方法，式 (9.83) 转化为

$$\max_{\substack{p_{n,m}, \tau_{n,m}, \\ \alpha_{n,m}, H}} \tilde{\eta} = \frac{\displaystyle\min_{\Delta x_{n,\mathrm{R}}, \Delta y_{n,\mathrm{R}}} \sum_{n=1}^{N} R_{n,m}^{\mathrm{D}}}{\displaystyle\sum_{n=1}^{N} E_{n,m}^{\mathrm{C}}}$$

$$\text{s.t. } C_3 - C_6, \bar{C}_1 : \vartheta_m I_m^{\mathrm{D}} \leqslant \tilde{h}_m^{\mathrm{U}} \tag{9.86}$$

$$\bar{C}_2 : E_{n,m}^{\mathrm{C}} \leqslant \min_{\Delta x_{n,\mathrm{T}}, \Delta y_{n,\mathrm{T}}} E_{n,m}^{\mathrm{D}}$$

基于泰勒级数展开，UAV 到第 n 个 D2D 发射机信道不确定性可以表示为

$$g_{n,\mathrm{T}}^{\mathrm{U}} = \bar{g}_{n,\mathrm{T}}^{\mathrm{U}} + \Delta g_{n,\mathrm{T}}^{\mathrm{U}} \tag{9.87}$$

其中，$\bar{g}_{n,\mathrm{T}}^{\mathrm{U}}$ 表示 UAV 到第 n 个 D2D 发射机信道估计值；$\Delta g_{n,\mathrm{T}}^{\mathrm{U}} = \Delta x_{n,\mathrm{T}} \dfrac{\partial \bar{g}_{n,\mathrm{T}}^{\mathrm{U}}}{\Delta \bar{x}_{n,\mathrm{T}}} + \Delta y_{n,\mathrm{T}} \dfrac{\partial \bar{g}_{n,\mathrm{T}}^{\mathrm{U}}}{\Delta \bar{y}_{n,\mathrm{T}}} + o\left(\Delta x_{n,\mathrm{T}}, \Delta y_{n,\mathrm{T}}\right)$，表示相关信道估计误差。忽略高阶项，信道不确定性下第 n 个 D2D 用户收集的能量转化为

$$\min_{\Delta x_{n,\mathrm{T}}, \Delta y_{n,\mathrm{T}}} E_{n,m}^{\mathrm{D}} = T_{n,m} \min_{\Delta x_{n,\mathrm{T}}, \Delta y_{n,\mathrm{T}}} \theta P_0\left(\bar{g}_{n,\mathrm{T}}^{\mathrm{U}} + \Delta g_{n,\mathrm{T}}^{\mathrm{U}}\right) \tag{9.88}$$

基于柯西–施瓦兹不等式有

$$\min_{\Delta x_{n,\mathrm{T}}, \Delta y_{n,\mathrm{T}}} \theta P_0\left(\bar{g}_{n,\mathrm{T}}^{\mathrm{U}} + \Delta g_{n,\mathrm{T}}^{\mathrm{U}}\right) = \theta P_0 \bar{g}_{n,\mathrm{T}}^{\mathrm{U}} - \max_{\Delta x_{n,\mathrm{T}}, \Delta y_{n,\mathrm{T}}} \theta P_0 \sqrt{\left(\Delta y_{n,\mathrm{T}}^{\mathrm{U}}\right)^2}$$

$$\geqslant \theta P_0 \bar{g}_{n,\mathrm{T}}^{\mathrm{U}} - \theta P_0 \sqrt{O_{n,\mathrm{T}}^2 \left[\left(\frac{\partial \bar{g}_{n,\mathrm{T}}^{\mathrm{U}}}{\partial \bar{x}_{n,\mathrm{T}}}\right)^2 + \left(\frac{\partial \bar{g}_{n,\mathrm{T}}^{\mathrm{U}}}{\partial \bar{y}_{n,\mathrm{T}}}\right)^2\right]} = \theta P_0 \tilde{g}_{n,\mathrm{T}}^{\mathrm{U}} \tag{9.89}$$

其中，$\tilde{g}_{n,\mathrm{T}}^{\mathrm{U}} = \bar{g}_{n,\mathrm{T}}^{\mathrm{U}} - O_{n,\mathrm{T}} e_{n,\mathrm{T}}$，表示坐标估计误差下，UAV 到第 n 个 D2D 发射机等价信道增益，$e_{n,\mathrm{T}} = \sqrt{\left(\dfrac{\partial \bar{g}_{n,\mathrm{T}}^{\mathrm{U}}}{\partial \bar{x}_{n,\mathrm{T}}}\right)^2 + \left(\dfrac{\partial \bar{g}_{n,\mathrm{T}}^{\mathrm{U}}}{\partial \bar{y}_{n,\mathrm{T}}}\right)^2}$ 为辅助变量，可根据式 (9.72) 获得。

同理，UAV 到第 n 个 D2D 接收机不确定性信道可描述为 $g_{n,R}^{U} = \bar{g}_{n,R}^{U} + \Delta g_{n,R}^{U}$，因此式 (9.86) 的最差速率可以表示为

$$\min_{\Delta x_{n,R}, \Delta y_{n,R}} \sum_{n=1}^{N} R_{n,m}^{D} \geqslant \sum_{n=1}^{N} \sum_{m=1}^{M} \alpha_{n,m} \tau_{n,m} \log_2 \left(1 + \frac{p_{n,m} h_n^{D}}{I_{n,m}} \right) = \sum_{n=1}^{N} \tilde{R}_{n,m}^{D} \tag{9.90}$$

其中，$\tilde{g}_{n,R}^{U} = \bar{g}_{n,R}^{U} + O_{n,R} e_{n,R}$；$I_{n,m} = P_0 \tilde{g}_{n,R}^{U} + \sigma_{n,m}$。

基于式 (9.85)、式 (9.89) 和式 (9.90)，式 (9.83) 可以转化为

$$\max_{\substack{p_{n,m}, \tau_{n,m}, \\ \alpha_{n,m}, H}} \tilde{\eta} = \frac{\displaystyle\sum_{n=1}^{N} R_{n,m}^{D}}{\displaystyle\sum_{n=1}^{N} E_{n,m}^{C}}$$

$$\text{s.t. } \bar{C}_1, C_3 - C_5 \tag{9.91}$$

$$\tilde{C}_2 : E_{n,m}^{C} \leqslant T_{n,m} \theta P_0 \tilde{g}_{n,T}^{U}$$

由于整数变量 $\alpha_{n,m}$ 和耦合变量 $\{\tau_{n,m}, p_{n,m}\}$ 使得式 (9.91) 仍是非凸形式。考虑利用交替迭代方法将上述问题分成两个优化子问题：① 固定 $\{\tau_{n,m}, p_{n,m}, \alpha_{n,m}\}$ UAV 高度优化子问题；② 固定高度 H 无线资源分配子问题。

（1）UAV 高度优化子问题：根据 $\bar{C}_1$ 和 $\tilde{C}_2$，UAV 飞行高度受地面终端服务质量和 D2D 用户最小能量收集约束。基于 $\bar{C}_1$、$\tilde{C}_2$ 和 C_3 有

$$H_{\min} \leqslant H \leqslant \min\{H_{\max}, H_1, H_2\} \tag{9.92}$$

详细证明见附录 16。其中，$H_1 = \min\limits_{\forall m} \sqrt{\beta / \xi_m - (x_m^2 + y_m^2)}$，$\xi_m = \vartheta_m I_m^{D} - \sigma_m Q^{-1}(1 - \varepsilon_m)$，

$$H_2 = \min_{\forall n} \sqrt{\frac{\beta T_{n,m} \theta P_0}{E_{n,m}^{C} + T_{n,m} O_{n,\epsilon T} e_{n,\epsilon T} \theta P_0} - \left(\bar{x}_{n,\epsilon T}^2 + \bar{y}_{n,\epsilon T}^2 \right)} \tag{9.93}$$

最优高度 H^* 可根据命题 9.1 获得。

命题 9.1：固定 $\{\tau_{n,m}, p_{n,m}, \alpha_{n,m}\}$，目标函数 $\bar{\eta}$ 是关于飞行高度 H 的单调递增函数。因此 UAV 的最优飞行高度 $H^* = \min\{H_{\max}, H_1, H_2\}$。详细证明见附录 17。

（2）无线资源分配子问题：由于问题 [式 (9.91)] 是一个分式规划问题，无法直接解决。基于 Dinkelbach 方法，式 (9.91) 可转化为

$$\max_{p_{n,m}, \tau_{n,m}, \alpha_{n,m}} \sum_{n=1}^{N} R_{n,m}^{D} - \tilde{\eta} \sum_{n=1}^{N} E_{n,m}^{C}$$

$$\text{s.t. } C_3 - C_5, \bar{C}_1 : \vartheta_m I_m^{D} \leqslant \tilde{h}_m^{U} \tag{9.94}$$

$$\tilde{C}_2 : E_{n,m}^{C} \leqslant T_{n,m} \theta P_0 \tilde{g}_{n,T}^{U}$$

由于整数变量 $\alpha_{n,m}$ 使得问题 [式 (9.94)] 无法直接求解。因此将 $\alpha_{n,m}$ 松弛为 $[0,1]$ 的连续变量，并令 $\bar{p}_{n,m} = \alpha_{n,m} p_{n,m}$ 和 $\bar{\tau}_{n,m} = \alpha_{n,m} \tau_{n,m}$，定义耦合变量为 $w_{n,m} = p_{n,m} \tau_{n,m}$，式 (9.94) 等价为

$$\max_{\substack{w_{n,m}, \bar{\tau}_{n,m} \\ \bar{p}_{n,m}, \alpha_{n,m}}} \sum_{n=1}^{N} \sum_{m=1}^{M} \bar{\tau}_{n,m} \log_2 \left(1 + \frac{w_{n,m} h_n^{\mathrm{D}}}{\bar{\tau}_{n,m} \bar{I}_{n,m}} \right) - \bar{\eta} \sum_{n=1}^{N} \bar{E}_{n,m}^{\mathrm{C}}$$

$$\text{s.t. } \widehat{C}_1 : \vartheta_m \sum_{n=1}^{N} \bar{p}_{n,m} g_{n,m} \leqslant \tilde{h}_m^{\mathrm{U}} - \vartheta_m \sigma^2$$

$$\widehat{C}_2 : \bar{E}_{n,m}^{\mathrm{C}} \leqslant \left(T - \sum_{m=1}^{M} \bar{\tau}_{n,m} \right) \theta P_0 \tilde{g}_{n,T}^{\mathrm{U}} \qquad (9.95)$$

$$\widehat{C}_4 : \sum_{m=1}^{M} \alpha_{n,m} \leqslant 1$$

$$\widehat{C}_5 : \sum_{m=1}^{M} \bar{\tau}_{n,m} \leqslant T$$

其中，

$$\bar{I}_{n,m} = P_0 \tilde{g}_{n,\mathrm{R}}^{\mathrm{U}} + \bar{\sigma}_{n,m} \qquad (9.96)$$

$$\bar{\sigma}_{n,m} = \sum_{d \neq n}^{N} \bar{p}_{d,m} g_{d,n}^{\mathrm{D}} + \sigma^2 \qquad (9.97)$$

$$\bar{E}_{n,m}^{\mathrm{C}} = \sum_{m=1}^{M} w_{n,m} + \left(T - \sum_{m=1}^{M} \bar{\tau}_{n,m} \right) C_n^{\mathrm{E}} + \sum_{m=1}^{M} \bar{\tau}_{n,m} C_n^{\mathrm{I}} \qquad (9.98)$$

因为目标函数第一项为形如 $x \log_2 \left(1 + \dfrac{y}{x} \right)$ 的凹函数，第二项为仿射函数。所以若使问题 [式 (9.95)] 转化为凸优化问题可利用拉格朗日对偶方法求解。

定义 $X = \{w_{n,m}, \bar{p}_{n,m}, \alpha_{n,m}, \bar{\tau}_{n,m}, \bar{\eta}, \lambda_m, \psi_n, \omega_n, \mu_n\}$，式 (9.95) 的拉格朗日函数为

$$L(X) = \sum_{n=1}^{N} \sum_{m=1}^{M} \bar{\tau}_{n,m} \log_2 \left(1 + \frac{w_{n,m} h_n^{\mathrm{D}}}{\bar{\tau}_{n,m} \bar{I}_{n,m}} \right) - \bar{\eta} \sum_{n=1}^{N} \bar{E}_{n,m}^{\mathrm{C}} + \sum_{n=1}^{N} \omega_n \left(1 - \sum_{m=1}^{M} \alpha_{n,m} \right)$$

$$+ \sum_{n=1}^{N} \mu_n \left(T - \sum_{m=1}^{M} \bar{\tau}_{n,m} \right) + \sum_{n=1}^{N} \psi_n \left[\left(T - \sum_{m=1}^{M} \bar{\tau}_{n,m} \right) \theta P_0 \tilde{g}_{n_T}^{\mathrm{U}} - \bar{E}_{n,m}^{\mathrm{C}} \right] \qquad (9.99)$$

$$+ \sum_{m=1}^{M} \lambda_m \left[\tilde{h}_m^{\mathrm{U}} - \vartheta_m \left(\sum_{n=1}^{N} \bar{p}_{n,m} g_{n,m} + \sigma^2 \right) \right]$$

其中，$\{\lambda_m, \psi_n, \omega_n, \mu_n\}$ 为非负拉格朗日乘子。式 (9.99) 可以转化为

$$L(X) = \sum_{n=1}^{N} \sum_{m=1}^{M} L_{n,m}(X) + \sum_{n=1}^{N} \mu_n T - \bar{\eta} \sum_{n=1}^{N} T C_n^{\mathrm{E}}$$

$$+ \sum_{m=1}^{M} \lambda_m (\tilde{h}_m^{\mathrm{U}} - \vartheta_m \sigma^2) + \sum_{n=1}^{N} \psi_n T (\theta P_0 \tilde{g}_{n_T}^{\mathrm{U}} - C_n^{\mathrm{E}}) + \sum_{n=1}^{N} \omega_n \tag{9.100}$$

其中，

$$L_{n,m}(X) = \log_2 \left(1 + \frac{w_{n,m} h_n^{\mathrm{D}}}{\bar{\tau}_{n,m} \bar{I}_{n,m}} \right) - \omega_n \alpha_{n,m} - \lambda_m \vartheta_m \bar{p}_{n,m} g_{n,m} - \mu_n \bar{\tau}_{n,m}$$

$$- \bar{\eta} \left(w_{n,m} - \bar{\tau}_{n,m} C_n^{\mathrm{E}} + \bar{\tau}_{n,m} C_n^{\mathrm{I}} \right) + \psi_n \left[\bar{\tau}_{n,m} \left(C_n^{\mathrm{E}} - \theta P_0 \tilde{g}_{n_T}^{\mathrm{U}} - C_n^{\mathrm{I}} \right) - w_{n,m} \right] \tag{9.101}$$

因此问题 [式 (9.95)] 的对偶问题为

$$\min_{\lambda_m, \psi_n, \omega_n, \mu_n} D(\lambda_m, \psi_n, \omega_n, \mu_n)$$

$$\text{s.t. } \lambda_m \geqslant 0, \psi_n \geqslant 0, \omega_n \geqslant 0, \mu_n \geqslant 0 \tag{9.102}$$

其中，$(\lambda_m, \psi_n, \omega_n, \mu_n) = \max\limits_{w_{n,m}, \bar{p}_{n,m}, \bar{\tau}_{n,m}, \alpha_{n,m}} L(X)$。

根据 KKT 条件有

$$w_{n,m}^* = \left[\frac{\bar{\tau}_{n,m}}{\ln 2 (\bar{\eta} + \psi_n)} - \frac{\bar{\tau}_{n,m} \bar{I}_{n,m}}{h_n^{\mathrm{D}}} \right]^+ \tag{9.103}$$

其中，$[x]^+ = \max(0, x)$。

定义 $X^1 = \{\bar{p}_{n,m}, \alpha_{n,m}, \bar{\tau}_{n,m}, \bar{\eta}, \lambda_m, \psi_n, \omega_n, \mu_n\}$，基于式 (9.101) 和式 (9.103) 有

$$L_{n,m}^1 (X^1) = \bar{\tau}_{n,m} \log_2 \left[\frac{h_n^{\mathrm{D}}}{\ln 2 (\bar{\eta} + \psi_n) \bar{I}_{n,m}} \right] - \omega_n \alpha_{n,m}$$

$$+ \psi_n \bar{\tau}_{n,m} \left[C_n^{\mathrm{E}} - \theta P_0 \tilde{g}_{n,\epsilon T}^{\mathrm{U}} - C_n^{\mathrm{I}} - \frac{1}{\ln 2 (\bar{\eta} + \psi_n)} \right]$$

$$- \bar{\eta} \bar{\tau}_{n,m} \left[\frac{1}{\ln 2 (\bar{\eta} + \psi_n)} - \frac{\bar{I}_{n,m}}{h_n^{\mathrm{D}}} - C_n^{\mathrm{E}} + C_n^{\mathrm{I}} \right]$$

$$- \lambda_m \vartheta_m \bar{p}_{n,m} g_{n,m} - \mu_n \bar{\tau}_{n,m} + \psi_n \bar{\tau}_{n,m} \frac{I_{n,m}}{h_n^{\mathrm{D}}} \tag{9.104}$$

基于次梯度方法有

$$\bar{\tau}_{n,m}(l+1) = \left[\bar{\tau}_{n,m}(l) - \Delta_\tau \times \frac{\partial L_{n,m}^1}{\partial \bar{\tau}_{n,m}} \right]^+ \tag{9.105}$$

其中，

$$\frac{\partial L_{n,m}^1}{\partial \bar{\tau}_{n,m}} = \psi_n \left[C_n^{\mathrm{E}} - \theta P_0 \tilde{g}_{n,\epsilon \mathrm{T}}^{\mathrm{U}} - C_n^{\mathrm{I}} - \frac{1}{\ln 2 \left(\bar{\eta} + \psi_n \right)} \right] + \psi_n \frac{\bar{I}_{n,m}}{h_n^{\mathrm{D}}} - \mu_n$$

$$- \eta \left[\frac{1}{\ln 2 \left(\bar{\eta} + \psi_n \right)} - \frac{\bar{I}_{n,m}}{h_n^{\mathrm{D}}} - C_n^{\mathrm{E}} + C_n^{\mathrm{I}} \right] + \log_2 \left[\frac{h_n^{\mathrm{D}}}{\ln 2 \left(\bar{\eta} + \psi_n \right) \bar{I}_{n,m}} \right] \tag{9.106}$$

Δ_τ 表示迭代步长；l 表示迭代指数。为获得最优用户配对因子有

$$\frac{\partial L_{n,m}^1}{\partial \alpha_{n,m}} = \rho_{n,m} - \omega_n = \begin{cases} < 0, & \alpha_{n,m} = 0 \\ = 0, & 0 < \alpha_{n,m} < 1 \\ > 0, & \alpha_{n,m} = 1 \end{cases} \tag{9.107}$$

其中，

$$\rho_{n,m} = \tau_{n,m} (\bar{\eta} + \psi_n) \left[\frac{\bar{I}_{n,m}}{h_n^{\mathrm{D}}} - \frac{1}{\ln 2(\bar{\eta} + \psi_n)} + C_n^{\mathrm{E}} - C_n^{\mathrm{I}} \right] - \tau_{n,m} \mu_n$$

$$+ \tau_{n,m} \log_2 \left[\frac{h_n^{\mathrm{D}}}{\ln 2(\bar{\eta} + \psi_n) \bar{I}_{n,m}} \right] - \tau_{n,m} \psi_n \theta P_0 \tilde{g}_{n,\mathrm{T}}^{\mathrm{U}} - \lambda_m \vartheta_m p_{n,m} g_{n,m} \tag{9.108}$$

当 $\rho_{n,m}$ 最大时有

$$\alpha_{n,m} = \frac{1}{m^*} = \max_n \rho_{n,m} \tag{9.109}$$

同理，拉格朗日乘子可通过式 (9.110)～ 式 (9.113) 进行更新。

$$\omega_n(l+1) = \left[\omega_n(l) - \Delta_\omega \left(1 - \sum_{m=1}^M \alpha_{n,m} \right) \right]^+ \tag{9.110}$$

$$\mu_n(l+1) = \left[\mu_n(l) - \Delta_\mu \left(T - \sum_{m=1}^M \bar{\tau}_{n,m} \right) \right]^+ \tag{9.111}$$

$$\lambda_m(l+1) = \left[\lambda_m(l) - \Delta_\lambda \left\{ \tilde{h}_m^{\mathrm{U}} - \vartheta_m \left(\sum_{n=1}^N \bar{p}_{n,m} g_{n,m} + \sigma^2 \right) \right\} \right]^+ \tag{9.112}$$

$$\psi_n(l+1) = \left[\psi_n(l) - \Delta_\omega \left(T \theta P_0 \tilde{g}_{n,T}^{\mathrm{U}} - \bar{E}_{n,m}^{\mathrm{C}} - \sum_{m=1}^M \bar{\tau}_{n,m} \theta P_0 \tilde{g}_{n,T}^{\mathrm{U}} \right) \right]^+ \tag{9.113}$$

其中，Δ_ω、Δ_μ、Δ_λ 和 Δ_φ 表示迭代步长，所提算法如算法 9.3 所示。

算法 9.3　基于迭代鲁棒资源分配算法

初始化参数 N、M、T、C_n^E、C_n^I、h_m^U、h_m^D、P_0、δ^2、θ、$g_{n\,R}^U$、$g_{n\,T}^U$、$g_{d\,n}^D$、$H_{\min}$、$H_{\max}$、$O_{n\,T}$、$O_{n\,R}$、$R_m^{\min}$ 和 ε_m；设置内层最大迭代次数 L，收敛精度 v；外层最大迭代次数 K，收敛精度 ζ；

1. While $|\bar{\eta}(k) - \bar{\eta}(k-1)| > \zeta$ 和 $t < T$, do
2. 　初始化迭代步长和拉格朗日乘子，$l = 0$；
3. 　　　While $|\boldsymbol{f}(l+1) - \boldsymbol{f}(l)| > v(\boldsymbol{f} = [\lambda_m; \psi_n; \omega_n; \mu_n])$ 和 $l < L$, do
4. 　　　根据式 (9.103)，计算 $w_{n,m}(l)$ 并更新 $\bar{\tau}_{n,m}(l)$；
5. 　　　根据式 (9.109)，计算 $\alpha_{n,m}(l)$；
6. 　　　根据 $\bar{\tau}_{n,m}(l) = \alpha_{n,m}(l)\tau_{n,m}(l)$ 和 $w_{n,m}(l) = p_{n,m}(l)\bar{\tau}_{n,m}(l)$，计算 $\tau_{n,m}(l)$ 和 $p_{n,m}(l)$
7. 　　　固定 $\alpha_{n,m}(l)$、$\tau_{n,m}(l)$，$p_{n,m}(l)$，计算 $H(l)$；
8. 　　　根据式 (9.110)~ 式 (9.113)，更新 $\omega_n(l)$、$\mu_n(l)$、$\lambda_m(l)$、$\psi_n(l)$；
9. 　　　　$l = l + 1$；
10. 　　　End While

11. 更新 $\bar{\eta}(k)$ $\dfrac{\displaystyle\sum_{n=1}^{N} \tilde{R}_{n,m}^D(k)}{\displaystyle\sum_{n=1}^{N} \tilde{E}_{n,m}^C(k)}$

12. $k = k + 1$；
13. End While

　　所提算法包括两层迭代：外层循环的最大迭代次数为 K，内层循环的最大迭代次数为 L。根据式 (9.109)，完成用户配对的复杂度为 $\mathcal{O}(MN)$，基于式 (9.110)~ 式 (9.113)，更新 ω_n、μ_n、ψ_n 和 λ_m 的复杂度分别为 $\mathcal{O}(N)$、$\mathcal{O}(N)$、$\mathcal{O}(N)$ 和 $\mathcal{O}(M)$，因此所提算法的复杂度为 $\mathcal{O}(M^2 N^2 LK)$。

9.3.3　仿真分析

　　本节将所提算法与现有算法进行比较以验证所提算法有效性。设置系统包含 10 对 D2D 用户，5 个地面终端随机分布在半径为 500m 的圆形区域内。设置地–地信道模型为 $\beta\chi d^{-3}$，其中，χ 表示瑞利衰落系数；d 表示发射机与接收机之间的距离。空–地信道模型如式 (9.71)~ 式 (9.73) 所示，其中，$\beta = -30$dB，UAV 覆盖半径为 500m。其他仿真参数为：$\sigma_m = 0.01$、$\theta = 0.8$、$P_0 = 0.5$W、$\sigma^2 = -110$dBm、$T = 1$s、$C_n^E = 1$mW、$C_n^I = 2$mW、$H_{\max} = 200$m、$H_{\min} = 100$m、$R_m^{\min} = 0.5$bits/Hz、$\varepsilon_m = 0.1$。

　　图 9-18 给出了所提算法的收敛性能，其中 D2D 发射机与 D2D 接收机距离为 50m。从图中可知，D2D 用户总能效在 8 次迭代后达到收敛；随着坐标估计误差 $O_{n,R}$ 和 $O_{n,T}$ 的增加，D2D 用户总能效减小；当估计误差 $O_{n,R}$ 和 $O_{n,T}$ 较大时，D2D 用户总能效快速减小，这是因为空–地信道扰动随估计误差的增加而增加，根据式 (9.88) 式 (9.90) 可知，D2D 用户收集能量和数据传输速率会减小。

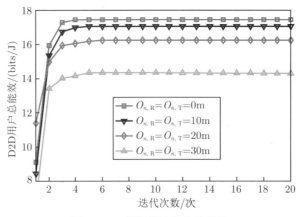

图 9-18　所提算法的收敛性能

　　图 9-19 给出了不同坐标估计误差下，D2D 用户总能效随地面终端最小速率阈值 $R_m^{\min}$ 的变化关系。随着 $R_m^{\min}$ 的增加，D2D 用户总能效减小，这是因为需要减小 D2D 发射机产生的干扰以保障地面终端的最小速率需求。进一步，相同 $R_m^{\min}$ 下，总能效随坐标估计误差的增加而减小，这是因为估计误差越大意味着空对地信道估计值越不准确，因此需牺牲部分能效以提升系统鲁棒性。

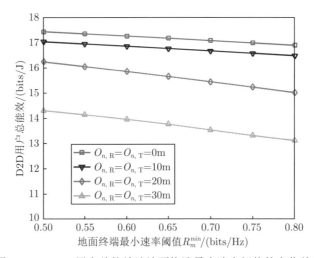

图 9-19　D2D 用户总能效随地面终端最小速率阈值的变化关系

　　图 9-20 给出了不同发射功率 P_0 下，UAV 飞行高度随地面终端中断概率阈值 ε_m 的变化关系。从图中可知，UAV 飞行高度随 ε_m 的增加而增加；另外，相同 ε_m 下，UAV 飞行高度随功率 P_0 的增加而增加，这是因为增加 ε_m 和 P_0 使得地面终端可以接受更差信道，为了减少 UAV 对 D2D 用户干扰，UAV 需要增加飞行高度。

　　图 9-21 给出了不同发射功率下，D2D 用户总能效随 D2D 发射机与接收机距离的变化关系。从图中可知，D2D 用户总能效随距离的增加而减小，这是因为地–地信道增益随 D2D 发射机与接收机之间的距离增加而减小；相同距离下，能效随传输功率 P_0 的增加而

减小，这是因为增加 P_0 使得对 D2D 接收机的干扰功率增加。

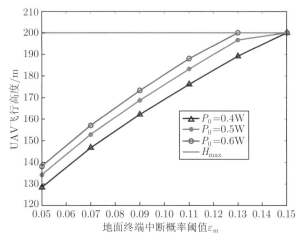

图 9-20 UAV 飞行高度随地面终端中断概率阈值 ε_m 的变化关系

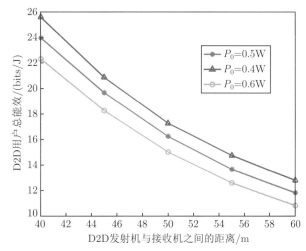

图 9-21 D2D 用户总能效随 D2D 发射机与接收机距离的变化关系

接下来，将所提算法与现有算法进行比较。基准算法以 D2D 用户总能效最大化为目标，考虑了不完美 CSI 和能量收集，但忽视了对地面终端的中断概率约束。

图 9-22 给出了不同算法下，D2D 用户总能效随地面终端最小速率阈值 $R_m^{\min}$ 的变化关系。可以清楚地看到，D2D 用户总能效随 $R_m^{\min}$ 的增大而减小，这是因为 D2D 用户需要减小发射功率以降低对地面终端的干扰。此外，相同 $R_m^{\min}$ 下，所提算法总能效略小于基准算法，这是因为所提算法考虑信道不确定影响，需要牺牲部分能效以降低中断概率。另外，所提算法总能效大于能效最大化算法和吞吐量最大化算法，这是因为能效最大化算法缺乏考虑信道不确定性参数影响，吞吐量最大化算法忽视了能量消耗和不确定性参数的影响，因此能效最差。

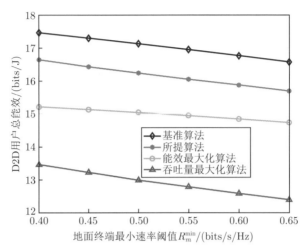

图 9-22   不同算法下，D2D 用户总能效随地面终端最小速率阈值的变化关系

图 9-23 给出了不同算法下，D2D 用户总能效随 D2D 发射机与接收机之间距离的关系。从图 9-22 和图 9-23 可以看到，吞吐量最大化算法的吞吐量最高但总能效最低，这是因为吞吐量最大化算法忽视了能量消耗，集中于提升吞吐量；与所提算法相比，能效最大化算法有较高的吞吐量，这是因为 D2D 发射机的发射功率不受能量收集约束，此外基准算法的总能效和总吞吐量均大于所提算法。

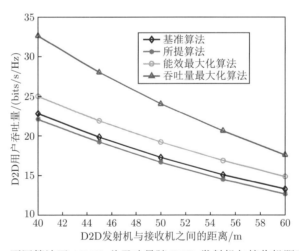

图 9-23   不同算法下，D2D 总吞吐量随 D2D 发射机与接收机距离的关系

图 9-24 给出了不同算法下，GT 的中断概率随 UAV 与地面终端信道估计误差 σ_m 的变化情况。可以看出，随着 σ_m 的增加，所提算法的实际中断概率总是小于其他算法，且不超过中断概率阈值 ε_m，因此所提算法有较好的鲁棒性；虽然基准算法考虑了参数不确定性的影响但忽视不完美 CSI，因此基准算法实际中断概率高于所提算法，此外，当信道不确定性较大时，能效最大化算法和吞吐量最大化算法的中断概率较高，这是因为这两种算法忽视了信道不确定性参数影响。

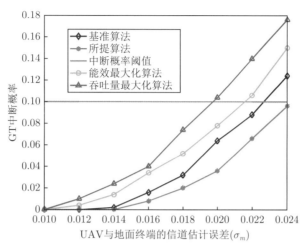

图 9-24　不同算法下，GT 的中断概率随信道估计误差 σ_m 的变化情况

9.4　本 章 小 结

针对 D2D 网络多用户复用蜂窝用户时无法克服信道不确定性影响的问题，9.1 节研究了下垫式频谱共享模式下的鲁棒能效最大化资源分配问题。首先，考虑了共道干扰与用户服务质量约束，建立了多用户 D2D 网络能效最大化资源分配模型。考虑 D2D 链路和蜂窝用户与 D2D 用户链路之间有界信道增益不确定性的影响，将多变量耦合的、不确定的鲁棒资源分配问题转换为确定性的、凸优化问题求解。利用拉格朗日对偶原理获得资源分配的解析解。最后，所提算法能够有效提高网络的鲁棒性。

9.2 节针对基于 NOMA 的无线携能 D2D 网络鲁棒能效资源分配问题进行了研究，考虑 SIC 约束、最大发射功率约束、用户服务质量约束和资源块分配约束，建立基于随机信道不确定性的鲁棒能效最大资源分配模型。利用马尔可夫不等式和卡方分布的性质，将概率约束问题转换为非概率问题，采用 Dinkelbach 和变量替换方法，将原问题转换为凸优化问题，通过拉格朗日对偶理论求得解析解。仿真结果表明所提算法具有很好的能效和鲁棒性能。

9.3 节通过联合优化用户配对、功率分配、UAV 飞行高度和传输时间研究了 UAV 辅助的衬底式能量收集 D2D 通信网络鲁棒资源分配问题。考虑高斯分布信道估计误差和有界坐标估计误差，建立基于非凸中断概率约束的混合整数分式优化问题。基于 worst-case 方法将含参数扰动的鲁棒问题转化为确定形式，利用变量松弛方法和 Dinkelbach 方法将非凸问题转化凸优化问题，并利用拉格朗日对偶理论获得最优解。仿真结果表明，所提算法有较好的能效和鲁棒性。

第 10 章　RIS 辅助的无线通信网络鲁棒资源分配问题

RIS 辅助的无线通信网络鲁棒资源分配问题的核心是将收发机之间的直传信道或者与 RIS 相关的级联信道建模为含信道估计误差的不确定性模型，根据不同的目标函数和约束条件，利用鲁棒优化理论将多变量耦合的鲁棒非凸优化问题转化为确定性、凸优化问题求解，从而得出关于无线资源分配和 RIS 无源波束成形的解析解，同时，分析 RIS 反射单元数量、信道不确定性等对系统性能的影响。

10.1　基于有界 CSI 的 RIS 辅助无线供电通信网络鲁棒资源分配算法

未来物联网为了实现万物智能互联需要部署大规模无线设备以感知周围环境信息，然而无线设备面临能量受限、效率低和通信盲区等问题。为了解决这个问题，无线供电通信网络（wireless-powered communication network，WPCN）被提出，其基本思想是在无线设备附近部署专用能量站，并让能量站按需给能量受限设备提供能量，而无线设备则利用收集的能量进行信息的传输。无线资源分配是实现 WPCN 能量调度、信息传输的关键技术，从而受到学术界、产业界的广泛关注，然而现有 WPCN 资源分配方法很容易受到障碍物阻挡影响，从而降低能量收集效率与传输效率。

为解决信号阻挡、尝试改变信号传播路径，RIS 作为一种低功耗、高能效的新兴技术被提出。具体来讲，RIS 集成了大规模无源反射单元可以独立调节接收信号的相移和幅度，从而改变反射信号的传输方向，同时，RIS 易灵活部署在建筑物表面、室内墙面和天花板等地方，有助于信号传输方向的改变。为了消除 WPCN 的覆盖盲区、增大网络连接性、缓解能量收集效率，研究基于 RIS 辅助的 WPCN 资源分配问题非常有意义。然而现有工作忽略了信道不确定性的影响。由于信道传输时延和量化误差易使估计信道偏离实际信道，存在不确定性参数扰动，从而影响信号反射与信息传输的质量。

为了减少能量消耗同时提高传输速率和系统鲁棒性，本节提出了一种更贴近实际应用需求的高能量收集效率 WPCN 系统架构和鲁棒波束成形算法。该算法考虑系统能量消耗，基于有界信道不确定性，建立了一个联合优化能量波束、RIS 相移、传输时间和发送功率的多变量耦合非线性资源分配问题。该问题是一个含参数摄动的非凸分式规划问题，很难直接求解。为了求解该问题，利用最坏准则和 S-procedure 方法将含参数摄动的鲁棒约束条件转化成确定性的约束，在此基础上，利用广义分式规划理论和变量替换方法将非凸问题转化成确定性凸优化问题，并提出一种基于迭代的鲁棒能效资源分配算法。所提算法具有较好的收敛性、能效和鲁棒性。

10.1.1 系统模型

考虑一个 RIS 辅助的下行传输 WPCN，如图 10-1 所示，该网络可以缓解障碍物阻挡情况下能量收集效率低的问题。网络中含有一个 M 根天线的能量站，一个含 N 个反射单元的 RIS，一个单天线的信息接收站和 K 个单天线用户。能量站通过 RIS 为 K 个用户提供无线能量，K 个用户利用收集的能量通过时分多址接入的方式将无线信息传给信息接收站。定义用户和反射单元集合分别为 $\forall k \in \mathcal{K} \triangleq \{1, 2, \cdots, K\}$ 和 $\forall n \in \mathcal{N} \triangleq \{1, 2, \cdots, N\}$，总传输时长为 T，能量传输时间为 t_0，第 k 个用户的信息传输时间为 t_k，且满足 $t_0 + \sum\limits_{k=1}^{K} t_k \leqslant T$，$\boldsymbol{W} \in \mathbb{C}^{M \times M}$ 为能量站的波束成形矩阵，且 $\boldsymbol{W} = E[\boldsymbol{s}_{\mathrm{E}} \boldsymbol{s}_{\mathrm{E}}^{\mathrm{H}}]$，其中，$\boldsymbol{s}_{\mathrm{E}} \in \mathbb{C}^{M \times 1}$ 为能量信号；$P^{\max}$ 为能量站的最大发射功率，且满足 $\mathrm{Tr}(\boldsymbol{W}) \leqslant P^{\max}$；$\boldsymbol{H} \in \mathbb{C}^{N \times M}$ 和 $\boldsymbol{h}_{\mathrm{r},k} \in \mathbb{C}^{N \times 1}$ 分别为能量站到 RIS 和 RIS 到第 k 个用户的信道系数；$\boldsymbol{\Theta} = \mathrm{diag}(e^{j\theta_1}, \cdots, e^{j\theta_N})$ 为 RIS 的相移矩阵，其中 $\theta_n \in [0, 2\pi)$ 代表第 n 个反射单元的相移，则第 k 个用户收集的能量为

$$E_k^{\mathrm{EH}} = \eta t_0 \mathrm{Tr}\left[\boldsymbol{W}(\boldsymbol{h}_{\mathrm{r},k}^{\mathrm{H}} \boldsymbol{\Theta} \boldsymbol{H})^{\mathrm{H}}(\boldsymbol{h}_{\mathrm{r},k}^{\mathrm{H}} \boldsymbol{\Theta} \boldsymbol{H})\right] \tag{10.1}$$

其中，$0 \leqslant \eta \leqslant 1$ 为能量转换效率。定义 p_k 为第 k 个用户的发射功率；g_k 为第 k 个用户到信息接收站的信道增益，则用户 k 的吞吐量为

$$R_k = t_k \log_2\left(1 + \frac{p_k g_k}{\delta^2}\right) \tag{10.2}$$

其中，δ^2 表示噪声功率，系统总吞吐量 $R = \sum\limits_{k=1}^{K} R_k$。定义 p_k^{C} 为第 k 个用户的电路功耗，则用户 k 收集的总能量应满足：

$$p_k^{\mathrm{C}}(t_0 + t_k) + p_k t_k \leqslant E_k^{\mathrm{EH}} \tag{10.3}$$

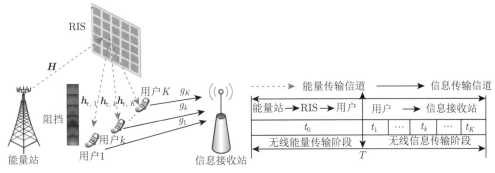

图 10-1　RIS 辅助的下行传输 WPCN

定义 $P_{\mathrm{B}}^{\mathrm{C}}$ 和 $P_{\mathrm{D}}^{\mathrm{C}}$ 分别为能量站和信息接收站的电路功耗，系统消耗的总能量可以表示为

$$Q^{\mathrm{total}} = t_0\left(P_{\mathrm{B}}^{\mathrm{C}} + N P_{\mathrm{e}}^{\mathrm{C}}\right) + \sum_{k=1}^{K}(t_0 + t_k)p_k^{\mathrm{C}} + t_0 \mathrm{Tr}(\boldsymbol{W}) - \sum_{k=1}^{K} E_k^{\mathrm{EH}} + \sum_{k=1}^{K} t_k p_k + \sum_{k=1}^{K} t_k P_{\mathrm{D}}^{\mathrm{C}} \tag{10.4}$$

其中，$P_{\mathrm{e}}^{\mathrm{C}}$ 为每个反射单元的电路功耗。考虑有界信道不确定性模型，则有

$$
\begin{cases}
\mathbb{R}_{\boldsymbol{G}} = \left\{ \Delta \boldsymbol{G}_k \,\middle|\, \boldsymbol{G}_k = \bar{\boldsymbol{G}}_k + \Delta \boldsymbol{G}_k, \|\Delta \boldsymbol{G}_k\|_{\mathrm{F}} \leqslant \omega_k \right\} \\
\mathbb{R}_g = \left\{ \Delta g_k \,\middle|\, g_k = \bar{g}_k + \Delta g_k, |\Delta g_k| \leqslant \sigma_k \right\}
\end{cases}
\tag{10.5}
$$

其中，$\boldsymbol{G}_k = \mathrm{diag}\left(\boldsymbol{h}_{\mathrm{r},k}^{\mathrm{H}}\right) \boldsymbol{H}$；$\bar{\boldsymbol{G}}_k$ 和 $\bar{g}_k$ 表示对应的信道估计值，$\Delta \boldsymbol{G}_k$ 和 Δg_k 表示信道估计误差；ω_k 和 σ_k 表示不确定性参数上界。定义 $\boldsymbol{v} = \left[e^{j\theta_1}, \cdots, e^{j\theta_N}\right]^{\mathrm{H}}$，$\boldsymbol{h}_{\mathrm{r},k}^{\mathrm{H}} \boldsymbol{\Theta} \boldsymbol{H} = \boldsymbol{v}^{\mathrm{H}} \boldsymbol{G}_k$，式 (10.1) 可变为

$$
E_k^{\mathrm{EH}} = \eta t_0 \mathrm{Tr}\left[W(\boldsymbol{v}^{\mathrm{H}} \boldsymbol{G}_k)^{\mathrm{H}}(\boldsymbol{v}^{\mathrm{H}} \boldsymbol{G}_k) \right]
\tag{10.6}
$$

基于式 (10.3)～ 式 (10.6)，鲁棒能效最大化资源分配问题可以描述为

$$
\max_{W,t_0,t_k,p_k,v} \frac{R}{Q^{\mathrm{total}}}
$$

$$
\begin{aligned}
\text{s.t. } & C_1 : p_k t_k + p_k^{\mathrm{C}}(t_0 + t_k) \leqslant E_k^{\mathrm{EH}} \\
& C_2 : t_k \log_2\left(1 + \frac{p_k g_k}{\delta^2}\right) \geqslant R_k^{\mathrm{min}} \\
& C_3 : t_0 + \sum_{k=1}^{K} t_k \leqslant T, t_0 \geqslant 0, t_k \geqslant 0 \\
& C_4 : \mathrm{Tr}(\boldsymbol{W}) \leqslant P^{\mathrm{max}} \\
& C_5 : |\boldsymbol{v}_n| = 1 \\
& C_6 : \Delta \boldsymbol{G}_k \in \mathbb{R}_{\boldsymbol{G}}, \Delta g_k \in \mathbb{R}_g
\end{aligned}
\tag{10.7}
$$

其中，C_1 和 C_2 分别为用户能量收集和服务质量约束；C_3 为总传输时间约束；C_4 为能量站发送功率约束；C_5 为反射相移约束；C_6 为不确定性参数集合。由于目标函数和不确定性约束条件，问题 [式 (10.7)] 是一个含不确定性参数扰动的多变量耦合分式规划问题，难以直接求解。

10.1.2　算法设计

处理 Q^{total} 中的不确定性，引入松弛变量 χ_k 且满足 $\chi_k \leqslant \min\limits_{\Delta \mathbf{G}_k} E_k^{\mathrm{EH}}$，则式 (10.4) 变为

$$
\tilde{Q}^{\mathrm{total}} = t_0\left(P_{\mathrm{B}}^{\mathrm{C}} + N P_{\mathrm{e}}^{\mathrm{C}}\right) + \sum_{k=1}^{K}(t_0 + t_k)p_k^{\mathrm{C}} + t_0 \mathrm{Tr}(\boldsymbol{W}) - \sum_{k=1}^{K} \chi_k + \sum_{k=1}^{K} t_k p_k + \sum_{k=1}^{K} t_k P_{\mathrm{D}}^{\mathrm{C}} \tag{10.8}
$$

基于 $p_k t_k + p_k^{\mathrm{C}}(t_0 + t_k) \leqslant \min\limits_{\Delta \mathbf{G}_k} E_k^{\mathrm{EH}}$ 和 $\chi_k \geqslant p_k t_k + p_k^{\mathrm{C}}(t_0 + t_k)$，$C_1$ 可以转化为

$$
p_k t_k + p_k^{\mathrm{C}}(t_0 + t_k) \leqslant \chi_k
\tag{10.9}
$$

针对 $\chi_k \leqslant \min\limits_{\Delta \mathbf{G}_k} E_k^{\mathrm{EH}}$ 中的不确定性有

$$
\begin{aligned}
\min_{\Delta \mathbf{G}_k} \mathrm{Tr}&\left[\Delta \boldsymbol{G}_k \eta t_0 \boldsymbol{W} \Delta \mathbf{G}_k^{\mathrm{H}} \boldsymbol{v}\boldsymbol{v}^{\mathrm{H}}\right] + 2\Re\left[\mathrm{Tr}\left(\bar{\boldsymbol{G}}_k \eta t_0 \boldsymbol{W} \Delta \mathbf{G}_k^{\mathrm{H}} \boldsymbol{v}\boldsymbol{v}^{\mathrm{H}}\right)\right] \\
&+ \mathrm{Tr}\left(\bar{\boldsymbol{G}}_k \eta t_0 \boldsymbol{W} \bar{\boldsymbol{G}}_k^{\mathrm{H}} \boldsymbol{v}\boldsymbol{v}^{\mathrm{H}}\right) \geqslant \chi_k
\end{aligned}
\tag{10.10}
$$

为了处理式 (10.10) 中的信道不确定性，接下来利用引理 10.1 中的 S-procedure 方法将其转化为确定性表达式。

引理 10.1: 双二次不等式择一定理（S-procedure），定义 $f_i(x) = x^{\mathrm{H}} \mathbf{A}_i x + 2\Re\{\mathbf{b}_i^{\mathrm{H}} \boldsymbol{x}\} + c_i$，$i \in \{1, 2\}$，其中，$x \in \mathbb{C}^{N\times 1}$；$\boldsymbol{A}_i \in \mathbb{C}^{N\times N}$；$\boldsymbol{b}_i \in \mathbb{C}^{N\times 1}$ 和 $c_i \in \mathbb{R}$，则表达式 $f_1(x) \leqslant 0 \Rightarrow f_2(x) \leqslant 0$ 成立的条件是，当且仅当存在 $a \geqslant 0$，使得下述不等式成立。

$$
a\begin{bmatrix} \boldsymbol{A}_1 & \boldsymbol{b}_1 \\ \boldsymbol{b}_1^{\mathrm{H}} & c_1 \end{bmatrix} - \begin{bmatrix} \boldsymbol{A}_2 & \boldsymbol{b}_2 \\ \boldsymbol{b}_2^{\mathrm{H}} & c_2 \end{bmatrix} \succeq \mathbf{0}
\tag{10.11}
$$

基于引理 10.1，式 (10.10) 可转化为

$$
\begin{bmatrix} a_k \boldsymbol{I} + \left(\boldsymbol{v}\boldsymbol{v}^{\mathrm{H}} \otimes \eta t_0 \boldsymbol{W}\right) & \mathrm{vec}(\bar{\boldsymbol{G}}_k)^{\mathrm{H}} \left(\boldsymbol{v}\boldsymbol{v}^{\mathrm{H}} \otimes \eta t_0 \boldsymbol{W}\right) \\ \left(\boldsymbol{v}\boldsymbol{v}^{\mathrm{H}} \otimes \eta t_0 \boldsymbol{W}\right)^{\mathrm{H}} \mathrm{vec}(\bar{\boldsymbol{G}}_k) & \mathrm{vec}(\bar{\boldsymbol{G}}_k)^{\mathrm{H}} \left(\boldsymbol{v}\boldsymbol{v}^{\mathrm{H}} \otimes \eta t_0 \boldsymbol{W}\right) \mathrm{vec}(\bar{\boldsymbol{G}}_k) - \chi_k - a_k \omega_k^2 \end{bmatrix} \succeq \mathbf{0}
\tag{10.12}
$$

其中，$a_k \geqslant 0$ 为松弛变量。

基于最坏准则方法，吞吐量表达式可变为

$$
\begin{aligned}
\min_{\Delta g_k} t_k \log_2\left(1 + \frac{p_k g_k}{\delta^2}\right) &= \min_{\Delta g_k} t_k \log_2\left[1 + \frac{p_k\left(\bar{g}_k + \Delta g_k\right)}{\delta^2}\right] \\
&\geqslant t_k \log_2\left[1 + \frac{p_k\left(\bar{g}_k - \sigma_k\right)}{\delta^2}\right]
\end{aligned}
\tag{10.13}
$$

因此 C_2 可转化为

$$
t_k \log_2\left(1 + \frac{p_k \tilde{g}_k}{\delta^2}\right) \geqslant R_k^{\min}
\tag{10.14}
$$

其中，$\tilde{g}_k = \bar{g}_k - \sigma_k$。基于式 (10.12) 和式 (10.14)，式 (10.7) 可以转换为

$$
\max_{\substack{W,t_0,t_k, \\ p_k,v,\chi_k,a_k}} \frac{\displaystyle\sum_{k=1}^{K} t_k \log_2\left(1 + \frac{p_k \tilde{g}_k}{\delta^2}\right)}{t_0\left(P_{\mathrm{B}}^{\mathrm{C}} + NP_{\mathrm{e}}^{\mathrm{C}}\right) + \displaystyle\sum_{k=1}^{K}(t_0 + t_k)p_k^{\mathrm{C}} + t_0\mathrm{Tr}(\boldsymbol{W}) - \displaystyle\sum_{k=1}^{K}\chi_k + \displaystyle\sum_{k=1}^{K}t_k p_k + \displaystyle\sum_{k=1}^{K}t_k P_{\mathrm{D}}^{\mathrm{C}}}
$$

$$
\text{s.t. } C_7: \begin{bmatrix} a_k \boldsymbol{I} + \left(\boldsymbol{v}\boldsymbol{v}^{\mathrm{H}} \otimes \eta t_0 \boldsymbol{W}\right) & \mathrm{vec}(\bar{\boldsymbol{G}}_k)^{\mathrm{H}} \left(\boldsymbol{v}\boldsymbol{v}^{\mathrm{H}} \otimes \eta t_0 \boldsymbol{W}\right) \\ \left(\boldsymbol{v}\boldsymbol{v}^{\mathrm{H}} \otimes \eta t_0 \boldsymbol{W}\right)^{\mathrm{H}} \mathrm{vec}(\bar{\boldsymbol{G}}_k) & \mathrm{vec}(\bar{\boldsymbol{G}}_k)^{\mathrm{H}} \left(\boldsymbol{v}\boldsymbol{v}^{\mathrm{H}} \otimes \eta t_0 \boldsymbol{W}\right) \mathrm{vec}(\bar{\boldsymbol{G}}_k) - \chi_k - a_k \omega_k^2 \end{bmatrix} \succeq \mathbf{0}
$$

$$
\bar{C}_1: p_k t_k + p_k^{\mathrm{C}}(t_0 + t_k) \leqslant \chi_k
$$

$$\bar{C}_2 : t_k \log_2\left(1 + \frac{p_k \tilde{g}_k}{\delta^2}\right) \geqslant R_k^{\min} \tag{10.15}$$

$$C_3 : t_0 + \sum_{k=1}^K t_k \leqslant T, t_0 \geqslant 0, t_k \geqslant 0,$$

$$C_4 : \mathrm{Tr}\,(\boldsymbol{W}) \leqslant P^{\max}$$

$$C_5 : |v_n| = 1$$

利用广义分式规划理论，式 (10.15) 的目标函数可转化为

$$\max_{\boldsymbol{W}, t_0, t_k, p_k, v, \chi_k, a_k} \sum_{k=1}^K t_k \log_2\left(1 + \frac{p_k \tilde{g}_k}{\delta^2}\right) - q\left[\sum_{k=1}^K (t_0 + t_k) p_k^{\mathrm{C}} \right.$$

$$\left. + t_0\left(P_{\mathrm{B}}^{\mathrm{C}} + NP_{\mathrm{e}}^{\mathrm{C}}\right) + t_0 \mathrm{Tr}(\boldsymbol{W}) - \sum_{k=1}^K \chi_k + \sum_{k=1}^K t_k p_k + \sum_{k=1}^K t_k P_{\mathrm{D}}^{\mathrm{C}}\right] \tag{10.16}$$

其中，$q > 0$ 为系统能效。为解耦 $\boldsymbol{W}$ 和 $\boldsymbol{v}$，基于交替优化方法，关于 $\{\boldsymbol{W}, t_0, t_k, p_k\}$ 的子优化问题为

$$\max_{\boldsymbol{W}, t_0, t_k, p_k, \chi_k, a_k} \sum_{k=1}^K t_k \log_2\left(1 + \frac{p_k \tilde{g}_k}{\delta^2}\right) - q\left[\sum_{k=1}^K (t_0 + t_k) p_k^{\mathrm{C}} \right.$$

$$\left. + t_0\left(P_{\mathrm{B}}^{\mathrm{C}} + NP_{\mathrm{e}}^{\mathrm{C}}\right) + t_0 \mathrm{Tr}(\boldsymbol{W}) - \sum_{k=1}^K \chi_k + \sum_{k=1}^K t_k p_k + \sum_{k=1}^K t_k P_{\mathrm{D}}^{\mathrm{C}}\right] \tag{10.17}$$

$$\text{s.t. } \bar{C}_1, \bar{C}_2, C_3, C_4, C_7$$

定义 $\bar{\boldsymbol{W}} = t_0 \boldsymbol{W}$ 和 $\bar{p}_k = t_k p_k$，式 (10.17) 可等价为

$$\max_{\bar{\boldsymbol{W}}, t_0, t_k, \bar{p}_k, \chi_k, a_k} \sum_{k=1}^K t_k \log_2\left(1 + \frac{\bar{p}_k \tilde{g}_k}{t_k \delta^2}\right) - q\left[\sum_{k=1}^K (t_0 + t_k) p_k^{\mathrm{C}} \right.$$

$$\left. + t_0\left(P_{\mathrm{B}}^{\mathrm{C}} + NP_{\mathrm{e}}^{\mathrm{C}}\right) + \mathrm{Tr}\left(\bar{\boldsymbol{W}}\right) - \sum_{k=1}^K \chi_k + \sum_{k=1}^K \bar{p}_k + \sum_{k=1}^K t_k P_{\mathrm{D}}^{\mathrm{C}}\right]$$

$$\text{s.t. } \tilde{C}_7 : \begin{bmatrix} a_k \boldsymbol{I} + \left(\boldsymbol{v}\boldsymbol{v}^{\mathrm{H}} \otimes \eta\bar{\boldsymbol{W}}\right) & \mathrm{vec}(\bar{\boldsymbol{G}}_k)^{\mathrm{H}}\left(\boldsymbol{v}\boldsymbol{v}^{\mathrm{H}} \otimes \eta\bar{\boldsymbol{W}}\right) \\ \left(\boldsymbol{v}\boldsymbol{v}^{\mathrm{H}} \otimes \eta\bar{\boldsymbol{W}}\right)^{\mathrm{H}} \mathrm{vec}(\bar{\boldsymbol{G}}_k) & \mathrm{vec}(\bar{\boldsymbol{G}}_k)^{\mathrm{H}}\left(\boldsymbol{v}\boldsymbol{v}^{\mathrm{H}} \otimes \eta\bar{\boldsymbol{W}}\right)\mathrm{vec}(\bar{\boldsymbol{G}}_k) - \chi_k - a_k\omega_k^2 \end{bmatrix} \succeq \boldsymbol{0}$$

$$\tilde{C}_1 : \bar{p}_k + p_k^{\mathrm{C}}(t_0 + t_k) \leqslant \chi_k \tag{10.18}$$

$$\tilde{C}_2 : t_k \log_2\left(1 + \frac{\bar{p}_k \tilde{g}_k}{t_k \delta^2}\right) \geqslant R_k^{\min}$$

$$C_3 : t_0 + \sum_{k=1}^K t_k \leqslant T, t_0 \geqslant 0, t_k \geqslant 0$$

$$\tilde{C}_4 : \mathrm{Tr}\left(\bar{\boldsymbol{W}}\right) \leqslant t_0 P^{\mathrm{max}}$$

问题 [式 (10.18)] 是一个凸优化问题，可利用 CVX 工具箱直接求解，同理，关于 $\boldsymbol{v}$ 的子优化问题为

$$\max_{v,\chi_k,a_k} \sum_{k=1}^{K} \chi_k$$

s.t. $\bar{C}_1 : p_k t_k + p_k^{\mathrm{C}}\left(t_0 + t_k\right) \leqslant \chi_k$

$\qquad C_5 : |\boldsymbol{v}_n| = 1$ (10.19)

$$C_7 : \begin{bmatrix} a_k \boldsymbol{I} + \left(\boldsymbol{vv}^{\mathrm{H}} \otimes \eta t_0 \boldsymbol{W}\right) & \mathrm{vec}(\bar{\boldsymbol{G}}_k)^{\mathrm{H}}\left(\boldsymbol{vv}^{\mathrm{H}} \otimes \eta t_0 \boldsymbol{W}\right) \\ \left(\boldsymbol{vv}^{\mathrm{H}} \otimes \eta t_0 \boldsymbol{W}\right)^{\mathrm{H}} \mathrm{vec}(\bar{\boldsymbol{G}}_k) & \mathrm{vec}(\bar{\boldsymbol{G}}_k)^{\mathrm{H}}\left(\boldsymbol{vv}^{\mathrm{H}} \otimes \eta t_0 \boldsymbol{W}\right) \mathrm{vec}(\bar{\boldsymbol{G}}_k) - \chi_k - a_k \omega_k^2 \end{bmatrix} \succeq \boldsymbol{0}$$

问题 [式 (10.19)] 仍然是一个非凸优化问题，无法直接求解。定义 $\boldsymbol{V} = \boldsymbol{vv}^{\mathrm{H}}$ 且满足 $\mathrm{Rank}\left(\boldsymbol{V}\right) = 1$，$\boldsymbol{V} \succeq 0$，式 (10.19) 可以转化为

$$\max_{V,\chi_k,a_k} \sum_{k=1}^{K} \chi_k$$

s.t. $\bar{C}_1 : p_k t_k + p_k^{\mathrm{C}}\left(t_0 + t_k\right) \leqslant \chi_k$

$\qquad \widehat{C}_5 : \boldsymbol{V}_{n,n} = 1, \boldsymbol{V} \succeq \boldsymbol{0}$ (10.20)

$$\widehat{C}_7 : \begin{bmatrix} a_k \boldsymbol{I} + \left(\boldsymbol{V} \otimes \eta t_0 \boldsymbol{W}\right) & \mathrm{vec}(\bar{\boldsymbol{G}}_k)^{\mathrm{H}}\left(\boldsymbol{V} \otimes \eta t_0 \boldsymbol{W}\right) \\ \left(\boldsymbol{V} \otimes \eta t_0 \boldsymbol{W}\right)^{\mathrm{H}} \mathrm{vec}(\bar{\boldsymbol{G}}_k) & \mathrm{vec}(\bar{\boldsymbol{G}}_k)^{\mathrm{H}}\left(\boldsymbol{V} \otimes \eta t_0 \boldsymbol{W}\right) \mathrm{vec}(\bar{\boldsymbol{G}}_k) - \chi_k - a_k \omega_k^2 \end{bmatrix} \succeq \boldsymbol{0}$$

式 (10.20) 是标准的凸半正定规划问题，因此，可设计如算法 10.1 所示的基于迭代的鲁棒能效最大化算法。

算法 10.1 基于迭代的鲁棒能效最大化算法

初始化系统参数：M、N、K、T、$P_{\mathrm{B}}^{\mathrm{C}}$、$P_{\mathrm{e}}^{\mathrm{C}}$、$p_k^{\mathrm{C}}$、$P_{\mathrm{D}}^{\mathrm{C}}$、$\bar{\boldsymbol{G}}_k$、$\bar{g}_k$、$\omega_k$、$\sigma_k$、$R_k^{\mathrm{min}}$、$\eta$ 和 P^{max}，最大迭代次数 L_{max}，能效 $q^{(0)}$ 和 $\boldsymbol{v}^{(0)}$；设置收敛精度 $\varepsilon \geqslant 0$，初始化 $l \geqslant 0$；

1. **While** $\left|q^{(l)} - q^{(l-1)}\right| \geqslant \varepsilon$ 和 $l \leqslant L_{\mathrm{max}}$ **do**
2. 设置迭代次数 $l = l + 1$；
3. 固定 $\boldsymbol{v}^{(l-1)}$，根据式 (10.18) 计算 $\left\{\boldsymbol{W}^{(l)}, t_0^{(l)}, t_k^{(l)}, p_k^{(l)}\right\}$；
4. 固定 $\left\{\boldsymbol{W}^{(l)}, t_0^{(l)}, t_k^{(l)}, p_k^{(l)}\right\}$，根据式 (10.20) 计算 $\boldsymbol{V}^{(l)}$；
5. 特征值分解 $\boldsymbol{V}^{(l)} = \boldsymbol{U}\boldsymbol{\Lambda}\boldsymbol{U}$，$\boldsymbol{v}^{(l)} = \boldsymbol{U}\boldsymbol{\Lambda}^{(1/2)}\boldsymbol{r}$；
6. 更新能效：

$$q^{(l)} = \frac{\sum_{k=1}^{K} t_k \log_2 \left(1 + \frac{p_k \tilde{g}_k}{\delta^2}\right)}{t_0 \left(P_{\mathrm{B}}^{\mathrm{C}} + N P_{\mathrm{e}}^{\mathrm{C}}\right) + \sum_{k=1}^{K}(t_0 + t_k)p_k^{\mathrm{C}} + t_0 \mathrm{Tr}\left(\boldsymbol{W}\right) - \sum_{k=1}^{K}\chi_k + \sum_{k=1}^{K} t_k p_k + \sum_{k=1}^{K} t_k P_{\mathrm{D}}^{\mathrm{C}}};$$

7. End While

10.1.3　仿真分析

本节通过仿真来验证所提算法的有效性。假设路径损耗模型为 $\Gamma(d) = \Gamma_0(d/d_0)^{-\alpha}$，其中，$\Gamma_0 = -20\mathrm{dBm}$ 表示在参考距离 $d_0 = 1\mathrm{m}$ 时的路径损耗；d 表示发射机与信息接收机之间的距离；α 表示路损因子，小尺度衰落服从瑞利衰落。能量站到 RIS 的距离为 5m，路损因子为 2；RIS 位于 $(2,2)$ 处，用户随机分布在圆心为 $(1,0)$，半径为 1m 的圆内，RIS 到用户的路损因子为 2；信息接收机位于 $(30,0)$ 处，用户到信息接收机的路损因子为 2.8。其他仿真参数为：$M = 2$，$N = 16$，$K = 2$，$T = 1\mathrm{s}$，$\eta = 0.8$，$\omega_k = 0.2$，$\sigma_k = 0.2$，$P^{\max} = 40\mathrm{dBm}$，$P_{\mathrm{B}}^{\mathrm{C}} = 10\mathrm{dBm}$，$P_{\mathrm{e}}^{\mathrm{C}} = 1\mathrm{dBm}$，$P_{\mathrm{D}}^{\mathrm{C}} = 10\mathrm{dBm}$，$p_k^{\mathrm{C}} = 5\mathrm{dBm}$，$R_k^{\min} = 1.5\mathrm{bits/Hz}$，$\delta^2 = -80\mathrm{dBm}$，$L_{\max} = 10^5$ 和 $\varepsilon = 10^{-5}$。

图 10-2 给出了系统能效收敛图。从图中可看出，所提算法在经过几次迭代后达到收敛，说明所提算法具有较好的收敛性，且随着天线数 M 和反射单元数 N 的增加，系统能效增加，这是因为增加天线数量和反射单元数量均可增强能量传输效率，使得更多的能量信号反射到用户处进行收集。一方面，减少了第一阶段的能量传输损耗；另一方面，增大了用户用于数据传输的发射功率可行域。

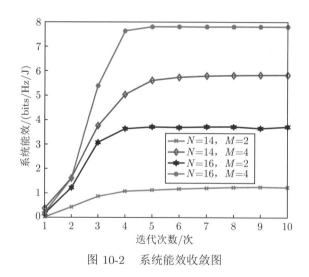

图 10-2　系统能效收敛图

图 10-3 给出了在不同用户下，系统能效与能量站最大发射功率之间的关系。从图中可看出，随着 $P^{\max}$ 的增加，系统能效随之增加；随着用户数 K 的增加，系统能效随之增加，这是因为增加用户收集的能量，可以为第二阶段的数据速率提升提供有利条件，从而使得

系统能效增大，此外，增加用户数量可以增加第一阶段的能量收集总量，且在第二阶段可以提升系统总吞吐量，进而提升系统能效。

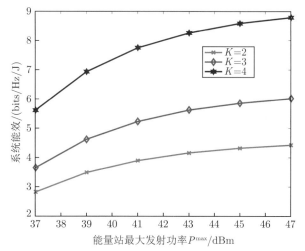

图 10-3   不同用户下，系统能效与能量站最大发射功率的关系

图 10-4 给出了不同算法下，系统能效与能量站最大发射功率之间的关系。从图中可看出，随着 $P^{\max}$ 的增加，不同算法系统能效随之增加，其原因是增加 $P^{\max}$ 意味着能量站可以发射更大功率的能量信号，使得用户可以在短时间内收集足够的能量供给第二阶段数据传输，系统总吞吐量提升，从而提升系统能效；当增大到一定值时，吞吐量最大化算法的系统能效减小，因为该算法的能量消耗程度比速率增长快。此外，在相同取值下，所提算法具有更高的系统能效，因为所提算法对能量收集约束和最小吞吐量约束均引入了鲁棒设计。

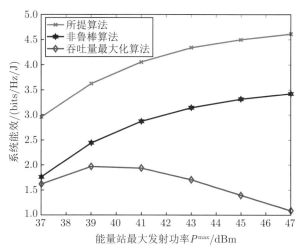

图 10-4   不同算法下，系统能效与能量站最大发射功率之间的关系

图 10-5 给出了不同算法下，系统能效与吞吐量阈值 ($R_k^{\min}$) 之间的关系。从图中可看出，随着 $R_k^{\min}$ 的增加，不同算法系统能效先保持不变然后减小，这是因为当 $R_k^{\min}$ 较小时，

用户的吞吐量时刻大于 $R_k^{\min}$，因此最优资源分配策略不产生影响，能效保持不变；当 $R_k^{\min}$ 继续增大，需要增大发射功率以满足约束条件 C_2，从而增加系统功耗，使得能效降低。

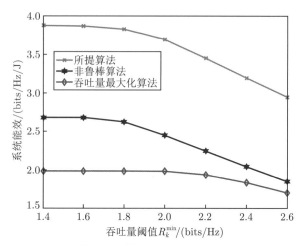

图 10-5　不同算法下，系统能效与吞吐量阈值之间的关系

图 10-6 给出了不同算法下，系统能效与信道不确定性之间的关系。从图中可看出，随着信道不确定性的增加，不同算法系统能效减小，且所提算法系统能效高于其他算法，这是因为增加信道不确定性会导致信道环境变差，使得用户实际收集的能量和实际传输速率减小，系统能效降低，而由于所提算法提前考虑了信道不确定性的影响，对能量收集约束和最小吞吐量约束均进行了鲁棒设计，使得系统可以发射更大的功率来克服信道不确定性影响，从而缓解信道不确定性对能效性能的影响。

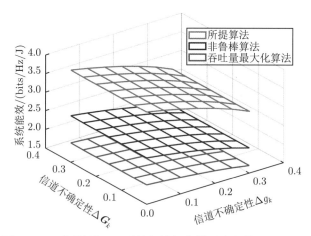

图 10-6　不同算法下，系统能效与信道不确定性之间的关系

图 10-7 给出了不同算法下，中断概率与信道不确定性之间的关系。从图中可以看出，随着信道不确定性的增加，不同算法下的中断概率增加，且所提算法的中断概率低于其他算法。一方面，信道不确定性增加，意味着信道估计值偏离实际值越大，对系统扰动增加，

使得实际数据吞吐量小于最小吞吐量阈值,因此中断概率增加;另一方面,在相同不确定性条件下,所提算法通过提前考虑了系统的鲁棒性,使得用户发射功率大于其他算法,因此能够在一定范围内克服信道不确定性引起的中断。

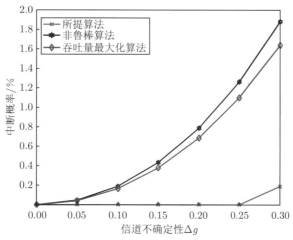

图 10-7 不同算法下,中断概率与信道不确定性之间的关系

10.2 基于统计 CSI 的 RIS 辅助无线供电通信网络鲁棒能效优化算法

在实际通信场景下,信道存在反馈时延和量化误差使得估计信道偏离实际值,此外,由于 RIS 作为一种无源设备只具有反射入射信号的功能,进一步加大了无线携能智能超表面系统的精确信道获取难度。若忽略不确定性参数影响,会导致用户实际收集的能量小于其能量消耗,增加能量中断概率,同时,信息传输信道不确定性会使用户实际吞吐量低于最小吞吐量阈值,产生速率传输中断,另外系统能效是另一个衡量能量收集系统性能的重要指标,研究能效能够实现速率和能量消耗之间的平衡,满足绿色通信需求。

综上所述,为了提升系统能效和鲁棒性,并克服弱信道的能量传输效率低的问题,本节将研究基于统计 CSI 的 RIS 辅助无线供电网络鲁棒能效最大化资源分配算法。该算法考虑吞吐量中断概率约束、能量中断概率约束、能量站最大发射功率约束、子载波分配约束和智能超表面反射相移约束,建立能效最大化资源分配问题。该问题是一个含整数变量的非线性分式规划问题,难以直接求解。为处理该问题,首先利用 Bernstein 类型不等式将概率约束转化为确定性约束,在此基础上,利用广义分式规划理论将分式目标函数转化为减式表达式;然后利用匹配理论和交替优化方法处理多变量耦合问题;最后提出一种鲁棒波束成形算法对凸优化问题进行求解。在信道不确定性扰动下,与其他算法相比,所提算法能有效降低中断概率并提升系统能效。

10.2.1 系统模型

考虑如图 10-8 所示的无线携能智能超表面通信系统,K 个单天线能量受限用户在智能超表面辅助下先收集能量站发射的射频能量,再利用收集的能量通过正交频分多址方式传输信息给单天线的信息接收站。假设智能超表面配有 N 个无源反射单元,能量站配有 M 个天线阵列;定义 t_1 和 t_2 分别为多用户能量收集时间和信息传输时间,满足 $t_1+t_2 \leqslant T$,其中,T 表示总传输时间;假设系统总带宽为 B,等分成 L 个子载波,每个子载波带宽 $B_e = B/L$;定义反射单元集合、用户集合和子载波集合分别为 $\mathcal{N} = \{1, 2, \cdots, N\}$、$\mathcal{K} = \{1, 2, \cdots, K\}$ 和 $\mathcal{L} = \{1, 2, \cdots, L\}$。

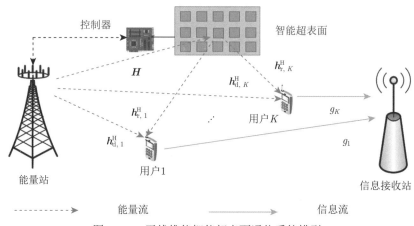

图 10-8　无线携能智能超表面通信系统模型

（1）无线能量传输阶段:定义 $s_{\mathrm{E}} \in \mathbb{C}^{M \times 1}$ 为能量站发射的射频能量信号,满足 $\mathrm{Tr}\{\boldsymbol{W}\} \leqslant P^{\max}$,其中,$\boldsymbol{W} = \mathbb{E}[s_{\mathrm{E}} s_{\mathrm{E}}^{\mathrm{H}}]$ 和 $P^{\max}$ 分别表示能量协方差矩阵和能量的最大发射功率,则第 k 个用户收集的能量可以表示为

$$E_k^{\mathrm{EH}} = \eta t_1 \left(\boldsymbol{h}_{\mathrm{d},k}^{\mathrm{H}} + \boldsymbol{h}_{\mathrm{r},k}^{\mathrm{H}} \boldsymbol{\Theta} \boldsymbol{H} \right) \boldsymbol{W} \left(\boldsymbol{h}_{\mathrm{d},k}^{\mathrm{H}} + \boldsymbol{h}_{\mathrm{r},k}^{\mathrm{H}} \boldsymbol{\Theta} \boldsymbol{H} \right)^{\mathrm{H}} \tag{10.21}$$

其中,$\boldsymbol{h}_{\mathrm{d},k}^{\mathrm{H}} \in \mathbb{C}^{M \times 1}$、$\boldsymbol{H} \in \mathbb{C}^{N \times M}$ 和 $\boldsymbol{h}_{\mathrm{r},k}^{\mathrm{H}} \in \mathbb{C}^{N \times 1}$ 分别为能量站到用户 k、能量站到智能超表面和智能超表面到用户的信道矩阵;$\boldsymbol{\Theta} = \mathrm{diag}(e^{j\theta_1}, \cdots, e^{j\theta_N})$ 表示智能超表面的反射系数,$\theta_n \in [0, 2\pi)$ 为第 n 个反射单元的相移;$\eta \in (0, 1]$ 表示每个用户能量收集效率。

（2）信息传输阶段：定义 $\alpha_{k,l}$ 为子载波分配因子,若第 k 个用户使用第 l 条子载波传输信息,则 $\alpha_{k,l} = 1$;否则 $\alpha_{k,l} = 0$。由于每条载波最多分配一个用户,因此有 $\alpha_{k,l} = \{0,1\}$,$\sum_{k=1}^{K} \alpha_{k,l} = 1$。定义 $s_k \sim \mathcal{CN}(0,1)$ 为第 k 个用户的信息符号;$p_{k,l}$ 为在子载波 l 上的发射功率,则信息接收站接收到用户 k 的信息表达式为 $y_k^{\mathrm{IR}} = \sum_{l=1}^{L} \sqrt{g_{k,l} p_{k,l}} s_k + n^{\mathrm{IR}}$,其中,$g_{k,l}$ 表示第 k 个用户在子载波 l 上到信息接收站的信道增益;$n^{IR} \sim \mathcal{CN}(0, \delta^2)$ 表示加性高斯噪声。

由于用户消耗能量均来自前一时刻收集的能量,因此用户 k 消耗的总能量应满足:

$$\sum_{l=1}^{L} \alpha_{k,l} t_2 p_{k,l} + p_k^{\mathrm{C}} (t_1 + t_2) \leqslant E_k^{\mathrm{EH}} \tag{10.22}$$

其中，p_k^{C} 表示第 k 个用户的电路功耗。用户 k 的吞吐量可以表示为

$$R_k = \sum_{l=1}^{L} \alpha_{k,l} t_2 B_{\mathrm{e}} \log_2 \left(1 + \frac{p_{k,l} g_{k,l}}{\delta^2}\right) \tag{10.23}$$

系统总吞吐量 $R = \sum_{k=1}^{K} R_k$，所有用户消耗的总能量可以表示为

$$E^{\mathrm{total}} = \sum_{k=1}^{K} p_k^{\mathrm{C}} (t_1 + t_2) + \sum_{k=1}^{K} \sum_{l=1}^{L} \alpha_{k,l} t_2 p_{k,l} \tag{10.24}$$

定义 $\boldsymbol{G}_k = \mathrm{diag}\left(\boldsymbol{h}_{\mathrm{r},k}^{\mathrm{H}}\right) \boldsymbol{H}$，令 $\boldsymbol{v} = [e^{j\theta_1}, \cdots, e^{j\theta_N}]^{\mathrm{H}}$，则有 $\boldsymbol{h}_{\mathrm{r},k}^{\mathrm{H}} \boldsymbol{\Theta} \boldsymbol{H} = \boldsymbol{v}^{\mathrm{H}} \boldsymbol{G}_k$。考虑统计信道不确定性，其加性信道不确定性模型可表示为

$$\begin{cases} \mathcal{R}_{\mathrm{G}} = \left\{ \boldsymbol{G}_k \mid \bar{\boldsymbol{G}}_k + \Delta \boldsymbol{G}_k, \mathrm{vec}\left(\Delta \boldsymbol{G}_k\right) \sim \mathcal{CN}\left(0, \boldsymbol{\Omega}_{\mathrm{G},k}\right) \right\} \\ \mathcal{R}_{\mathrm{h}} = \left\{ \boldsymbol{h}_{\mathrm{d},k} \mid \bar{\boldsymbol{h}}_{\mathrm{d},k} + \Delta \boldsymbol{h}_{\mathrm{d},k}, \Delta \boldsymbol{h}_{\mathrm{d},k} \sim \mathcal{CN}\left(0, \boldsymbol{\Omega}_{\mathrm{h},k}\right) \right\} \\ \mathcal{R}_{\mathrm{g}} = \left\{ g_{k,l} \mid \bar{g}_{k,l} + \Delta g_{k,l}, \Delta g_{k,l} \sim \mathcal{CN}\left(0, \sigma_{k,l}^2\right) \right\} \end{cases} \tag{10.25}$$

其中，$\bar{\boldsymbol{G}}_k$、$\bar{\boldsymbol{h}}_{\mathrm{d},k}$ 和 $\bar{g}_{k,l}$ 表示信道估计值；$\Delta \boldsymbol{G}_k$、$\Delta \boldsymbol{h}_{\mathrm{d},k}$ 和 $\Delta g_{k,l}$ 表示相应信道估计误差；$\boldsymbol{\Omega}_{\mathrm{G},k}$ 和 $\boldsymbol{\Omega}_{\mathrm{h},k}$ 代表半正定协方差矩阵；$\sigma_{k,l}^2$ 表示不确定性 $\Delta g_{k,l}$ 的方差。

基于信道不确定性，考虑吞吐量中断概率约束和能量中断概率约束，鲁棒能效最大化资源分配问题可以表示为

$$\max_{\substack{\boldsymbol{w}, t_1, t_2, p_{k,l} \\ , \alpha_{k,l}, \boldsymbol{v}}} \frac{\sum_{k=1}^{K} \sum_{l=1}^{L} \alpha_{k,l} t_2 B_{\mathrm{e}} \log_2 \left(1 + \frac{p_{k,l} g_{k,l}}{\delta^2}\right)}{\sum_{k=1}^{K} p_k^{\mathrm{C}} (t_1 + t_2) + \sum_{k=1}^{K} \sum_{l=1}^{L} \alpha_{k,l} t_2 p_{k,l}}$$

$$\begin{aligned} \mathrm{s.t.}\ & C_1 : \Pr_{\Delta G_k \in \mathcal{R}_{\mathrm{G}}, \Delta h_{d,k} \in \mathcal{R}_h} \left[E_k^{\mathrm{EH}} \geqslant \sum_{l=1}^{L} \alpha_{k,l} t_2 p_{k,l} + p_k^{\mathrm{C}} (t_1 + t_2) \right] \geqslant 1 - \rho_k \\ & C_2 : \Pr_{\Delta g_{k,l} \in \mathcal{R}_{\mathrm{g}}} \left[\sum_{l=1}^{L} \alpha_{k,l} t_2 B_{\mathrm{e}} \log_2 \left(1 + \frac{p_{k,l} g_{k,l}}{\delta^2}\right) \leqslant R_k^{\min} \right] \leqslant \varepsilon_k \\ & C_3 : \mathrm{Tr}(\boldsymbol{W}) \leqslant P^{\max}, \boldsymbol{W} \succeq \boldsymbol{0} \\ & C_4 : t_1 + t_2 \leqslant T, t_1 \geqslant 0, t_2 \geqslant 0 \\ & C_5 : \alpha_{k,l} = \{0, 1\}, \sum_{k=1}^{K} \alpha_{k,l} = 1 \\ & C_6 : |\boldsymbol{v}_n|^2 = 1 \end{aligned} \tag{10.26}$$

其中，$R_k^{\min}$ 表示用户 k 正常通信所需最小吞吐量；$\rho_k \in (0,1]$ 和 $\varepsilon_k \in (0,1]$ 分别表示用户 k 的能量中断概率阈值和吞吐量中断概率阈值。从约束 C_1 可知，ρ_k 越小，对能量收集约束作用越强；从约束 C_2 可知，ε_k 越小，用户需要发射的功率越多。问题 [式 (10.26)] 是一个概率约束的非凸问题，接下来，将问题 [式 (10.26)] 转化为确定性凸优化问题，并设计一种鲁棒波束成形算法进行求解。

10.2.2　算法设计

利用 Bernstein 类型不等式处理约束 C_1，其引理如下所示。

引理 10.2　（Bernstein 类型不等式）　假设函数 $f(\boldsymbol{x}) = \boldsymbol{x}^{\mathrm{H}} \boldsymbol{U} \boldsymbol{x} + 2\mathrm{Re}\{\boldsymbol{u}^{\mathrm{H}} \boldsymbol{x}\} + \boldsymbol{\mu}$，其中，$\boldsymbol{x} \in \mathbb{C}^{M \times 1} \sim \mathcal{CN}(\boldsymbol{0}, \boldsymbol{I})$；$\boldsymbol{U} \in \mathbb{H}^{M \times M}$；$\boldsymbol{u} \in \mathbb{C}^{M \times 1}$。任意给定 $\rho \in (0,1]$，定义松弛变量 x 和 y，可以得

$$
\Pr\left(\boldsymbol{x}^{\mathrm{H}} \boldsymbol{U} \boldsymbol{x} + 2\mathrm{Re}\{\boldsymbol{u}^{\mathrm{H}} \boldsymbol{x}\} + u \geqslant 0\right) \geqslant 1 - \rho
$$
$$
\Rightarrow \begin{cases} \mathrm{Tr}\{\boldsymbol{U}\} - \sqrt{2\ln(1/\rho)}x + \ln(\rho)y + u \geqslant 0 \\ \sqrt{\|\boldsymbol{U}\|_{\mathrm{F}}^2 + 2\|\boldsymbol{u}\|^2} \leqslant x \\ y\boldsymbol{I} + \boldsymbol{U} \succeq \boldsymbol{0}, y \geqslant 0 \end{cases} \tag{10.27}
$$

根据引理 10.1，约束 C_1 可以重新描述为

$$
\Pr_{\Delta \mathbf{G}_k \in \mathcal{R}_G, \Delta h_{d,k} \in \mathcal{R}_h} \left\{ \left(\bar{\boldsymbol{h}}_{\mathrm{d},k}^{\mathrm{H}} + \boldsymbol{v}^{\mathrm{H}} \bar{\boldsymbol{G}}_k\right) \eta t_1 \boldsymbol{W} \left(\bar{\boldsymbol{h}}_{\mathrm{d},k} + \bar{\boldsymbol{G}}_k^{\mathrm{H}} \boldsymbol{v}\right) \right.
$$
$$
+ 2\mathrm{Re}\left\{ \left(\overline{\boldsymbol{h}}_{\delta\Lambda}^{\mathrm{H}} + \boldsymbol{v}^{\mathrm{H}} \overline{\boldsymbol{G}}_k\right) \eta t_1 \boldsymbol{W} \left(\Delta \boldsymbol{h}_{\delta\Lambda} + \Delta \boldsymbol{G}_k^{\mathrm{H}} \boldsymbol{v}\right) \right\}
$$
$$
+ \left(\Delta \boldsymbol{h}_{\Delta,i}^{\mathrm{H}} + \boldsymbol{v}^{\mathrm{H}} \Delta \boldsymbol{G}_k\right) \eta_1 \boldsymbol{W} \left(\Delta \boldsymbol{h}_{\alpha,\kappa} + \Delta \boldsymbol{G}_k^{\mathrm{H}} \boldsymbol{v}\right)
$$
$$
\left. - \left[\sum_{k=1}^{L} \alpha_{k,j} t_2 p_{kj} + p_k^c (t_1 + t_2)\right] \geqslant 0 \right\} \geqslant 1 - \rho \tag{10.28}
$$

定义 $\boldsymbol{\Omega}_{\mathrm{G},k} = \sigma_{G,k}^2 \boldsymbol{I}$，$\boldsymbol{\Omega}_{h,k} = \sigma_{h,k}^2 \boldsymbol{I}$，可以得到不确定性参数表达式为 $\mathrm{vec}(\Delta \boldsymbol{G}_k) = \sigma_{G,k} \boldsymbol{e}_{G,k}$ 和 $\Delta \boldsymbol{h}_{\mathrm{d},k} = \sigma_{h,k} \boldsymbol{e}_{h,k}$。其中 $\boldsymbol{e}_{G,k} \sim \mathcal{CN}(\boldsymbol{0}, \boldsymbol{I})$ 和 $\boldsymbol{e}_{h,k} \sim \mathcal{CN}(\boldsymbol{0}, \boldsymbol{I})$ 分别为高斯随机变量。式 (10.28) 可转化为

$$
\Pr\left\{\boldsymbol{e}_k^{\mathrm{H}} \boldsymbol{U}_k \boldsymbol{e}_k + 2\mathrm{Re}\{\boldsymbol{u}_k^{\mathrm{H}} \boldsymbol{e}_k\} + u_k \geqslant 0\right\} \geqslant 1 - \rho_k \tag{10.29}
$$

其中，

$$
\boldsymbol{e}_k = \begin{bmatrix} \boldsymbol{e}_{\mathrm{h},k}^{\mathrm{H}} & \boldsymbol{e}_{\mathrm{G},k}^{\mathrm{T}} \end{bmatrix}^{\mathrm{H}} \tag{10.30}
$$

$$
\boldsymbol{u}_k = \begin{bmatrix} \sigma_{\mathrm{h},k} \eta t_1 \boldsymbol{W} \left(\bar{\boldsymbol{h}}_{\mathrm{d},k} + \bar{\boldsymbol{G}}_k^{\mathrm{H}} \boldsymbol{v}\right) \\ \sigma_{\mathrm{G},k} \mathrm{vec}^* \left(\boldsymbol{v} \left(\bar{\boldsymbol{h}}_{\mathrm{d},k}^{\mathrm{H}} + \boldsymbol{v}^{\mathrm{H}} \bar{\boldsymbol{G}}_k\right) \eta t_1 \boldsymbol{W}\right) \end{bmatrix} \tag{10.31}
$$

$$
\boldsymbol{U}_k = \begin{bmatrix} \boldsymbol{\Omega}_{\mathrm{h},k}^{1/2} \eta t_1 \boldsymbol{W} \boldsymbol{\Omega}_{\mathrm{h},k}^{1/2} & \sigma_{\mathrm{h},k} \sigma_{\mathrm{G},k} \left(\eta t_1 \boldsymbol{W} \otimes \boldsymbol{v}^{\mathrm{T}}\right) \\ \sigma_{\mathrm{h},k} \sigma_{\mathrm{G},k} \left(\eta t_1 \boldsymbol{W} \otimes \boldsymbol{v}^*\right) & \sigma_{\mathrm{G},k}^2 \left(\eta t_1 \boldsymbol{W} \otimes \left(\boldsymbol{v}\boldsymbol{v}^{\mathrm{H}}\right)^{\mathrm{T}}\right) \end{bmatrix} \tag{10.32}
$$

$$u_k = \left(\bar{\boldsymbol{h}}_{\mathrm{d},k}^{\mathrm{H}} + v^{\mathrm{H}} \mathbf{G}_k \right) \eta t_1 \boldsymbol{W} \left(\bar{\boldsymbol{h}}_{\mathrm{d},k} + \bar{\boldsymbol{G}}_k^{\mathrm{H}} \boldsymbol{v} \right) - \left[\sum_{l=1}^{L} \alpha_{k,l} t_2 p_{k,l} + p_k^{\mathrm{C}} \left(t_1 + t_2 \right) \right] \tag{10.33}$$

定义松弛变量 x_k 和 y_k，式 (10.29) 可以转化为

$$\begin{cases} \mathrm{Tr} \{ \boldsymbol{U}_k \} - \sqrt{2 \ln \left(1/\rho_k \right)} x_k + \ln \left(\rho_k \right) y_k + u_k \geqslant 0 \\ \sqrt{\| \boldsymbol{U}_k \|_F^2 + 2 \| \boldsymbol{u}_k \|^2} \leqslant x_k \\ y_k \boldsymbol{I} + \boldsymbol{U}_k \succeq \boldsymbol{0}, y_k \geqslant 0 \end{cases} \tag{10.34}$$

通过数学转化，式 (10.34) 可以简化为

$$\begin{cases} \left(\sigma_{\mathrm{h},k}^2 + \sigma_{\mathrm{G},k}^2 N \right) \mathrm{Tr} \{ \eta t_1 \boldsymbol{W} \} - \sqrt{2 \ln \left(1/\rho_k \right)} x_k + \ln \left(\rho_k \right) y_k + u_k \geqslant 0 \\ \left\| \begin{array}{c} \left(\sigma_{\mathrm{h},k}^2 + \sigma_{\mathrm{G},k}^2 N \right) \mathrm{vec} \left(\eta t_1 \boldsymbol{W} \right) \\ \sqrt{2 \left(\sigma_{\mathrm{h},k}^2 + \sigma_{\mathrm{G},k}^2 N \right)} \eta t_1 \boldsymbol{W} \left(\bar{\boldsymbol{h}}_{\mathrm{d},k} + \bar{\boldsymbol{G}}_k^{\mathrm{H}} \boldsymbol{v} \right) \end{array} \right\| \leqslant x_k \\ y_k \boldsymbol{I} + \left(\sigma_{\mathrm{h},k}^2 + \sigma_{\mathrm{G},k}^2 N \right) \eta t_1 \boldsymbol{W} \succeq \boldsymbol{0}, y_k \geqslant 0 \end{cases} \tag{10.35}$$

针对约束 C_2，基于概率论，其松弛过程如下：

$$\Pr_{\Delta g_{k,l} \in \mathcal{R}_{\mathrm{g}}} \left[\sum_{l=1}^{L} \alpha_{k,l} t_2 B_{\mathrm{e}} \log_2 \left(1 + \frac{p_{k,l} g_{k,l}}{\delta^2} \right) \leqslant R_k^{\min} \right]$$
$$\leqslant \Pr_{\Delta g_{k,l} \in \mathcal{R}_{\mathrm{g}}} \left[|S_k| \, \alpha_{k,l} t_2 B_{\mathrm{e}} \log_2 \left(1 + \frac{p_{k,l} g_{k,l}}{\delta^2} \right) \leqslant R_k^{\min} \right] \leqslant \epsilon_k \tag{10.36}$$

其中，S_k 和 $|S_k|$ 分别表示分配给第 k 个用户的子载波集合和子载波数量。式 (10.36) 可以等价转化为

$$\Pr_{\Delta g_{k,l} \in \mathcal{R}_g} \left[\Delta g_{k,l} \geqslant \frac{\delta^2}{p_{k,l}} \left(2^{\frac{R_k^{\min}}{S_k | \alpha_{k,l} t_2 B_{\mathrm{e}}}} - 1 \right) - \bar{g}_{k,l} \right] \geqslant 1 - \varepsilon_k \tag{10.37}$$

由于 $\Delta g_{k,l} \sim \mathcal{CN} \left(0, \sigma_{k,l}^2 \right)$，根据 Q 函数原理，式 (10.37) 可以转化为

$$\sigma_{k,l} Q^{-1} \left(1 - \varepsilon_k \right) \geqslant \frac{\delta^2}{p_{k,l}} \left(2^{\frac{R_k^{\min}}{S_k | \alpha_{k,l} t_2 B_{\mathrm{e}}}} - 1 \right) - \bar{g}_{k,l} \tag{10.38}$$

其中，$Q^{-1} \left(\cdot \right)$ 表示 Q 的逆函数。定义 $\tilde{g}_{k,l} = \bar{g}_{k,l} + \sigma_{k,l} Q^{-1} \left(1 - \varepsilon_k \right)$，约束 C_2 可以转化为

$$\sum_{l \in S_k} \alpha_{k,l} t_2 B_{\mathrm{e}} \log_2 \left(1 + \frac{p_{k,l} \tilde{g}_{k,l}}{\delta^2} \right) \geqslant R_k^{\min} \tag{10.39}$$

基于式 (10.35) 和式 (10.39)，问题 [式 (10.26)] 可以转化为

$$
\max_{\substack{\boldsymbol{W},t_1,t_2,p_{k,l},\\ \alpha_{k,l},\boldsymbol{v},x_k,y_k}} \frac{\displaystyle\sum_{k=1}^{K}\sum_{l\in S_k}\alpha_{k,l}t_2 B_{\mathrm{e}}\log_2\left(1+\frac{p_{k,l}\tilde{g}_{k,l}}{\delta^2}\right)}{\displaystyle\sum_{k=1}^{K}p_k^{\mathrm{C}}\left(t_1+t_2\right)+\sum_{k=1}^{K}\sum_{l\in S_k}\alpha_{k,l}t_2 p_{k,l}}
$$

s.t. C_3-C_6

$$
\bar{C}_1:\begin{cases}
\left(\sigma_{\mathrm{h},k}^2+\sigma_{\mathrm{G},k}^2 N\right)\mathrm{Tr}\left\{\eta t_1\boldsymbol{W}\right\}-\sqrt{2\ln\left(1/\rho_k\right)}x_k+\ln\left(\rho_k\right)y_k+u_k\geqslant 0\\[2mm]
\left\|\begin{array}{c}\left(\sigma_{\mathrm{h},k}^2+\sigma_{\mathrm{G},k}^2 N\right)\mathrm{vec}\left(\eta t_1\boldsymbol{W}\right)\\ \sqrt{2\left(\sigma_{\mathrm{h},k}^2+\sigma_{\mathrm{G},k}^2 N\right)}\eta t_1\boldsymbol{W}\left(\bar{\boldsymbol{h}}_{\mathrm{d},k}+\bar{\boldsymbol{G}}_k^{\mathrm{H}}v\right)\end{array}\right\|\leqslant x_k\\[4mm]
y_k\boldsymbol{I}+\left(\sigma_{\mathrm{h},k}^2+\sigma_{\mathrm{G},k}^2 N\right)\eta t_1\boldsymbol{W}\succeq \boldsymbol{0},y_k\geqslant 0
\end{cases}
\tag{10.40}
$$

$$
\bar{C}_2:\sum_{l\in S_k}\alpha_{k,l}t_2 B_{\mathrm{e}}\log_2\left(1+\frac{p_{k,l}\tilde{g}_{k,l}}{\delta^2}\right)\geqslant R_k^{\min}
$$

基于广义分式规划理论，定义辅助变量 q 表示能效，则式 (10.40) 转化为

$$
\max_{\substack{\boldsymbol{W},t_1,t_2,p_{k,l},\\ \alpha_{k,l},\boldsymbol{v},x_k,y_k}}\sum_{k=1}^{K}\sum_{l\in S_k}\alpha_{k,l}t_2 B_{\mathrm{e}}\log_2\left(1+\frac{p_{k,l}\tilde{g}_{k,l}}{\delta^2}\right)
$$
$$
-q\left[\sum_{k=1}^{K}p_k^{\mathrm{C}}\left(t_1+t_2\right)+\sum_{k=1}^{K}\sum_{l\in S_k}\alpha_{k,l}t_2 p_{k,l}\right]
\tag{10.41}
$$

s.t. $\bar{C}_1,\bar{C}_2,C_3-C_6$

式 (10.41) 中含有整数变量 $\alpha_{k,l}$，子载波匹配算法求解 $\alpha_{k,l}$ 如算法 10.2 所示，其中，

$$
q_{k,l}=\frac{\alpha_{k,l}t_2 B_{\mathrm{e}}\log_2\left(1+\dfrac{p_{k,l}\tilde{g}_{k,l}}{\delta^2}\right)}{\alpha_{k,l}t_2 p_{k,l}+p_k^{\mathrm{C}}\left(t_1+t_2\right)}
\tag{10.42}
$$

算法 10.2　子载波匹配算法

初始化子载波集合 $\mathcal{L}=\{1,2,\cdots,L\}$ 和用户集合 $\mathcal{K}=\{1,2,\cdots,K\}$，设置 $q_{k,l}=0$；

1. **For** $k=1$ to K **do**

2. 　　寻找 l^*，使其满足 $\tilde{g}_{k,l^*}\geqslant\tilde{g}_{k,l}$；

3. 　　设置 $a_{k,l^*}=1$，并将子载波 l^* 从集合 $\mathcal{L}$ 移除；

4. 　　根据式 (10.42)，更新能效 q_{k,l^*}；

　　End For

5. **While** $\mathcal{L}\neq\varnothing$ **do**

6. 寻找 k^*，使其满足 $\displaystyle\sum_{l=1}^{L}q_{k^*,l}>\sum_{l=1}^{L}q_{k,l},\forall k\in\mathcal{K}$；

7. 为 k^* 寻找 l^*，使其满足 $\tilde{g}_{k^*,l^*}\geqslant\tilde{g}_{k^*,l}$；

8. 设置 $a_{k^*,l^*} = 1$,并将子载波 l^* 从集合 $\mathcal{L}$ 中移除;

9. 根据式 (10.42),更新能效 q_{k,l^*}

End while

基于算法 10.2,在后面优化问题中 $\alpha_{k,l}$ 可视为常数项。由于 $\boldsymbol{v}$ 和 $\{\boldsymbol{W}, t_1, t_2, p_{k,l}\}$ 存在强耦合关系,因此采用交替优化策略。先固定 $\boldsymbol{v}$,优化 $\{\boldsymbol{W}, t_1, t_2, p_{k,l}\}$,为进一步解耦 $\{t_1, \boldsymbol{W}\}$ 和 $\{t_2, p_{k,l}\}$,再定义 $\bar{\boldsymbol{W}} = t_1 \boldsymbol{W}$, $\bar{p}_{k,l} = t_2 p_{k,l}$,则关于 $\{\bar{\boldsymbol{W}}, t_1, t_2, \bar{p}_{k,l}\}$ 的优化子问题可以表示为

$$\max_{\bar{\boldsymbol{W}}, t_1, t_2, \bar{p}_{k,l}, x_k, y_k} \sum_{k=1}^{K} \sum_{l \in S_k} \alpha_{k,l} t_2 B_{\mathrm{e}} \log_2 \left(1 + \frac{\bar{p}_{k,l} \tilde{g}_{k,l}}{t_2 \delta^2} \right) - q \left[\sum_{k=1}^{K} p_k^{\mathrm{C}} (t_1 + t_2) + \sum_{k=1}^{K} \sum_{l \in S_k} \alpha_{k,l} \bar{p}_{k,l} \right]$$

$$\text{s.t. } \tilde{C}_1 : \begin{cases} \left(\sigma_{\mathrm{h},k}^2 + \sigma_{\mathrm{G},k}^2 N \right) \mathrm{Tr} \left\{ \eta \bar{\boldsymbol{W}} \right\} - \sqrt{2 \ln (1/\rho_k)} x_k + \ln (\rho_k) y_k + u_k \geqslant 0 \\ \left\| \begin{array}{c} \left(\sigma_{\mathrm{h},k}^2 + \sigma_{\mathrm{G},k}^2 N \right) \mathrm{vec} \left(\eta \bar{\boldsymbol{W}} \right) \\ \sqrt{2 \left(\sigma_{\mathrm{h},k}^2 + \sigma_{\mathrm{G},k}^2 N \right)} \eta \bar{\boldsymbol{W}} \left(\bar{h}_{\mathrm{d},k} + \bar{\boldsymbol{G}}_k^{\mathrm{H}} v \right) \end{array} \right\| \leqslant x_k \\ y_k \boldsymbol{I} + \left(\sigma_{\mathrm{h},k}^2 + \sigma_{\mathrm{G},k}^2 N \right) \eta \bar{\boldsymbol{W}} \succeq 0, y_k \geqslant 0 \end{cases}$$

$$\tilde{C}_2 : \sum_{l \in S_k} \alpha_{k,l} t_2 B_{\mathrm{e}} \log_2 \left(1 + \frac{\bar{p}_{k,l} \tilde{g}_{k,l}}{t_2 \delta^2} \right) \geqslant R_k^{\min} \tag{10.43}$$

$$C_4, \tilde{C}_3 : \mathrm{Tr}(\bar{\boldsymbol{W}}) \leqslant t_1 P^{\max}, \boldsymbol{W} \succeq \boldsymbol{0}$$

其中,$u_k = \left(\bar{h}_{\mathrm{d},k}^{\mathrm{H}} + \boldsymbol{v}^{\mathrm{H}} \bar{\boldsymbol{G}}_k \right) \eta \bar{\boldsymbol{W}} \left(\bar{h}_{\mathrm{d},k} + \bar{\boldsymbol{G}}_k^{\mathrm{H}} v \right) - \left[\sum_{l=1}^{L} \alpha_{k,l} \bar{p}_{k,l} + p_k^{\mathrm{C}} (t_1 + t_2) \right]$。问题 [式 (10.43)] 是一个标准凸优化问题,可利用 CVX 工具箱直接求解。

进一步,固定 $\{\boldsymbol{W}, t_1, t_2, p_{k,l}\}$,定义 $\bar{\boldsymbol{v}} = \left[\boldsymbol{v}^{\mathrm{H}}, 1 \right]^{\mathrm{T}}$,关于 $\bar{\boldsymbol{v}}$ 的优化子问题可以表示为

$$\max_{\bar{\boldsymbol{v}}, \beta_k, x_k, y_k} \sum_{k=1}^{K} \beta_k$$

$$\text{s.t. } \widehat{C}_1 : \begin{cases} \left(\sigma_{\mathrm{h},k}^2 + \sigma_{\mathrm{G},k}^2 N \right) \mathrm{Tr} \left(\eta t_1 \boldsymbol{W} \right) - \sqrt{2 \ln (1/\rho_k)} x_k + \ln (\rho_k) y_k + \bar{u}_k \geqslant 0 \\ \left\| \begin{array}{c} \left(\sigma_{\mathrm{h},k}^2 + \sigma_{\mathrm{G},k}^2 N \right) \mathrm{vec} \left(\eta t_1 \boldsymbol{W} \right) \\ \sqrt{2 \left(\sigma_{\mathrm{h},k}^2 + \sigma_{\mathrm{G},k}^2 N \right)} \left(\bar{\boldsymbol{v}}^{\mathrm{H}} \boldsymbol{F}_{1,k} \bar{\boldsymbol{v}} + \bar{h}_{\mathrm{d},k}^{\mathrm{H}} \eta t_1 \boldsymbol{W} \eta t_1 \boldsymbol{W} \bar{h}_{\mathrm{d},k} \right) \end{array} \right\| \leqslant x_k \\ y_k \boldsymbol{I} + \left(\sigma_{\mathrm{h},k}^2 + \sigma_{\mathrm{G},k}^2 N \right) \eta t_1 \boldsymbol{W} \succeq \boldsymbol{0}, y_k \geqslant 0 \end{cases} \tag{10.44}$$

$$\widehat{C}_6 : |\bar{\boldsymbol{v}}_n|^2 = 1, \forall n \in \{1, 2, \cdots, N+1\}$$

其中,

$$\boldsymbol{F}_{1,k} = \begin{bmatrix} \bar{\boldsymbol{G}}_k \eta t_1 \boldsymbol{W} \eta t_1 \boldsymbol{W} \bar{\boldsymbol{G}}_k^{\mathrm{H}} & \bar{\boldsymbol{G}}_k \eta t_1 \boldsymbol{W} \eta t_1 \boldsymbol{W} \bar{h}_{\mathrm{d},k} \\ (\bar{\boldsymbol{G}}_k \eta t_1 \boldsymbol{W} \eta t_1 \boldsymbol{W} \bar{h}_{\mathrm{d},k})^{\mathrm{H}} & 0 \end{bmatrix} \tag{10.45}$$

$$\bar{u}_k = \bar{\boldsymbol{v}}^{\mathrm{H}} \boldsymbol{F}_{2,k} \bar{\boldsymbol{v}} + \bar{\boldsymbol{h}}_{\mathrm{d},k}^{\mathrm{H}} \eta t_1 \boldsymbol{W} \bar{\boldsymbol{h}}_{\mathrm{d},k} - \left[\sum_{l \in S_k} \alpha_{k,l} t_2 p_{k,l} + p_k^{\mathrm{C}} (t_1 + t_2) + \beta_k \right] \tag{10.46}$$

$$\boldsymbol{F}_{2,k} = \begin{bmatrix} \bar{\boldsymbol{G}}_k \eta t_1 \boldsymbol{W} \bar{\boldsymbol{G}}_k^{\mathrm{H}} & \bar{\boldsymbol{G}}_k \eta t_1 \boldsymbol{W} \bar{\boldsymbol{h}}_{\mathrm{d},k} \\ (\bar{\boldsymbol{G}}_k \eta t_1 \boldsymbol{W} \bar{\boldsymbol{h}}_{\mathrm{d},k})^{\mathrm{H}} & 0 \end{bmatrix} \tag{10.47}$$

又因为 $\bar{\boldsymbol{v}}^{\mathrm{H}} \boldsymbol{F}_{1,k} \bar{\boldsymbol{v}} = \mathrm{Tr}\left(\boldsymbol{F}_{1,k} \bar{\boldsymbol{v}} \bar{\boldsymbol{v}}^{\mathrm{H}}\right)$，定义 $\boldsymbol{V} = \bar{\boldsymbol{v}} \bar{\boldsymbol{v}}^{\mathrm{H}}$，满足 $\mathrm{Rank}(\boldsymbol{V}) = 1$ 和 $\boldsymbol{V} \succeq \boldsymbol{0}$，式 (10.44) 转化为

$$\max_{V, \beta_k, x_k, y_k} \sum_{k=1}^{K} \beta_k$$

$$\text{s.t. } \widehat{C}_1 : \begin{cases} (\sigma_{\mathrm{h},k}^2 + \sigma_{\mathrm{G},k}^2 N) \mathrm{Tr}\left(\eta t_1 \boldsymbol{W}\right) - \sqrt{2\ln(1/\rho_k)} x_k + \ln(\rho_k) y_k + \bar{u}_k \geqslant 0 \\ \left\| \begin{array}{c} (\sigma_{\mathrm{h},k}^2 + \sigma_{\mathrm{G},k}^2 N) \mathrm{vec}\left(\eta t_1 \boldsymbol{W}\right) \\ \sqrt{2\left(\sigma_{\mathrm{h},k}^2 + \sigma_{\mathrm{G},k}^2 N\right)\left[\mathrm{Tr}(\boldsymbol{F}_{1,k} \boldsymbol{V}) + \bar{\boldsymbol{h}}_{\mathrm{d},k}^{\mathrm{H}} \eta t_1 \boldsymbol{W} \eta t_1 \boldsymbol{W} \bar{\boldsymbol{h}}_{\mathrm{d},k}\right]} \end{array} \right\| \leqslant x_k \\ y_k \boldsymbol{I} + \left(\sigma_{\mathrm{h},k}^2 + \sigma_{\mathrm{G},k}^2 N\right) \eta t_1 \boldsymbol{W} \succeq \boldsymbol{0}, y_k \geqslant 0 \end{cases} \tag{10.48}$$

$$\widehat{C}_6 : \mathrm{Rank}(\boldsymbol{V}) = 1, \boldsymbol{V} \succeq \boldsymbol{0}$$

其中，$\bar{u}_k = \mathrm{Tr}\left(\boldsymbol{F}_{2,k} \boldsymbol{V}\right) + \bar{\boldsymbol{h}}_{\mathrm{d},k}^{\mathrm{H}} \eta t_1 \boldsymbol{W} \bar{\boldsymbol{h}}_{\mathrm{d},k} - \left[\sum_{l \in S_k} \alpha_{k,l} t_2 p_{k,l} + p_k^{\mathrm{c}} (t_1 + t_2) + \beta_k\right]$。式 (10.48) 是一个标准的凸半正定规划问题，可利用半正定松弛和高斯随机化方法求解。基于上述推导，鲁棒波束成形算法如算法 10.3 所示。

算法 10.3　鲁棒波束成形算法

初始化系统参数：M、N、K、L、T、B、B_e、$\bar{\boldsymbol{G}}_k$、$\bar{\boldsymbol{h}}_{\mathrm{d},k}^{\mathrm{H}}$、$\bar{g}_{k,l}$、$\delta^2$、$p_k^{\mathrm{C}}$、$P^{\max}$、$R_k^{\min}$、$\rho_k$、$\varepsilon_k$、$\sigma_{\mathrm{G},k}$、$\sigma_{\mathrm{h},k}$、$\sigma_{k,l}$、$\eta$、$p_{k,l}$、$t_1$、$t_2$ 和 q；

设置：初始迭代次数 $i = 0$，收敛精度 ζ，最大迭代次数 $I_{\max}$；

1. **While** $i \leqslant I_{\max}$ **or** $\left| q^{(i)} - q^{(i-1)} \right| / q^{(i-1)} < \zeta$ **do**

2. 设置 $i = i + 1$；

3. 根据算法 10.2，计算 $\alpha_{k,l}^{(i)}$；

4. 固定 $\boldsymbol{v}^{(i-1)}$，根据 (10.43) 计算 $\left\{ \boldsymbol{W}^{(i)}, t_1^{(i)}, t_2^{(i)}, p_{k,l}^{(i)} \right\}$；

5. 固定 $\left\{ \boldsymbol{W}^{(i)}, t_1^{(i)}, t_2^{(i)}, p_{k,l}^{(i)} \right\}$，根据式 (10.48) 计算 $\boldsymbol{v}^{(i)}$；

6. 更新能效：$q^{(i)} = \dfrac{\displaystyle\sum_{k=1}^{K} \sum_{l \in S_k} \alpha_{k,l}^{(i)} t_2^{(i)} B_e \log_2 \left(1 + \dfrac{p_{k,l}^{(i)} \tilde{g}_{k,l}}{\delta^2}\right)}{\displaystyle\sum_{k=1}^{K} p_k^{\mathrm{C}} \left[t_1^{(i)} + t_2^{(i)}\right] + \sum_{k=1}^{K} \sum_{l \in S_k} \alpha_{k,l}^{(i)} t_2^{(i)} p_{k,l}^{(i)}}$；

End While

10.2.3　仿真分析

本节通过仿真验证所提算法的有效性。设置不确定参数 $\mathrm{vec}(\Delta\boldsymbol{G}_k)$、$\Delta\boldsymbol{h}_{\mathrm{d},k}$ 和 $\Delta\boldsymbol{g}_{k,l}$ 的方差分别为 $\sigma_{\mathrm{G},k}^2 = \sigma_{\mathrm{G}}^2\left\|\overline{\boldsymbol{G}}_k\right\|_2^2$、$\sigma_{\mathrm{h},k}^2 = \sigma_{\mathrm{h}}^2\left\|\overline{\boldsymbol{h}}_{\mathrm{d},k}\right\|_2^2$ 和 $\sigma_{k,l}^2 = \sigma_{\mathrm{g}}^2$；$\sigma_{\mathrm{G}} \in [0,1)$、$\sigma_{\mathrm{h}} \in [0,1)$ 和 $\sigma_{\mathrm{g}} \in [0,1)$ 分别为相关信道不确定性。系统参数为：$M = 26$，$N = 26$，$K = 2$，$L = 10$，$I_{\max} = 10^4$，$\zeta = 10^{-5}$，$\eta = 0.8$，$p_k^{\mathrm{C}} = 7\mathrm{dBm}$，$P^{\max} = 30\mathrm{dBm}$，$T = 1\mathrm{s}$，$\delta^2 = -90\mathrm{dBm}$，$B = 20\mathrm{kHz}$，$B_e = 2\mathrm{kHz}$，$R_k^{\min} = 0.4\mathrm{bits/Hz}$，$\sigma_{\mathrm{G}} = 0.02$，$\sigma_{\mathrm{h}} = 0.02$，$\sigma_{\mathrm{g}} = 0.02$，$\rho_k = 0.05$ 和 $\varepsilon_k = 0.05$。假设能量站、智能超表面和信息接收站分别位于 $(0,0)$、$(2,2)$ 和 $(30,0)$，用户位于 $(1,0)$ 和 $(11,0)$。路径损耗模型为 $\varGamma(d) = \varGamma_0\left(d/d_0\right)^{-\alpha}$，其中，$\varGamma_0 = -30\mathrm{dB}$ 表示参考距离 $d_0 = 1\mathrm{m}$ 时的路损；d 表示发射机与接收机之间的距离；$\alpha \in [2,5]$ 表示路径损耗因子。设置能量站与智能超表面及智能超表面与用户之间的路径损耗因子为 2.2；能量站与用户及用户与信息接收机之间的路径损耗因子为 2.8。所有信道的小规模衰落均服从瑞利衰落。

图 10-9 描述了不同信道不确定性下，用户总能效与最小吞吐量阈值 $(R_k^{\min})$ 之间的关系。从图中可知，随着最小吞吐量阈值 $R_k^{\min}$ 的增大，用户总能效先保持不变然后减小，此外增大信道不确定性，用户总能效减小，这是因为当 $R_k^{\min}$ 较小时，用户实际吞吐量满足约束 C_2，增大 $R_k^{\min}$ 不会影响其最优解，而当 $R_k^{\min}$ 较大时，用户需增大发射功率以满足服务质量需求，导致功率消耗增加使得能效下降，另外增大信道不确定性意味着实际信道偏离估计值，能效降低。

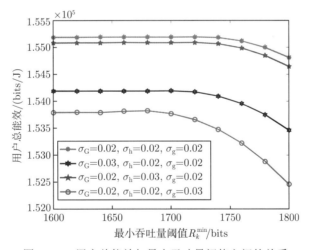

图 10-9　用户总能效与最小吞吐量阈值之间的关系

图 10-10 描述了不同算法下，能量中断概率随信道不确定性的变化关系。从图中可看出，能量中断概率随信道不确定性 σ_{G} 和 σ_{h} 的增加而增加，且所提算法的能量中断概率低于非鲁棒算法。主要有两个方面原因：① 随着信道不确定性 σ_{G} 和 σ_{h} 的增加，能量传输效率降低，导致实际收集的能量不能满足用户功率消耗；② 所提算法提前考虑了信道不确定性的影响，因此能有效抑制不确定性参数扰动。

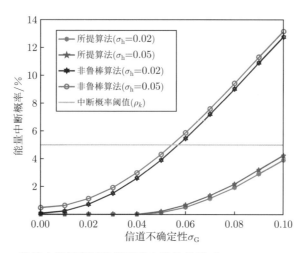

图 10-10　能量中断概率随信道不确定性的关系（$\rho_k = 0.05$，$\sigma_g = 0.02$）

图 10-11 描述了不同算法下，服务质量满足概率与信道不确定性的关系。从图中可知，随着信道不确定性 σ_g 的增加，满足概率下降，此外所提算法的满足概率大于非鲁棒算法，且含有智能超表面算法，其满足概率大于无智能超表面鲁棒算法。主要原因为随着 σ_g 的增加使信息传输环境变差，导致用户实际吞吐量减小，使得用户吞吐量小于 $R_k^{\min}$ 的概率增加，而由于所提算法和吞吐量最大化算法均提前考虑了信道不确定性，因此满足概率大于非鲁棒算法，此外，由于无智能超表面算法没有考虑反射链路，因此用户能量收集效率低于其他算法，当信息传输环境变差时，用户可用于克服信道不确定性的发射功率受限。

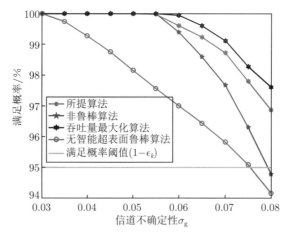

图 10-11　服务质量满足概率与信道不确定性的关系（$\varepsilon_k = 0.05$）

图 10-12 描述了不同算法下，用户总能效与智能超表面反射单元数量之间的关系。从图中可以清楚地看出，除无智能超表面能效鲁棒算法和吞吐量最大化算法外，不同算法下的用户总能效均随智能超表面反射单元数量 N 的增加而增加，而吞吐量最大化算法下的

用户总能效先增大后减小,这是因为增加 N 会使智能超表面反射到用户端的能量信号增强,可用于提升吞吐量。由于无智能超表面鲁棒算法没有智能超表面到用户端链路,因此总能效保持不变。对于吞吐量最大化算法而言,当反射单元数量较小时,发射功率是影响速率增大的主要因素,因此随 N 的增加而增加,而当反射单元数较大时,由于用户速率提升接近饱和,其吞吐量增量小于功率消耗增量,因此用户总能效减小。

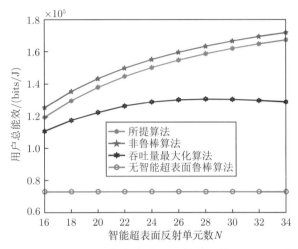

图 10-12 用户总能效与智能超表面反射单元数量 N 之间的关系

10.3 面向信息安全的 RIS 辅助数能同传网络鲁棒资源分配算法

10.2 节主要集中在 RIS 辅助的无线供电网络,该网络特点是先吸收能量,再进行数据传输,从而降低了通信效率。为了进一步提高网络传输效率,本节将研究基于 RIS 辅助的数能同传网络鲁棒资源分配算法,通过设计一种有效的功率分流策略来实现数据信息与能量的同时传输,并且保证系统的鲁棒性和能效性能最优化。

为提高 SWIPT 系统安全性、鲁棒性和可持续性,首先,考虑有界窃听信道不确定性,研究 IRS 辅助的 SWIPT 系统能效最大化问题,考虑最大窃听速率约束、基站发送功率约束、最小能量收集约束和 IRS 相移约束,建立 IRS 辅助的 SWIPT 系统总能效最大的鲁棒资源分配模型;其次,利用 Dinkelbach 方法和 S-procedure 方法分别对分式规划问题和窃听信道参数不确定性约束进行转换,再采用一阶泰勒展开式对目标函数做近似处理;最后,提出一种基于连续凸近似方法算法。仿真验证了所提算法具有很好的鲁棒性和能效。

10.3.1 系统模型

考虑如图 10-13 所示的 IRS 辅助 SWIPT 下行传输网络系统模型。该网络包括一个多天线基站、一个智能反射面、K 个单天线用户、L 个窃听者以及 R 个能量收集装置,其中基站含有 M 根天线,反射面含有 N 个反射阵源,通过一个软件控制器与基站相连。定义用户集合为 $\forall k \in \mathcal{K} = \{1, 2, \cdots, K\}$,窃听者集合为 $\forall l \in \mathcal{L} = \{1, 2, \cdots, L\}$,能量收

集装置集合为 $\forall r \in \mathcal{R} = \{1, 2, \cdots, R\}$，反射单元集合为 $\forall n \in \mathcal{N} = \{1, 2, \cdots, N\}$。用户与窃听者接收信号由两部分组成，即基站到用户或窃听者的直接链路信号，以及基站经反射面再到用户或窃听者的间接链路信号。定义 $\boldsymbol{h}_{\mathrm{AI}} \in \mathbb{C}^{N \times M}$ 为基站与 IRS 之间的信道系数，$\boldsymbol{h}_{\mathrm{AU}}^k \in \mathbb{C}^{M \times 1}$、$\boldsymbol{h}_{\mathrm{AE}}^l \in \mathbb{C}^{M \times 1}$ 和 $\boldsymbol{g}_{\mathrm{AH}}^r \in \mathbb{C}^{M \times 1}$ 分别为基站与第 k 个用户、第 l 个窃听者和第 r 个能量接收装置的信道系数；$\boldsymbol{h}_{\mathrm{IU}}^k \in \mathbb{C}^{N \times 1}$、$\boldsymbol{h}_{\mathrm{IE}}^l \in \mathbb{C}^{N \times 1}$ 和 $\boldsymbol{g}_{\mathrm{IH}}^r \in \mathbb{C}^{N \times 1}$ 分别为 IRS 与第 k 个用户、第 l 个窃听者和第 r 个能量接收装置之间的信道系数。相移矩阵用 $\boldsymbol{G} = \operatorname{diag}(\boldsymbol{q}^{\mathrm{H}})$ 表示，其中，$\boldsymbol{q} = (q_1, q_2, \cdots, q_N)^{\mathrm{H}}$，$q_n = \beta e^{j\theta_n}$，$\theta_n \in [0, 2\pi)$ 表示 IRS 的第 n 个阵源的反射系数相移，$\beta \in [0, 1]$ 表示反射系数的幅度。为了方便起见，通常取 $\beta = 1$ 以获得最大的反射增益。

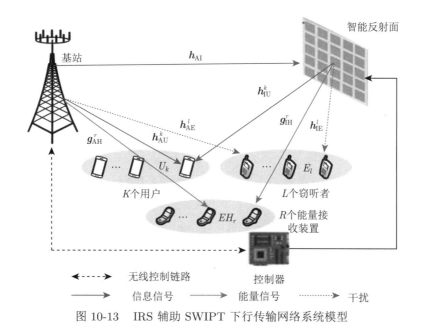

图 10-13　IRS 辅助 SWIPT 下行传输网络系统模型

在 IRS 辅助的 SWIPT 系统中，为了减小实现复杂度，假设信息接收机不具备消除能量信号干扰的能力。值得注意的是：在传统没有 IRS 辅助的 SWIPT 系统中，如果所有用户（包括信息接收机和能量收集装置）的通信信道在统计上是独立的，那么不需要能量信号。然而，由于通过任意相移经 IRS 反射的多路径信号，这种情况一般不适用于 IRS 辅助的 SWIPT 系统，因此需要进一步考察这种情况下的专用能量信号。

不失一般性，假设每个信息接收机和能量收集装置都配备有单独的信息和能量波束，基站发射信号可以表示为

$$\boldsymbol{x} = \sum_{k=1}^{K} \boldsymbol{w}_k s_k + \sum_{r=1}^{R} \boldsymbol{v}_r s_r \tag{10.49}$$

其中，s_k 和 s_r 分别表示基站发送给第 k 个用户的信息信号和第 r 个能量接收装置的能量信号，$s_k \sim \mathcal{CN}(0, 1)$ 且满足 $E\{|s_k|^2\} = 1$，s_r 不携带信息，可认为是任意随机信号，满足

特定的电磁波辐射规律。不失一般性，假设 s_r 由任意分布独立产生且满足 $E\{|s_r|^2\}=1$。$\boldsymbol{w}_k$，$\boldsymbol{v}_r \in \mathbb{C}^{M \times 1}$ 分别表示基站到第 k 个用户的信息波束成形向量和到能量收集装置的能量波束成形向量，基站所需的总发射功率为

$$E\left(\boldsymbol{x}^{\mathrm{H}}\boldsymbol{x}\right) = \sum_{k=1}^{K} \|\boldsymbol{w}_k\|^2 + \sum_{r=1}^{R} \|\boldsymbol{v}_r\|^2 \tag{10.50}$$

第 k 个用户的接收信号和第 l 个潜在窃听者窃听到第 k 个用户的信息分别为

$$y_k^{\mathrm{U}} = \left[\left(\boldsymbol{h}_{\mathrm{TU}}^{k}\right)^{\mathrm{H}} \boldsymbol{G}\boldsymbol{h}_{\mathrm{AI}} + \left(\boldsymbol{h}_{\mathrm{AU}}^{k}\right)^{\mathrm{H}}\right] \boldsymbol{x} + n_k^{\mathrm{U}} \tag{10.51}$$

$$y_{k,l}^{\mathrm{E}} = \left[\left(\boldsymbol{h}_{\mathrm{IE}}^{l}\right)^{\mathrm{H}} \boldsymbol{G}\boldsymbol{h}_{\mathrm{AI}} + \left(\boldsymbol{h}_{\mathrm{AE}}^{l}\right)^{\mathrm{H}}\right] \boldsymbol{x} + n_l^{\mathrm{E}} \tag{10.52}$$

其中，$n_k^{\mathrm{U}} \sim \mathcal{CN}(0, \sigma_k^2)$ 和 $n_l^{\mathrm{E}} \sim \mathcal{CN}(0, \delta_l^2)$ 分别为第 k 个用户和第 l 个窃听者处的接收噪声。

假设信息用户和窃听者不具有消除能量收集接收机产生的干扰的能力，基于香农定理，第 k 个用户接收第 k 条信息的速率为

$$R_k^{\mathrm{U}} = B \log_2 \left(1 + \gamma_k^{\mathrm{U}}\right) \tag{10.53}$$

其中，

$$\gamma_k^{\mathrm{U}} = \frac{|\boldsymbol{h}_k^{\mathrm{H}}\boldsymbol{w}_k|^2}{\sum\limits_{j \neq k}^{K} |\boldsymbol{h}_k^{\mathrm{H}}\boldsymbol{w}_j|^2 + \sum\limits_{r=1}^{R} |\boldsymbol{h}_k^{\mathrm{H}}\boldsymbol{v}_r|^2 + \sigma_k^2} \tag{10.54}$$

$$\boldsymbol{h}_k^{\mathrm{H}} = (\boldsymbol{h}_{\mathrm{IU}}^{k})^{\mathrm{H}} \boldsymbol{G}\boldsymbol{h}_{\mathrm{AI}} + (\boldsymbol{h}_{\mathrm{AU}}^{k})^{\mathrm{H}} \tag{10.55}$$

第 l 个窃听者窃听第 k 条信息的速率为

$$R_{k,l}^{\mathrm{E}} = B \log_2 \left(1 + \gamma_{k,l}^{\mathrm{E}}\right) \tag{10.56}$$

其中，

$$\gamma_{k,l}^{\mathrm{E}} = \frac{|\boldsymbol{g}_l^{\mathrm{H}}\boldsymbol{w}_k|^2}{\sum\limits_{j \neq k}^{K} |\boldsymbol{g}_l^{\mathrm{H}}\boldsymbol{w}_j|^2 + \sum\limits_{r=1}^{R} |\boldsymbol{g}_l^{\mathrm{H}}\boldsymbol{v}_r|^2 + \delta_l^2} \tag{10.57}$$

$$\boldsymbol{g}_l^{\mathrm{H}} = (\boldsymbol{h}_{\mathrm{IE}}^{l})^{\mathrm{H}} \boldsymbol{G}\boldsymbol{h}_{\mathrm{AI}} + (\boldsymbol{h}_{\mathrm{AE}}^{l})^{\mathrm{H}} \tag{10.58}$$

考虑安全通信，第 k 个用户可获得的保密速率可以表示为

$$R_k^{\mathrm{sec}} = \left(R_k^{\mathrm{U}} - \max_{\forall l \in \mathcal{L}} R_{k,l}^{\mathrm{E}}\right)^{+} \tag{10.59}$$

其中，$(z)^+ = \max{(z, 0)}$。

则每个能量接收机收集的能量为

$$E_r = \varphi \left(\sum_{k=1}^{K} \left\| e_r^{\mathrm{H}} w_k \right\|^2 + \sum_{m=1}^{R} \left\| e_r^{\mathrm{H}} v_m \right\|^2 \right) \tag{10.60}$$

其中，φ 为能量接收机的能量转化效率，$0 < \varphi < 1$；$e_r^{\mathrm{H}} = (g_{\mathrm{IH}}^r)^{\mathrm{H}} G h_{\mathrm{AI}} + (g_{\mathrm{AH}}^r)^{\mathrm{H}}$。

系统的功率消耗建模为

$$P^{\mathrm{total}} = \frac{P_t}{\varsigma} + P_c - \sum_{r=1}^{R} E_r \tag{10.61}$$

其中，$P_t = \sum_{k=1}^{K} \|w_k\|^2 + \sum_{r=1}^{R} \|v_r\|^2$ 为基站的射频发射功率；$\varsigma \in (0, 1]$ 为功率放大系数，不失一般性，$\varsigma = 1$；P_c 为整个系统电路功耗。

考虑窃听信道的有界不确定性，采用如下椭球有界信道不确定模型：

$$\begin{cases} h_{\mathrm{AE}}^l = \overline{h}_{\mathrm{AE}}^l + \Delta h_{\mathrm{AE}}^l, h_{\mathrm{IE}}^l = \overline{h}_{\mathrm{IE}}^l + \Delta h_{\mathrm{IE}}^l \\ \Omega_{\mathrm{E}} = \left\{ \left\| \Delta h_{\mathrm{AE}}^l \right\|_{\mathrm{F}} \leqslant \varepsilon_{\mathrm{AE}}^l, \left\| \Delta h_{\mathrm{IE}}^l \right\|_{\mathrm{F}} \leqslant \varepsilon_{\mathrm{IE}}^l, \forall l \right\} \end{cases} \tag{10.62}$$

其中，$\overline{h}_{\mathrm{AE}}^l \in \mathbb{C}^{M \times 1}$ 和 $\overline{h}_{\mathrm{IE}}^l \in \mathbb{C}^{N \times 1}$ 分别表示基站到窃听者和 IRS 到窃听者的估计信道；$h_{\mathrm{AE}}^l \in \mathbb{C}^{M \times 1}$ 和 $h_{\mathrm{IE}}^l \in \mathbb{C}^{N \times 1}$ 分别表示相应的信道不确定性估计误差；$\varepsilon_{\mathrm{AE}}^l$ 和 $\varepsilon_{\mathrm{IE}}^l$ 表示相应的估计误差上界。

基于窃听信道的参数不确定性，建立系统用户总能效最大化的资源分配模型为

$$\max_{w_k, v_r, \theta_n} \frac{\sum_{k=1}^{K} R_k^{\mathrm{U}}}{P^{\mathrm{total}}}$$

$$\begin{aligned} \mathrm{s.t.} \ \ &C_1 : \varphi \left(\sum_{k=1}^{K} \left\| e_r^{\mathrm{H}} w_k \right\|^2 + \sum_{r=1}^{R} \left\| e_r^{\mathrm{H}} v_r \right\|^2 \right) \geqslant \bar{E}_r \\ &C_2 : R_k^{\mathrm{sec}} \geqslant R_k^{\mathrm{min}}, \left\| \Delta h_{\mathrm{AE}}^l \right\|_{\mathrm{F}} \leqslant \varepsilon_{\mathrm{AE}}^l, \left\| \Delta h_{\mathrm{IE}}^l \right\|_{\mathrm{F}} \leqslant \varepsilon_{\mathrm{IE}}^l \\ &C_3 : \sum_{k=1}^{K} \|w_k\|^2 + \sum_{r=1}^{R} \|v_r\|^2 \leqslant P_{\max} \\ &C_4 : 0 \leqslant \theta_n \leqslant 2\pi \end{aligned} \tag{10.63}$$

其中，C_1 表示每个能量接收机的最小接收功率约束；$\bar{E}_r$ 表示第 r 个能量接收机收集到的最小功率；C_2 表示系统在窃听信道不确定性条件下，每个用户的最小保密速率约束；R_k^{min} 表示每个用户的最小保密速率；C_3 表示基站的最大发射功率约束，$P_{\max}$ 表示基站的最大

发射功率；C_4 表示智能反射面的连续相移约束。问题式 (10.63) 是一个非凸问题，主要包括分式目标函数、约束 C_1、约束 C_2 以及目标函数中的耦合变量，导致难以求解。接下来，利用交替优化算法进行求解。

10.3.2 算法设计

本节将提出一种有效的交替优化算法求解式 (10.63)。具体地，首先将分式目标函数转化为减法形式的函数；其次对于信道不确定性，采用 S-procedure 方法进行处理；最后针对变量耦合问题，利用交替迭代的方法对主动的信息波束和能量波束以及被动波束进行优化。

根据 Dinkelbach 方法，将式 (10.63) 的分式目标函数转化为参数相减的形式。定义系统能效 η，则目标函数可以重写为

$$
\frac{\sum\limits_{k=1}^{K} R_k^{\mathrm{U}}}{P^{\mathrm{total}}} = \sum_{k=1}^{K} R_k^{\mathrm{U}} - \eta P^{\mathrm{total}}
$$

$$
= \sum_{k=1}^{K} B \log_2 \left(1 + \frac{\left| \boldsymbol{h}_k^{\mathrm{H}} \boldsymbol{w}_k \right|^2}{\sum\limits_{j \neq k}^{K} \left| \boldsymbol{h}_k^{\mathrm{H}} \boldsymbol{w}_j \right|^2 + \sum\limits_{r=1}^{R} \left| \boldsymbol{h}_k^{\mathrm{H}} \boldsymbol{v}_r \right|^2 + \sigma_k^2} \right) - \eta P^{\mathrm{total}}
$$

$$
= \sum_{k=1}^{K} B \log_2 \left(\sum_{k=1}^{K} \left| \boldsymbol{h}_k^{\mathrm{H}} \boldsymbol{w}_k \right|^2 + \sum_{r=1}^{R} \left| \boldsymbol{h}_k^{\mathrm{H}} \boldsymbol{v}_r \right|^2 + \sigma_k^2 \right) \qquad (10.64)
$$

$$
- B \log_2 \left(\sum_{j \neq k}^{K} \left| \boldsymbol{h}_k^{\mathrm{H}} \boldsymbol{w}_j \right|^2 + \sum_{r=1}^{R} \left| \boldsymbol{h}_k^{\mathrm{H}} \boldsymbol{v}_r \right|^2 + \sigma_k^2 \right)
$$

$$
- \eta \left[\left(\sum_{k=1}^{K} \| \boldsymbol{w}_k \|^2 + \sum_{r=1}^{R} \| \boldsymbol{v}_r \|^2 \right) + P_c - \sum_{r=1}^{R} E_r \right]
$$

令 $\boldsymbol{W}_k = \boldsymbol{w}_k \boldsymbol{w}_k^{\mathrm{H}}$，$\boldsymbol{H}_k = \boldsymbol{h}_k \boldsymbol{h}_k^{\mathrm{H}}$，$\boldsymbol{V}_R = \sum\limits_{r=1}^{R} \boldsymbol{v}_r \boldsymbol{v}_r^{\mathrm{H}}$，$\boldsymbol{E}_r = \boldsymbol{e}_r \boldsymbol{e}_r^{\mathrm{H}}$。针对变量 $\{\boldsymbol{W}_k\}$、$\boldsymbol{V}_R$ 和 $\boldsymbol{G}$ 之间耦合问题，利用交替优化方法进行解耦。

（1）子问题 1：求解 $\{\boldsymbol{W}_k\}$、$\boldsymbol{V}_R$。

固定 $\boldsymbol{G}$，关于 $\{\boldsymbol{W}_k\}$、$\boldsymbol{V}_R$ 的优化子问题可以表示为

$$
\max_{\{\boldsymbol{W}_k\}, \boldsymbol{V}_R} \sum_{k=1}^{K} R_k^{\mathrm{U}} - \eta \left\{ \left[\sum_{k=1}^{K} \mathrm{Tr}(\boldsymbol{W}_k) + \mathrm{Tr}(\boldsymbol{V}_R) \right] + P_c - \sum_{r=1}^{R} E_r \right\}
$$

$$
\mathrm{s.t.} \ \bar{C}_1 : \varphi \left[\sum_{k=1}^{K} \mathrm{Tr}(\boldsymbol{E}_r \boldsymbol{W}_k) + \mathrm{Tr}(\boldsymbol{E}_r \boldsymbol{V}_R) \right] \geqslant \bar{E}_r
$$

$$
C_2 : R_k^{\mathrm{U}} - \max_{\forall l \in \mathcal{L}} R_{k,l} \geqslant R_k^{\min}, \left\| \Delta \boldsymbol{h}_{\mathrm{AE}}^l \right\|_{\mathrm{F}} \leqslant \varepsilon_{\mathrm{AE}}^l, \left\| \Delta \boldsymbol{h}_{\mathrm{IE}}^l \right\|_{\mathrm{F}} \leqslant \varepsilon_{\mathrm{IE}}^l \qquad (10.65)
$$

$$\bar{C}_3 : \sum_{k=1}^{K} \mathrm{Tr}\left(\boldsymbol{W}_k\right) + \mathrm{Tr}\left(\boldsymbol{V}_R\right) \leqslant P_{\max}$$

$$C_5 : \boldsymbol{W}_k \succeq \boldsymbol{0}, \boldsymbol{V}_R \succeq \boldsymbol{0}$$

$$C_6 : \mathrm{Rank}\left(\boldsymbol{W}_k\right) = 1$$

引入松弛变量 $\tau_{k,l}^{\max}$ 对约束 C_2 做如下转化:

$$\tilde{C}_2 : \begin{cases} R_k^{\mathrm{U}} - \tau_{k,l}^{\max} \geqslant R_k^{\min}, & R_{k,l} \leqslant \tau_{k,l}^{\max} \\ \|\Delta \boldsymbol{h}_{\mathrm{AE}}^l\|_{\mathrm{F}} \leqslant \varepsilon_{\mathrm{AE}}^l, & \|\Delta \boldsymbol{h}_{\mathrm{IE}}^l\|_{\mathrm{F}} \leqslant \varepsilon_{\mathrm{IE}}^l \end{cases} \tag{10.66}$$

其中, $\tau_{k,l}^{\max}$ 表示每个窃听者的最大窃听速率。窃听速率可以表示为

$$R_{k,l} = B \log_2 \left(\frac{\displaystyle\sum_{k=1}^{K} |\boldsymbol{g}_l^{\mathrm{H}} \boldsymbol{w}_k|^2 + \sum_{r=1}^{R} |\boldsymbol{g}_l^{\mathrm{H}} \boldsymbol{v}_r|^2 + \sigma_k^2}{\displaystyle\sum_{j \neq k}^{K} |\boldsymbol{g}_l^{\mathrm{H}} \boldsymbol{w}_j|^2 + \sum_{r=1}^{R} |\boldsymbol{g}_l^{\mathrm{H}} \boldsymbol{v}_r|^2 + \delta_l^2} \right) \leqslant \tau_{k,l}^{\max} \tag{10.67}$$

R_k^{U} 可以表示为

$$R_k^{\mathrm{U}} = B \log_2 \left[\sum_{k=1}^{K} \mathrm{Tr}\left(\boldsymbol{H}_k \boldsymbol{W}_k\right) + \mathrm{Tr}\left(\boldsymbol{H}_k \boldsymbol{V}_R\right) + \sigma_k^2 \right]$$
$$- B \log_2 \left[\sum_{j \neq k}^{K} \mathrm{Tr}\left(\boldsymbol{H}_k \boldsymbol{W}_j\right) + \mathrm{Tr}\left(\boldsymbol{H}_k \boldsymbol{V}_R\right) + \sigma_k^2 \right] \tag{10.68}$$

式 (10.68) 是一种 DC 规划问题, 可以利用一阶泰勒展开式对第二项进行处理, 记第二项为 $D_1\left(\boldsymbol{W}_k, \boldsymbol{V}_R\right)$, 则有

$$D_1\left(\boldsymbol{W}_k, \boldsymbol{V}_R\right) \geqslant D_1\left[\boldsymbol{W}_k^{(i)}, \boldsymbol{V}_R^{(i)}\right] + \mathrm{Tr}\left\{ \nabla_{V_R^{(i)}}^{\mathrm{H}} D_1\left[\boldsymbol{W}_k^{(i)}, \boldsymbol{V}_R^{(i)}\right] \left[\boldsymbol{V}_R - \boldsymbol{V}_R^{(i)}\right] \right\}$$
$$+ \sum_{k=1}^{K} \mathrm{Tr}\left\{ \nabla_{W_k^{(i)}}^{\mathrm{H}} D_1\left[\boldsymbol{W}_k^{(i)}, \boldsymbol{V}_R^{(i)}\right] \left[\boldsymbol{W}_k - \boldsymbol{W}_k^{(i)}\right] \right\} \tag{10.69}$$

其中, $\nabla_{V_R}^{\mathrm{H}} D_1\left[\boldsymbol{W}_k^{(i)}, \boldsymbol{V}_R^{(i)}\right]$ 和 $\nabla_{W_k^{(i)}}^{\mathrm{H}} D_1\left[\boldsymbol{W}_k^{(i)}, \boldsymbol{V}_R^{(i)}\right]$ 分别为

$$\nabla_{\boldsymbol{V}_R^{(i)}}^{\mathrm{H}} D_1\left[\boldsymbol{W}_k^{(i)}, \boldsymbol{V}_R^{(i)}\right] = \frac{B}{\ln 2} \sum_{k=1}^{K} \frac{\boldsymbol{H}_k}{\displaystyle\sum_{j \neq k}^{K} \mathrm{Tr}\left(\boldsymbol{H}_k \boldsymbol{W}_j\right) + \mathrm{Tr}\left(\boldsymbol{H}_k \boldsymbol{V}_R\right) + \sigma_k^2} \tag{10.70}$$

$$\left[\nabla^{\mathrm{H}}_{\boldsymbol{W}_i^{(i)}} D_1\left(\boldsymbol{W}_k^{(i)}\right) \boldsymbol{V}_R^{(i)}\right] = \frac{\mathrm{B}}{\ln 2} \sum_{k\neq j}^{K} \frac{\boldsymbol{H}_k}{\displaystyle\sum_{j\neq k}^{K}\mathrm{Tr}\left(\boldsymbol{H}_k\boldsymbol{W}_j\right) + \mathrm{Tr}\left(\boldsymbol{H}_k\boldsymbol{V}_R\right) + \sigma_k^2} \tag{10.71}$$

由于目标是最大化 R_k^{U}，则可取 $D_1\left(\boldsymbol{W}_k, \boldsymbol{V}_R\right)$ 的下界进行代替，R_k^{U} 可以表示为

$$
\begin{aligned}
\hat{R}_k^{\mathrm{U}} &= B\log_2\left\{\sum_{k=1}^{K}\mathrm{Tr}\left[\boldsymbol{H}_k\boldsymbol{W}_k\right] + \mathrm{Tr}\left[\boldsymbol{H}_k\boldsymbol{V}_R\right] + \sigma_k^2\right\} \\
&\quad - \mathrm{Tr}\left\{\nabla^{\mathrm{H}}_{\boldsymbol{V}_R^{(i)}} D_1\left[\boldsymbol{W}_k^{(i)}, \boldsymbol{V}_R^{(i)}\right]\left[\boldsymbol{V}_R - \boldsymbol{V}_R^{(i)}\right]\right\} \\
&\quad - \sum_{k=1}^{K}\mathrm{Tr}\left\{\left[\nabla^{\mathrm{H}}_{\boldsymbol{W}_i^{(i)}} D_1\left(\boldsymbol{W}_k^{(i)}\right)\boldsymbol{V}_R^{(i)}\right]\left[\boldsymbol{W}_k - \boldsymbol{W}_k^{(i)}\right]\right\}
\end{aligned}
\tag{10.72}
$$

为了处理约束 $\tilde{C}_2$ 中的不确定性参数，引入辅助变量 $\boldsymbol{\beta} = \begin{bmatrix} \beta_{1,1}, & \beta_{1,2},\cdots,\beta_{1,L} \\ \beta_{k,1}, & \beta_{k,1},\cdots,\beta_{k,2} \\ \beta_{K,1}, & \beta_{K,2},\cdots,\beta_{K,L} \end{bmatrix}$，

式 (10.67) 转化为

$$\sum_{k=1}^{K}\left|\boldsymbol{g}_l^{\mathrm{H}}\boldsymbol{w}_k\right|^2 + \sum_{r=1}^{R}\left|\boldsymbol{g}_l^{\mathrm{H}}\boldsymbol{v}_r\right|^2 + \sigma_k^2 \leqslant \beta_{k,l}2^{\tau_{k,j}^{\max}/B}, \Delta h_{\mathrm{AE}}^l, \Delta h_{\mathrm{IE}}^l \in \boldsymbol{\Omega}_{\mathrm{E}} \tag{10.73}$$

$$\sum_{j\neq k}^{K}\left|\boldsymbol{g}_l^{\mathrm{H}}\boldsymbol{w}_j\right|^2 + \sum_{r=1}^{R}\left|\boldsymbol{g}_l^{\mathrm{H}}\boldsymbol{v}_r\right|^2 + \delta_l^2 \geqslant \beta_{k,l}, \Delta h_{\mathrm{AE}}^l, \Delta h_{\mathrm{IE}}^l \in \boldsymbol{\Omega}_{\mathrm{E}} \tag{10.74}$$

进一步，分别展开式 (10.73) 和式 (10.74) 有

$$
\begin{aligned}
&\left[\left(\overline{\boldsymbol{h}}_{\mathrm{IE}}^l\right)^{\mathrm{H}}\boldsymbol{G}\boldsymbol{h}_{\mathrm{AI}} + \left(\overline{\boldsymbol{h}}_{\mathrm{AE}}^l\right)^{\mathrm{H}}\right]\left(\sum_{j=1}^{K}\boldsymbol{W}_j + \boldsymbol{V}_R\right)\left(\overline{\boldsymbol{h}}_{\mathrm{IE}}^l\boldsymbol{G}\boldsymbol{h}_{\mathrm{AI}}^{\mathrm{H}} + \overline{\boldsymbol{h}}_{\mathrm{AE}}^l\right) \\
&\quad + 2\,\mathrm{Re}\left\{\left[\left(\overline{\boldsymbol{h}}_{\mathrm{IE}}^l\right)^{\mathrm{H}}\boldsymbol{G}\boldsymbol{h}_{\mathrm{AI}} + \left(\overline{\boldsymbol{h}}_{\mathrm{AE}}^l\right)^{\mathrm{H}}\right]\left(\sum_{j=1}^{K}\boldsymbol{W}_j + \boldsymbol{V}_R\right)\left(\Delta h_{\mathrm{IE}}^l + \Delta h_{\mathrm{AE}}^l\right)\right\} \\
&\quad + \left(\Delta h_{\mathrm{IE}}^l + \Delta h_{\mathrm{AE}}^l\right)^{\mathrm{H}}\left(\sum_{j=1}^{K}\boldsymbol{W}_j + \boldsymbol{V}_R\right)\left(\Delta h_{\mathrm{IE}}^l + \Delta h_{\mathrm{AE}}^l\right) + \sigma_k^2
\end{aligned}
\tag{10.75}
$$

$$\leqslant \beta_{k,l}2^{\tau_{k,j}^{\max}/B}, \left\|\Delta h_{\mathrm{AE}}^l\right\|_{\mathrm{F}} \leqslant \varepsilon_{\mathrm{AE}}^l, \left\|\Delta h_{\mathrm{IE}}^l\right\|_{\mathrm{F}} \leqslant \varepsilon_{\mathrm{IE}}^l$$

$$
\begin{aligned}
&\left[\left(\overline{\boldsymbol{h}}_{\mathrm{IE}}^l\right)^{\mathrm{H}}\boldsymbol{G}\boldsymbol{h}_{\mathrm{AI}} + \left(\overline{\boldsymbol{h}}_{\mathrm{AE}}^l\right)^{\mathrm{H}}\right]\left(\sum_{j=1,j\neq k}^{K}\boldsymbol{W}_j + \boldsymbol{V}_R\right)\left(\overline{\boldsymbol{h}}_{\mathrm{IE}}^l\boldsymbol{G}\boldsymbol{h}_{\mathrm{AI}}^{\mathrm{H}} + \overline{\boldsymbol{h}}_{\mathrm{AE}}^l\right) \\
&\quad + 2\,\mathrm{Re}\left\{\left[\left(\overline{\boldsymbol{h}}_{\mathrm{IE}}^l\right)^{\mathrm{H}}\boldsymbol{G}\boldsymbol{h}_{\mathrm{AI}} + \left(\overline{\boldsymbol{h}}_{\mathrm{AE}}^l\right)^{\mathrm{H}}\right]\left(\sum_{j=1,j\neq k}^{K}\boldsymbol{W}_j + \boldsymbol{V}_R\right)\left(\Delta h_{\mathrm{IE}}^l + \Delta h_{\mathrm{AE}}^l\right)\right\}
\end{aligned}
$$

$$+ \left(\Delta \boldsymbol{h}_{\mathrm{IE}}^l + \Delta \boldsymbol{h}_{\mathrm{AE}}^l \right)^{\mathrm{H}} \left(\sum_{j=1, j \neq k}^K \boldsymbol{W}_j + \boldsymbol{V}_R \right) \left(\Delta \boldsymbol{h}_{\mathrm{IE}}^l + \Delta \boldsymbol{h}_{\mathrm{AE}}^l \right) + \delta_l^2 \tag{10.76}$$

$$\geqslant \beta_{k,l}, \left\| \Delta \boldsymbol{h}_{\mathrm{AE}}^l \right\|_{\mathrm{F}} \leqslant \varepsilon_{\mathrm{AE}}^l, \left\| \Delta \boldsymbol{h}_{\mathrm{IE}}^l \right\|_{\mathrm{F}} \leqslant \varepsilon_{\mathrm{IE}}^l$$

定义窃听者的估计信道向量和信道估计误差分别为

$$\overline{\boldsymbol{g}}_l^{\mathrm{H}} = \left[\left(\overline{\boldsymbol{h}}_{\mathrm{IE}}^l \right)^{\mathrm{H}}, \left(\overline{\boldsymbol{h}}_{\mathrm{AE}}^l \right)^{\mathrm{H}} \right], \Delta \boldsymbol{g}_l^{\mathrm{H}} = \left[\left(\Delta \boldsymbol{h}_{\mathrm{IE}}^l \right)^{\mathrm{H}}, \left(\Delta \boldsymbol{h}_{\mathrm{AE}}^l \right)^{\mathrm{H}} \right] \tag{10.77}$$

则式 (10.75) 和式 (10.76) 分别转化为

$$\Delta \boldsymbol{g}_l^{\mathrm{H}} \boldsymbol{\Gamma} \Delta \boldsymbol{g}_l + 2 \operatorname{Re} \left\{ \Delta \boldsymbol{g}_l^{\mathrm{H}} \boldsymbol{\Gamma} \overline{\boldsymbol{g}}_l \right\} + \overline{\boldsymbol{g}}_l^{\mathrm{H}} \boldsymbol{\Gamma} \overline{\boldsymbol{g}}_l + \sigma_k^2 - \beta_{k,l} 2^{\tau_{K,j}^{\max}/B} \leqslant 0, \| \Delta \boldsymbol{g}_l \|_{\mathrm{F}} \leqslant \varepsilon_{\mathrm{E}}^l \tag{10.78}$$

$$\Delta \boldsymbol{g}_l^{\mathrm{H}} \boldsymbol{\Gamma}_k \Delta \boldsymbol{g}_l + 2 \operatorname{Re} \left\{ \Delta \boldsymbol{g}_l^{\mathrm{H}} \boldsymbol{\Gamma}_k \overline{\boldsymbol{g}}_l \right\} + \overline{\boldsymbol{g}}_l^{\mathrm{H}} \boldsymbol{\Gamma}_k \overline{\boldsymbol{g}}_l + \delta_l^2 - \beta_{k,l} \geqslant 0, \| \Delta \boldsymbol{g}_l \|_{\mathrm{F}} \leqslant \varepsilon_{\mathrm{E}}^l \tag{10.79}$$

其中，$\varepsilon_{\mathrm{E}}^l = \varepsilon_{\mathrm{AE}}^l + \varepsilon_{\mathrm{IE}}^l$,

$$\boldsymbol{\Gamma} = \begin{bmatrix} \boldsymbol{G} \boldsymbol{h}_{\mathrm{AI}} \left(\sum_{j=1}^K \boldsymbol{W}_j + \boldsymbol{V}_R \right) \boldsymbol{h}_{\mathrm{AI}}^{\mathrm{H}} \boldsymbol{G} & \boldsymbol{G} \boldsymbol{h}_{\mathrm{AI}} \left(\sum_{j=1}^K \boldsymbol{W}_j + \boldsymbol{V}_R \right) \\ \left(\sum_{j=1}^K \boldsymbol{W}_j + \boldsymbol{V}_R \right) \boldsymbol{h}_{\mathrm{AI}}^{\mathrm{H}} \boldsymbol{G} & \left(\sum_{j=1}^K \boldsymbol{W}_j + \boldsymbol{V}_R \right) \end{bmatrix}$$

$$\boldsymbol{\Gamma}_k = \begin{bmatrix} \boldsymbol{G} \boldsymbol{h}_{\mathrm{AI}} \left(\sum_{j=1, j \neq k}^K \boldsymbol{W}_j + \boldsymbol{V}_R \right) \boldsymbol{h}_{\mathrm{AI}}^{\mathrm{H}} \boldsymbol{G} & \boldsymbol{G} \boldsymbol{h}_{\mathrm{AI}} \left(\sum_{j=1, j \neq k}^K \boldsymbol{W}_j + \boldsymbol{V}_R \right) \\ \left(\sum_{j=1, j \neq k}^K \boldsymbol{W}_j + \boldsymbol{V}_R \right) \boldsymbol{h}_{\mathrm{AI}}^{\mathrm{H}} \boldsymbol{G} & \sum_{j=1, j \neq k}^K \boldsymbol{W}_j + \boldsymbol{V}_R \end{bmatrix} \tag{10.80}$$

针对式 (10.78) 和式 (10.79)，利用引理 10.3 进行转化。

引理 10.3（S-procedure）　定义 $f_1(\boldsymbol{x})$ 和 $f_2(\boldsymbol{x})$，满足：

$$f_m(\boldsymbol{x}) = \boldsymbol{x}^{\mathrm{H}} \boldsymbol{A}_m \boldsymbol{x} + 2 \operatorname{Re} \left\{ \boldsymbol{b}_m^{\mathrm{H}} \boldsymbol{x} \right\} + c_m, m = 1, 2 \tag{10.81}$$

其中，$\boldsymbol{A}_m \in \mathbb{C}^{M \times M}, \boldsymbol{b}_m \in \mathbb{C}^{M \times 1}, \boldsymbol{x} \in \mathbb{C}^{M \times 1}, c_m \in \mathbb{R}$。当且仅当存在一个 $\lambda \geqslant 0$ 时，$f_1(\boldsymbol{x}) \leqslant 0 \Rightarrow f_2(\boldsymbol{x}) \leqslant 0$ 成立，则有

$$\lambda \begin{bmatrix} \boldsymbol{A}_1 & \boldsymbol{b}_1 \\ \boldsymbol{b}_1^{\mathrm{H}} & c_1 \end{bmatrix} - \begin{bmatrix} \boldsymbol{A}_2 & \boldsymbol{b}_2 \\ \boldsymbol{b}_2^{\mathrm{H}} & c_2 \end{bmatrix} \succeq \boldsymbol{0} \tag{10.82}$$

根据引理 10.3，将式 (10.78) 和式 (10.79) 转化为有限个线性矩阵不等式：

$$\begin{bmatrix} \lambda_l \boldsymbol{I} - \boldsymbol{\Gamma} & -\boldsymbol{\Gamma}^{\mathrm{H}} \overline{\boldsymbol{g}}_l \\ -\overline{\boldsymbol{g}}_l^{\mathrm{H}} \boldsymbol{\Gamma} & -\lambda_l \left(\varepsilon_E^l \right)^2 - \overline{\boldsymbol{g}}_l^{\mathrm{H}} \boldsymbol{\Gamma} \overline{\boldsymbol{g}}_l - Z_1 \end{bmatrix} \succeq \boldsymbol{0} \tag{10.83}$$

$$\begin{bmatrix} \bar{\lambda}_l \boldsymbol{I} + \boldsymbol{\Gamma}_k & \boldsymbol{\Gamma}_k^{\mathrm{H}} \bar{\boldsymbol{g}}_l \\ \bar{\boldsymbol{g}}_l^{\mathrm{H}} \boldsymbol{\Gamma}_k & -\bar{\lambda}_l \left(\varepsilon_E^l \right)^2 + \bar{\boldsymbol{g}}_l^{\mathrm{H}} \boldsymbol{\Gamma}_k \bar{\boldsymbol{g}}_l + Z_2 \end{bmatrix} \succeq \boldsymbol{0} \tag{10.84}$$

其中, $\lambda_l, \bar{\lambda}_l \geqslant 0$ 为引入的松弛变量, $\boldsymbol{\lambda} = [\lambda_1, \lambda_2, \cdots, \lambda_L]$, $\bar{\boldsymbol{\lambda}} = [\bar{\lambda}_1, \bar{\lambda}_2, \cdots, \bar{\lambda}_L]$; $\boldsymbol{I}$ 为 $M+N$ 维的单位矩阵; $Z_1 = \delta_l^2 - \beta_{k,l} 2^{\tau_{K,j}^{\max}}$; $Z_2 = \delta_l^2 - \beta_{k,l}$。约束 $\tilde{C}_2$ 转化为

$$\bar{C}_2 : \begin{cases} \hat{R}_k^{\mathrm{U}} - \tau_{k,l}^{\max} \geqslant R_k^{\min} \\ \begin{bmatrix} \lambda_l \boldsymbol{I} - \boldsymbol{\Gamma} & -\boldsymbol{\Gamma}^{\mathrm{H}} \bar{\boldsymbol{g}}_l \\ -\bar{\boldsymbol{g}}_l^{\mathrm{H}} \boldsymbol{\Gamma} & -\lambda_l \left(\varepsilon_E^l \right)^2 - \bar{\boldsymbol{g}}_l^{\mathrm{H}} \boldsymbol{\Gamma} \bar{\boldsymbol{g}}_l - Z_1 \end{bmatrix} \succeq \boldsymbol{0} \\ \begin{bmatrix} \bar{\lambda}_l \boldsymbol{I} + \boldsymbol{\Gamma}_k & \boldsymbol{\Gamma}_k^{\mathrm{H}} \bar{\boldsymbol{g}}_l \\ \bar{\boldsymbol{g}}_l^{\mathrm{H}} \boldsymbol{\Gamma}_k & -\bar{\lambda}_l \left(\varepsilon_E^l \right)^2 + \bar{\boldsymbol{g}}_l^{\mathrm{H}} \boldsymbol{\Gamma}_k \bar{\boldsymbol{g}}_l + Z_2 \end{bmatrix} \succeq \boldsymbol{0} \end{cases} \tag{10.85}$$

式 (10.65) 转化为如下确定性凸优化问题:

$$\max_{\{\boldsymbol{W}_k\}, \boldsymbol{V}_R, \beta_{k,j}} \hat{R}_k^{\mathrm{U}} - \eta \left\{ \left[\sum_{k=1}^{K} \mathrm{Tr} \left(\boldsymbol{W}_k \right) + \mathrm{Tr} \left(\boldsymbol{V}_R \right) \right] + P_c - \sum_{r=1}^{R} E_r \right\} \tag{10.86}$$

$$\text{s.t.} \ \bar{C}_1, \bar{C}_2, \bar{C}_3, C_5, C_6$$

式 (10.86) 可以利用 SCA 算法进行迭代求解, 采用 CVX 工具求解获得 $\{\boldsymbol{W}_k^*\}$、$\boldsymbol{V}_R^*$。但是这并不能保证 $\mathrm{Rank}(\boldsymbol{W}_k^*) = 1$。若 $\mathrm{Rank}(\boldsymbol{W}_k^*) = 1$, 则可以采用特征值分解得到 $\boldsymbol{w}_k^*$; 若 $\mathrm{Rank}(\boldsymbol{W}_k^*) > 1$, 则可以构造秩一解。根据上述得到的解 $\{\boldsymbol{W}_k^*\}$, 采用特征值分解得到信号波束 $\{\boldsymbol{w}_k^*\}$。

（2）子问题 2: 求解 $\boldsymbol{G}$。

基于子问题 1 求得的最优解 $\{\boldsymbol{W}_k^*\}$、$\boldsymbol{V}_R^*$, 定义 $\bar{\boldsymbol{q}} = [\boldsymbol{q}; 1]$, $\boldsymbol{Q} = \bar{\boldsymbol{q}} \bar{\boldsymbol{q}}^{\mathrm{H}}$, $\boldsymbol{\Phi}_{\mathrm{U}}^k = [\mathrm{diag}\{(\boldsymbol{h}_{\mathrm{IU}}^k)^{\mathrm{H}}\} \boldsymbol{h}_{\mathrm{AI}}; (\boldsymbol{h}_{\mathrm{AU}}^k)^{\mathrm{H}}]$, $\boldsymbol{\Phi}_{\mathrm{E}}^l = [\mathrm{diag}\{(\boldsymbol{h}_{\mathrm{IE}}^l)^{\mathrm{H}}\} \boldsymbol{h}_{\mathrm{AI}}; (\boldsymbol{h}_{\mathrm{AE}}^l)^{\mathrm{H}}]$, $\boldsymbol{\Phi}_{\mathrm{EH}} = [\mathrm{diag}\{(\boldsymbol{g}_{\mathrm{IH}}^r)^{\mathrm{H}}\} \boldsymbol{h}_{\mathrm{AI}}; (\boldsymbol{g}_{\mathrm{AH}}^r)^{\mathrm{H}}]$, 关于 $\boldsymbol{G}$ 的子问题可以表示为

$$\max_{\boldsymbol{\lambda}, \bar{\boldsymbol{\lambda}}, \boldsymbol{Q}} \tilde{R}_k^{\mathrm{U}} - \eta \left\{ P_t + P_c - \varphi \sum_{k=1}^{K} \mathrm{Tr} \left[\boldsymbol{\Phi}_{\mathrm{EH}}^r \boldsymbol{W}_k (\boldsymbol{\Phi}_{\mathrm{EH}}^r)^{\mathrm{H}} \boldsymbol{Q} \right] + \mathrm{Tr} \left[\boldsymbol{\Phi}_{\mathrm{EH}}^r \boldsymbol{V}_R (\boldsymbol{\Phi}_{\mathrm{EH}}^r)^{\mathrm{H}} \boldsymbol{Q} \right] \right\}$$

$$\text{s.t.} \ \hat{C}_1 : \varphi \sum_{k=1}^{k} \mathrm{Tr} \left[\boldsymbol{\Phi}_{\mathrm{EH}}^r \boldsymbol{W}_k (\boldsymbol{\Phi}_{\mathrm{EH}}^r)^{\mathrm{H}} \boldsymbol{Q} \right] + \mathrm{Tr} \left[\boldsymbol{\Phi}_{\mathrm{EH}}^r \boldsymbol{V}_R (\boldsymbol{\Phi}_{\mathrm{EH}}^r)^{\mathrm{H}} \boldsymbol{Q} \right] \geqslant \bar{E}_r$$

$$\tag{10.87}$$

$$\hat{C}_4 : \boldsymbol{Q}_{n,n} = 1, \forall n = \{1, \cdots, N+1\}, \ \boldsymbol{Q} \succeq \boldsymbol{0}$$

$$C_7 : \mathrm{Rank}(\boldsymbol{Q}) = 1, \bar{C}_2$$

其中，

$$
\begin{aligned}
\tilde{R}_k^{\mathrm{U}} = {} & B \log_2 \left\{ \sum_{k=1}^{K} \mathrm{Tr} \left[\boldsymbol{\Phi}_{\mathrm{U}}^k \boldsymbol{W}_k \left(\boldsymbol{\Phi}_{\mathrm{U}}^k \right)^{\mathrm{H}} \boldsymbol{Q} \right] + \mathrm{Tr} \left[\boldsymbol{\Phi}_{\mathrm{U}}^k \boldsymbol{V}_R \left(\boldsymbol{\Phi}_{\mathrm{U}}^k \right)^{\mathrm{H}} \boldsymbol{Q} \right] + \sigma_k^2 \right\} \\
& - \mathrm{Tr} \left\{ \nabla_Q^{\mathrm{H}} \tilde{D}_1 \left[\boldsymbol{Q}^{(i)} \right] \left[\boldsymbol{Q} - \boldsymbol{Q}^{(i)} \right] \right\}
\end{aligned}
\tag{10.88}
$$

$$
\nabla_Q \tilde{D}_1 \left[\boldsymbol{Q}^{(i)} \right] = \frac{\mathrm{B}}{\ln 2} \sum_{k=1}^{K} \frac{\boldsymbol{\Phi}_{\mathrm{U}}^k \left\{ \sum\limits_{j \neq k}^{K} \left(\boldsymbol{W}_k \right) + \boldsymbol{V}_R \right\} \left(\boldsymbol{\Phi}_{\mathrm{U}}^k \right)^{\mathrm{H}}}{\sum\limits_{j \neq k}^{K} \mathrm{Tr} \left[\boldsymbol{\Phi}_{\mathrm{U}}^k \boldsymbol{W}_j \left(\boldsymbol{\Phi}_{\mathrm{U}}^k \right)^{\mathrm{H}} \boldsymbol{Q} \right] + \mathrm{Tr} \left[\boldsymbol{\Phi}_{\mathrm{U}}^k \boldsymbol{V}_R \left(\boldsymbol{\Phi}_{\mathrm{U}}^k \right)^{\mathrm{H}} \boldsymbol{Q} \right] + \sigma_k^2}
\tag{10.89}
$$

针对约束 $\overline{\mathrm{C}}_2$ 的非凸项 $\boldsymbol{\Gamma}$ 和 $\boldsymbol{\Gamma}_k$，采用奇异值分解进行如下转化，即

$$
\boldsymbol{h}_{\mathrm{AI}} \left(\sum_{j=1}^{K} \boldsymbol{W}_j + \boldsymbol{V}_R \right) \boldsymbol{h}_{\mathrm{AI}}^{\mathrm{H}} = \sum_i \boldsymbol{s}_i \boldsymbol{d}_i^{\mathrm{H}}
\tag{10.90}
$$

$$
\boldsymbol{h}_{\mathrm{AI}} \left(\sum_{j=1, j \neq k}^{K} \boldsymbol{W}_j + \boldsymbol{V}_R \right) \boldsymbol{h}_{\mathrm{AI}}^{\mathrm{H}} = \sum_i \bar{\boldsymbol{s}}_i \bar{\boldsymbol{d}}_i^{\mathrm{H}}
\tag{10.91}
$$

有

$$
\begin{aligned}
\boldsymbol{G} \boldsymbol{h}_{\mathrm{AI}} \left(\sum_{j=1}^{K} \boldsymbol{W}_j + \boldsymbol{V}_R \right) \boldsymbol{h}_{\mathrm{AI}}^{\mathrm{H}} \boldsymbol{G} = {} & \boldsymbol{G} \sum_i \boldsymbol{s}_i \boldsymbol{d}_i^{\mathrm{H}} \boldsymbol{G} \\
= {} & \sum_i \mathrm{diag} \left(\boldsymbol{s}_i \right) \boldsymbol{q} \boldsymbol{q}^{\mathrm{H}} \mathrm{diag} \left(\boldsymbol{d}_i^{\mathrm{H}} \right) = \sum_i \boldsymbol{S}_i \bar{\boldsymbol{q}} \bar{\boldsymbol{q}}^{\mathrm{H}} \boldsymbol{D}_i^{\mathrm{H}}
\end{aligned}
\tag{10.92}
$$

$$
\begin{aligned}
\boldsymbol{G} \boldsymbol{h}_{\mathrm{AI}} \left(\sum_{j=1, j \neq k}^{K} \boldsymbol{W}_j + \boldsymbol{V}_R \right) \boldsymbol{h}_{\mathrm{AI}}^{\mathrm{H}} \boldsymbol{G} = {} & \boldsymbol{G} \sum_i \bar{\boldsymbol{s}}_i \bar{\boldsymbol{d}}_i^{\mathrm{H}} \boldsymbol{G} \\
= {} & \sum_i \mathrm{diag} \left(\bar{\boldsymbol{s}}_i \right) \boldsymbol{q} \boldsymbol{q}^{\mathrm{H}} \mathrm{diag} \left(\bar{\boldsymbol{d}}_i^{\mathrm{H}} \right) = \sum_i \bar{\boldsymbol{S}}_i \bar{\boldsymbol{q}} \bar{\boldsymbol{q}}^{\mathrm{H}} \bar{\boldsymbol{D}}_i^{\mathrm{H}}
\end{aligned}
\tag{10.93}
$$

其中，$\boldsymbol{S}_i = [\mathrm{diag}(\boldsymbol{s}_i), \boldsymbol{0}]$；$\bar{\boldsymbol{S}}_i = [\mathrm{diag}(\bar{\boldsymbol{s}}_i), \boldsymbol{0}]$；$\boldsymbol{D}_i = [\mathrm{diag}(\boldsymbol{d}_i), \boldsymbol{0}]$；$\bar{\boldsymbol{D}}_i = [\mathrm{diag}(\bar{\boldsymbol{d}}_i), \boldsymbol{0}]$。若 $\mathrm{Rank}(\boldsymbol{Q}) = 1$，则 $\boldsymbol{G} = \mathrm{diag}(\boldsymbol{Q}_{N+1,1:N})$，其中，$\boldsymbol{Q}_{N+1,1:N} = [\boldsymbol{Q}_{N+1,1}, \cdots, \boldsymbol{Q}_{N+1,N}]$。将约束 $\overline{\mathrm{C}}_2$ 中的 $\boldsymbol{\Gamma}$ 和 $\boldsymbol{\Gamma}_k$ 表示为 $\hat{\boldsymbol{\Gamma}}$ 和 $\hat{\boldsymbol{\Gamma}}_k$ 并记为 $\hat{\mathrm{C}}_2$，具体如下

$$
\hat{C}_2 : \begin{cases}
\hat{R}_k^{\mathrm{U}} - \tau_{k,l}^{\max} \geqslant R_k^{\min} \\[2mm]
\begin{bmatrix} \lambda_l \boldsymbol{I} - \hat{\boldsymbol{\Gamma}} & -\hat{\boldsymbol{\Gamma}}^{\mathrm{H}} \overline{\boldsymbol{g}}_l \\ -\overline{\boldsymbol{g}}_l^{\mathrm{H}} \hat{\boldsymbol{\Gamma}} & -\lambda_l \left(\varepsilon_E^l \right)^2 - \overline{\boldsymbol{g}}_l^{\mathrm{H}} \hat{\boldsymbol{\Gamma}} \overline{\boldsymbol{g}}_l - Z_1 \end{bmatrix} \succeq \boldsymbol{0} \\[5mm]
\begin{bmatrix} \bar{\boldsymbol{\lambda}} \boldsymbol{I} + \hat{\boldsymbol{\Gamma}}_k & \hat{\boldsymbol{\Gamma}}_k^{\mathrm{H}} \overline{\boldsymbol{g}}_l \\ \overline{\boldsymbol{g}}_l^{\mathrm{H}} \hat{\boldsymbol{\Gamma}}_k & -\bar{\lambda}_1 \left(\varepsilon_E^l \right)^2 + \overline{\boldsymbol{g}}_l^{\mathrm{H}} \hat{\boldsymbol{\Gamma}}_k \overline{\boldsymbol{g}}_l + Z_2 \end{bmatrix} \succeq \boldsymbol{0}
\end{cases}
\tag{10.94}
$$

其中,

$$
\hat{\boldsymbol{\Gamma}} = \begin{bmatrix} \sum_i \boldsymbol{S}_i \boldsymbol{Q} \boldsymbol{D}_i & \mathrm{diag}\left(\boldsymbol{Q}_{N+1,\mathrm{LN}}\right) \boldsymbol{h}_{\mathrm{AI}}\left(\sum_{j=1}^K \boldsymbol{W}_j + \boldsymbol{V}_R\right) \\ \left(\sum_{j=1}^K \boldsymbol{W}_j + \boldsymbol{V}_R\right) \boldsymbol{h}_{\mathrm{AIH}} \, \mathrm{diag}\left(\boldsymbol{Q}_{N+1,1,N}\right) & \sum_{j=1}^K \boldsymbol{W}_j + \boldsymbol{V}_R \end{bmatrix}
$$

$$\tag{10.95}$$

$$
\hat{\boldsymbol{\Gamma}}_k = \begin{bmatrix} \sum_i \overline{\boldsymbol{S}} \boldsymbol{Q} \overline{\boldsymbol{D}}_i & \mathrm{diag}\left(\boldsymbol{Q}_{N+1,1:N}\right) \boldsymbol{h}_{\mathrm{AI}}\left(\sum_{j=1,j\neq k}^K \boldsymbol{W}_j + \boldsymbol{V}_R\right) \\ \left(\sum_{j=1,j\neq k}^K \boldsymbol{W}_j + \boldsymbol{V}_R\right) \boldsymbol{h}_{\mathrm{AI}}^{\mathrm{H}} \, \mathrm{diag}\left(\boldsymbol{Q}_{N+1,1:N}\right) & \sum_{j=1,j\neq k}^K \boldsymbol{W}_j + \boldsymbol{V}_R \end{bmatrix}
$$

$$\tag{10.96}$$

那么式 (10.87) 的标准 SDP 形式为

$$
\max_{\boldsymbol{\lambda}_l,\overline{\boldsymbol{\lambda}},\boldsymbol{Q}} \tilde{R}_k^{\mathrm{U}} - \eta \left\{ P_t + P_c - \varphi \sum_{k=1}^K \mathrm{Tr}\left[\boldsymbol{\Phi}_{\mathrm{EH}}^r \boldsymbol{W}_k \left(\boldsymbol{\Phi}_{\mathrm{EH}}^r\right)^{\mathrm{H}} \boldsymbol{Q}\right] + \mathrm{Tr}\left[\boldsymbol{\Phi}_{\mathrm{EH}}^r \boldsymbol{V}_R \left(\boldsymbol{\Phi}_{\mathrm{EH}}^r\right)^{\mathrm{H}} \boldsymbol{Q}\right] \right\}
$$

$$
\mathrm{s.t.}\ \hat{C}_1, \hat{C}_2, \hat{C}_4, C_7
$$

式 (10.97) 存在秩一约束, 采用 SDR 松弛后, 问题转化为关于 $\{\boldsymbol{\lambda},\overline{\boldsymbol{\lambda}},\boldsymbol{Q}\}$ 的凸优化问题, 利用 CVX 工具箱进行求解, 而对于秩一约束可以表示为

$$
C_7 : \mathrm{Rank}(\boldsymbol{Q}) = 1 \Leftrightarrow \bar{C}_7 : \|\boldsymbol{Q}\|_* - \|\boldsymbol{Q}\|_2 = 0 \tag{10.97}
$$

因为对于 $\forall \boldsymbol{X} \in \mathbb{R}^m$, 不等式 $\|\boldsymbol{X}\|_* = \sum_i \sigma_i \geqslant \|\boldsymbol{X}\|_2 = \max\{\sigma_i\}$ 成立, 其中, $\mathbb{R}^m$ 表示 $m \times m$ 的哈密特矩阵; σ_i 表示 $\boldsymbol{X}$ 的第 i 大奇异值。当且仅当 $\mathrm{Rank}(\boldsymbol{X}) = 1$ 时, 等号成立, 因此利用罚函数法将该约束放到目标函数里进行处理, 引入惩罚因子 $\mu > 0$, 则式 (10.97) 可以表示为

$$
\max_{\boldsymbol{\lambda},\overline{\boldsymbol{\lambda}},\boldsymbol{Q}} \tilde{R}_k^{\mathrm{U}} - \eta \left\{ P_t + P_c - \varphi \sum_{k=1}^K \mathrm{Tr}\left[\boldsymbol{\Phi}_{\mathrm{EH}}^r \boldsymbol{W}_k \left(\boldsymbol{\Phi}_{\mathrm{EH}}^r\right)^{\mathrm{H}} \boldsymbol{Q}\right] \right.
$$
$$
\left. + \mathrm{Tr}\left[\boldsymbol{\Phi}_{\mathrm{EH}}^r \boldsymbol{V}_R \left(\boldsymbol{\Phi}_{\mathrm{EH}}^r\right)^{\mathrm{H}} \boldsymbol{Q}\right] \right\} + \frac{1}{2\mu}\left(\|\boldsymbol{Q}\|_* - \|\boldsymbol{Q}\|_2\right) \tag{10.98}
$$
$$
\mathrm{s.t.}\ \hat{C}_1, \hat{C}_2, \hat{C}_4
$$

定理 10.1: 令 $\boldsymbol{Q}_s$ 为式 (10.98) 的最优解, 惩罚因子为 μ_s。当 $\mu \to 0$ 时, $\boldsymbol{Q}_s$ 的极限值 $\overline{\boldsymbol{Q}}$ 为式 (10.99) 的一个最优解。

基于定理 10.1, 当惩罚因子 μ 足够小时, 可以通过求解式 (10.99), 获得一个秩一解 $\overline{\boldsymbol{Q}}$。对 $\dfrac{\|\boldsymbol{Q}\|_2}{2\mu}$ 采用一阶泰勒展开, 可得

$$\frac{1}{2\mu}\|\boldsymbol{Q}\|_2 \geqslant \frac{1}{2\mu}\left\|\boldsymbol{Q}^{(i)}\right\|_2 + \nabla_{\boldsymbol{Q}}\left(\frac{1}{2\mu}\left\|\boldsymbol{Q}^{(i)}\right\|_2\right)\left[\boldsymbol{Q} - \boldsymbol{Q}^{(i)}\right] \tag{10.99}$$

其中, $\nabla_{\boldsymbol{Q}}\left(\dfrac{1}{2\mu}\|\boldsymbol{Q}\|_2\right) = \dfrac{1}{2\mu}\lambda_{\max}(\boldsymbol{Q})\lambda_{\max}^{\mathrm{H}}(\boldsymbol{Q}), \lambda_{\max}(\boldsymbol{Q})$ 表示 $\boldsymbol{Q}$ 最大特征值所对应的特征向量。式 (10.99) 可以表示为

$$\max_{\lambda,\tilde{\lambda},Q} \tilde{R}_k^{\mathrm{U}} - \eta\left\{P_t + P_c - \varphi\sum_{k=1}^{K}\mathrm{Tr}\left[\boldsymbol{\Phi}_{\mathrm{EH}}^r\boldsymbol{W}_k\left(\boldsymbol{\Phi}_{\mathrm{EH}}^r\right)^{\mathrm{H}}\boldsymbol{Q}\right] + \mathrm{Tr}\left[\boldsymbol{\Phi}_{\mathrm{EH}}^r\boldsymbol{V}_R\left(\boldsymbol{\Phi}_{\mathrm{EH}}^r\right)^{\mathrm{H}}\boldsymbol{Q}\right]\right\}$$
$$+ \frac{1}{2\mu}\left\{\|\boldsymbol{Q}\|_* - \left\|\boldsymbol{Q}^{(i)}\right\|_2 + \nabla_{\boldsymbol{Q}}\left[\left\|\boldsymbol{Q}^{(i)}\right\|_2\right]\left[\boldsymbol{Q} - \boldsymbol{Q}^{(i)}\right]\right\} \tag{10.100}$$
$$\text{s.t. } \hat{C}_1, \tilde{C}_2, \hat{C}_4$$

基于连续凸近似的鲁棒交替优化算法具体步骤如算法 10.4 所示。

算法 10.4   基于连续凸近似的鲁棒交替优化算法

初始化: 初始化 $\boldsymbol{q}^{(0)}$、$\{\boldsymbol{W}_k^{(0)}\}$ 和 $\boldsymbol{V}_R^{(0)}$, 设置初始迭代次数 $i = 1$, 最大迭代次数 $i_{\max}$, 初始能效 $\eta^{(0)} = 0$, 收敛精度 ε;

1. 重复
2. 给定 $\boldsymbol{q}^{(i-1)}$ 和 $\eta^{(i-1)}$ 求解问题 [式 (10.86)] 获得 $\{\boldsymbol{W}_k^{(i)}\}$、$\boldsymbol{V}_R^{(i)}$;
3. 更新 $\boldsymbol{W}_k^{(i+1)} = \boldsymbol{W}_k^{(i)}$ 和 $\boldsymbol{V}_R^{(i+1)} = \boldsymbol{V}_R^{(i)}$, 根据 $\boldsymbol{Q}^{(i-1)}$, 求解式 (10.101), 获得 $\boldsymbol{Q}^{(i)}$, 由 $\boldsymbol{Q}^{(i)} = \bar{\boldsymbol{q}}^{(i)}[\bar{\boldsymbol{q}}^{(i)}]^{\mathrm{H}}$ 和 $\boldsymbol{q}^{(i)} = [\bar{\boldsymbol{q}}^{(i)}]_{(1:N)}$, 获得 $\boldsymbol{q}^{(i)}$;
4. 更新 $\boldsymbol{Q}^{(i+1)} = \boldsymbol{Q}^{(i)}, \eta^{(i+1)} = \eta^{(i)}$, $i = i + 1$;
5. 直到 $\dfrac{\eta^{(i+1)} - \eta^{(i)}}{\eta^{(i)}} \leqslant \varepsilon$, 获得 $\{\boldsymbol{W}_k^*\}$、$\boldsymbol{V}_R^*$ 和 $\boldsymbol{q}^*$。

10.3.3   仿真分析

在本节中, 根据上述所提的算法进行仿真。为了便于分析, 建立仿真模型如图 10-14 所示, 假设基站位于 $(0, 0)$, 信息接收机位于 $(x_{\mathrm{IUs}}, 0)$, 窃听者位于 $(x_{\mathrm{EVEs}}, 0)$, 能量接收机位于为 $(x_{\mathrm{ERs}}, 0)$, IRS 位于 $(x_{\mathrm{IRS}}, y_{\mathrm{IRS}})$, 信息接收机、窃听者接收机和能量接收机位于各自半径为的圆内。假设系统带宽 $B = 10\mathrm{MHz}$。定义路径损耗为 $L(d) = T_0(d/d_0)^{-\alpha}$, 其中, $T_0 = -30\mathrm{dB}$ 表示 $d_0 = 1\mathrm{m}$ 时的路损, d 表示通信链路距离。设基站到 IRS、用户、窃听者和能量接收机的路损因子分别为 $\alpha_{\mathrm{BI}} = 2.2$、$\alpha_{\mathrm{BR}} = 3.6$、$\alpha_{\mathrm{BU}} = 3.6$ 和 $\alpha_{\mathrm{BE}} = 3.6$, IRS 到用户、窃听者和能量接收机的路损因子分别为 $\alpha_{\mathrm{IU}} = 2.4$、$\alpha_{\mathrm{IR}} = 2.2$ 和 $\alpha_{\mathrm{IE}} = 2.4$。假设所有窃听信道具有相同的最大估计误差, 如 $\varepsilon_E = \varepsilon_E^l$。同时, 为了更直观体现窃听信道最大估计误差对系统性能的影响, 将估计误差采用归一化, 如 $\xi = \varepsilon_{\mathrm{E}}/\|\mathbf{g}_l\|_{\mathrm{F}}$。根据以上参数设置, 分别从所提算法自身性能和与现有算法对比的角度进行具体仿真分析。

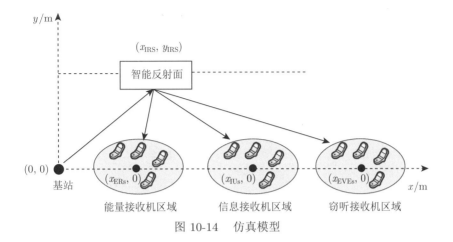

图 10-14　仿真模型

图 10-15 描述了本章所提算法的能效收敛性能与基站发射天线数之间的关系。从图中可以看出，随着迭代次数的增加，系统的总能效只经过有限次迭代就可达到收敛，说明所提算法具有很好的收敛性。纵向对比，明显可以发现，随着基站发射天线数的增加，系统的总能效增加，这是因为天线数的增加，使得用户的天线增益增强，从而使用户的信号接收增益增大，整个系统的能效提高。

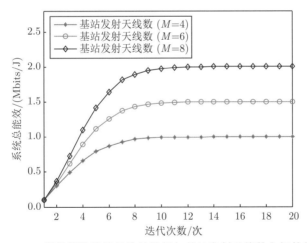

图 10-15　所提算法的能效收敛性能与基站发射天线数之间的关系

图 10-16 描述了系统总能效与基站发射天线数之间的关系。从图中可以看出，在相同的用户数下，系统的总能效随着发射天线数的增加而增大。从纵向看，当系统用户数增加时，系统的总能效增加，这是因为所提算法是最大化系统的总能效，用户数的增加使系统的能效提高，从而提高系统的整体能效。

图 10-17 描述了系统总能效与基站发射功率阈值之间的关系。从图中可以看出，在相同的 IRS 反射单元数下，系统的总能效随着基站发射功率阈值的增加先增加后趋于平稳。从纵向看，当 IRS 的反射单元数增加时，系统的总能效也在增加，这主要来自两方面的原因：一是 IRS 是无源器件，增加反射单元数量几乎不会造成额外的功耗；二是附加的相移

可以反射更多来自基站的接收功率，并为资源分配提供更多的灵活性，这将提高从 IRS 到合法用户链路的波束增益，从而提高系统的能效。

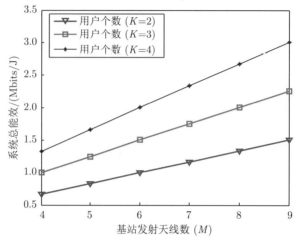

图 10-16　系统总能效与基站发射天线数之间的关系

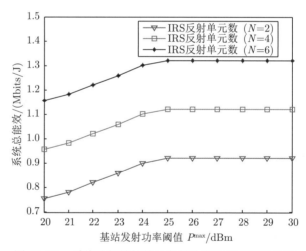

图 10-17　系统总能效与基站发射功率阈值之间的关系

　　图 10-18 描述的是能量接收机收集的功率与其位置关系。从不同的 IRS 反射单元个数以及有无 IRS 的角度进行了对比分析。从图中可以看出，所有情况下收集到的功率都随着接收机与基站间距离 x_{ERs} 的增大而减小，这是因为当 x_{ERs} 增大时，能量接收机远离基站和 IRS，导致所接收到的功率逐渐下降。正如预期一样，使用 IRS 比不使用 IRS 可以收集到更多的功率，特别是当反射单元数量较大时，收集到的功率会更多，这是因为使用 IRS 额外增加了强大的反射链路，使能量接收机的接收增益增强。

　　接下来，将所提算法与现有算法进行对比来验证算法的有效性。为了方便描述，将本章所提的基于不完美 CSI 的能效最大 SWIPT 鲁棒算法定义为"所提算法（不完美 CSI）-SWIPT-IRS"；将基于完美 CSI 能效最大 SWIPT 算法定义为"能效最大（完美 CSI）-SWIPT-IRS"；

将不采用 SWIPT 技术的完美 CSI 的能效最大算法定义为"能效最大（完美 CSI）-无 SWIPT-IRS"；将不考虑 IRS 的能效最大算法定义为"能效最大算法-无 IRS"。

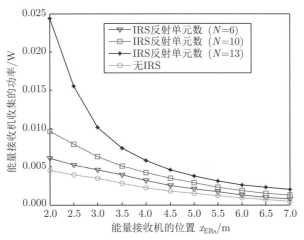

图 10-18 能量接收机收集的功率与其位置的关系

图 10-19 描述了系统总能效与用户最小保密速率阈值之间的关系。从图中可以看出，4 种算法的系统总能效都是随着用户最小保密速率阈值的增加先平稳后逐渐下降，原因是当保密要求较低时，较高的保密速率阈值有助于系统获得更高的能效，然而，当保密速率阈值大于最优速率时，系统必须增加额外功耗来满足保密速率阈值，从而导致总能效降低。在不考虑 SWIPT 时，由于系统中没有能量收集装置作为补偿，导致消耗更多的能量，因此，能效最大（完美 CSI）-无 SWIPT-IRS 的能效低于能效最大（完美 CSI）-SWIPT-IRS，同时，所提算法（不完美 CSI）-SWIPT-IRS 的能效明显高于能效最大算法-无 IRS，这说明即使存在不确定的信道参数，所提算法也能比无 IRS 时的算法更有效地利用空间自由度来提供安全供应，但是由于信道不确定性参数的存在，使得基站和 IRS 无法准确分配波束，因此所提算法的能效略低于完美 CSI 时的能效。

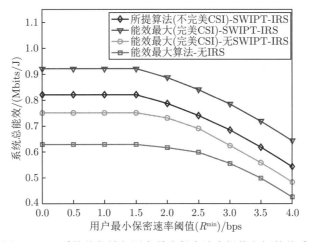

图 10-19 系统总能效与用户最小保密速率阈值之间的关系

　　图 10-20 给出了不同算法下，用户保密中断概率与窃听信道最大估计误差之间的关系。保密中断概率定义为至少有一个用户保密速率小于设定阈值时的概率。从图中明显可以看出，随着窃听信道最大估计误差的增加，用户的保密中断概率逐渐增加；所提算法的中断概率是最低，具有最佳性能，这是因为该算法提前考虑了信道参数的不确定性，从而克服了不确定性带来的影响。结合图 10-19 分析，相比于完美 CSI 情况，所提算法是以牺牲部分能效为代价，来降低系统的保密中断概率，从而提高系统的稳健性。

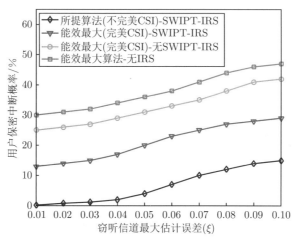

图 10-20　用户保密中断概率与窃听信道最大估计误差之间的关系

10.4　本 章 小 结

　　10.1 节针对 RIS 辅助的 WPCN 鲁棒能效资源分配问题进行研究。考虑能量收集和用户服务质量约束，建立了一个多变量耦合的鲁棒能效最大化资源分配问题。利用最坏准则和 S-procedure 方法将原问题转换为确定性问题；同时采用广义分式规划理论、交替优化和变量替换等方法将该问题转换为凸优化问题进行求解。仿真结果验证了所提算法具有较好的鲁棒性和能效。

　　针对无线携能智能超表面系统的信道不确定性问题，10.2 节提出了基于概率约束的鲁棒能效资源分配算法。考虑能量中断概率约束和速率中断概率约束，联合优化能量波束，能量收集时间，发射功率，子载波分配因子和反射相移使用户能效最大化，并设计鲁棒波束成形算法进行求解。仿真结果验证了所提算法的有效性。

　　考虑 IRS 辅助的 SWIPT 系统，其中信息接收机和能量收集装置配备有独立的天线（即专用的能量信号），10.3 节研究了基于无线携能的 IRS 能效最大化鲁棒资源分配问题。该问题考虑窃听者在最坏情况下的最大窃听速率约束、基站最大发射功率约束、最小能量收集约束和相移约束，对下行链路的系统总能效进行优化。首先，利用 Dinkelbach 方法将非凸的分式目标函数进行处理。然后，利用 S-procedure 方法对信道参数不确定性约束进行转换。对于目标函数中的 DC 形式，采用一阶泰勒展开式做近似处理。最后，提出一种基于 SCA 近似的交替优化算法。仿真结果表明，所提算法具有很好的鲁棒性和能效。

主要参考文献

徐勇军. 2015. 下垫式认知无线电网络动态资源分配问题研究 [D]. 长春: 吉林大学.

徐勇军, 赵晓晖. 2014. 认知无线电系统的顽健资源分配算法 [J]. 通信学报, 35(4): 124-129, 140.

徐勇军, 胡圆, 李国权, 等.2019. 异构携能通信网络顽健资源分配算法 [J]. 通信学报, 40(7): 186-196.

徐勇军, 谷博文, 陈前斌, 等. 2020. 基于能效最大的无线供电反向散射网络资源分配算法 [J]. 通信学报, 41(10): 202-210.

徐勇军, 李国权, 陈前斌, 等. 2020. 基于非正交多址接入异构携能网络稳健能效资源分配算法 [J]. 通信学报, 41(2): 84-96.

徐勇军, 杨洋, 刘期烈, 等. 2020. 认知网络干扰效率最大稳健功率与子载波分配算法 [J]. 通信学报, 41(1): 84-93.

徐勇军, 谷博文, 杨洋, 等. 2021. 基于不完美 CSI 的 D2D 通信网络鲁棒能效资源分配算法 [J]. 电子与信息学报, 43(8): 2189-2198.

徐勇军, 刘子腱, 李国权, 等. 2021. 基于 NOMA 的无线携能 D2D 通信鲁棒能效优化算法 [J]. 电子与信息学报, 43(5): 1289-1297.

徐勇军, 谢豪, 陈前斌, 等. 2021. 基于硬件损伤的 MIMO 异构网络波束成形算法 [J]. 电子与信息学报, 43(12): 3571-3579.

徐勇军, 杨浩克, 叶迎晖, 等. 2021. 反向散射通信网络资源分配综述 [J]. 物联网学报, 5(3): 56-69.

徐勇军, 高正念, 王茜竹, 等. 2022. 基于智能反射面辅助的无线供电通信网络鲁棒能效最大化算法 [J]. 电子与信息学报, 44(7): 2317-2324.

徐勇军, 徐然, 周继华, 等. 2022. 面向窃听用户的 RIS-MISO 系统鲁棒资源分配算法 [J]. 电子与信息学报, 44(7): 2253-2263.

徐勇军, 杨浩克, 李国军, 等. 2022. 多标签无线供电反向散射通信网络能效优化算法 [J]. 电子与信息学报, 44(10): 3492-3498.

徐勇军, 杨蒙, 周继华, 等. 2022. 基于数能同传的 D2D 网络鲁棒资源分配算法 [J]. 中国科学: 信息科学, 52(10): 1883-1899.

徐勇军, 曹奇, 万杨亮, 等. 2023. 基于硬件损伤的异构网络鲁棒安全资源分配算法 [J]. 电子与信息学报, 45(1): 243-253.

张晓茜, 徐勇军. 2022. 面向零功耗物联网的反向散射通信综述 [J]. 通信学报, 43(11): 199-212.

Agiwal M, Roy A, Saxena N. 2016. Next generation 5G wireless networks: A comprehensive survey[J]. IEEE Communications Surveys & Tutorials, 18(3): 1617-1655.

Asadi A, Wang Q, Mancuso V. 2014. A survey on device-to-device communication in cellular networks[J]. IEEE Communications Surveys & Tutorials, 16(4): 1801-1819.

Boyd S, Vandenberghe L. 2004. Convex Optimization[M]. Cambridge, UK: Cambridge University Press.

Damnjanovic A, Montojo J, Wei Y B, et al. 2011. A survey on 3GPP heterogeneous networks[J]. IEEE Wireless Communications, 18(3): 10-21.

Dinkelbach W. 1967. On nonlinear fractional programming[J]. Management Science, 13(7): 492-498.

Gao Z N, Xu Y J, Wang Q Z, et al. 2021. Outage-constrained energy efficiency maximization for RIS-assisted WPCNs[J]. IEEE Communications Letters, 25(10): 3370-3374.

Jo H S, Sang Y J, Xia P, et al. 2012. Heterogeneous cellular networks with flexible cell association: A comprehensive downlink SINR analysis[J]. IEEE Transactions on Wireless Communications, 11(10): 3484-3495.

Lu X, Wang P, Niyato D, et al. 2015. Wireless networks with RF energy harvesting: A contemporary survey[J]. IEEE Communications Surveys & Tutorials, 17(2): 757-789.

Van Huynh N, Hoang D T, Lu X, et al. 2018. Ambient backscatter communications: A contemporary survey[J]. IEEE Communications Surveys & Tutorials, 20(4): 2889-2922.

Xu Y J, Gao Z N, Wang Z Q, et al. 2021. RIS-enhanced WPCNs: Joint radio resource allocation and passive beamforming optimization[J]. IEEE Transactions on Vehicular Technology, 70(8): 7980-7991.

Xu Y J, Gu B W, Hu R Q, et al. 2021. Joint computation offloading and radio resource allocation in MEC-based wireless-powered backscatter communication networks[J]. IEEE Transactions on Vehicular Technology, 70(6): 6200-6205.

Xu Y J, Gu B W, Li D, et al. 2022. Resource allocation for secure SWIPT-enabled D2D communications with　fairness[J]. IEEE Transactions on Vehicular Technology, 71(1): 1101-1106.

Xu Y J, Gu B W, Li D. 2021. Robust energy-efficient optimization for secure wireless-powered backscatter communications with a non-linear EH model[J]. IEEE Communications Letters, 25(10): 3209-3213.

Xu Y J, Gui G, Gacanin H, et al. 2021. A survey on resource allocation for 5G heterogeneous networks: Current research, future trends, and challenges[J]. IEEE Communications Surveys & Tutorials, 23(2): 668-695.

Xu Y J, Gui G, Ohtsuki T, et al. 2021. Robust resource allocation for two-tier HetNets: An interference-efficiency perspective[J]. IEEE Transactions on Green Communications and Networking, 5(3): 1514-1528.

Xu Y J, Gui G. 2020. Optimal resource allocation for wireless powered multi-carrier backscatter communication networks[J]. IEEE Wireless Communications Letters, 9(8): 1191-1195.

Xu Y J, Hu R Q, Li G Q. 2020. Robust energy-efficient maximization for cognitive NOMA networks under channel uncertainties[J]. IEEE Internet of Things Journal, 7(9): 8318-8330.

Xu Y J, Liu Z J, Huang C W, et al. 2021. Robust resource allocation algorithm for energy-harvesting-based D2D communication underlaying UAV-assisted networks[J]. IEEE Internet of Things Journal, 8(23): 17161-17171.

Xu Y J, Qin Z J, Gui G, et al. 2021. Energy efficiency maximization in NOMA enabled backscatter communications with QoS guarantee[J]. IEEE Wireless Communications Letters, 10(2): 353-357.

Xu Y J, Sun H J, Ye Y H. 2021. Distributed resource allocation for SWIPT-based cognitive Ad-Hoc networks[J]. IEEE Transactions on Cognitive Communications and Networking, 7(4): 1320-1332.

Xu Y J, Xie H, Hu R Q. 2021. Max-Min beamforming design for heterogeneous networks with hardware impairments[J]. IEEE Communications Letters, 25(4): 1328-1332.

Xu Y J, Xie H, Li D, et al. 2022. Energy-efficient beamforming for heterogeneous industrial IoT networks with phase and distortion noises[J]. IEEE Transactions on Industrial Informatics, 18(11): 7423-7434.

Xu Y J, Xie H, Liang C C, et al. 2021. Robust secure energy-efficiency optimization in SWIPT-aided heterogeneous networks with a nonlinear energy-harvesting model[J]. IEEE Internet of Things Journal, 8(19): 14908-14919.

Xu Y J, Xie H, Wu Q Q, et al. 2022. Robust max-Min energy efficiency for RIS-aided HetNets with distortion noises[J]. IEEE Transactions on Communications, 70(2): 1457-1471.

Xu Y J, Yang M, Yang Y, et al. 2022. Max-Min energy-efficient optimization for cognitive heterogeneous networks with spectrum sensing errors and channel uncertainties[J]. IEEE Wireless Communications Letters, 11(6): 1113-1117.

Xu Y J, Li G Q, Yang Y, et al. 2019. Robust resource allocation and power splitting in SWIPT enabled heterogeneous networks: A robust minimax approach[J]. IEEE Internet of Things Journal, 6(6): 10799-10811.

Xu Y J, Zhao X H, Liang Y C. 2015. Robust power control and beamforming in cognitive radio networks: A survey[J]. IEEE Communications Surveys & Tutorials, 17(4): 1834-1857.

Zhou X, Zhang R, Ho C K. 2013. Wireless information and power transfer: Architecture design and rate-energy tradeoff[J]. IEEE Transactions on Communications, 61(11): 4754-4767.

附　　录

附　录　1

定义 $Z_m = \displaystyle\sum_{i \neq m}^{M} p_i h_{i,m} + PG_m$，$C_2$ 能够被重写为

$$p_m h_{m,m} \geqslant \gamma_m^{\min} Z_m + \gamma_m^{\min} \frac{\sigma^2}{1 - \rho_m} \tag{1}$$

式 (1) 能够被重新描述为

$$\frac{p_m h_{m,m}}{\gamma_m^{\min}} - \frac{\sigma^2}{1 - \rho_m} \geqslant Z_m \tag{2}$$

因为 $Z_m \geqslant 0$，有

$$p_m h_{m,m} \geqslant \frac{\gamma_m^{\min} \sigma^2}{1 - \rho_m} \tag{3}$$

进一步，C_3 能够被重写为

$$p_m h_{m,m} \geqslant \frac{E_m^{\min}}{\theta \rho_m} - Z_m \tag{4}$$

基于式 $(1) + \gamma_m^{\min} \times$ 式 (4) 可以得

$$p_m h_{m,m} \geqslant H_m \tag{5}$$

其中，$H_m = \dfrac{\gamma_m^{\min}}{1 + \gamma_m^{\min}} \left(\dfrac{\sigma^2}{1 - \rho_m} + \dfrac{E_m^{\min}}{\theta \rho_m} \right)$。

根据式 (3) 和式 (5)，可以得

$$p_m h_{m,m} \geqslant \bar{H}_m \tag{6}$$

其中，$\bar{H}_m = \max\left(H_m, \dfrac{\gamma_m^{\min}}{1 - \rho_m} \right)$，因此有

$$H_m - \frac{\gamma_m^{\min} \sigma^2}{1 - \rho_m} = \frac{\gamma_m^{\min}}{1 + \gamma_m^{\min}} \left[\frac{E_m^{\min}(1 - \rho_m) - \theta \rho_m \gamma_m^{\min} \sigma^2}{\theta \rho_m (1 - \rho_m)} \right] \begin{cases} \leqslant 0, & E_m^{\min} \leqslant \dfrac{\theta \rho_m \gamma_m^{\min} \sigma^2}{1 - \rho_m} \\ 0, & \text{其他} \end{cases} \tag{7}$$

根据式 (6) 和式 (7) 可以得

$$p_m h_{m,m} \geqslant \bar{H}_m = \begin{cases} \dfrac{\gamma_m^{\min} \sigma^2}{1-\rho_m}, & E_m^{\min} \leqslant \dfrac{\theta \rho_m \gamma_m^{\min} \sigma^2}{1-\rho_m} \\ H_m, & \text{其他} \end{cases} \tag{8}$$

证毕。

附　录　2

采用反证法来证明这个过程，有

$$\frac{E_m^{\min}}{\theta \rho_m} - Z_m \geqslant H_m \Leftrightarrow \frac{E_m^{\min}}{\theta \rho_m} \geqslant \left(1 + \gamma_m^{\min}\right) Z_m + \gamma_m^{\min} \frac{\sigma^2}{1-\rho_m} \tag{9}$$

根据 C_3，可以得

$$Z_m \geqslant \frac{E_m^{\min}}{\theta \rho_m} - p_m h_{m,m} \tag{10}$$

结合式 (9) 和式 (10) 可以得

$$\frac{E_m^{\min}}{\theta \rho_m} \geqslant \left(1 + \gamma_m^{\min}\right) \left(\frac{E_m^{\min}}{\theta \rho_m} - p_m h_{m,m}\right) + \gamma_m^{\min} \frac{\sigma^2}{1-\rho_m} \tag{11}$$

基于式 (11) 可以得

$$\left(1 + \gamma_m^{\min}\right) p_m h_{m,m} \geqslant \gamma_m^{\min} \frac{E_m^{\min}}{\theta \rho_m} + \gamma_m^{\min} \frac{\sigma^2}{1-\rho_m} \tag{12}$$

因为 $\dfrac{E_m^{\min}}{\theta \rho_m} \leqslant Z_m + p_m h_{m,m}$ 成立，假设式 (12) 在最坏情况下，左侧下界大于右侧上界，可以得

$$\left(1 + \gamma_m^{\min}\right) p_m h_{m,m} \geqslant \gamma_m^{\min} \left(Z_m + p_m h_{m,m}\right) + \gamma_m^{\min} \frac{\sigma^2}{1-\rho_m} \tag{13}$$

基于 C_3 可以得

$$p_m h_{m,m} \geqslant \gamma_m^{\min} Z_m + \gamma_m^{\min} \frac{\sigma^2}{1-\rho_m} \Leftrightarrow \frac{\left(1-\rho_m\right) p_m h_{m,m}}{\left(1-\rho_m\right) Z_m + \sigma^2} \geqslant \gamma_m^{\min} \tag{14}$$

基于 SINR 的定义，式 (14) 能够重写为

$$\gamma_m \geqslant \gamma_m^{\min} \tag{15}$$

因为式 (15) 恒成立，所以式 (9) 中反证法下的假设是正确的，可得

$$\frac{E_m^{\min}}{\theta \rho_m} - Z_m \geqslant H_m \tag{16}$$

证毕。

附　录　3

根据式 (6.79)，有

$$\tilde{p}_{m,n}^{\mathrm{worst}} \geqslant \frac{A_{m,n}\left[\sum_{i=m+1}^{M} \tilde{p}_{m,n}\left(\hat{h}_{m,n} + \varepsilon_{m,n}\right) + N_{m,n}\right]}{\hat{h}_{m,n} - \varepsilon_{m,n}}$$

$$\geqslant A_{m,n}\left(\sum_{i=m+1}^{M} \tilde{p}_{m,n} + \frac{N_{m,n}}{\hat{h}_{m,n} - \varepsilon_{m,n}}\right) \tag{17}$$

根据

$$\hat{h}_{m,n} - \varepsilon_{m,n} \leqslant \hat{h}_{m,n} + \sigma_{m,n}Q^{-1}\left(1 - \varepsilon_{m,n}\right) \tag{18}$$

有

$$\sum_{i=m+1}^{M} \tilde{p}_{m,n} + \frac{N_{m,n}}{\hat{h}_{m,n} - \varepsilon_{m,n}} \geqslant H_{m,n} \tag{19}$$

$$\tilde{p}_{m,n}^{\mathrm{prob}} \geqslant A_{m,n}H_{m,n} \tag{20}$$

因此，可以得

$$\tilde{p}_{m,n}^{\mathrm{worst}} \geqslant \tilde{p}_{m,n}^{\mathrm{prob}} \tag{21}$$

得证。

附　录　4

(效用函数凸凹性证明)

鲁棒优化问题 [式 (7.67)] 的目标函数为

$$\max_{p_k,x_k} \sum_{k=1}^{K} x_k\bar{R}_k - \eta_E\left(\varsigma\sum_{k=1}^{K} p_k + P_c\right) + \left\{\eta\eta_E\sum_{i=1}^{K} p_i\right\}\left[\sum_{k=1}^{K}(1 - x_k)(\bar{h}_k + \varepsilon)\right] \tag{22}$$

显然，上式第二项和第三项为关于变量 $\{p_k\}$，$\forall k$ 的线性函数，因此只需要关注第一项的凸凹性。第一项可以展开为

$$\sum_{k=1}^{K} x_k\bar{R}_k = \sum_{k=1}^{K} x_k a_k \log_2(p_k\tilde{h}_k) - \sum_{k=1}^{K} x_k a_k \log_2\left(\sum_{i=k+1}^{K} p_i\tilde{h}_k + \sigma_k\right) + \sum_{k=1}^{K} x_k b_k \tag{23}$$

其中，等号右边第三项为常数项；等号右边第一项为关于变量 $\{p_k\}$，$\forall k$ 的凹函数，因此需要证明第二项的凸凹性。定义如下函数：

$$f(p_i) = x_k a_k \log_2\left(\sum_{i=k+1}^{K} p_i\tilde{h}_k + \sigma_k\right) \tag{24}$$

可以得到如下海森矩阵:

$$
\boldsymbol{H} = \frac{x_k a_k}{\ln 2} \begin{bmatrix} Av_1 - v^2 & -v_1 v_2 & \cdots & -v_1 v_K \\ -v_1 v_2 & Av_2 - v_2^2 & \cdots & -v_2 v_K \\ \vdots & \vdots & \ddots & \vdots \\ -v_1 v_K & -v_2 v_K & \cdots & Av_K - v_K^2 \end{bmatrix}_{K \times K} \tag{25}
$$

其中, $\boldsymbol{v} = [v_1, \cdots, v_K]^{\mathrm{T}}$; $v_i = p_i \tilde{h}_k$; $A = \sum\limits_{i=1}^{K} v_i + \sigma_k$。根据效用函数定义, 显然从 $i = 1$ 到 $i = k - 1$ 的元素为零。定义任意非负向量 $\boldsymbol{Z} = [Z_1, Z_2, \cdots, Z_K]^{\mathrm{T}}$, 则

$$
\begin{aligned}
\boldsymbol{Z}^{\mathrm{T}} \boldsymbol{H} \boldsymbol{Z} &= \frac{x_k a_k}{\ln 2} \left[A \sum_{i=1}^{K} Z_i^2 v_i - \left(\sum_{i=1}^{K} Z_i v_i \right)^2 \right] \\
&> \frac{x_k a_k}{\ln 2} \left[\left(\sum_{i=1}^{K} v_i \right) \left(A \sum_{i=1}^{K} Z_i^2 v_i \right) - \left(\sum_{i=1}^{K} Z_i v_i \right)^2 \right] \\
&= \frac{x_k a_k}{\ln 2} \left[\sum_{i=1}^{K} \sqrt{v_i}^2 A \sum_{i=1}^{K} Z_i \sqrt{v_i}^2 - \left(\sum_{i=1}^{K} Z_i v_i \right)^2 \right] \geqslant 0
\end{aligned} \tag{26}
$$

根据柯西不等式有 $(\boldsymbol{X}^{\mathrm{T}} \boldsymbol{X})(\boldsymbol{Y}^{\mathrm{T}} \boldsymbol{Y}) \geqslant (\boldsymbol{X}^{\mathrm{T}} \boldsymbol{Y})^2$, 令 $\boldsymbol{X} = \sqrt{\boldsymbol{v}}$ 和 $\boldsymbol{Y} = \boldsymbol{Z}^{\mathrm{T}} \sqrt{\boldsymbol{v}}$, 可知 $\boldsymbol{Z}^{\mathrm{T}} \boldsymbol{H} \boldsymbol{Z} \geqslant 0$ 成立, 海森矩阵为半正定, $f(p_i)$ 是一个凸函数, 而 $-f(p_i)$ 为凹函数, 因此目标函数 [式 (22)] 为关于变量的凹函数, 存在全局最优解。

附　录　5

定义 x_m^1、x_m^2 和 x_m^3 为松弛变量, 式 (7.108) 可以重写为

$$
\alpha_m \geqslant \mathrm{e}^{x_m^1}, x_m^1 - x_m^2 \geqslant x_m^3 \tag{27}
$$

$$
\beta_m \leqslant \mathrm{e}^{x_m^2}, 2^{r_m^{\mathrm{M}}} - 1 \leqslant \mathrm{e}^{x_m^3} \tag{28}
$$

其中, 式 (27) 是凸的, 式 (28) 仍然是非凸的。非凸约束可以用泰勒级数展开来处理, 它属于保守逼近。定义 $\bar{x}_m^2$ 和 $\bar{x}_m^3$ 分别为 x_m^2 和 x_m^3 的前一次迭代, 式 (28) 可以线性化为

$$
\begin{aligned}
\beta_m &\leqslant \mathrm{e}^{\bar{x}_m^2} \left(x_m^2 - \bar{x}_m^2 + 1 \right) \\
2^{r_m^{\mathrm{M}}} - 1 &\leqslant \mathrm{e}^{\bar{x}_m^3} \left(x_m^3 - \bar{x}_m^3 + 1 \right)
\end{aligned} \tag{29}
$$

证毕。

附　录　6

定义 ε 为解的精度，经典内点法的计算复杂度为

$$\mathcal{O}\left\{\sqrt{\beta(\kappa)}C\ln\left(\frac{1}{\varepsilon}\right)\right\} \tag{30}$$

其中，$\beta(\kappa)$ 为障碍参数，$\beta(\kappa)=\sum_{t=1}^{p}c_t+2(d-p)$，$p$ 和 $d-p$ 分别为半正定约束和二阶锥约束的数量，c_t 为第 t 个半正定约束的维数；C 为每次迭代的开销，$C=e\sum_{t=1}^{p}c_t^3+e^2\sum_{t=1}^{p}c_t^2+e\sum_{t=p+1}^{d}q_t^2+e^3$，$q_t$ 表示第 t 个二阶锥约束的维数，e 是决策变量的数量。

定义 $\tilde{\beta}(\tilde{\kappa})$、$\tilde{C}$ 和 $\tilde{\varepsilon}$ 分别表示 P_4 的障碍参数、每次迭代开销和解的精度。基于以上方法，算法 7.5 的计算复杂度为

$$\mathcal{O}\left\{\frac{1}{\varpi^2}\log\left(L_{\max}\right)\left[\sqrt{\tilde{\beta}(\tilde{\kappa})}C\ln\left[\frac{1}{\tilde{\varepsilon}}\right]\right]\right\} \tag{31}$$

其中，

$$\begin{aligned}
\tilde{\beta}(\tilde{\kappa})=&\left(4M+3\sum_{n=1}^{N}K_n\right)N_M+12M+26\sum_{n=1}^{N}K_n\\
&+N+1+\left(2M+6\sum_{n=1}^{N}K_n+N\right)N_F
\end{aligned} \tag{32}$$

$$\begin{aligned}
\tilde{C}=&e\left(2M+3\sum_{n=1}^{N}K_n\right)\bar{N}_F^2\left(\bar{N}_F+e\right)+eMN_M^2\left(N_M+e\right)\\
&+e\left(\sum_{n=1}^{N}K_n+N\right)N_F^2\left(N_F+e\right)+\left(e^2+e\right)\left(9M+21\sum_{n=1}^{N}K_n+N+12\right)\\
&+e^3+eM\left(N_M+1\right)^2\left(N_M+e+1\right)+2e\sum_{n=1}^{N}K_n\left(N_F+1\right)^2\left(N_F+e+1\right)
\end{aligned} \tag{33}$$

其中 $e=MN_M^2+\left(\sum_{n=1}^{N}K_n+N\right)N_F^2+\sum_{n=1}^{N}K_n$。可以看出，算法 7.5 的计算复杂度随 $L_{\max}$ 增加而增加。证毕。

附　录　7

根据式 (8.1) 和式 (8.8)，有

$$\prod_{k=1}^{K} \mathrm{Pr}\left\{ B\rho_{m,k}\log_2\left(1 + \frac{p_{m,k}h_{m,k}}{\sigma_{m,k}}\right) \leqslant R_m^{\min} \right\} \leqslant \xi_m \tag{34}$$

$$\prod_{k=1}^{K} \mathrm{Pr}\left\{ h_{m,k} \leqslant \frac{\sigma_{m,k}}{p_{m,k}}\left[2^{\frac{R_m^{\min}}{B\rho_{m,k}}} - 1\right] \right\} \leqslant \xi_m \tag{35}$$

如果 $h_{m,k}$ 的分布未知，有

$$\prod_{k=1}^{K} H_{h_{m,k}}(Z_{m,k}) \leqslant \xi_m \tag{36}$$

其中，$Z_{m,k} = \frac{\sigma_{m,k}}{p_{m,k}}\left(2^{\frac{R_m^{\min}}{B\rho_{m,k}}} - 1\right)$；$H_{h_{m,k}}(\cdot)$ 表示 $h_{m,k}$ 的累积分布函数。由于不能直接获得发射功率 $p_{m,k}$ 和中断概率 ξ_m 之间的关系，因此，将约束条件改写为以下近似类型，即

$$\prod_{k=1}^{K} H_{h_{m,k}}(Z_{m,k}) \leqslant K H_{h_{m,k}}(Z_{m,\bar{k}}) \tag{37}$$

其中，$\bar{k} = \arg\max H_{h_{m,k}}(Z_{m,k})$ 是信道选择因子，可以等价为

$$\bar{k} = \arg\min_{\forall k} \frac{h_{m,k}}{\sigma_{m,k}} \tag{38}$$

在实际中，考虑到在最坏的信道环境下每个子载波的中断概率要求都可以满足，式 (35) 中的中断集合可以将中断概率限制在阈值 ξ_m 以下，因此，根据式 (36)～式 (38)，可以得

$$KH_{h_{m,\bar{k}}}(Z_{m,k}) \triangleq KH_{h_{m,k}}\left[\frac{\sigma_{m,k}}{p_{m,k}}\left(2^{\frac{R_m^{\min}}{B\rho_{m,k}}} - 1\right)\right] \leqslant \xi_m \tag{39}$$

$$\frac{\sigma_{m,k}\left(2^{\frac{2^{R_m^{\min}}}{B\rho_{m,k}}} - 1\right)}{H_{h_{m,k}}^{-1}\left(\dfrac{\xi_m}{K}\right)} \leqslant p_{m,k} \tag{40}$$

因此，如果 SU 在各子载波上的发射功率满足约束 [式 (40)]，则可以保证 C_7 中的中断约束。为简化，约束 [式 (40)] 也可以表示为

$$R_m^{\min} \leqslant B\rho_{m,k}\log_2\left[1 + \frac{p_{m,k}}{\sigma_{m,k}}H_{h_{m,k}}^{-1}\left(\frac{\xi_m}{K}\right)\right] \tag{41}$$

证毕。

附　录　8

为了证明不等式 (8.10)，基于中断的干扰约束上界满足：

$$\Pr\left\{\sum_{k=1}^{K}\sum_{m=1}^{M}\rho_{m,k}p_{m,k}g_{m,k}\geqslant I^{\mathrm{th}}\right\}\leqslant\Pr\left\{\max_{\forall m,k}\left\{\rho_{m,k}p_{m,k}g_{m,k}\right\}\geqslant\frac{I^{\mathrm{th}}}{K}\right\}$$

$$=1-\Pr\left\{\max_{\forall m,k}\left\{\rho_{m,k}p_{m,k}g_{m,k}\right\}\leqslant\frac{I^{\mathrm{th}}}{K}\right\}=1-\prod_{k=1}^{K}\prod_{m=1}^{M}\Pr\left\{\rho_{m,k}p_{m,k}g_{m,k}\leqslant\frac{I^{\mathrm{th}}}{K}\right\}$$

$$=1-\left[\Pr\left\{\rho_{m,k}p_{m,k}g_{m,k}\leqslant\frac{t^{\mathrm{th}}}{K}\right\}\right]^{MK}\leqslant\varepsilon \tag{42}$$

因为中断概率 ε 的范围为 $[0,1]$，有

$$\sqrt[MK]{1-\varepsilon}\leqslant\Pr\left\{\rho_{m,k}p_{m,k}g_{m,k}\leqslant\frac{I^{\mathrm{th}}}{K}\right\} \tag{43}$$

在 $g_{m,k}$ 已知的情况下，可以得

$$\begin{cases} \sqrt[MK]{1-\varepsilon}\leqslant G_{g_{m,k}}\left(\dfrac{I^{\mathrm{th}}}{\rho_{m,k}p_{m,k}K}\right) \\[3mm] \rho_{m,k}p_{m,k}\leqslant\dfrac{I^{\mathrm{th}}}{KG_{g_{m,k}}^{-1}\left(\sqrt[MK]{1-\varepsilon}\right)} \end{cases} \tag{44}$$

其中，$G_{g_{m,k}}(\cdot)$ 和 $G_{g_{m,k}}^{-1}(\cdot)$ 分别表示累积分布函数和其对应的反函数。
证毕。

附　录　9

在情况一的假设下，式 (8.63) 可以重新描述为

$$\max\left[\sum_{k=1}^{K}\log\left(1+p_kA_k\right)-\eta_{\mathrm{EE}}\left(\sum_{k=1}^{K}p_k+P_c\right)\right]$$

$$\mathrm{s.t.}\sum_{k=1}^{K}p_k=\sum_{k=1}^{K}\frac{\lambda}{(\bar{h}_{k,l}+\Delta h)} \tag{45}$$

因此，可以得到该鲁棒问题的最优值：

$$E_{\Delta}^{*}=\sum_{k=1}^{K}\log\left[1+\frac{\lambda A_k}{(\bar{h}_{k,l}+\Delta h)}\right]-\eta_{\mathrm{EE}}^{*}\left[\sum_{k=1}^{K}\frac{\lambda}{(\bar{h}_{k,l}+\Delta h)}+P_c\right] \tag{46}$$

根据泰勒级数，式 (46) 可以近似为

$$E_\Delta^* \left(\Delta h_k \right) = E_\Delta^*(0) + \frac{\partial E_\Delta^*(0)}{\partial \Delta h_{k,l}} \Delta h_{k,l} + o\left(\Delta h_{k,l} \right) \tag{47}$$

其中，$E_\Delta^*(0)$ 为式 (8.60) 的最优值；$o\left(\Delta h_{k,l} \right)$ 是泰勒级数展开后的高阶误差，

$$\frac{\partial E_\Delta^*(0)}{\partial \Delta h_{k,l}} = \left. \frac{\partial E_\Delta^* \left(\Delta h_{k,l} \right)}{\partial \Delta h_{k,l}} \right|_{\Delta h=0} = \left[\frac{\lambda A_k}{\bar{h}_{k,l}^2 + \lambda A_k \bar{h}_{k,l}} - \eta_{\mathrm{EE}}^* \frac{\lambda}{\bar{h}_{k,l}^2} \right] \tag{48}$$

因此

$$E_{\mathrm{gap}} = \left(\frac{\lambda A_k}{\bar{\bar{h}}_{k,l}^2 + \lambda A_k \bar{h}_{k,l}} - \eta_{\mathrm{EE}}^* \frac{\lambda}{\bar{\bar{h}}_{k,l}^2} \right) \Delta h_{k,l} \tag{49}$$

情况二与情况一类似，将式 (8.60) 重新描述为

$$\max \left[\sum_{k=1}^K \log \left(1 + p_k A_k \right) - \eta_{\mathrm{EE}} \left(\sum_{k=1}^K p_k + P_c \right) \right] \tag{50}$$

$$\mathrm{s.t.} \ \sum_{k=1}^K p_k = P^{\mathrm{max}}$$

最优值为

$$E_\Delta^* = \sum_{k=1}^K \log \left(1 + \frac{P^{\mathrm{max}}}{K} A_k \right) - \eta_{\mathrm{EE}}^* \left(P^{\mathrm{max}} + P_c \right) \tag{51}$$

$$\frac{\partial E_\Delta^*(0)}{\partial \Delta h_{k,l}} = \left. \frac{\partial E_\Delta^* \left(\Delta h_k \right)}{\partial \Delta h_{k,l}} \right|_{\Delta h=0} = 0 \tag{52}$$

在这个假设下，约束条件和目标函数都不涉及不确定性参数，$\Delta h_{k,l}$ 的微分为零。根据泰勒级数展开，E_{gap} 的值为

$$E_{\mathrm{gap}} = E_\Delta^* - E^* = 0 \tag{53}$$

证毕。

附　录　10

式 (8.146) 的证明

根据式 (8.145)，需要确定传输持续时间 T_d，得到最大 $f(T_d)$。$f(T_d)$ 对 T_d 的一阶导数是

$$\frac{\mathrm{d} f \left(T_d \right)}{\mathrm{d} T_d} = \frac{\frac{\partial T_{d1}}{\partial T_d} AB - A T_{d1} C}{B^2} \tag{54}$$

其中，$A = \rho_n^1 \log_2 (1 + p_{i,n} C_{i,n})$；$B = T_d p_{i,n} + (T_d + \tau) p_c$；$C = p_{i,n} + p_c$。令分子为零，得到下面的二次方程：

$$-\frac{\alpha C}{2} T_d^2 - \alpha \tau p_c T_d + \tau p_c = 0 \tag{55}$$

其解为

$$T_d^n = -\frac{\alpha \tau p_c + \sqrt{\Delta}}{\alpha C} \tag{56}$$

$$T_d^p = \frac{\sqrt{\Delta} - \alpha \tau p_c}{\alpha C} \tag{57}$$

其中，$\Delta = (\alpha \tau p_c)^2 + 2\alpha \tau p_c C > 0$；$T_d^n < 0$，因此仅需确定 T_d^p 的值。

假设式 (8.57) 的分子大于零，则

$$\begin{aligned}
&\sqrt{\Delta} - \alpha \tau p_c \geqslant 0 \\
&\Leftarrow (\alpha \tau p_c)^2 + 2\alpha \tau p_c C \geqslant (\alpha \tau p_c)^2 \\
&\Leftarrow 2\alpha \tau p_c C \geqslant 0
\end{aligned} \tag{58}$$

该假设成立，$T_d^p > 0$，因此，式 (8.55) 的解可以重写为

$$(-T_d + T_d^p)(T_d + T_d^n) = 0 \tag{59}$$

可以看出，$T_d^p > T_d^n$。根据式 (8.142) 中 T_d 的可用区域，函数 $f(T_d)$ 的单调性为

$$f(T_d) = \begin{cases} \downarrow, & f'(\cdot) < 0, T_d^p \leqslant T_d \leqslant T_d^{\max} \\ \uparrow, & f'(\cdot) > 0, \max(0, T_d^n) \leqslant T_d < T_d^p \end{cases} \tag{60}$$

由于 $T_d^n < 0$，因此，$f(T_d)$ 的最大值为

$$\max f(T_d) = f(T_d^p), 0 \leqslant T_d \leqslant T_d^{\max} \tag{61}$$

结合式 (8.145) 得到最优子载波分配策略，即

$$x_{i,n} = \begin{cases} 1, & i^* = \arg\max_i f(T_d^p) \\ 0, & \text{其他} \end{cases} \tag{62}$$

证毕。

附　　录　　11

引理 8.1 的证明

为了证明式 (8.151) 问题的拟凹性，需要分别证明分子 $R(T_d) = T_{d1} u$ 是凹的，分母 $E(T_d) = v T_d + T_d P_c^{\text{total}} + \tau P_c^{\text{total}}$ 是凸的。

先证明 $R(T_d)$ 是一个凹函数。通过取 $R(T_d)$ 对 T_d 的偏导，有

$$R'(T_d) = \frac{\partial R(T_d)}{\partial T_{d1}} \cdot \frac{\partial T_{d1}}{\partial T_d} = u\mathrm{e}^{-\alpha T_d} \tag{63}$$

通过 $R(T_d)$ 对 T_d 的二阶偏导，则有

$$R''(T_d) = -u\alpha\mathrm{e}^{-\alpha T_d} \tag{64}$$

当 $\alpha > 0$，$\mu \geqslant 0$ 时，$R''(T_d) \leqslant 0$，因此，$R(T_d)$ 是一个关于变量 T_d 的凹函数。

再证明 $E(T_d)$ 是一个凸函数。根据 $E(T_d)$ 的形式，它由两个线性表述组合而成。基于凸优化理论，它是一个带 T_d 的凸函数。因此式 (8.151) 的目标函数是一个拟凹函数。证毕。

附　录　12

引理 8.2 的证明

对于固定的 P_c^{total}，定义 $B_1 = \alpha P_c^{\text{total}}$ 和 $B_2 = \alpha(v + P_c^{\text{total}})$，式 (8.152) 可改写为

$$T_d = \frac{\sqrt{B_1^2\tau^2 + 2\tau B_1 B_2/\alpha} - \tau B_1}{B_2} \tag{65}$$

T_d 对变量 τ 求一阶偏导为

$$\frac{\partial T_d}{\partial \tau} = \frac{B_1}{B_2}\left(\frac{\tau B_1 + B_2/\alpha}{\sqrt{B_1^2\tau^2 + 2\tau B_1 B_2/\alpha}} - 1\right) \tag{66}$$

有

$$
\begin{aligned}
&\frac{\tau B_1 + B_2/\alpha}{\sqrt{B_1^2\tau^2 + 2\tau B_1 B_2/\alpha}} - 1 \geqslant 0 \\
&\Leftarrow \tau B_1 + B_2/\alpha \geqslant \sqrt{B_1^2\tau^2 + 2\tau B_1 B_2/\alpha} \\
&\Leftarrow B_1^2\tau^2 + 2\tau B_1 B_2/\alpha + (B_2/\alpha)^2 \geqslant B_1^2\tau^2 + 2\tau B_1 B_2/\alpha \\
&\Leftarrow (B_2/\alpha)^2 \geqslant 0
\end{aligned} \tag{67}
$$

有

$$\frac{\partial T_d}{\partial \tau} \geqslant 0, \forall \tau \tag{68}$$

因此 T_d 是关于变量 τ 的一个单调增函数。

进一步，对于固定的 τ，定义 $x = P_c^{\text{total}}$，$C_1 = \alpha\tau$，$C_2 = \alpha v$。式 (8.152) 可重写为

$$T_d = \frac{\sqrt{(C_1^2 + 2C_1)x^2 + 2C_1 C_2 x/\alpha} - C_1 x}{C_2 + \alpha x} \tag{69}$$

定义 $D_1 = C_1^2 + 2C_1$，$D_2 = C_1C_2/\alpha$，T_d 对变量 x 求一阶偏导为

$$\frac{\partial T_d}{\partial x} = \frac{\dfrac{(D_1 x + D_2)(\alpha x + C_2)}{\sqrt{D_1 x^2 + 2D_2 x}} - C_1 C_2 - \alpha\sqrt{D_1 x^2 + 2D_2 x}}{(C_2 + \alpha x)^2} \tag{70}$$

有

$$\begin{aligned}
&\frac{(D_1 x + D_2)(\alpha x + C_2)}{\sqrt{D_1 x^2 + 2D_2 x}} - C_1 C_2 - \alpha\sqrt{D_1 x^2 + 2D_2 x} \geqslant 0 \\
&\Leftarrow \frac{(D_1 x + D_2)(\alpha x + C_2)}{\sqrt{D_1 x^2 + 2D_2 x}} \geqslant C_1 C_2 + \alpha\sqrt{D_1 x^2 + 2D_2 x} \\
&\Leftarrow D_1 \alpha x^2 + D_2 C_2 + x(D_2 \alpha + D_1 C_2) \\
&\geqslant C_1 C_2 \sqrt{D_1 x^2 + 2D_2 x} + D_1 \alpha x^2 + 2x D_2 \alpha \\
&\Leftarrow D_2 C_2 + x D_1 C_2 \geqslant C_1 C_2 \sqrt{D_1 x^2 + 2D_2 x} + x D_2 \alpha
\end{aligned} \tag{71}$$

将 $D_1 = C_1^2 + 2C_1$，$D_2 = C_1 C_2/\alpha$ 代入式 (71) 中，有

$$\begin{aligned}
&x(C_1 + 1) + \frac{C_2}{\alpha} \geqslant \sqrt{D_1 x^2 + 2D_2 x} \\
&\Leftarrow \left(\frac{C_2}{\alpha}\right)^2 + \frac{2x C_2}{\alpha}(C_1 + 1) + (C_1 + 1)^2 x^2 \\
&\geqslant (C_1^2 + 2C_1) x^2 + 2\frac{C_1 C_2}{\alpha} x \\
&\Leftarrow x^2 + 2x\frac{C_2}{\alpha} + \left(\frac{C_2}{\alpha}\right)^2 \geqslant 0 \\
&\Leftarrow \left(x + \frac{C_2}{\alpha}\right)^2 \geqslant 0
\end{aligned} \tag{72}$$

有

$$\frac{\partial T_d}{\partial P_c^{\text{total}}} \geqslant 0 \Leftrightarrow \frac{\partial T_d}{\partial x} \geqslant 0 \tag{73}$$

因此，T_d 是关于 P_c^{total} 的单调增函数。

附 录 13

式 (8.171) 的证明

基于泰勒展开项，有

$$\begin{aligned}
EE^*\left(\bar{G}_{i,n}^{\text{FSM}} + \Delta G_{i,n}^{\text{FSM}}\right) &= EE^*\left(\bar{G}_{i,n}^{\text{FSM}}\right) + \sum_{i=1}^{F}\sum_{n=1}^{N} \frac{\partial EE^*\left(\bar{G}_{i,n}^{\text{FSM}} + \Delta G_{i,n}^{\text{FSM}}\right)}{\partial \Delta G_{i,n}^{\text{FSM}}} \Delta G_{i,n}^{\text{FSM}} \\
&\quad + o\left[\left(\Delta G_{i,n}^{\text{FSM}}\right)^n\right], \Delta G_{i,n}^{\text{FSM}} \to 0
\end{aligned} \tag{74}$$

其中，$o\left[\left(\Delta G_{i,n}^{\mathrm{FSM}}\right)^n\right]$ 表示高阶项；$EE^*\left(G_{i,n}^{\mathrm{FSM}}\right)$ 表示无估计误差的最优效用函数。忽略高阶项的影响，所提算法与非鲁棒算法的总能效差距可以表示为

$$
\begin{aligned}
EE_{\mathrm{gap}} &= EE_{\mathrm{non}}^* - EE_{\mathrm{rob}}^* \\
&= EE^*\left(\bar{G}_{i,n}^{\mathrm{FSM}}\right) - EE^*\left(\bar{G}_{i,n}^{\mathrm{FSM}} + \Delta G_{i,n}^{\mathrm{FSM}}\right) \\
&\approx \sum_{i=1}^{F}\sum_{n=1}^{N} \frac{\partial EE^*\left(\bar{G}_{i,n}^{\mathrm{FSM}} + \Delta G_{i,n}^{\mathrm{FSM}}\right)}{\partial \Delta G_{i,n}^{\mathrm{FSM}}} \Delta G_{i,n}^{\mathrm{FSM}}
\end{aligned}
\tag{75}
$$

其中，$EE_{\mathrm{non}}^* = EE^*\left(G_{i,n}^{\mathrm{MF}}\right)$ 表示完美 CSI 下的总能效；$EE_{\mathrm{rob}}^* = EE^*\left(G_{i,n}^{\mathrm{MF}} + \Delta G_{i,n}^{\mathrm{MF}}\right)$ 表示不完美 CSI 下的总能效。考虑一个较小的信道不确定性，有

$$
\frac{\partial EE^*\left(\bar{G}_{i,n}^{\mathrm{FSM}} + \Delta G_{i,n}^{\mathrm{FSM}}\right)}{\partial \Delta G_{i,n}^{\mathrm{FSM}}} \approx -\phi^*
\tag{76}
$$

根据式 (75) 和式 (76)，有

$$
EE_{\mathrm{gap}} = EE_{\mathrm{non}}^* - EE_{\mathrm{rob}}^* \approx \sum_{i=1}^{K}\sum_{n=1}^{N} \phi^* \Delta G_{i,n}^{\mathrm{FSM}}
\tag{77}
$$

基于伯恩斯坦不等式 [式 (8.160)]，有

$$
\Delta G_{i,n}^{\mathrm{FSM}} = \mu_n^+ p_{i,n}^{\mathrm{F},*} \varrho_{i,n} + \sqrt{2\log\frac{1}{\epsilon}}\left|\sigma_n p_{i,n}^{\mathrm{F},*} \varrho_{i,n}\right|
\tag{78}
$$

结合式 (77) 和式 (78)，有

$$
EE_{\mathrm{gap}} = \phi^* \sum_{i=1}^{F}\sum_{n=1}^{N}\left(\mu_n^+ p_{i,n}^{\mathrm{F},*} \varrho_{i,n} + \sqrt{2\log\frac{1}{\epsilon}}\left|\sigma_n p_{i,n}^{\mathrm{F},*} Q_{i,n}\right|\right)
\tag{79}
$$

证毕。

附　录　14

式 (8.187) 的证明

$\bar{C}_1$ 能够重写为

$$
\Pr_{\Delta h_{m,k,n}}\left\{r_{m,k,n} < R_{m,k}^{\min}\right\} \leqslant v_{m,k}
\tag{80}
$$

等价于

$$
\Pr_{\Delta h_{m,k,n}}\left\{r_{m,k,n} \geqslant R_{m,k}^{\min}\right\} \geqslant 1 - v_{m,k}
\tag{81}
$$

定义 $\bar{z}_{m,k,n} = 1/\left(s_{m,k,n}\sigma^2\right)$，两个独立的随机变量

$$a_m = p_{m,k,n}h_{m,k,n}\bar{z}_{m,k,n}, a_i = p_{i,k,n}h_{i,k,n}\bar{z}_{m,k,n},$$

式 (81) 可变为

$$\Pr_{\Delta h_{m,k,n}}\left[\log\left(1 + \frac{a_m}{1 + \sum\limits_{i\neq m}a_i}\right) \geqslant R_{m,k}^{\min}\right] \geqslant 1 - v_{m,k} \tag{82}$$

定义 $\bar{R}_{m,k}^{\min} = \mathrm{e}^{R_{m,k}^{\min}} - 1$，$\bar{a}_m = p_{m,k,n}\hat{h}_{m,k,n}\bar{z}_{mk,n}$，$\Delta a_m = \Delta h_{m,k,n}p_{m,k,n}\bar{z}_{m,k,n}$，$\bar{a}_i = p_{i,k,n}\hat{h}_{i,k,n}\bar{z}_{m,k,n}$，$\Delta a_i = \Delta h_{i,k,n}p_{i,k,n}\bar{z}_{m,k,n}$，$\hat{a}_m = \bar{a}_m - \bar{R}_{m,k}^{\min}\sum\limits_{i\neq m}\bar{a}_i - \bar{R}_{m,k}^{\min}$，$\Delta Y_m = \bar{R}_{m,k}^{\min}\sum\limits_{i\neq m}\Delta a_i - \Delta a_m$，式 (82) 可变为

$$\Pr_{\Delta a_i}\{\Delta Y_m \leqslant \hat{a}_m\} \geqslant 1 - v_{m,k} \tag{83}$$

因为不确定性模型为 $\Delta h_{m,k,n} \sim \mathcal{CN}\left(0, \delta_{m,k,n}^2\right)$，有

$$\Delta a_m \sim \mathcal{CN}\left\{0, \left(p_{m,k,n}\bar{z}_{m,k,n}\delta_{m,k,n}\right)^2\right\} \tag{84}$$

$$X = \bar{R}_{m,k}^{\min}\sum_{i\neq m}\Delta a_i \sim \mathcal{CN}\left\{0, \left(\bar{R}_{m,k}^{\min}\right)^2\sum_{i\neq m}\left(p_{i,k,n}\bar{z}_{m,k,n}\delta_{i,k,n}\right)^2\right\} \tag{85}$$

根据方差 $D(X + Y) = D(X) + D(Y)$，ΔY_m 的分布为

$$\Delta Y_m \sim \mathcal{CN}\{0, D\left(\Delta a_m\right) + D(X)\} \tag{86}$$

结合式 (83) 和式 (86)，有

$$1 - Q\left[\frac{\hat{a}_m}{\sqrt{D\left(\Delta Y_m\right)}}\right] \geqslant 1 - v_{m,k} \tag{87}$$

所以有

$$Q^{-1}\left(v_{m,k}\right)\max\left[\sqrt{D\left(\Delta Y_m\right)}\right] \leqslant \hat{a}_m \tag{88}$$

由于 $\sqrt{x+y} \leqslant \sqrt{x} + \sqrt{y}$ 成立，有

$$\max\left[\sqrt{D\left(\Delta Y_m\right)}\right] \leqslant \sqrt{D\left(\Delta a_m\right)} + \sqrt{D(X)}$$

$$\leqslant \sqrt{\left(p_{m,k,n}\bar{z}_{m,k,n}\delta_{m,k,n}\right)^2} + \sqrt{\left(\bar{R}_{m,k}^{\min}\right)^2\sum_{i\neq m}\left(p_{i,k,n}\bar{z}_{m,k,n}\delta_{i,k,n}\right)^2} \tag{89}$$

$$= p_{m,k,n}\bar{z}_{m,k,n}\delta_{m,k,n} + \bar{R}_{m,k}^{\min}\sqrt{\sum_{i\neq m}\left(\bar{p}_{i,k,n}\bar{z}_{m,k,n}\delta_{i,k,n}\right)^2}$$

因为 $\sqrt{\sum\limits_i x_i^2} \leqslant \sum\limits_i \sqrt{x_i^2}$ 成立，所以式 (89) 可变为

$$\max\left[\sqrt{D\left(\Delta Y_m\right)}\right] \leqslant \bar{z}_{m,k,n}\left(\bar{p}_{m,k,n}\delta_{m,k,n} + \bar{R}_{m,k}^{\min}\sum_{i\neq m}\bar{p}_{i,k,n}\delta_{i,k,n}\right) \tag{90}$$

定义 $\delta h_{i,k,n} = \delta_{i,k,n}Q^{-1}\left(v_{m,k}\right)$ 为不完美 CSI 下的惩罚因子，式 (80) 可变为

$$\log\left[1 + \frac{p_{m,k,n}\left(\hat{h}_{m,k,n} - \delta h_{m,k,n}\right)}{\sum\limits_{i\neq m}\bar{p}_{i,k,n}\left(\hat{h}_{i,k,n} + \delta h_{i,k,n}\right) + \sigma^2}\right] \geqslant R_{m,k}^{\min} \tag{91}$$

因此，中断速率约束 $\bar{C}_1$ 变成

$$\sum_{n=1}^N \hat{R}_{m,k,n} \geqslant R_{m,k}^{\min} \tag{92}$$

其中，$\hat{R}_{m,k,n} = s_{m,k,n}\log(1+\hat{\gamma}_{m,k,n})$，$\hat{\gamma}_{m,k,n} = \dfrac{\bar{p}_{m,k,n}\hat{h}_{m,k,n}}{\sum\limits_{i\neq m}\bar{p}_{i,k,n}\hat{h}_{i,k,n} + s_{m,k,n}\sigma^2}$，$\hat{h}_{m,k,n} = \bar{h}_{m,k,n} - \delta_{m,k,n}Q^{-1}\left(v_{m,k}\right)$，$\hat{h}_{i,k,n} = \bar{h}_{i,k,n} + Q^{-1}\left(v_{m,k}\right), \forall i$。
证毕。

附　录　15

式 (8.204) 的证明

根据最优问题等价于在固定的拉格朗日乘子下求解每个用户的最大 $L_{m,k,n}$，因此，定义一个辅助函数为

$$F_{m,k,n}^{\text{non-robust}}\left(\cdot\right) = \max_{p_{m,k,n}\in\mathcal{P}} L_{m,k,n}(\cdot) \tag{93}$$

其中，$\mathcal{P}$ 为无信道估计误差（即 $\Delta h_{m,k,n} = 0$）下的可行域。考虑信道不确定性 $\Delta h_{m,k,n}$ 和 $\Delta g_{m,k,n}$，有

$$\begin{aligned}F_{m,k,n}^{\text{robust}}(\cdot) = \max_{p_{m,k,n}\in\mathcal{P}'}&\left[(1+\beta_{m,k})s_{m,k,n}r_{m,k,n}\left(\bar{h}_{m,k,n},\Delta h_{m,k,n}\right)\right.\\ &\left.- (\eta+\alpha_n)\bar{p}_{m,k,n}\left(\bar{g}_{m,k,n}+\Delta g_{m,k,n}\right)\right] - \lambda_m\bar{p}_{m,k,n} - \chi_{m,n}s_{m,k,n}\end{aligned} \tag{94}$$

基于泰勒展开项，有

$$\begin{aligned}F_{m,k,n}^{\text{robust}}\left(h_{m,k,n},g_{m,k,n}\right) = {}&F_{m,k,n}^{\text{non-robust}}\left(\cdot\right) + \frac{\partial F_{m,k,n}^{\text{robbt}}\left(h_{m,k,n},\bar{g}_{m,k,n}\right)}{\partial\Delta g_{m,k,n}}\Delta g_{m,k,n}\\ &+ \frac{\partial F_{m,k,n}^{\text{robst}}\left(\bar{h}_{m,k,n},g_{m,k,n}\right)}{\partial r_{m,k,n}}\frac{\partial r_{m,k,n}}{\Delta h_{m,k,n}}\Delta h_{m,k,n} + o\left(\Delta h_{m,k,n},\Delta g_{m,k,n}\right)\end{aligned} \tag{95}$$

表示具有较小扰动 $(\Delta h_{m,k,n}, \Delta g_{m,k,n})$ 的高阶无穷小。定义 $F_{m,k,n}^{\text{gap}} = F_{m,k,n}^{\text{robust}}(\cdot) - F_{m,k,n}^{\text{robust}}(\cdot)$，根据式 (93)～ 式 (95)，有

$$F_{m,k,n}^{\text{gap}} = (1 + \beta_{m,k}) s_{m,k,n} \frac{\partial r_{m,k,n}}{\Delta h_{m,k,n}} \Delta h_{m,k,n} - (\eta + \alpha_n) \bar{p}_{m,k,n} \Delta g_{m,k,n} \tag{96}$$

其关键是需要计算出 $\Delta h_{m,k,n}$ 对速率 $r_{m,k,n}$ 的影响，因此有

$$\partial r_{m,k,n} = \log\left(1 + \frac{p_{m,k,n} h_{m,k,n}}{\sum\limits_{i \neq m} p_{i,k,n} h_{i,k,n} + \delta^2}\right) - \log\left(1 + \frac{p_{m,k,n} \bar{h}_{m,k,n}}{\sum\limits_{i \neq m} p_{i,k,n} \bar{h}_{i,k,n} + \delta^2}\right) \tag{97}$$

因为

$$\frac{\partial r_{m,k,n}}{\partial \Delta h} \Delta h = \frac{\partial r_{m,k,n}(\Delta h_{i,k,n} = 0)}{\partial \Delta h_{m,k,n}} \Delta h_{m,k,n} + \frac{\partial r_{m,k,n}(\Delta h_{m,k,n} = 0)}{\partial \Delta h_{i,k,n}} \Delta h_{i,k,n} \tag{98}$$

所以有

$$\begin{aligned} F_{m,k,n}^{\text{gap}} = {} & \frac{(1 + \beta_{m,k}) s_{m,k,n} p_{m,k,n}}{\sum\limits_{i \neq m} p_{i,k,n} \bar{h}_{i,k,n} + \delta^2} \Delta h_{m,k,n} - (\eta + \alpha_n) s_{m,k,n} p_{m,k,n} \Delta g_{m,k,n} \\ & - \frac{(1 + \beta_{m,k}) s_{m,k,n} p_{m,k,n} \bar{h}_{m,k,n} \sum\limits_{i \neq m} p_{i,k,n}}{\left(\sum\limits_{i \neq m} p_{i,k,n} \bar{h}_{i,k,n} + \delta^2\right)^2} \Delta h_{i,k,n} \end{aligned} \tag{99}$$

由于不确定性的影响为 $\Delta h_{m,k,n} = -\delta_{m,k,n} Q^{-1}(v_{m,k})$，$\Delta h_{i,k,n} = \delta_{i,k,n} Q^{-1}(v_{m,k})$ 和 $\Delta g_{m,k,n} = \tau_{m,k,n} Q^{-1}(\xi_n)$，定义 $a_{m,k,n} = \dfrac{(1 + \beta_{m,k}) p_{m,k,n}}{\hat{z}_{m,k,n}}$，$b_{m,k,n} = (1 + \beta_{m,k}) p_{m,k,n} \hat{h}_{m,k,n} \sum\limits_{i \neq m} p_{i,k,n} \big/ \hat{z}_{m,k,n}^2$，不失一般性，辅助变量 η 的初值不影响最优值，可设 $U \approx 0$，因此间隙为

$$\begin{aligned} F = \sum_{m=1}^{M} \sum_{k=1}^{K_m} \sum_{n=1}^{N} F_{m,k,n}^{\text{gap}} = {} & - \sum_{m=1}^{M} \sum_{k=1}^{K_m} \sum_{n=1}^{N} s_{m,k,n} c_{m,k,n} Q^{-1}(v_{m,k}) \\ & - \sum_{m=1}^{M} \sum_{k=1}^{K_m} \sum_{n=1}^{N} s_{m,k,n} \alpha_n p_{m,k,n} \tau_{m,k,n} Q^{-1}(\xi_n) \end{aligned} \tag{100}$$

其中，$c_{m,k,n} = a_{m,k,n} \delta_{m,k,n} + b_{m,k,n} \delta_{i,k,n}$。

证毕。

附　录　16

根据 $\bar{C}_1$，为满足地面终端 m 的服务质量，UAV 飞行高度应满足：

$$H \leqslant \sqrt{\frac{\beta}{\xi_m} - (x_m^2 + y_m^2)} \tag{101}$$

可以得

$$H \leqslant \min_{\forall m \in \mathcal{M}} \sqrt{\frac{\beta}{\xi_m} - (x_m^2 + y_m^2)} \triangleq H_1 \tag{102}$$

同理，根据 $\tilde{C}_2$，为满足 D2D 用户最小能量收集约束，UAV 飞行高度应满足：

$$H \leqslant \min_{\forall n \in \mathcal{N}} \sqrt{\frac{\beta T_{n,m} \theta P_0}{E_{n,m}^{\mathrm{C}} + T_{n,m} O_{n,\mathrm{T}} e_{n,\mathrm{T}} \theta P_0} - (\bar{x}_{n,\mathrm{T}}^2 + \bar{y}_{n,\mathrm{T}}^2)} \triangleq H_2 \tag{103}$$

基于 C_3、式 (102) 和式 (103)，UAV 飞行高度满足 $H_{\min} \leqslant H \leqslant \min\{H_{\max}, H_1, H_2\}$。证毕。

附　录　17

目标函数 $\bar{\eta}$ 关于变量 H 的一阶导数为

$$\frac{\partial \bar{\eta}}{\partial H} = \frac{\sum\limits_{n=1}^{N} \widehat{R}_{n,m}}{\sum\limits_{n=1}^{N} E_{n,m}^{\mathrm{C}}} \tag{104}$$

其中，$\widehat{R}_{n,m} = \dfrac{2 p_{n,m} h_n^{\mathrm{D}} P_0 \beta H \sum\limits_{m=1}^{M} \alpha_{n,m} \tau_{n,m}}{\ln 2 (I_{n,m} + p_{n,m} h_n^{\mathrm{D}}) I_{n,m} (x_{n,\mathrm{R}}^2 + y_{n,\mathrm{R}}^2 + H^2)^2}$，由于 $\dfrac{\partial \bar{\eta}}{\partial H} \geqslant 0$，因此目标函数 $\bar{\eta}$ 是关于 H 的单调递增函数。

证毕。